先进核科学与技术译著出版工程

系统运行与安全系列

Reactor Core Monitoring

Background, Theory and Practical Applications

核反应堆堆芯监测

——背景、理论及实际应用

〔匈牙利〕米哈利·马凯（Mihály Makai）

〔匈牙利〕杰诺斯·维格（János Végh） 著

彭敏俊 王 航 译

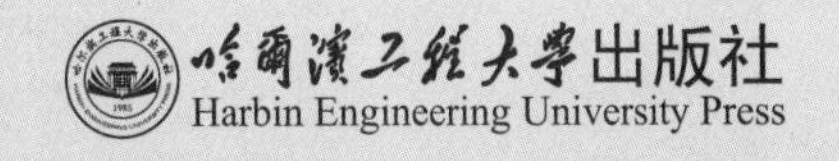

黑版贸审字 08 - 2020 - 111 号

图书在版编目(CIP)数据

核反应堆堆芯监测：背景、理论及实际应用/(匈)米哈利·马凯，(匈)杰诺斯·维格著；彭敏俊，王航译. —哈尔滨：哈尔滨工程大学出版社，2023.4

书名原文：Reactor Core Monitoring—Background, Theory and Practical ApplicationsISBN 978 - 7 - 5661 - 3420 - 2

Ⅰ. ①核… Ⅱ. ①米… ②杰… ③彭… ④王… Ⅲ. ①堆芯 - 监测 Ⅳ. ①TL351

中国版本图书馆 CIP 数据核字(2022)第 035667 号

核反应堆堆芯监测——背景、理论及实际应用
HE FANYINGDUI DUIXIN JIANCE——BEIJING、LILUN JI SHIJI YINGYONG

选题策划 石 岭
责任编辑 唐欢欢
封面设计 李海波

出版发行 哈尔滨工程大学出版社
社　　址 哈尔滨市南岗区南通大街 145 号
邮政编码 150001
发行电话 0451 - 82519328
传　　真 0451 - 82519699
经　　销 新华书店
印　　刷 黑龙江天宇印务有限公司
开　　本 787 mm × 1 092 mm 1/16
印　　张 19.5
字　　数 515 千字
版　　次 2023 年 4 月第 1 版
印　　次 2023 年 4 月第 1 次印刷
定　　价 108.00 元
http://www.hrbeupress.com
E - mail: heupress@hrbeu.edu.cn

前　言　一

作者花了 30 多年的时间分析反应堆物理问题,一直致力于反应堆程序的开发、确认和验证,还致力于堆芯监控系统的开发,Paks 核电厂的 VERONA 堆芯监控的各种版本以及新开发的计算模型的确认和验证。

本著作是对作者发现的在实际工作中有用的各种技术的纵览。也许读者会发现,在一个更喜欢现成计算机程序(基于一些易于理解的数值方法来理解和分析问题)的世界里,寻求实际问题的连贯性和相互依存性,并确保理论背景是过时的。计算机容量和内存在不断增长,解决的问题堆积在代码库中,对于数学问题尤其如此。但是,问题的解决比为几十个案例运行蒙特卡洛程序要复杂得多。

本书中考虑实际问题,包括测量值包含误差,计算机程序中的模型包含近似值,并且可能会出现某个问题只是被部分理解的情况。但是电厂操纵员必须每天做出决定:我是否应该降低功率?

作者认为操纵员的决策不应基于当今的湍流理论、随机过程和数值求解方法,在大型工业设备的设计、运行和维护方面,必须有坚实的科学背景。

本书的第一部分介绍了应用于核电厂的安全原则。

第二部分专门讨论堆芯监测。在嘈杂的环境中和有限的空间内,监测可提供信息以确定反应堆状态是否在设计极限值内。从堆芯仪表的角度,详细讨论了两种测量类型:轴向功率形状由自给能探测器确定,径向功率分布由热电偶确定。我们从适度的细节入手讨论了测量,目的是为读者提供足够的信息,以了解测量、信号处理和测量值评估的内容。

模型在测量值评估中起着核心作用。设计人员、操纵员、工作人员和监管人员应该理解所涉及模型的可能性和局限性。第 3 章和第 5 章讨论了各种模型;第 4 章讨论了反应堆计算中的模型。

第三部分讨论测量值与发生在反应堆堆芯的过程之间的联系。

米哈利 · 马凯,杰诺斯 · 维格

布达佩斯 - 佩滕

2017 年 2 月

前 言 二

本书的主题是堆芯测量值的处理。假设一个反应堆仪表提供要评估的输入,所述信号可以通过自给能的中子探测器、热电偶或其他温度测量装置提供。我们只在有限的范围内讨论信号处理(背景校正、冷点处理、校准),这是理解信号评估过程所必需的。我们遵循信号处理,直到评估反应堆安全为止。这里仅对安全限制进行了规定,讨论仅限于堆芯状态的评估。

假设读者熟悉核电厂的概念、主要机组及其运行概念。虽然我们提到了一些反应堆类型,但还远不够详尽。本书只讨论压水堆和沸水堆这两种最常用的堆型。

作者的经验仅限于压水堆(PWR)和研究堆。在堆芯几何结构、仪表和运行方面这是一个限制。实验设施、训练反应堆、沸水反应堆可能与压水堆大不相同。

本书回顾了计算方法,但没有向读者提供对反应堆理论或反应堆计算方法的概述。读者也可以参考用其他语言写的介绍反应堆理论和计算方法的优秀书籍。

本书简短地提到了在 20 世纪 80 年代早期扩散方程的第一个解析节点解,该方法适用于方形、三角形或六边形燃料组件。另一个有趣的话题是对称考虑在反应堆计算中的应用,也是从 20 世纪 80 年代早期开始的。下一项是对非均匀栅格的更好描述,参见第 4 章中的参考文献[47],或者第 3 章中关于求解时间相关问题的矩阵形式。

本书的各个部分要求读者具备不同层次的知识。统计学、概率论、数值方法和偏微分方程在反应堆理论中得到了广泛使用,但操纵员不需要这些背景知识。作者竭尽所能在附录中提供最需要的这些背景知识。

本书中提到的大多数方法已在实际中使用,建议的测量或评估方法及所提出的计算方法也得到了应用。

米哈利·马凯,杰诺斯·维格

布达佩斯-佩滕

2017 年 2 月

译 者 序

在核能系统的发展和应用历程中，安全性和经济性始终是人类社会关注的重要问题。核反应堆通过维持可控自持链式核裂变反应使堆芯核燃料释放出所需的能量，堆芯的功率分布既能够反映反应堆运行过程中的安全特性，也能够反映反应堆运行过程中的经济特性，因此实现对反应堆堆芯的监测以准确、及时地反映堆芯的功率分布，指导操纵员实施正确、有效的操作，是保证反应堆安全、经济运行的重要前提。

国际上关于堆芯监测技术的研究已经开展了多年，通过期刊、会议发表了许多学术论文，一些核电开发商也分别推出了不同类型的堆芯监测系统并应用于实际工程，但由于反应堆内部物理、热工过程的复杂性以及反应堆结构的特殊性，依靠有限的堆内、堆外传感器实现实时、在线的堆芯监测仍然存在诸多困难，在理论方法和工程实用等方面还有很多问题需要解决。

Reactor Core Monitoring 一书的作者有着 30 多年的反应堆物理分析的经历，一直致力于反应堆程序的开发、确认和验证，开发了 Paks 核电厂 VERONA 堆芯监测系统，具有丰富的经验。该书介绍了应用于核电厂的安全原则，讨论了堆芯监测的各种模型，描述了测量值与反应堆堆芯行为之间的联系，为研究和开发压水堆堆芯监测系统提供了体系化的理论和方法，具有很高的参考价值。

本书由哈尔滨工程大学彭敏俊教授翻译第 1 章～第 6 章，王航讲师翻译第 7 章和附录，由彭敏俊负责统稿。

限于译者的水平，书中难免出现错误和不妥之处，恳请读者批评指正。

译 者
2021 年 7 月

目　　录

第 1 章　反应堆安全目标

摘要

本章描述了核电厂(NPPs)设计、许可、运行和退役的安全目标。

1.1　安 全 目 标

本节概述了核电厂的安全目标,并讨论了监管目标与设计目标之间的差异。核监管机构通常要求实现“技术中立”或“技术独立”的安全目标,而设计人员显然也必须应用面向设计、特定技术的安全目标。

1.1.1　基本安全原则

国际原子能机构(IAEA)的安全标准很好地概述了基本安全目标和基本安全原则。基本安全目标是保护人类和环境免受电离辐射的有害影响。因此,“核安全”是指保护人类和环境免受辐射风险。这意味着,必须对与任何核设施有关的辐射风险进行适当评估,以便能够设计和实施适当的保护措施。这里的“适当”是指安全是“相对的”,而不是“绝对的”,必须始终将某种安全水平作为实现明确和合理的验收标准来实现。国际原子能机构的安全标准中涉及核设施和放射性废物管理,以及放射性物质运输过程中的辐射安全。IAEA 定义了以下 10 项基本安全原则(见参考文献[1])。

(1)安全责任　为了安全必须建立和维持有效的法律和政府框架,包括一个独立的监管机构。

(2)政府的作用　为了安全必须建立和维持有效的法律和政府框架,包括一个独立的监管机构。

(3)安全的领导和管理　必须在引起辐射风险的组织、设施及活动中,建立和维持有效的安全领导和管理。

(4)设施和活动的合理性　引起辐射危险的设施和活动必须产生整体效益。

(5)优化保护　必须优化保护,以提供可合理实现的最高安全水平。

(6)对个人的风险限制　控制辐射风险的措施必须确保任何个人都不会承担不可接受的伤害风险。

(7)保护当代和后代　无论是现在还是将来,都必须保护人类和环境免受辐射的危害。

(8)预防事故　必须做出一切必要的努力来预防和缓解核事故或辐射事故。

(9)应急准备和响应　必须为核或辐射事件的应急准备和响应做出安排。

(10)减小现有或不受管制的辐射风险的保护措施　减小现有或不受管制的辐射风险的保护措施必须是合理的和最优的。

上述 10 项基本安全原则构成了制订保护免受电离辐射的 IAEA 安全要求的一般基础。

可以看出，上述高水平安全原则是非常通用且技术中立的。因此，在确定设计、运行和退役的具体安全目标时，存在各种解释的空间。

1.1.1.1 安全目标

“安全目标”是为了确保达到预期的安全水平而必须满足的一组定量、定性要求。一致的、国际协调和公认的安全目标可能是进行安全评估以确定核设施是否符合安全预期的坚实技术基础。然而，它们最重要的作用可能是支持/证明特定的设计解决方案和设施运行模式。

在过去10年中，各国共同努力建立了一个国际公认的安全目标分级体系（见参考文献[2－5]）。2013年，国际原子能机构开始编写一份题为《核设施安全目标框架的开发和应用》的文件，并于2015年生成一份TECDOC草案，见参考文献[6]。请注意，到目前为止，该草案并未由国际原子能机构作为最终的TECDOC发布。国际原子能机构工作的主要目标是建立一个由分层安排的安全目标组成的一致框架，并具有以下主要特征（详见参考文献[2]）。

（1）在层次结构中，高层次、与技术无关的安全目标与低层次、特定技术的目标适当地联系在一起；

（2）该框架为设计人员、供应商、运营商和监管机构提供实际帮助，以便处理在不同厂址使用不同技术的各种核设施时达到统一和可比较的安全水平；

（3）确保公众在任何情况下都得到必要和充分的保护。

显然，适当的安全目标层次结构应适用于所有可能的核设施类型，在其整个寿期内以及所有可能的运行状态（包括事故）。图1.1的方案说明了基本的安全目标类型。[2]安全目标可以是定性的或定量的，后者可以是确定性的或概率性的，它们通常被称为安全目标。定量的确定性安全目标也可用于确定是否可以接受特定安全案例确定性安全分析的结果。国际原子能机构在参考文献[6]中提出的层次化安全目标框架如图1.2所示。

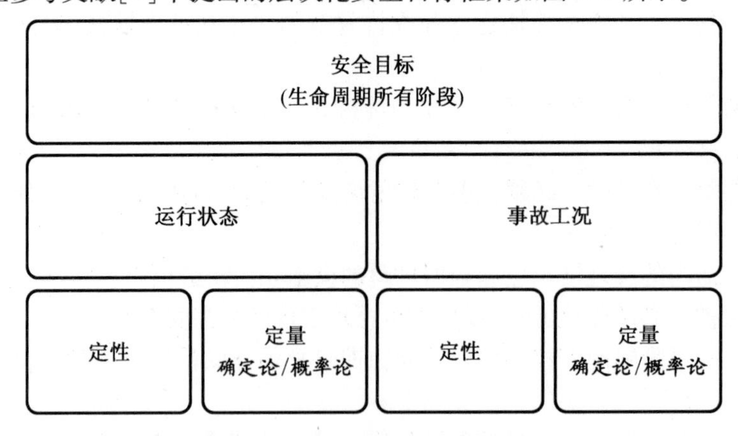

图1.1　安全目标的基本类型[2]

提出的安全目标金字塔由四个层次组成。层次结构的顶层对应于基本安全目标。第三个“上部”层次基本上与整个厂址有关，并且仍然是与技术无关的。第二个“中间”层次还提供了与纵深防御和物理屏障相关的通用安全原则。如果这里包括定量安全目标，那么它们基本上是与技术无关且不受厂址约束的。第一个“低”层次包含位于特定站点的所有设施的特定于技术的安全目标。这里给出的定量目标是特定于技术的,例如最高燃料包壳温度、大量释放频率和堆芯损毁频率目标值等。

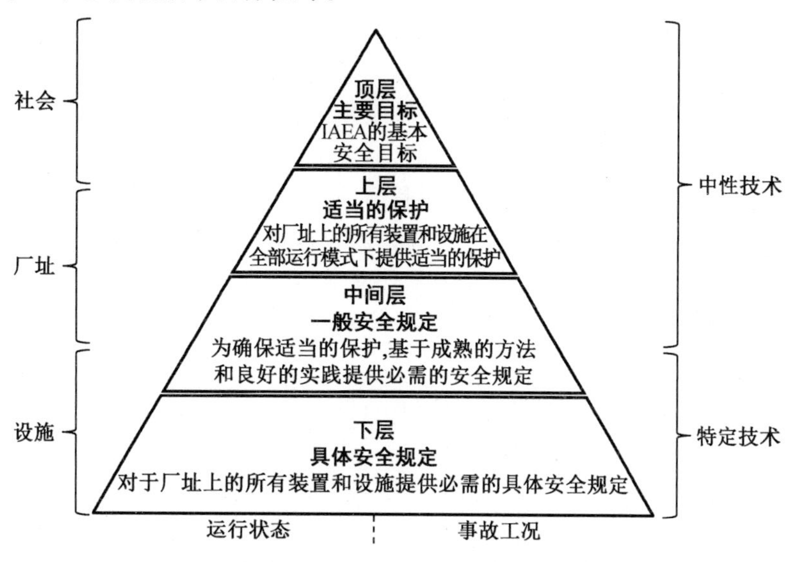

图 1.2　IAEA 提出的安全目标的框架[6]

多国设计评估计划(MDEP)是由参与第三代反应堆(EPR、AP1000、AES-2006、ABWR 和 APR1400)安全评估的 15 个国家的核安全监管机构发起的一项国际计划。MDEP 的基本目标是协调安全要求,并分享与各种第三代设计相关的特定国家积累的数据。在其活动过程中,MDEP 遇到了异构和国家特定安全目标的问题,因此,它决定采用不同的方法,以促进监管要求的协调。MDEP 提出了一种自上而下的方法,包括三个结构化层次,见图 1.3。

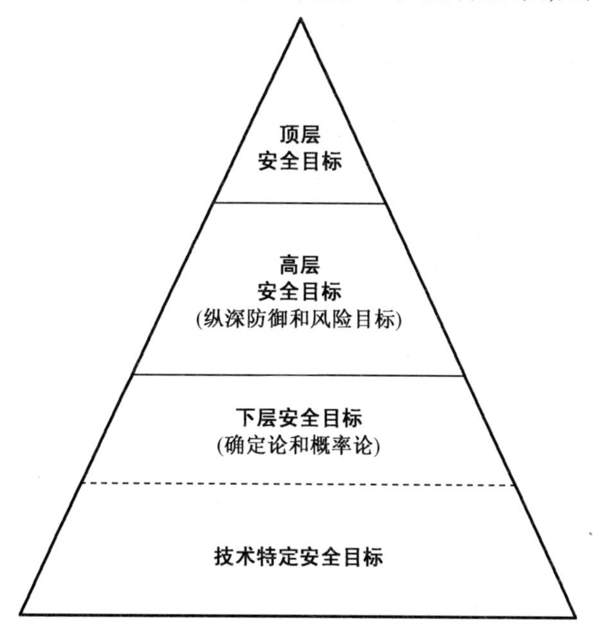

图 1.3　MDEP 提出的安全目标和指标的结构[3]

首先建立顶层安全目标,然后定义下部层次的结构,以及适用于推导较低层次安全目标的方法。其主要的新颖之处在于,所提出的安全目标的层次结构基于纵深防御(DiD)的概念,并提出了一种通过使用更高级别的安全目标来制订更低层次安全目标的方法。该概念是与技术无关的,适用于水冷和非水冷反应堆。请注意,MDEP 并未提出最终的安全目标系统,而是提出了一种可推导出任何类型反应堆安全目标系统的方法。该概念的基础是认识到尽管顶层安全目标从定义上是技术中立的,但较低级别必然包含特定于技术的目标和指标,以便为特定设施的设计和运行提供可用和适当的指导。

最高级别的安全目标被制订为一个相对化的目标:这种安全层次必须确保核设施的整个生命周期对人和环境造成的风险仅是人和环境受到的其他危险的一小部分。

下一级包含五个与高级别纵深防御目标相对应的高级技术中立安全目标,如下所示[3]:

(1)正常运行人员和公众剂量应为 ALARA;低于监管限制并符合 ICRP 的建议。

(2)应通过容错设计来实现预防目标。

(3)设计基准事故不允许有场外影响,并且在合理可行的范围内,工人不应有明显的现场剂量。

(4)在合理可行的情况下应尽量少发生因事故造成的大量场外释放。

(5)任何可能发生的场外释放应仅需要有限的场外紧急响应。

最低层次包含八个低层次安全目标,对应于扩展的纵深防御目标,如下所示[3]。

(1)安全和安保水平的整合应确保不会损害另一方。

(2)在应急准备时,除考虑设计外,还应考虑选址因素。

(3)如果在合理可行的情况下(或在工厂的使用寿命期间)提高安全性,则应实施这种改进。

(4)在发生曝露的情况下,随着潜在的强度增加,可能性会降低。

(5)在不同的二级水平上形成保护的障碍和系统的独立性是安全概念的一个基本方面,应尽可能在新的和未来的反应堆中确保和加强安全概念。

(6)在反应堆使用寿期内的设计和运行以及退役阶段考虑放射性废物的管理,应尽量减少废物的产生。

(7)应在反应堆生命周期的所有阶段确保安全有效管理。

(8)在设计阶段应考虑使未来退役更容易。

该级别还包含低级别的技术特定安全目标,必须通过进一步考虑来制订。技术特定安全目标和目标的开发与应用是设施的设计者和操作者的责任。

西欧核监管机构协会(WENRA)也为新反应堆的安全目标做出了贡献[5,7]。WENRA 制定了一套安全目标,分为以下七组:

(1) 正常运行、异常事件和事故预防。

(2) 没有堆芯熔化的事故。

(3) 堆芯熔化事故。

(4) 纵深防御各层次之间的独立性。

(5) 安全和安保接口。

(6) 辐射防护和废物管理。

(7) 安全管理。

作为一个处理新反应堆设计许可的核监管机构组织,WENRA 旨在建立定量安全目标,为设计者和电厂操纵员提供适用且合理的要求。

从上述考虑可以看出,高层次安全目标很少或没有提供关于如何以安全方式操作设施的指导,因为在实践中使用的限制(如用于定义反应堆保护设定值或用于在线堆芯监测)显然来自低层次、技术特定的安全目标。这些限制通常与燃料包壳和燃料完整性的保护以及特定安全功能的维护相关(如堆芯冷却或反应性控制)。有限的参数及其限制将在下一章中讨论。

1.2　限　　制

这里概述了安全性和操作限制,包括它们在确保特定类型反应堆安全运行中的作用。

1.2.1　限制和纵深防御

在福岛事故之后,人们重新评估并加强了纵深防御在确保核反应堆安全方面的作用,实际上纵深防御已成为核安全一致性和层次性方法的基石。为了重申纵深防御五个层次的最新定义,WENRA[5]提出的纵深防御层次方案见表 1.1。

表 1.1　WENRA 提出的纵深防御层次方案[5]

<table>
<tr><th></th><th>纵深防御的层次</th><th>各层次的目标</th><th>基本措施</th><th>相关的电厂状态分类</th><th>放射性后果或措施</th></tr>
<tr><td rowspan="5">电厂的初始设计</td><td>层次一</td><td>预防异常运行和失效</td><td>建造和运行的保守设计和高质量</td><td>正常运行</td><td>排放的监管运行限制</td></tr>
<tr><td>层次二</td><td>控制异常运行和失效</td><td>控制、限制和保护系统及其他监督设施</td><td>预期运行事件</td><td>排放的监管运行限制</td></tr>
<tr><td rowspan="2">层次三</td><td>控制事故以限制放射性释放并防止堆芯损坏状态扩大</td><td>安全系统
事故规程</td><td>纵深防御层次3.a
假想的单一始发事件</td><td rowspan="2">没有厂外放射性影响或只有很小的放射性影响
NS-G-1.2/4.102</td></tr>
<tr><td>控制事故以限制放射性释放并防止堆芯熔化状芯扩大</td><td>工程安全设施
事故规程</td><td>纵深防御层次3.b
选择多重失效事件包括纵深防御层次3.a中涉及的安全系统可能的失效或无效</td></tr>
<tr><td>层次四</td><td>实际消除可能导致放射性物质早期或大量释放的情况
控制堆芯熔化事故以限制厂外释放</td><td>工程安全设施缓解堆芯熔化
管理堆芯熔化事故(严重事故)</td><td>假想堆芯熔化事故(短期/长期)</td><td>在区域和时间上有限的保护措施</td></tr>
<tr><td>应急计划</td><td>层次五</td><td>缓解放射性物质显著释放的放射性后果</td><td>厂外应急响应干预</td><td>—</td><td>厂外放射性影响必需的保护措施</td></tr>
</table>

对纵深防御图的注释[5]：

(1)在层次三中，没有提出新的安全防御层次，但是明确区分了手段和条件。

(2)目前在纵深防御层次三考虑的事故条件比现有反应堆更广泛，因为它们现在包括一些以前被认为是"超出设计"的事故（参见层次3.b）。但是，与目前运行的反应堆的层次三的要求相比，层次3.a的验收标准。例如，对于最常见的工况，要求燃料棒的完整性。

(3)对于层次3.b，必须根据基于发生概率的分级方法来定义验收标准。

(4)使用3.a的安全系统应具有最高安全要求。一般情况下，对层次3.b使用系统的要求不像层次3.a那样严格。

基于以上概述的纵深防御层次结构，可以以系统和一致的方式定义安全要求。新的（福岛后）国际安全标准通常要求实现与各种纵深防御层次相对应的特定核电厂保护行动的安全系统在合理可行的情况下是独立的。MDEP提出的安全目标层次结构也是基于纵深防御层次结构的。

英国核监管办公室（ONR）根据纵深防御原则在确定工厂运行规则时更进了一步[8]。核反应堆根据一组特定的规则和限制进行操作，通常称为操作限制和条件（OLC）或操作规则（OR）。遵守这些规则可确保在所有允许的运行模式下反应堆运行的安全性。

ONR的OLC方法的基本思想如图1.4所示。OLC应提供多个（尽可能独立的）保护层，以防止潜在的故障。该要求意味着原则上特定的操作规则应对应于每个纵深防御层次。

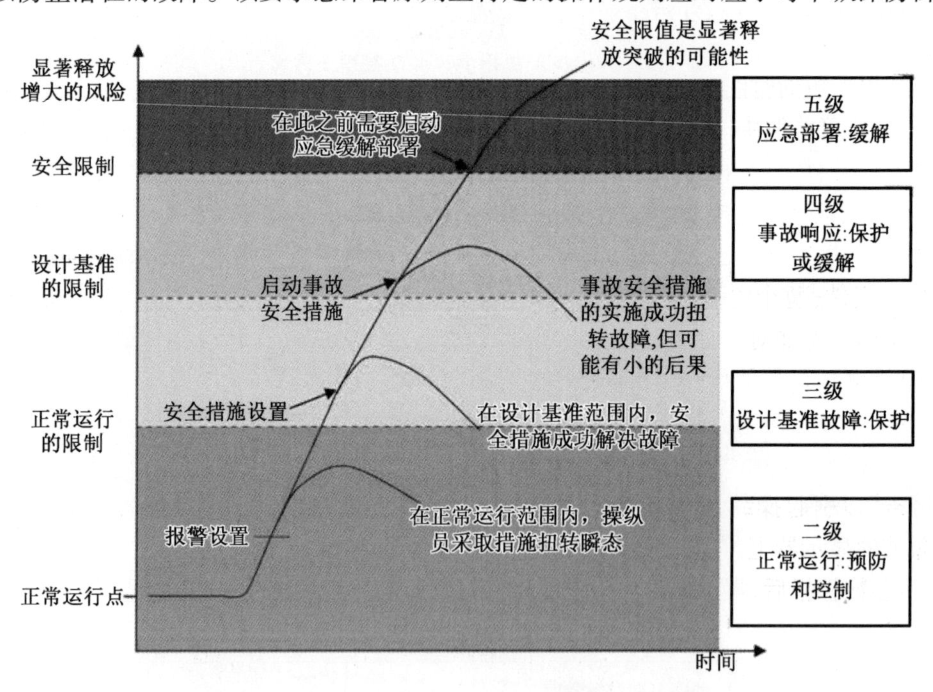

图1.4　纵深防御原理在工厂运行规则中的应用方案[8]

然而，在运行实践中，实施上述规则并不容易，因为OLC通常是由长期的"历史"开发过程产生的，并且还结合了宝贵的电厂运行经验。"传统"和新方法的综合仍有待阐述。

1.2.2　堆芯监督中监测的限值

堆芯监督在 2D(组件)层次以及 3D(燃料棒)层次分别提供定期更新的堆芯功率分布。这些分布用于检查预先确定的堆芯安全限值的实际裕度。这些限值通常对应于以下堆芯和一回路参数:

(1)反应堆总热功率;

(2)回路平均温度(ΔT);

(3)冷段(即堆芯进口)平均温度;

(4)单个冷段温度;

(5)组件功率(或组件冷却剂温升,ΔT);

(6)燃料棒功率;

(7)燃料棒线功率;

(8)子通道出口温度;

(9)偏离泡核沸腾比(DNBR)最小值;

(10)堆芯测量值的可用性和空间分布。

注意,早期通常不监测堆芯物理参数本身,而是监测它们的相对分布,即所谓的“峰值因子”,例如,径向功率峰值因子(k_q)、组件内燃料棒功率峰值因子(k_k)或轴向功率峰值因子(k_z)的最大值。这种方法在大多数堆芯监测系统中逐渐被抛弃,因为计算能力的大幅增加,能够在相当短的时间内确定“真实的”堆芯物理参数。

一些限值可能取决于燃料燃耗(例如燃料棒线功率限值)或反应堆的运行状态(例如平均回路 ΔT)。这种相关性要求应用先进的在线限值检查算法,因为程序系统必须使用“燃耗相关”或“反应堆运行模式相关”的限值而不是静态(恒定)限值。在燃耗相关的情况下,必须定期更新每个轴向水平的每个燃料组件中每个燃料棒。例如,使用 50 个轴向水平和 349 个燃料组件(每个组件具有 126 个燃料棒)需要定期更新大约 2.0×10^6 个燃耗相关限值。一些限值(例如对应于整体冷却剂沸腾或 DNBR 最小值的裕量)取决于反应堆压力,并且这些限值也必须在每个计算循环中进行评估。通过这种方式,现代堆芯分析系统实现了对 OLC 限值的动态在线监测。导流将违反低限和高限视为“警报”,并将显示在主控制室的操纵员工作站上。违反限值的信号有两个级别:当堆芯参数接近特定限值时,第一个级别仅产生“警告”以引起操纵员的注意。如果参数的趋势继续并且确实违反限值,则发出警报(在操纵员的显示器上产生声音,闪烁和相应参数的颜色变化,并且操纵员必须确认警报)。收到堆芯参数警报后,操纵员必须根据 OLC 立即采取行动(默认操作是降低反应堆功率以消除产生报警的条件)。

图 1.5 显示了在几个冷接点温度测量失效后,VVER－440 堆芯中“通过组件出口温度测量的堆芯覆盖范围”参数的超限状态图片。冷接点属于测量组件出口温度的堆芯热电偶(TC),从图中可以清楚地看出,由于冷接点故障,一个大的堆芯部分根本没有实现热电偶测量(这个堆芯部分不是被热电偶“覆盖”了)。实际上,图片显示了每个燃料组件附近可用(有效)热电偶的数量:考虑的区域对应于第一个和第二个相邻区域,通常它包含 18 个组件和正在研究的组件。扰动的位置在堆芯图上会清楚地显示,并且反应堆操纵员能够快速检测到失效的冷接点。

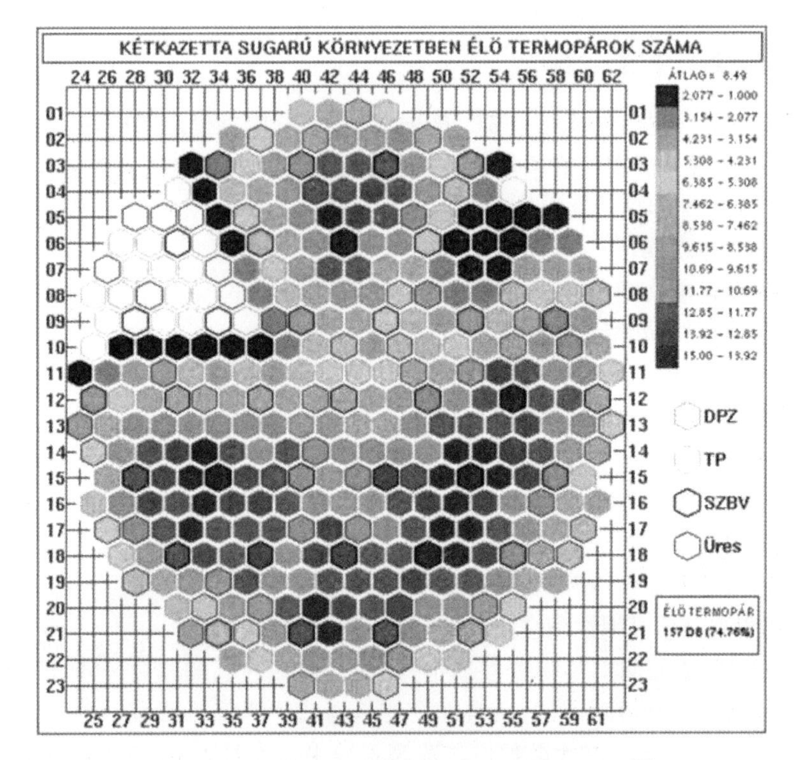

图 1.5　通过组件出口温度测量的堆芯覆盖范围[9]

堆芯监测系统可以使用与堆芯分析相关的大量 2D 和 3D 堆芯分布,以多种创新方式支持反应堆操纵员。图 1.6 所示为 VERONA 系统[10]提供的图片,显示了堆芯不对称分布。

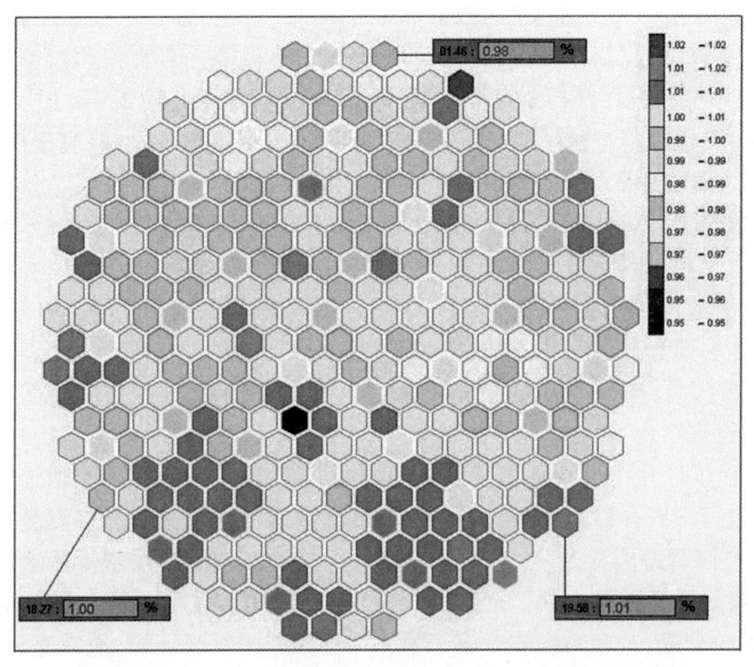

图 1.6　支持反应堆操纵员适时对功率范围电离室进行定期校准的组件功率“不对称”堆芯图

不对称图基于组件功率:在60 个对称组(由6 个组件组成)中的平均功率是6 个组件功率的平均值,并且个别不对称组被确定为与平均值的归一化偏差(对于完全对称组,所有不对称性等于1.0%)。图1.6 显示了通常的堆芯不对称图,其中的值范围为 -5% ~2%。三个灰色矩形显示与这三个组件(位于坐标(01 -46,18 -27,19 -58)处的堆芯外围)对应的不对称值,这三个组件面向功率范围电离室,电离室放置在围绕反应堆压力容器和反应堆腔的混凝土屏蔽内的垂直通道中。这些电离室必须定期校准至由平均回路 ΔT 确定的反应堆功率,以确保它们始终显示正确值。如果任意两个单独的电离室读数之间的偏差超过2%,则必须执行校准。如果必须执行校准,可参考图1.6 显示的相关警报。

参考文献①

[1] IAEA:Fundamental safety principles,safety fundamentals. IAEA Safety Standards No. SF-1,IAEA,Vienna,Austria(2006)

[2] Berg:Development of a framework of safety goals for nuclear installations and its application in Germany. J. Polish Saf. Reliab. Assoc. 6(1)(2015)

[3] MDEP:The Structure and Application of High Level Safety Goals. A Review by the MDEP Sub-committee on Safety Goals,OECD NEA(2011)

[4] MDEP:MDEP Position Paper PP-STC-01. MDEP Steering Technical Committee Position Paper on Safety Goals,OECD NEA(2011)

[5] WENRA(2009)Safety objectives for new power reactors. WENRA RHWG(2009)

[6] IDEA:Development and application of a framework of safety goals for nuclear installations. Draft of a TECDOC,IAEA,Vienna,Austria(2015)

[7] WENRA(2010)WENRA statement on safety objectives for new nuclear power plants. WENRA(2010)

[8] ONR:Limits and conditions for nuclear safety(operating rules). Office for Nuclear Regulation(ONR),NS-TAST-GD-035 Rev. 4,United Kingdom(2014)

[9] Lux,I. ,et al. :Experiences with the upgraded VERONA-u VVER-440 core monitoring system. IAEA Specialists Meeting on Advanced Information Methods and Artificial Intelligence in NPP control rooms,Halden,Norway(1994)

[10] Végh,J. ,et al. :VERONA V6.22—an enhanced reactor analysis tool applied for continuous core parameter monitoring at Paks NPP. Nuclear Engineering and Design,pp. 261 -276(2015)

①译者注:为了忠实原著,便于读者阅读与查考,在翻译的过程中本书参考文献格式均与原著保持一致。

第2章　堆芯监测

摘要

本章主要包括受到限制的反应堆参数连续监测；反应堆的运行基于许多描述冷却剂温度分布、燃料组件功率曲线、功率密度分布的参数；堆芯仪表提供原始数据，这些数据经过处理后以图和日志的形式提供给反应堆操纵员；描述了检测方法、探测器信号的详细说明以及信号处理的主要步骤，所提出的方法主要用于压水堆和沸水堆，重点是应用数学和物理方法进行堆芯监测。

对于给定的反应堆类型，定义了一个运行包络线。在运行包络线内，对所有可测量的反应堆参数给定了限值，且堆芯监测连续地记录受到限制的运行参数，因此，如果一个参数接近或超过其限值是有可能阐明的。可实施测量的数量受到技术的限制。

必须在反应堆堆芯内的任何位置观察到超过限值，尽管可实施的堆芯测量的数量存在技术限制。很少直接检测到超限，最多可以根据测量值给出合理的估计。安全运行设置临界功率比（CPR），参见公式（2.106），可以根据燃料棒的最大功率估算。仪表提供测量组件中的温升和功率释放。但是组件可以容纳超过100根燃料棒，因此在组件内部具有功率曲线。第4章讨论分析人员如何使用计算模型获取测量值的各种校正，以根据测量值估计最大值。

通常只测量一回路每个环路的冷管段温度，但是进入燃料组件的冷却剂温度并不确切。至多给定一个混合矩阵，其指定了环路对给定组件进入流量的贡献。因此，只能近似知道单个燃料组件的进入温度。

用实际扩散方程的解可以很好地近似堆芯功率分布，在扩散方程中，燃料组件用均匀的燃料组件表示，扩散程序根据测量值进行验证。

尽管如此，实际堆芯参数（反应堆功率、实际控制棒位置、实际硼浓度、组件级冷却剂流动速率和燃耗等）在电厂中应该始终是已知的。我们根据测量值可以很好地重建整个堆芯的功率分布。重建功率分布的问题实际上是插值问题。首先需要找到合适、有效的插值函数，其次是建立一个针对给定反应堆类型的插值方法，最后插值应该调整到反应堆的实际状态。相关问题在第2章至第5章中讨论。

安全限值涉及热工水力（例如组件或子通道中的温升）和中子学（例如局部功率、密度和燃耗），但是其他的信息，比如给定参数的趋势，或者堆芯中的分布，可能也与操纵员有关。

2.1　反应堆运行中模型的作用

动力反应堆类似于当代工业中的其他设备:构建复杂的结构,通过其部件的适当协作使其能够完成给定的功能。然而,存在以下显著差异。

(1)使用的材料应该进行细节描述,例如应该给出材料组成,包括同位素成分。

(2)部件应该工作在广泛的时间尺度内,从毫秒到数周。

(3)相互作用的部件应进行科学描述,包括数学、物理以及一些现代工程科学的分支。

人们可能喜欢或不喜欢,但科学是与模型打交道的,由模型获得的结果仅适用于模型范围内。此外,大多数模型包含的参数和常数需要通过实验确定。

在上述情况下,只能根据测量值对模型进行确认和验证(V&V)。我们只讨论与反应堆运行直接相关的主题,并且只考虑计算模型和堆芯内测量值的关系。第 4 章的主题是计算模型,这里我们考虑计算模型的输入 - 输出,这是一个将输入转换为输出的计算机程序。显然输入应描述反应堆,输出应提供反应堆运行所需的技术数据。

输入数据被分类为描述反应堆部件的量(例如几何形状、材料组成和特性)和取决于反应堆实际状态的参数。具体参数包括反应堆的实际功率 W、硼酸浓度 c_B、控制棒的位置 H_c、燃耗水平 B。当提到冷却剂时,可以使用入口温度 T_{in}、出口温度 T_{out} 和冷却剂流量 G 表述。在谈到回路数据时,所提到的数量由回路下标提供。反应堆模型采用以下符号形式:

$$y = f(x) \tag{2.1}$$

这意味着当反应堆处于静止状态时,反应堆模型将输入数据 x 映射到输出 y。除了 4.4.2.1 节,在目前的工作中讨论的是静止状态。①

分析应该从两个方面准备。第一个是输入数据的不确定性。如果测量一个数据,如 c_B 或 W,测量结果是随机变量,具有给定的平均值和方差。前者被视为“测量”值,后者被视为测量误差。另一个问题是,测量在嘈杂的工业环境中进行,测量值可能有误差,并且 x 和 y 之间的函数关系通常是近似的,下式替换式(2.1)更为现实:

$$\eta = \varphi(\xi) \tag{2.2}$$

式中,希腊字母代表确定性变量对应的随机量。

在这种情况下,首先要确保我们的方向正确。对此需要大量观察,将输入、输出和模型作为随机处理,并查看统计数据是否支持模型的正确性。此步骤称为确认和验证。在 V&V 之后,得到一个具有估计平均值和方差的可靠模型。应该注意,验证仅对输入和输出的给定间隔有效。物理因素有助于判断给定的变化是否超出有效范围。

在反应堆过程运行中,主要问题是在计算模型中使用的反应堆状态是否符合堆芯实际状态。

---

① 堆芯内系统以大约 1 s 的循环时间对数据进行采样,因此反应堆在大多数时间都可以视为静止的。

2.2 堆芯监测系统的基本功能和服务

核反应堆堆芯由可互换的燃料组件组成,因此组件的外部几何结构必须相同,但是内部几何结构和材料成分可能有所不同。反应堆堆芯由反射层区环绕以减少逸出堆芯的中子数量。有两种类型的组件,第一种称为燃料组件,它包含以规则几何形状排列的燃料棒。燃料棒被冷却剂包围,冷却剂通常是水。第二种称为控制组件,它包含中子吸收材料,通常是硼化物,例如硼钢或碳化硼。

如果组件配备测量装置,则将探测器材料放置在位于组件几何中心的仪表套管中,其中还包含将探测器信号转发到处理器的电缆。通常,控制组件不承载任何探测器或其他测量装置。燃料组件通常形成规则的六边形或正方形,参见图 2.1 和图 2.2。

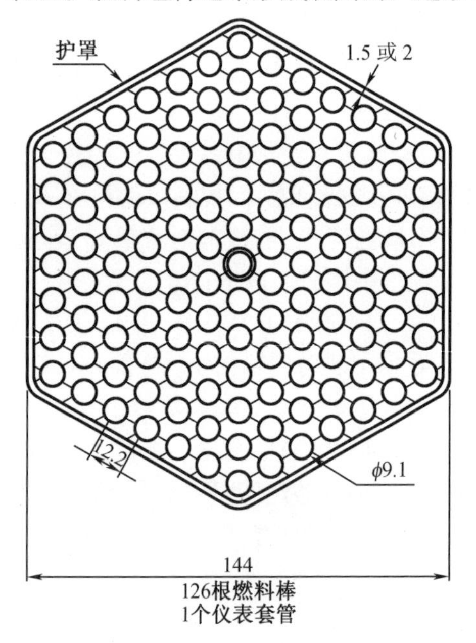

图 2.1　六角形燃料组件

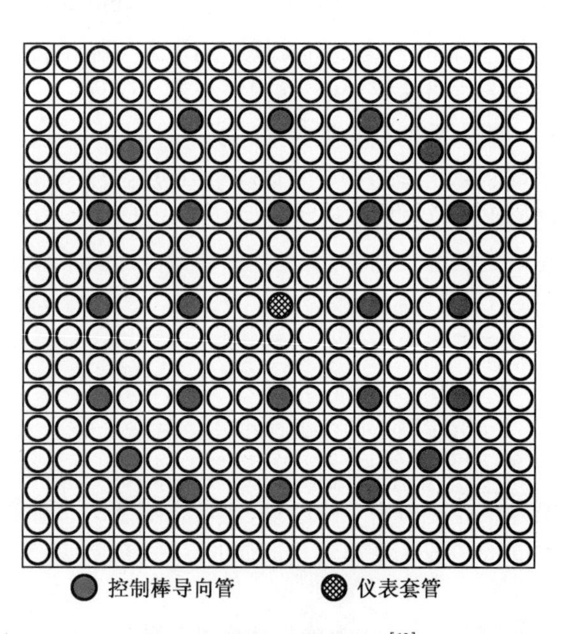

图 2.2　正方形燃料组件[12]

堆芯监测的基本功能如下:

(1)给出组件功率分布的实际估计;

(2)估计任意给定组件的燃料棒功率分布;

(3)估计任意燃料组件的 DNBR 值,见 2.3.9 节;

(4)估计任意组件的组件功率;

(5)提供反应堆运行所需的参数;

(6)检测与计划运行的偏差。

堆芯监测数据通常以操纵员容易理解的形式显示在显示器上。

在以下两个小节中,使用了几个与反应堆堆芯中的计算量和测量量相关的术语。基本术语的含义见参考文献[19],包括栅元、组件、超级栅元、中子通量或功率分布的计算。

关于测量值,应该提到测量值的精度。本书所用的术语是标准的,但为了方便读者,在

6.2.1 节将给出一个简短的总结。

2.2.1　SPN 探测器(SPND)

我们从对测量值的解释开始。探测器导线由于核反应而产生电荷，探测器材料应从组件中的中子气体吸收中子，并在中子吸收后形成的原子核衰变时发射带电粒子。探测器材料可包括铑、铂、钒。通常，给定探测器材料的几种同位素吸收中子，参见图 2.3，其显示了铑同位素的衰变。正如我们所见，同位素^{103}Rh 吸收中子，产生两种可能的激发态：7% 形成^{104m}Rh 的激发态，这是一种亚稳态核，以两种方式释放其多余能量：0.18% 分两步发射 β 粒子到达核^{104}Pd 的基态。在另一个分支上，发射 β 粒子的^{104}Rh 达到核^{104}Pd 的基态。注意 β 粒子在延迟 42 s 后发射。

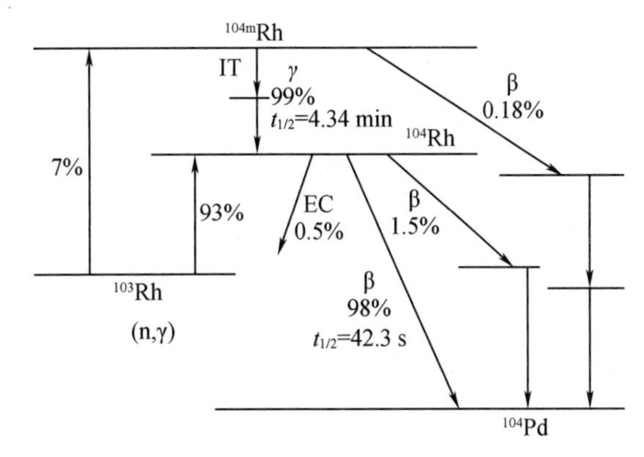

图 2.3　铑同位素的衰变图

探测器通常排列成链，就像在压水堆(如 VVER－440/213 反应堆)中那样。SPND 的方案如图 2.4 所示，探测器本体放置在一根管子中，SPND 探测器的几何结构如图 2.5 所示。SPND 需要 1 个给定的体积，通常它被放置在燃料组件的中心管中。在 VVER－440 中，SPND 有 7 个等距离放置的探测器，还有一根电缆，用于测量探测器外部感应的电流。管子由不锈钢定位板分成两部分，图 2.5 的上部是 7 号探测器的电缆，下部是 1 ~ 6 号探测器的电缆。

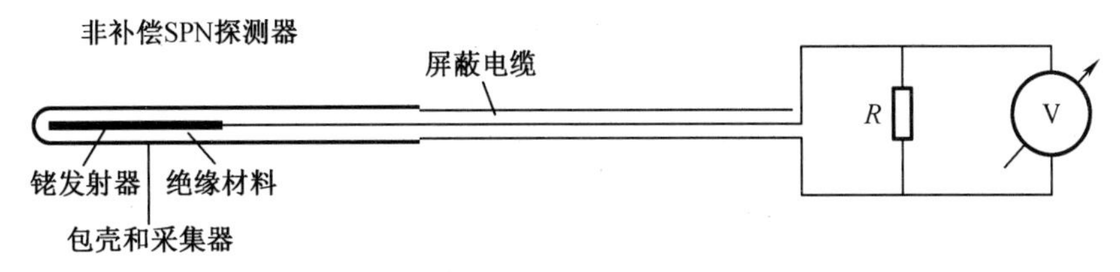

图 2.4　SPND 的方案

由 SPND 电流可以估算出单位时间的吸收数量。设 Σ_d 为探测器截面，Φ 为探测器的中子通量，则电流 I_d 由下式给出：

$$I_d = \int_{V_d}\int_E \Sigma_d(\boldsymbol{r},E)\Phi(\boldsymbol{r},E)\,\mathrm{d}E\mathrm{d}\boldsymbol{r} \tag{2.3}$$

注意，这里 Φ 是探测器的中子通量而不是组件的平均通量，详见 2.3.7 节。组件功率

Ψ_{ass}为

$$\Psi_{\text{ass}} = \sum_{k=1}^{N_{\text{pin}}} \int_{V_k} \int_E \Psi_k(\boldsymbol{r}, E)\,\mathrm{d}E\,\mathrm{d}\boldsymbol{r} \tag{2.4}$$

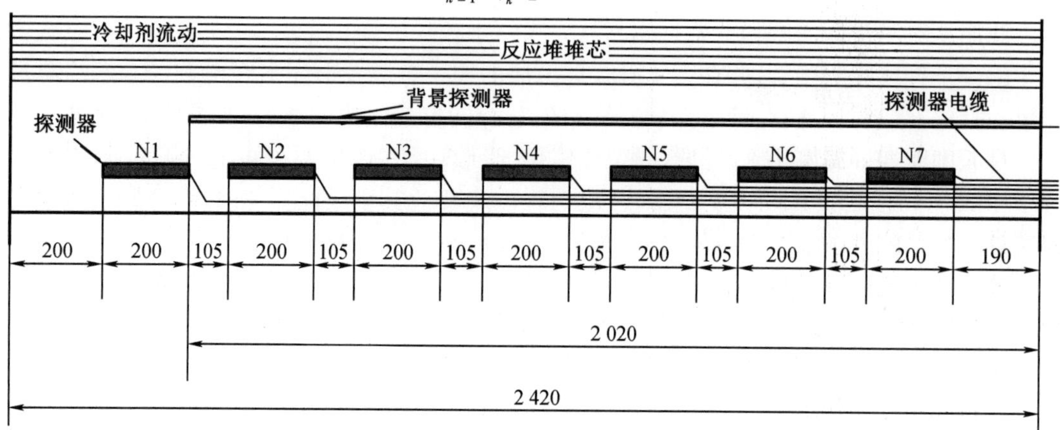

图 2－5　SPND 探测器的几何结构

组件中的燃料栅元数是很大，$N_{\text{pin}} \gg 1$。通量和功率的关系如下：

$$\Psi_k(\boldsymbol{r}, E) = \Sigma_{\text{f}}(\boldsymbol{r}, E)\,\varepsilon\,\Phi(\boldsymbol{r}, E) \tag{2.5}$$

式中，$\Sigma_{\text{f}}(r, E)$是裂变截面，ε 是一次裂变行为释放的能量。不幸的是，$\Sigma_{\text{f}}(r, E)$和 ε 对于各种可裂变同位素是不同的，并且是宏观数据，取决于燃料棒内核素密度分布。同位素组成随时间而变化，也随功率水平而变化。为了解决这个难题，假设组件功率 Ψ_{ass} 和探测器电流 I_{d} 之间存在线性关系：

$$\Psi_{\text{ass}} = C(\boldsymbol{p})\,I_{\text{d}} \tag{2.6}$$

假设转换因子 $C(\boldsymbol{p})$取决于参数向量 $\boldsymbol{p}$。$\boldsymbol{p}$ 中通常包括以下参数：反应堆功率、控制棒位置、硼浓度、燃料的同位素。函数 $C_{i,j}(p)$的实际形式通过将适当的函数拟合到观察到的组件功率作为各种情况下的探测器电流的函数来确定。

以下表达式被最小化：

$$\sum_{i,j} \left(\Psi_{\text{ass},i,j} - C_{i,j}(\boldsymbol{p})_{i,j}\right)^2 = \min_{C_{i,j}} \tag{2.7}$$

这里，数据库被细分为几类，其类似于探测器电流 I_{d} 和组件功率 Ψ_{ass}，给定类由下标 i、j 标识。需要从专业角度来选择合适的类并对运行数据进行分类。当给定单元运行时，数据库被新的运行数据放大，并且不断重复拟合。

SPND 的主要功能是提供以下信息①：

(1)反应堆堆芯轴向功率分布；

(2)最大轴向功率峰因子 k_{z}，见方程(2.14)；

(3)组件功率峰因子 k_{q}，见方程(2.15)；

(4)3D 功率峰因子 k_{v}，见方程(2.16)；

(5)检查堆芯中的功率不对称。

① 下面引用的方程式表示组件 i，作为下标添加到相应的表达式中。

结合 k_q、k_k 和 k_z 可以获得最大功率密度和 CRP 的估计值，这是一个重要的设计安全准则。

另一种解决方案是气动小球系统。由 β 粒子产生的电流被传输去进行更精确地处理：噪声滤波和放大。更详细的情况见 2.3 节。

2.2.2　堆芯温度测量

堆芯中的局部温度不是直接测量的，而是在许多位置测量冷却剂出口温度，利用来自 SPND 数据的轴向功率分布来补充该信息，可以获得将在 2.3.9 节中讨论的传热过程的主要特征的估计。

热电偶利用热电效应，当导体受到热梯度影响时，就会产生电压，这种现象称为热电效应或塞贝克效应[10-11]。测量该电压必然涉及将另一导体连接到“热端”。因此，热电偶连接到温度为 T_0 的参考“冷端”，并连接到要测量温度 T 的位置（热端）。将热端连接到冷端的金属将经历温度梯度，并且对于给定的金属，电压和温度差是已知的函数关系。在反应堆的典型温度范围内，热电压 U 是温差（$T-T_0$）的三次函数：

$$U(T)=A_1(T-T_0)+A_2(T-T_0)^2+A_3(T-T_0)^3 \tag{2.8}$$

式中，系数 A_i 在校准步骤中确定。

在动力反应堆中，热电偶显然应能够抵抗中子辐射。在堆芯中，γ 辐射的空间变化小于热中子通量的空间变化。该观察结果就是所谓的 γ 温度测量方法。

γ 温度计（GT）是一种实心的不锈钢棒，带有位于不同高度的充氩环形腔。在差分热电偶棒中每一层嵌入，使得在热电偶接头之间产生与撞击在棒上的 γ 通量成比例的温差。γ 温度计由一个中空的圆柱形不锈钢棒组成，其长度大致等于反应堆堆芯高度。

沿着棒以一定间隔去除材料的环面，然后在惰性气体中将包层模锻到外部，热电偶组和相关的引线包含在棒中心核芯中。基本上，γ 温度计的双重用途是利用冷端和冷端之间的温差来指示局部发热率，并利用温度分布的形状来推断设备外部的热工水力环境。

为了确定组件 k 的热功率，须计算（热）焓升 W_k^T：

$$W_k^T=G_0(J_k^{\text{hot}}-J_{\text{cold}}) \tag{2.9}$$

注意式（2.9）取决于技术相关数据，如组件中的平均冷却剂流速 G_0。

2.3　堆芯监测的物理和数学基础

堆芯监测以物理规律为基础，以可测量物理量之间的函数关系表示。例如，冷却剂的温度通过嵌入的热电偶测量，该热电偶在位于反应堆堆芯中的热电偶的冷点和热点之间产生电压。校准后，该电压转换为温度。

类似地，SPND 给出的探测器电流应该转换成功率密度。我们寻求一个转换因子 $\varepsilon_{\lambda i}$，将测量的探测器电流 $I_{\lambda i}$ 转换成组件功率。假设有 7 个轴向探测器位置，借助于灵敏度 $\varepsilon_{\lambda i}$，在探测器高度 λ 处的功率密度 $w_{\lambda i}$ 由下式确定：

$$w_{\lambda i}=\varepsilon_{\lambda i}(I_{\lambda i}-\alpha_{\lambda i}I_{8i}) \tag{2.10}$$

式中，$\varepsilon_{\lambda i}$ 是转换因子，$I_{\lambda i}$ 是被测电流。表达式（2.10）考虑到电流的一部分来自电缆而不是来自探测器，校正与虚拟电缆电流 I_{8i} 成正比，比例因子是 $\alpha_{\lambda i}$。比例因子 $\alpha_{\lambda i}$ 在从第 i 个标高处的探测器位置计数的电缆长度中是线性的。当背景电缆不起作用时，使用代理背景电流，它被认为与组件热功率 W_i^T 成正比：

$$I_{8i} = \beta_{di} W_i^T \tag{2.11}$$

式中，β_{di}来自具有工作背景电缆的组件的 W_i^T 和 I_{8i}。W_i^T 可通过直接测量或在 2.3.4 节、2.3.5 节和 2.3.7 节中描述的估算获得。下标 d 指的是富集度，因为近似仅适用于相同富集度的集合。比例因子以最小二乘近似得到：

$$\beta_d = \frac{\sum_i I_{8i} W_i^T}{\sum_i I_{8i}^2} \tag{2.12}$$

对具有给定富集度 d 和可靠背景电缆电流的组件求和，在这个过程中失去了信息：富集度为 d 的所有组件都有一个共同的 β 因子。

至于 $\alpha_{\lambda i}$，它正比于沿探测器 i 长度的通量积分：

$$\alpha_{\lambda i} = c\int_{H_1}^{H_z} \Phi(z)\,\mathrm{d}z \tag{2.13}$$

式中，H_1 是 SPND 链中最低的电缆位置，H_z 是最高位置。问题是 SPND 仅用于测量通量（或功率）。

循环设计计算需要可靠的计算模型，它可用于确定式(2.13)中的积分。计算模型以离散形式确定轴向通量和功率分布，例如通过三次样条插值获得连续分布，参见附录 D。

组件 i 的功率 w_i 根据 SPND 测量值估算。在堆芯设计计算中，应确定最大功率密度。为此应用了几个功率峰值因子，轴向功率峰值因数是下式的最大值：

$$k_{iz} = \frac{\max \widetilde{w}_i}{\widetilde{w}_i} \tag{2.14}$$

式中，k_{iz}是组件 i 的轴向功率峰值因子，$\widetilde{w}_i$ 是组件 i 的轴向平均功率。组件功率峰值因数是下式的最大值：

$$k_{iq} = \frac{w_i^T}{w_{\text{average}}^T} \tag{2.15}$$

式中，k_{iq}是组件 i 的二维功率峰值因子。三维功率峰值因子是下式的最大值：

$$k_{iv} = k_{iz} k_{iq} \tag{2.16}$$

式中，k_{iv}是组件 i 中的三维功率峰值因子。

在标称探测器位置 z_k'处计算，在实际位置 z_k 处测量。借助样条插值函数 φ_j，我们从实际位置 z_k 到标称位置 z_λ 导出以下变换矩阵：

$$R_{k\lambda} = \sum_{j=1}^{7} \varphi_j(z_k)\left[\varphi_j(z_\lambda)\right]^{-1} \tag{2.17}$$

在微调中，根据 DPZ 电流以及组件中测量的 ΔT 和冷却剂流量得到的综合组件功率应该是相同的。当组件 i 的所有 ε_{ik}乘以调谐常数时，可以通过校准确保这一点。

在温度测量中，热电势 $U(T)$ 见方程(2.8)，涉及公因子 A_1，假设 $A_2 = a_2 A_1$，$A_3 = a_3 A_1$，A_1 被拟合到稳定的已知温度。

为了确定组件 i 的热功率 w_i^T，需要焓升。必须考虑到至少有两种组件类型：多数是相同几何形状的正常组件，但控制装置的几何形状肯定与大多数不同。对于正常组件，我们

使用:

$$w_i^T = G_0(J_{i,\text{out}} - J_{i,\text{in}}) \tag{2.18}$$

而对于控制组件,有

$$w_{iC}^T = G_C(J_{i,\text{out}} - J_{i,\text{in}}) \tag{2.19}$$

进入组件时的冷却剂熵是

$$J_{i,\text{in}} = J_{\text{in},0}[1 + E_1(T_{i,\text{in}} - T_{0a})] \tag{2.20}$$

式中,T_{0a}是冷段中冷却剂的标称温度;$T_{i,\text{in}}$是组件 i 中的入口冷却剂温度;常数 E_1 由拟合确定。使用混合矩阵从回路的冷段温度确定进入的冷却剂温度。为简单起见,假设组件入口温度是常数。

至于 $J_{i,\text{out}}$,可以使用类似于式(2.20)的表达式:

$$J_{i,\text{out}} = J_{\text{out},0}[1 + E_2(T_{i,\text{out}} - T_{i,0})] \tag{2.21}$$

式中,$J_{\text{out},0}$是离开组件 i 时冷却剂的标称焓;常数 E_2 通过拟合确定;$T_{i,\text{out}}$是离开组件 i 时冷却剂的温度。

2.3.1 测量值与计算值之间的关系

当我们对一个机组进行第一次测量时,就已经完成了其他几项操作。使用已批准的计算模型,已经进行了若干计算以支持反应堆和实际堆芯的审批过程。几位专家对计算进行了分析和评价,见 2.7.5 节中的第一段。我们投入如此多的精力来设计反应堆并特别规划燃料循环,为什么不让反应堆运行到实际燃料循环结束呢?答案如下。

(1)堆芯设计程序基于大量数据,包括原子核和特定的核反应的科学模型。这些数据存放在称为评估核数据库(ENDL)的大型库中。在处理成千上万的测量数据时,必须谨慎。

(2)一旦反应堆不接近其稳定工作状态,必须记住反应堆的基本方程是非线性的,见第 4 章。其中一些倾向于稳定时间相关过程,而另一些则不然。我们将在第 4 章中详细讨论这个问题。

(3)在第 4 章我们指出每个计算都是基于假设,只有假设成立时,所得结果才是正确的。

这是在工业设备中实施测量的要点:在每个运行的发电厂中,不断收集和分析数据,以合理地确定反应堆在设计的轨道上运行;如果存在偏离计划的情况,应该采取纠正措施。

2.3.1.1 计算中的参数

假设计算模型已通过 V&V 过程。物理模型涉及常数或参数,理论往往对其允许值比较宽容,我们需要寻找方法来改进原本完美的计算。

通常,我们在堆芯中位置 x_i 处的测量量 $\Phi(x_i)$ 之间具有数学关系,我们寻找在 $x = x_i$,$i = 1, 2, \cdots, N$as 处的每个组件有值的函数 $f(x, \boldsymbol{c})$,其中 N_{as}是堆芯组件数量。我们寻找参数向量 $\boldsymbol{c}$,使得当 $x = x_i$ 时,$f(x_i, \boldsymbol{c})$ 接近 Φ_i。反应堆堆芯中的位置由设计确定,因此将 $\Phi(x_i)$ 称为 Φ_i 就足够了。当对轴向位置 z 感兴趣时,我们使用 $\Phi_i(z)$。通常我们讨论离散的轴向位置,则使用 Φ_{ij},其中第二个下标表示区间$(j-1)\Delta z \leqslant z \leqslant j\Delta z$。$\Phi_{ij}$可以认为是平均值或区间$[z_{j-1}, z_j]$的中点处的值。

在理想情况下,有

$$\boldsymbol{\Phi}_i = f(\boldsymbol{c}) \tag{2.22}$$

意味着 $\boldsymbol{\Phi}_i$ 是参数矢量 $\boldsymbol{c}$ 的函数。测量时,$\boldsymbol{\Phi}_i$ 一定有误差。当测量重复 n 次时,即使物理环境相同,通常也会得到 n 个不同的值。我们说测得的 $\boldsymbol{\Phi}_i$ 是一个随机变量,式(2.22)可能只适用于平均值 $E\{\boldsymbol{\Phi}_i\}$:

$$E\{\boldsymbol{\Phi}_i\} = f(\boldsymbol{c}) \tag{2.23}$$

公式(2.22)通常称为物理模型,这些模型将在第4章中讨论。请注意,分析人员应选择最好的模型描述所考虑问题。假设测量的 $\boldsymbol{\Phi}_i$ 没有系统误差,通过 $\boldsymbol{\Phi}_i$ 可以确定 $\boldsymbol{c}$。这样得到的参数矢量是随机矢量 $\boldsymbol{\gamma}$,$E\{\boldsymbol{\gamma}\} = \boldsymbol{c}$。如果下式成立,则这种估计称为无偏估计:

$$\delta\boldsymbol{c} = E\{\boldsymbol{\gamma}\} - E\{\boldsymbol{c}\} = 0 \tag{2.24}$$

式中,$\delta\boldsymbol{c}$ 是参数矢量的偏差,它是估计的系统误差。

通过将确定性基函数拟合到测量值而获得的参数矢量 $\boldsymbol{\gamma}$ 必须是随机的。当进行多次测量时,平均值和方差通过标准统计工具获得[13,43]。在实践中,测量值由其平均值和其标准偏差来描述,或者通过其概率分布来描述。

我们研究了具有 N_{as} 个燃料组件的反应堆堆芯,要监测的物理分布是 $\boldsymbol{\Phi} = (\boldsymbol{\Phi}_1, \boldsymbol{\Phi}_2, \cdots, \boldsymbol{\Phi}_{N_{\mathrm{m}}})$,其中 N_{m}(可能不超过 N_{as})是进行测量的组件数量。将 $\boldsymbol{\Phi}$ 表示为 N_{m} 个预先计算和确定性基矢量 $\boldsymbol{B}_k = (B_{k1}, B_{k2}, \cdots, B_{kN_{\mathrm{m}}})$ $(k = 1, 2, \cdots, N_{\mathrm{as}})$ 的线性表达式的条件是确定的。系数是根据插值通量尽可能接近测量位置的 $\boldsymbol{\Phi}_j$ 测量值:

$$Q(\boldsymbol{c}) = \sum_{j=1}^{N_{\mathrm{m}}} (c_j B_{kj} - \boldsymbol{\Phi}_j)^2 \tag{2.25}$$

式中,B_{kj} 是插值中使用的组件 j 的第 k 个基函数,其中 $1 \leqslant j \leqslant N_{\mathrm{as}}$。应选择系数 $c = c_1, c_2, \cdots, c_{N_{\mathrm{b}}}$,使得 Q 最小。由于 $\boldsymbol{\Phi}_j$ 是随机的,所以 Q 也是随机的。① 此外,由于 $\boldsymbol{c}$ 的元素取决于随机变量 $\boldsymbol{\Phi}(x_j)$,它们必须是随机的,所以我们用 $\boldsymbol{\gamma}$ 代替 $\boldsymbol{c}$。下面为 $\boldsymbol{\gamma} = (\gamma_1, \gamma_2, \cdots, \gamma_{N_{\mathrm{m}}})$ 解以下方程组:

$$\sum_{j=1}^{N_{\mathrm{m}}} \sum_{k=1}^{N_{\mathrm{b}}} B_{rj} B_{kj} \gamma_k = \sum_{j=1}^{N_{\mathrm{m}}} \boldsymbol{\Phi}_j B_{rj}, \quad r = 1, 2, \cdots, N_{\mathrm{b}} \tag{2.26}$$

令

$$P_{kr} = \sum_{j=1}^{N_{\mathrm{b}}} B_{rj} B_{kj}, \quad r = 1, 2, \cdots, N_{\mathrm{b}}, \quad k = 1, 2, \cdots, N_{\mathrm{b}} \tag{2.27}$$

且

$$f_r = \sum_{j=1}^{N_{\mathrm{b}}} \boldsymbol{\Phi}_j B_{rj}, \quad r = 1, 2, \cdots, N_{\mathrm{b}} \tag{2.28}$$

则我们必须对 r_k 求解:

$$\sum_{k=1}^{N_{\mathrm{b}}} P_{kr} \gamma_k = f_r, \quad r = 1, 2, \cdots, N_{\mathrm{b}} \tag{2.29}$$

如果基函数 $B_k(x_j)$ $(j = 1, 2, \cdots, N_{\mathrm{as}})$ 是线性独立的,则式(2.29)是可解的,因此基函数的数量可以不超过测量的组件数量。确定 $\boldsymbol{\gamma}$ 后,可以在组件 k 中进行以下估算:

---

① 尽管它是一个随机变量,但保留了传统的符号 Q。

$$\Phi_k = \sum_{r=1}^{N_m} \gamma_k B_{\gamma_k}, \quad 1 \leqslant k \leqslant N_{as} \tag{2.30}$$

随机变量由其分布函数描述。下面引用统计学中众所周知的表述，请详见参考文献[14－15]。

Q 的最小值与 $n-m$ 自由度卡方随机变量成正比：

$$Q_{\min} = \sigma^2 \chi^2_{n-m} \tag{2.31}$$

χ^2_{n-m}的平均值是$(n-m)$，因此

$$\sigma^2 = \frac{Q_{\min}}{n-m} \tag{2.32}$$

可以使用。

现在我们确定 γ 的分布函数，对于 $\boldsymbol{\gamma} = (\gamma_1, \gamma_2 \cdots, \gamma_{N_b})$，我们求解式(2.29)：

$$\gamma = \boldsymbol{P}^{-1} \boldsymbol{f} \tag{2.33}$$

其中

$$f_r = \sum_{j=1}^{N_b} \Phi_j B_{rj}, \quad r = 1, 2, \cdots, N_b \tag{2.34}$$

因此，矢量 $\boldsymbol{f}$ 的元素在 Φ_j 中是线性的。线性组合的分布函数

$$\eta = \sum_{j=1}^{N_b} \alpha_j \Phi_j \tag{2.35}$$

是正常的，因为 Φ_j 是独立的随机变量，它们的均值和总和也是正态分布的，总和的平均值是所涉及的正态分布随机变量的均值的线性组合，而方差是相应方差的线性组合[28]。

设

$$\mu = a\xi + b, E(\xi) = m$$

则 $E\{\mu\} = am + b, E\{\mu^2\} = E\{(a\xi + b)^2\} = E\{a^2\xi^2 + 2ab\xi + b^2\}, E\{\mu^2\} = a^2 E\{\xi^2\} > a^2 + 2abm + b^2$。$\mu$ 的方差是

$$\sigma^2_\mu = E\{\mu^2\} - E\{\mu\}^2 = a^2 E\{\xi^2\} + 2abm + b^2 - (am + b)^2 = a^2(E\{\xi^2\} - m^2) = a^2 \sigma^2_\xi$$

最后 μ 的方差由下式给出：

$$\sigma^2_\mu = a^2(E\{\xi^2\} - m^2) \tag{2.36}$$

在方程(2.30)中，γ_k 是正态分布的 Φ_j 测量值的线性组合，并且它们本身也是正态分布的。一般随机变量 ξ 的方差的通常表示法是 $\sigma^2_\xi = E\{\xi^2\} - E\{\xi\}^2$。使用 γ_k 可以得到

$$\sigma^2_{\gamma_k} = \sum_{j=1}^{N_b} \left(\sum_{r=1}^{N_b} P^{-1}_{kr} B_{rj} \right)^2 \sigma^2_{\Phi_j} \tag{2.37}$$

结论：(1)通过 $Q_{\min}$来衡量拟合的好坏。如果 $Q_{\min}$太大(可以通过分析教科书中的卡方统计表来获得结论，例如 MATHEMATICA、MAPLE 或 MATLAB)，那就必定是错误的。可能的原因是：测量失败或试验功能不正确，堆芯状态(控制棒位置、冷却剂流量分布、硼浓度等)意外改变。

(2)使用拟合的 γ_k 系数的方差，可以很容易确定拟合映射的方差。当位置 x_i(即测量组件)的差值超过标准偏差的3倍时，应检查测量值，参见6.4节。

(3)当实施多个独立的堆芯内测量时，应交叉检查测量值和得到的映射。这可能会揭示几个早期阶段的问题。

通常,基函数的数量 N_b 小于测量位置的数量 N_m。下面我们将研究如何选择基函数。

在 VVER-440 堆芯中,组件数量为 349 个,在 210 个组件上测量出口温度,测量的位置是预先确定的。在这种情况下,$N_{as}=349$,$N_m=210$。基函数最多 210 个,而温度场的维数是 349。原则上有

$$\binom{N_{as}}{N_m}=\frac{N_{as}!}{N_m!\ (N_{as}-N_m)!}\approx 3.47\times 10^{100}$$

种可能的选择。

根据对测量值增加的贡献,可以对基矢量 $B_{1i},B_{2i},\cdots,B_{N_m,i}$ 进行排序:

$$\sum_{i=1}^{N_m}\Phi_i B_{1i} > \sum_{i=1}^{N_m}\Phi_i B_{2i} > \cdots > \sum_{i=1}^{N_m}\Phi_i B_{N_m,i} \tag{2.38}$$

而第一个基函数是最有价值的。假设基函数 $\boldsymbol{B}_k$ 是正交的,则表达式(2.26)可以重写为

$$\gamma_k=\frac{\boldsymbol{\Phi}\boldsymbol{B}_k}{\boldsymbol{B}_k\boldsymbol{B}_k},\quad k=1,2,\cdots,N_b \tag{2.39}$$

这意味着当 γ_k 很大时,基函数 $\boldsymbol{B}_k$ 描述了更多的 $\boldsymbol{\Phi}$。通过线性表达式的近似特性在主成分方法(PCM)中重现,参见 6.3 节和附录 B 中的全局灵敏度方法。

2.3.2 检查测量值

堆芯测量分为两类。SPND 或空气球测量①提供了关于反应堆堆芯功率轴向分布的唯一测量信息,冷却剂温度升高提供了堆芯功率径向分布的详细信息。两种测量的功率包含不同的信息:冷却剂的温度升高和流速可以估算冷却剂的焓升,并且主要由燃料组件的热性质(热导率、传热系数、燃料、包壳和冷却剂的温度等)决定。SPND 测量局部中子通量或功率。众所周知,裂变中释放的一部分能量以与热量不同的形式出现(例如裂变产物的激发能、γ 辐射)。SPND 链的几何形状如图 2.5 所示。一根电缆包含 7 个位于高程的探测器,探测器的电缆应通过绝缘层隔离。不幸的是,在绝缘体中也可能出现引起核反应的电荷,并且应该校正寄生电流。为此,没有探测器的电缆也放置在 SPND 中。电缆中感应的电流大小取决于电缆长度 H,在电缆长度上的通量积分为

$$I_{corr}=\frac{\int_{H_{det}}^{H}\Phi(z)\,dz}{\int_0^H\Phi(z)\,dz} \tag{2.40}$$

式中,I_{corr} 是电流校正;H_{det} 是探测器电缆的下部标高;H 是探测器电缆的最高点。实际的探测器电流与 $I-I_{corr}$ 成正比:

$$I_d=\frac{C_1}{(1-C_2Q)^{c_3}}(I-I_{corr}) \tag{2.41}$$

式中,Q 是探测器发射的总电荷。

平均而言,一个给定的核素仅俘获一个中子并且仅发射一个电子,因此分母说明了“探测器燃耗”。式(2.41)中的常数通过研究探测器的行为来确定。

---

① 此后,我们将术语 SPND 用于两种测量。

当背景电流出错时，不可能进行背景校正。为了避免丢弃良好的测量电流，可以将热组件功率细分为与相应背景电缆长度中的功率成比例的部分，参见式(2.11)。

式(2.6)中的转换因子 $C(\boldsymbol{p})$ 取决于燃料组件的状态，而燃料组件的状态又取决于局部和全局量，例如，燃耗、冷却剂温度和功率密度是局部参数，而硼浓度是全局参数。一般来说

$$C(\boldsymbol{p}) \equiv C(B, T, P, c_{\mathrm{B}}, \cdots) \tag{2.42}$$

式中，B 是燃耗；T 是冷却剂温度；P 是功率密度；c_{B} 是硼浓度。

就像在参数化的截面数据库中一样，参数相关性是不同于标称状态的低阶多项式，所需的参数数量可以达到 20。

假设已经从式(2.7)确定了 $C(\boldsymbol{p})$，并且通过式(2.6)将 SPND 电流转换成组件功率。定期自动读出探测器电流，并在同一时间段内重新估算测量功率。我们已经看到 SPND 信号具有惯性，信号可能不会随时间任意改变。

注意，弛豫时间也包括电子处理的惯性。将在时间 t 测量的探测器电流 $I_{\mathrm{d}}(t)$ 与先前的值进行比较并滤除由电子接触或操作错误引起的状态变化是一种好的做法。上述条件的简单表述是检查条件：

$$|I_{\mathrm{d}}(t+\Delta t) - I_{\mathrm{d}}(t)| < \varepsilon \tag{2.43}$$

是否成立。式中 ε 可能取决于反应堆状态，并且对于各种反应堆类型是不同的。将时间变化与同一探测器链中其他探测器的时间变化进行比较是个好主意。

反应堆给定堆芯点的中子通量随时间变化。在中子通量很大的地方，单位时间内消耗的燃料更多，中子通量越小的地方，燃料消耗越少，因此中子通量趋于通量差减小。根据堆芯设计计算，操纵员可以预测在给定堆芯中可能存在哪种变化。

下面我们重点介绍通过气球系统或 SPND 链测量的轴向功率分布。我们解决了以下采样问题：给定轴向功率分布 $\Psi(z)$，在 K 位置处获得的测量值：$P_k = \Psi(z_k)$，$k=1,2,\cdots,K$。要回答以下问题：

(1)轴向积分功率的误差是什么？

(2)如果某些探测器失效，如何改变估计的最大功率密度及其位置？

(3)如果只能使用部分测量值，如何使用 SPND 测量值？

如图 2.5 所示，探测器不覆盖堆芯的总高度，电流 I_{d} 与探测器长度的平均功率成正比。插值后获得轴向功率分布，实际的探测器长度不相等，供应商可以在燃料证明中提供燃料的正确长度。如果不是这种情况，则应筛选 SPND 组件。

当我们在每个探测器的中心获得平均功率 w_k，$k=1,2,\cdots,K$ 时，轴向功率曲线是平滑函数，因此可以使用样条插值。样条插值在堆芯上方需要一个附加值，在堆芯[①]下需要一个附加值。由于所述区域中的材料分布仅近似已知，并且扩散方程在均质材料中的解预测了类似余弦的轴向形状，因此足以知道上部 $z_0 = \lambda_u$ 和下部 $z_{K+1} = \lambda_l$，功率为零。功率曲线由三阶样条拟合(见附录 D)为

$$\Psi_m(z) = c_{m0} + c_{m1}(z - z_m) + c_{m2}(z - z_m)^2 + c_{m3}(z - z_m)^3$$

$$z_{m-1} \leqslant z \leqslant z_m;\quad m = 1, 2, \cdots, K$$

已经确定了 z_0 和 z_{K+1}，区间 $[z_m, z_{m+1}]$ 的中点是第 m 个探测器的中点，那里的内插值应该是

① 外推轴向功率曲线的上端和下端。

w_m。每个探测器中心在一个且只在一个区间内。插值过程涉及 $K+2$ 个点,$K+1$ 个区间。通量必须轴向平滑变化,因此可以使用平滑度来减少未知数。所需的方程自动根据区间端点处的通量连续性产生。

(1)在下部和上部外插点处,$\Psi_1(\lambda_l)=0$,$\Psi_K(\lambda_u)=0$,内插功率为零;

(2)$\Psi_m(z_m)=\Psi_{m+1}(z_m)$,$m=1,2,\cdots,K$,即插值多项式是连续的;

(3)$\dfrac{\mathrm{d}\Psi_m(z_m)}{\mathrm{d}z}=\dfrac{d\Psi_{m+1}(z_m)}{dz}$,$m=1,2,\cdots,K$,即插值多项式的导数是连续的;

(4)$\dfrac{\mathrm{d}^2\Psi_m(z_m)}{\mathrm{d}z^2}=\dfrac{\mathrm{d}^2\Psi_{m+1}(z_m)}{\mathrm{d}z^2}$,$m=2,3,\cdots,K$,即插值多项式的二阶导数是连续的。

上述约束代表 $3K+2$ 个条件,剩余的 K 个条件是从要求在每个区间的中点给出测量值获得的,$3K+2$ 个条件构成齐次线性方程组。由于测得的功率是 $\boldsymbol{w}=(w_1,w_2,\cdots,w_K)$,系数取决于测量值,插值取以下形式:

$$\Psi(z) = \sum_{m=1}^{K+2}[c_{m0}(\boldsymbol{w}) + c_{m1}(\boldsymbol{w})(z-z_m) + c_{m2}(\boldsymbol{w})(z-z_m)^2 + c_{m3}(\boldsymbol{w})(z-z_m)^3] \tag{2.44}$$

由于插值 $\Psi(z)$ 在测量的功率 $\boldsymbol{w}$ 中是线性的,因此任何线性函数 $L(\Psi(x))$ 在 $\boldsymbol{w}$ 中也是线性的。例如,组件功率:

$$W = \int_0^H \psi(z)\,\mathrm{d}z = \boldsymbol{M}_W^+ \boldsymbol{w} \tag{2.45}$$

其中伴随矢量 $\boldsymbol{M}_W^+$ 的元素,给出了 SPND 功率对由下式确定的轴向积分功率的贡献:

$$\sum_{m=1}^{K+2}\sum_{j=0}^{3} c_{mj}\int_0^H (z-z_m)^j\,\mathrm{d}z \tag{2.46}$$

线性度允许预先计算信号处理中所需的每个必不可少的矩阵。

由式(2.45)可以清楚地看出,误定位探测器的影响是非线性的。设探测器 m 的位置变化为 $z_m \to z_m+\delta z_m$,则功率分布由下式改变:

$$\begin{aligned}\delta\Psi(z) &= \sum_{m=1}^{K+2} c_{m1}(\boldsymbol{w})(z-\delta z_m) + c_{m2}(\boldsymbol{w})[2(z-z_m)\delta z_m + (\delta z_m)^2] \\ &= c_{m3}(\boldsymbol{w})[3(z-z_m)^2\delta z_m + 3(z-z_m)(\delta z_m)^2]\end{aligned} \tag{2.47}$$

最后,注意堆芯高度不是可以读出的简单技术数据,也应该对其进行研究。在燃料芯块之间存在间隙,芯块随温度而膨胀,芯块的轴向长度可以在棒与棒之间以及从组件到组件变化。将堆芯高度 H 视为已知的具有一些误差的随机参数是合理的。

分析人员应该记住,堆芯仪表的目标是监测安全限值,至于 SPND 则监测局部功率密度峰值。随着燃耗的加深,功率密度的最大值可能会发生变化,首先是唯一的最大值出现在堆芯高度的中间某处,之后可能会出现两个最大值。幸运的是,只要 SPND 没有被拆开,探测器位置就是恒定的,但是如果某些探测器读数与其他明显不符,则应该进行灵敏度分析。

2.3.3 轴向功率分布

轴向功率曲线由式(2.44)给出,前提是所有(K 个)测量的探测器电流都是可靠的。灵敏度分析可以轻松提供由探测器位置或读数中的误差产生的测量功率值的误差信息。为此,应研究表达式(2.44)的结构。$K+1$ 个轴向区间由 $K+2$ 个轴向点确定。两点即 z_0 和 z_{K+1}是外推端点,其中通量(以及功率)为零。我们将这两点称为外部的,其余 K 个点为内部的。在区间 $z_{m-1} \leqslant z < z_m$ 中,假设功率具有式(2.44)的形式。

4.3 节讨论了计算中子气体特征的工具,可用于确定轴向分布的计算工具使用以下资源:

(1)一个参数化的截面库,其中实际截面可作为慢化剂温度、硼浓度、功率水平和燃耗水平的函数来查找。实际截面由诸如大型库中的插值之类的工程工具确定。

(2)求解少群扩散方程的计算机程序,能群的数量通常为 2 或 4。

(3)在动力堆中,耦合计算中考虑温度反馈,其中中子通量和燃料以及慢化剂温度在耦合堆芯中计算。

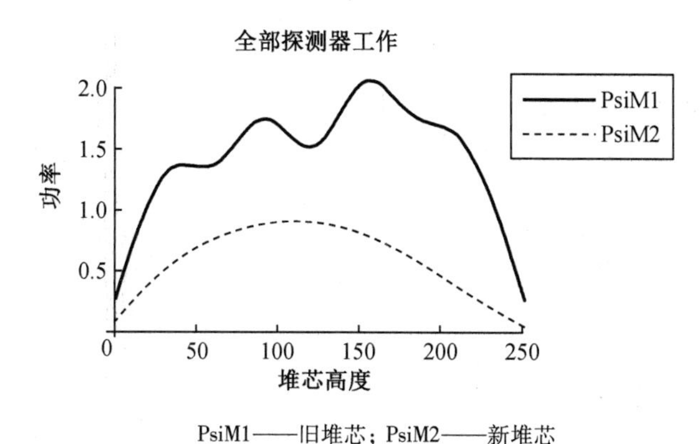

PsiM1——旧堆芯; PsiM2——新堆芯

图 2.6　所有探测器工作时的插值功率曲线

不需要上述复杂工具就能获得沿燃料组件的功率分布的一般情况。在新堆芯中,可以通过求解一维扩散方程来估计轴向功率的形状:

$$D\frac{\mathrm{d}^2\Phi}{\mathrm{d}z^2}+\Sigma\Phi(z)=0 \tag{2.48}$$

式中,扩散常数 D 和截面 Σ 是恒定的。式(2.48)的解是 $\Phi(z)=\cos(Bz)$,其中 B 是常数并且可以通过堆芯高度确定,因为中子通量在堆芯的顶部和底部,最大功率大约在堆芯高度的中点。Σ 有两个组成部分:裂变产生中子,吸收消耗中子,Σ 是它们的差。随着时间的推移,燃料中可裂变核的数量减少,裂变产物中出现强吸收体(例如氙、钐等)。因此,余弦形式(参见图 2.6 中曲线 PsiM2)倾向于变成具有两个或更多个最大值的曲线(参见图 2.6 中曲线 PsiM1),当每个探测器信号都可以使用时显示这样的曲线。注意各曲线下面积之间的差异:面积与组件功率成正比,它是关键安全参数之一。在运行的压水堆中,SPND 链包括 4 到 7 个探测器,具有 4 个或 7 个探测器的反应堆的安全参数之间没有本质区别[27]。同时应注意,估计的组件功率的准确度可能取决于探测器的数量。下面我们简要回顾一下这个问题。

SPND 测量的可靠性受以下关键因素的影响:

(1)探测器链中工作 SPND 的数量和位置;

(2)轴向功率分布;

(3)测量信号的处理。

首先,应注意如果探测器链的一个探测器发生故障,估计的组件功率的不确定性不仅取决于轴向分布,还取决于错误探测器的位置。然而,一个给定的探测器发生故障并且轴向功率分布恶化,那么下面我们研究恶化的后果。

如图 2.7 所示为 60 cm 探测器出现错误时的插值功率曲线,显示了图 2.6 中轴向形状的两条曲线,但这次忽略了标高为 60 cm 的 SPND。在新堆芯中,我们获得曲线 PsiM2,变化不大,而曲线 PsiM1 变化显著,起伏较小。当然,忽略缺失的测量是不可取的,必须重新评估轴向功率分布。为此,我们研究了插值多项式,见图 2.8 至图 2.11。插值多项式是一条平滑曲线,它在给定的探测器标高处取值为 1,在所有其他标高处取值为零。当缺少一个测量值时,会丢失信息,并反映在变化的曲线中。

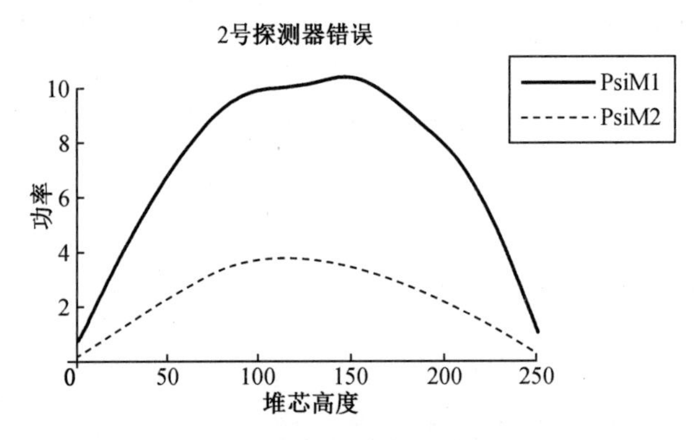

图 2.7　60 cm 处探测器出现错误时的插值功率曲线(PsiM1—旧堆芯; PsiM2—新堆芯)

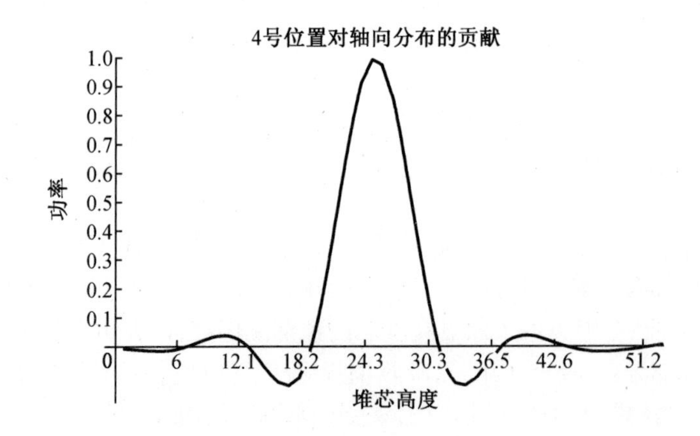

图 2.8　与 33 号组件中第 4 号内部位置相关的插值函数

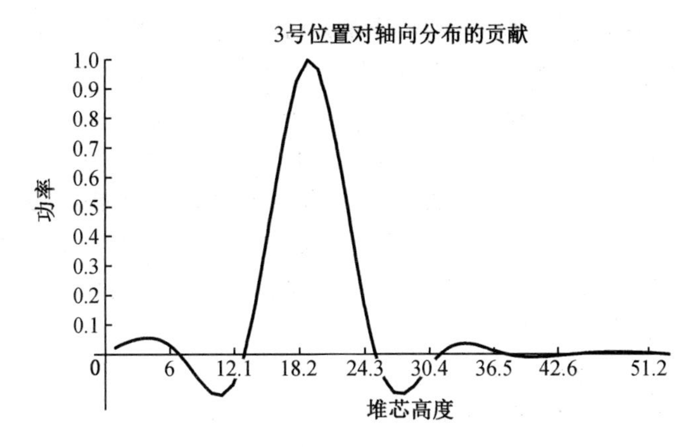

图 2.9　与 33 号组件中第 3 号内部位置相关的插值函数

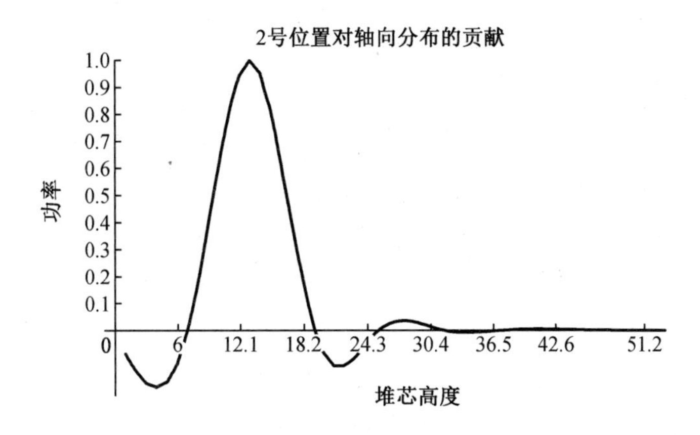

图 2.10　与 33 号组件中第 2 号内部位置相关的插值函数

可以减少丢失的信息。当轴向功率平稳时,错误的探测器的危害较小。随着燃耗的发展,轴向形状的峰值曲线倾向于平缓,见图 2.7 中曲线的左侧和右侧,其中曲线 PsiM2 是新堆芯中的轴向形状,而 PsiM1 是第二个燃料循环中的轴向功率形状。

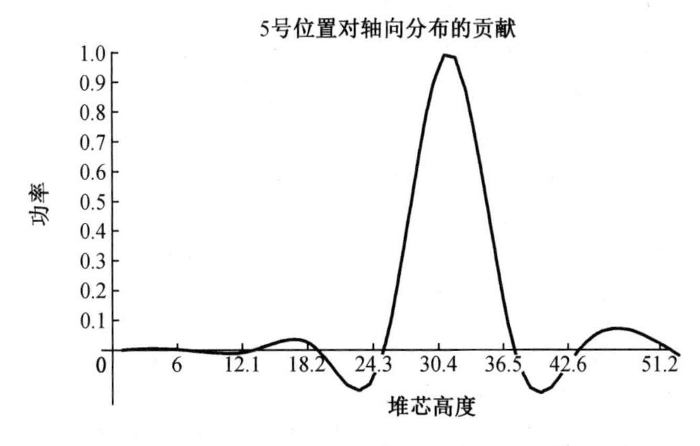

图 2.11　与 33 号组件中第 5 号内部位置相关的插值函数

下面研究探测器位置对轴向功率形状的影响。SPND 链在燃料厂制造,探测器数据(位置和探测器长度)由燃料厂以给定的精度提供。[①] 下面展示了在数值分析中错误定位的 SPND 可能产生的影响(设标称探测器位置以厘米为单位):

$$z=(-6,30,50.5,71,91.5,112,132.5,159,250+6) \tag{2.49}$$

假设 7 个探测器位置和两个外推距离,其中外推通量为零。外推距离这里是 6 cm,因此矢量 $\boldsymbol{z}$ 的每个元素被视为随机的。假设探测器的随机位置是独立的,并且正态分布,标称位置为平均值,方差为 0.2 cm。至于轴向功率形状,假设第二个燃料循环一个典型的曲线:

$$P=(0,1.312,1.401,1.765,1.598,2.015,1.858,1.558,0) \tag{2.50}$$

并确定功率曲线的 100 个元素的随机样本,如图 2.12 所示。首先评估误差来源,探测器位置的 0.2 cm 误差是低估的,当导线被切割成一个或多个给定长度时,探测器长度也有误差。探测器导线的直径和密度代表进一步的误差源。除标称探测器外,上述所有误差源均被认为是一个误差源。

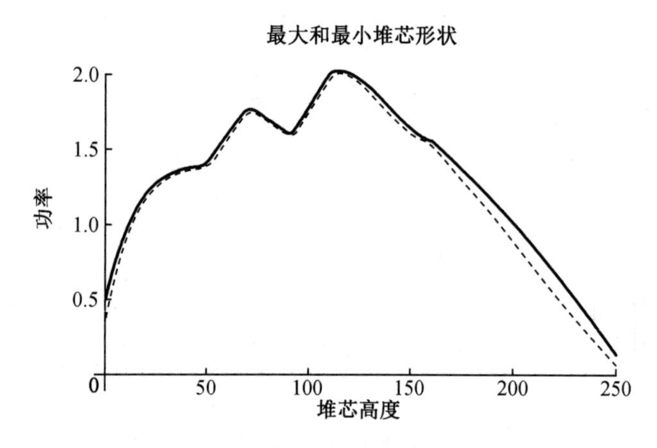

图 2.12　轴向功率曲线的位置灵敏度

如附录 D 所示,插值函数是测量值 φ_i 的表达式。因此,可以确定测量值对内插值的贡献。这种分解使我们可以直接估计轴向功率曲线的不确定性。首先,由于线性,测量误差可加和;其次,可以通过插值函数的一阶导数估计测量位置的不确定性。原因是我们必须使用插值方法来重构轴向功率分布。当测量失效时,轴向区域的一部分没有测量。

当谈到堆芯中的测量值和计算值时,坐标应该是固定的。在 VVER-440 型压水堆中,组件位置的编号如图 2.18 所示。

位置误差影响轴向功率分布的最大值,但影响相当小。我们注意到所考虑的轴向形状是不确定的,通常轴向分布是简单且平滑的曲线。大的偏差(大于 10%)仅发生在功率密度较小的堆芯顶部和底部,积分功率的差异约为 4.3%,这是所测量组件功率 σ 的数值估计。在压水堆中,有 36 个 SPND 链,在绝对正常范围内,σ 随机误差的概率约为 0.045,其中一个测量组件中基于 SPND 的功率的误差可能超过 8%。该误差仅包括探测器位置误差的影响。

当在压水堆中有 $36\times7=252$ 个 SPND 时,探测器有可能发生故障,请参见 2.3.1.1 节中的最后一段。很明显,错误的探测器意味着信息丢失,测量值的准确性必然降低。我们已

① 提到的数据在燃料说明书中。

经看到插值函数不能用于减少误差。我们可以使用哪些信息来源？答案是在研究反应堆堆芯时找到的。当装载对称时，可以比较对称布置组件的总功率。幸运的是，尽管轴向分布可能取决于控制棒位置，但仅在几个组件尺寸的距离内，因此在对称位置的组件中轴向功率分布几乎相同。

该观察结果可以做如下使用。轴向分布在两个阶段确定，第一步，在所考虑的堆芯中研究功率分布，并确定一些典型分布[20]。第二步，测量的但不完整的轴向分布表示为在前一步骤中选择的典型分布的线性组合。该过程基于所研究的堆芯中的轴向分布的集体特征，并且由上述线性组合提供由于错误探测器而导致的测量信息缺失。在统计学中，该过程称为主成分方法[22]，在 6.3.2 节描述并给出了一个应用实例。工程应用强调该方法的特征，即减少信息量，可能足以恢复一张图片，因此也称为降阶方法（ROM）。

下面的例子用于演示 PCM 方法。研究的堆芯被识别为 SDIN1，详见第 6 章。首先，讨论单个 DPZ 探测器的故障。轴向功率分布由三次样条插值确定，参见附录 D，插值是基于 7 个轴向探测器位置的测量值。可以通过比较 7 个轴向探测器位置处恢复的 7 个值来研究丢失测量的影响。1 号探测器在研究梯度较大的区域中缺失测量的影响时不用，见图 2.13。恢复值通过直线连接，并与作为参考的 7 个测量值进行比较。

在 9 号组件 DPZ 链的 7 个探测器中，5 号探测器不可操作，同时排除 1 号探测器，我们研究了两个不可操作的探测器的影响，见图 2.14。两个缺失的探测器仅在恢复的轴向分布中引起轻微误差。

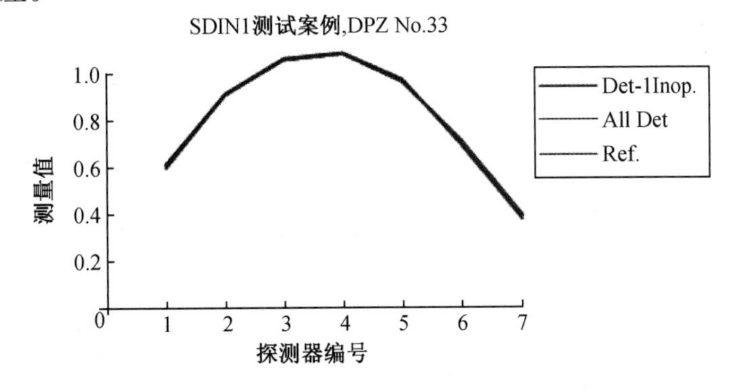

图 2.13 33 号组件中 1 号 DPZ 失效的影响

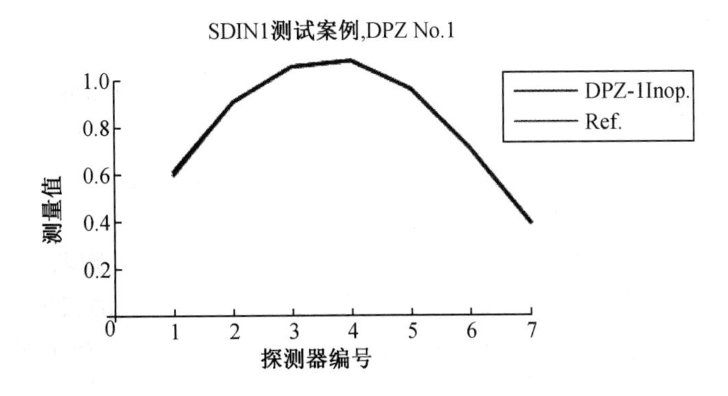

图 2.14 9 号组件中 1 号和 5 号探测器故障的影响

我们没有提供更多示例,而是展示了所有 36 个组件的总结,其中至少有两个不可操作的探测器,为此,在评估中探测器 3 和 4 被丢弃。图 2.15 中比较显示了比例近似值/参考值在 7 个轴向测量位置的统计数据。在第 1 层上,所有恢复的值都在几个百分点内达成一致,唯一的区别在于第 7 层可以观察到较大的相对偏差。然而,注意绝对功率值在第 7 个探测器处很小。这里忽略了在一个 SPND 链中有超过 3 个不可操作探测器的可能性。

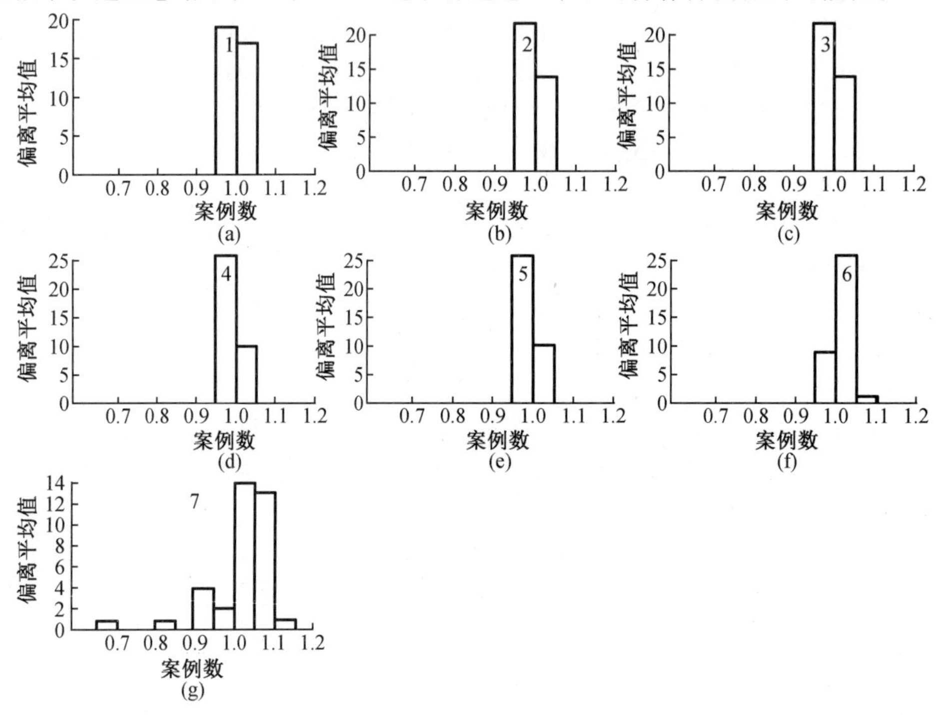

图 2.15　不可操作探测器引起的误差统计

2.3.4　非测量的组件

由于技术限制,配备测量装置的组件数量有限,需要估算这些堆芯位置的测量值。中子通量是扩散方程的解,功率分布来自中子通量,因此组件 i 中测得的 ΔT_i 不是任意的。如果已知模型输入,则可以通过合适的模型计算非测量组件的功率。让我们总结一下应用于功率分布中的算子 $\mathscr{T}$ 的计算:

$$\mathscr{T}(\boldsymbol{p})\boldsymbol{\Psi} = \boldsymbol{\Psi} \tag{2.51}$$

实际上 $\mathscr{T}$ 是计算机程序,其输入是描述堆芯、燃料和冷却剂的参数集。关于参数矢量 $\boldsymbol{p}$,我们可以使用与 SPND 信号处理中相同的矢量。

式(2.51)在堆芯几何对称的情况下是不变的,前提是材料分布和冷却剂流动模式是对称的。图 2.16 和图 2.17 所示分别为 ATMEA1 堆芯监测系统和 AES-2006 堆芯监测系统。ATMEA1 反应堆堆芯燃料组件为正方形,行标记为 1 到 14,列标记为从 A 到 R。组件位置由一对数字给出,例如(1,J)指的是最左上方的组件,中心组件为(8,H),如果对称位置的组件特性相同,则堆芯几何形状显示 45°旋转或反射对称,对称中心是组件(8,H)的中点。

如图 2.17 所示,在 AES-2006 堆芯中装载了六边形组件。一个组件由行号和列号这一对数字标识。堆芯的中心是组件(8,29),堆芯包括 6 个几何形状相同的扇区。请记住,几何对称性只是堆芯描述的一个组成部分,如果燃耗、冷却剂流量分布、冷段温度或回路的流速不同,则对称性可能会变差。

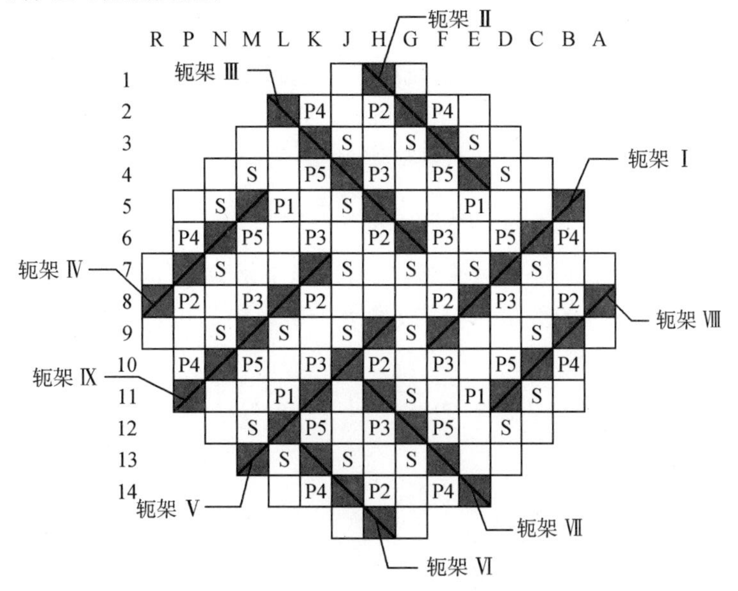

图 2.16　ATMEA1 堆芯监测系统

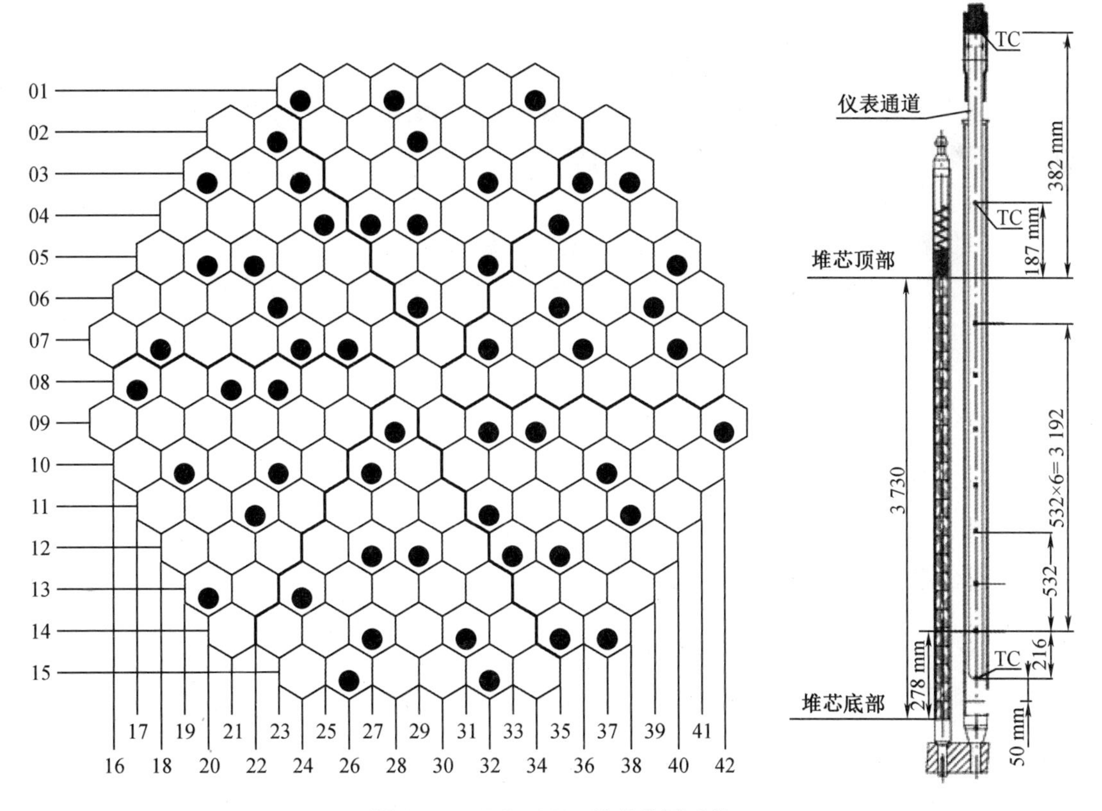

图 2.17　AES－2006 堆芯监测系统

堆芯内部仪表的功能之一是检查流量分布和组件重新装载的对称性。首先,我们要避免使用几何堆芯对称。假设堆芯在给定的旋转下是不变的,那么功率分布①就是

$$\boldsymbol{\Psi}_{s,i} = a_s \boldsymbol{\Psi}_i \tag{2.52}$$

式中,下标 s 指扇区,i 指扇区内的位置。

首先,必须检查组件功率是否显示出对称性。为此,将 $\boldsymbol{\Psi}(s,i)$ 视为随机变量,具体取决于许多未知情况。在这种情况下,可以合理地假设 $\boldsymbol{\Psi}(s,i)$ 是正态分布的,由平均值 $m_{s,i}$ 和方差 $\sigma_{s,i}$ 表示。对于 $p_{s,i} \leqslant \boldsymbol{\Psi}_{s,i} \leqslant p_{s,i} + dp_{s,i}$,其概率 $w(p)$ 为

$$w(p) = \frac{1}{2\pi} \mathrm{e}^{-\frac{p^2}{2}} \mathrm{d}p \tag{2.53}$$

假设式(2.52)可以通过以下拟合来检查:考虑以下函数 $Q(a_1, a_2, \cdots, \psi_1, \psi_2, \cdots)$,其中 a_i 的数量等于相同几何扇区的数量,ψ_i 的数量等于扇区中的位置数。应选择上述参数,以便使以下表达式最小化:

$$Q_{\min} = \min_{a_s, \psi_i} \sum_{s,i} (\psi_{s,i} - a_s \psi_i)^2 \tag{2.54}$$

至少关于 a_s 和 ψ_i 的导数为零,有

$$\frac{\partial Q}{\partial a_s} = 2 \sum_i (\psi_{s,i} - a_s \psi_i) \psi_i = 0, \quad s = 1, 2, \cdots \tag{2.55}$$

和

$$\frac{\partial Q}{\partial \psi_i} = 2 \sum_s (\psi_{s,i} - a_s \psi_i) a_s = 0, \quad i = 1, 2, \cdots \tag{2.56}$$

式(2.55)和式(2.56)在 a_s 和 ψ_i 中是非线性的,通过迭代求解这些方程。未知数是每个扇区一个 a_s,每个位置一个 ψ_i。

$Q_{\min}$ 是随机变量,因为式(2.55)和式(2.56)涉及测得的功率 $\psi_{s,i}$。$Q_{\min}$ 的概率分布是众所周知的卡方分布,$Q_{\min}$ 的期望值由下式给出:

$$E\{Q_{\min}\} = \sigma^2 \chi^2_{n-m} \tag{2.57}$$

式中,χ^2_{n-m} 代表随自由度 $n-m$ 分布为 χ^2 的随机变量;n 是已知 $\psi_{s,i}$ 的点数;m 是拟合参数的数量;σ^2 是测量功率的方差。由于 χ^2 的期望是 $n-m$,因此对于测量功率的方差估计如下:

$$\sigma^2 = \frac{Q_{\min}}{n-m} \tag{2.58}$$

实际 $Q_{\min}$ 是由式(2.54)确定的随机变量,可以用统计软件(如 MATHEMATICA、MATLAB 或 MAPLE)查找卡方分布,确定功率分布为产品扇区相关幅度 a_s 和位置相关 ψ_i 的乘积的概率。

求解式(2.55)和式(2.56),可立即得到扇区幅度 a_s 和扇区功率分布 ψ_i。每个扇区有一个扇区幅度,每个扇区位置有一个功率,即 $s = 1, 2, \cdots, N_s$ 和 $i = 1, 2, \cdots, N_p$,其中 N_s 是扇区位置数,N_p 是一个扇区内的位置数。

$Q_{\min}$ 符合全局拟合。可能存在称为外层的单个位置,在那里一般关系不成立。在这些位置可以使用另一个统计变量,即学生分数 τ_i。学生分数是一个随机变量,见参考文献

① 在 MATHEMATICA、MATLAB、MAPLE 等符号数学和统计软件中可以找到有关概率分布的详细讨论。

[15][第 3 章]：

$$\tau_i = \frac{\psi_{s,i} - a_s\psi_i}{\sqrt{\frac{Q_{\min}}{n-m}}} \tag{2.59}$$

其分布是正态的，均值为零，单位方差为 1。注意式(2.59)是测量功率与式(2.55)和式(2.56)中使用的简单模型的预测之间的差异。分母是拟合的标准偏差。

从统计学的角度来看，我们建立了一个典型的统计假设：测得的功率 $\psi_{s,i}$ 可以表示为两个项的乘积，一个与扇区 a_s 与位置 $\boldsymbol{\Psi}_i$ 有关。通过比较测量值和估计值来测试我们的假设。将 $Q_{\min}$(是一个 χ^2 随机变量)取一个值，表明我们的假设成立的概率，该值接近 1，比如 0.95。[①]

测量值和预测值之间的局部差异也是一个随机变量，见式(2.59)，已知其分布是正态分布。正态分布随机变量以高概率取平均值附近的值，但是约 3σ 的差异以概率 0.05 出现。在有 100 个测量位置的堆芯中，在 3 个位置观察到 $5\tau_i > 3$，接近于 1，所以并不奇怪。在接下来的内容中，我们将介绍各种统计方法来分析测量值或为非测量组件赋值。

查看反应堆的功率图，不容易发现数据中的某些内部结构。功率分布的根是服从扩散方程的中子通量，见 4.3 节，其解是一个缓慢变化的函数。这立即解决了这个问题：功率分布中是否存在典型的微观结构？如果是，是否有可能找到它们？能否找到有效的工具来分析测量的功率分布并将估算值分配给非测量组件？数学统计有上述手段[20]。最近提到的技术称为降阶模型(ROM)，参见文献[23－24]。

前面已经提到，功率分布可以通过适当选择的试验函数的线性组合来近似，参见式(2.30)；我们在式(2.52)中利用了一个特殊的试验函数，其中试验函数被选择为扇区幅度 a_s 乘以位置相关的 ψ_i。在数学意义上，这相当于假设我们有 6 个扇区可能只包括 1 个振幅。让我们通过以下方式概括这个想法：将堆芯细分为相同大小的区域，让每个扇区都有自由振幅，形式上[25]，功率分布为

$$\boldsymbol{\Phi} = (\boldsymbol{\Phi}_1, \boldsymbol{\Phi}_2, \cdots, \boldsymbol{\Phi}_{N_{\mathrm{as}}}) \tag{2.60}$$

并且堆芯被认为是 N_{el} 个元素的集合，每个元素中有 m 个组件。因此允许重叠元素 $N_{\mathrm{el}}m \geqslant N_{\mathrm{as}}$。这些元素具有相同的几何形状，其使用情况如下。

在第一个学习步骤中，研究了一个参考功率分布，我们将其细分为元素并形成以下矩阵：

$$\boldsymbol{A} = (\boldsymbol{y}_1, \boldsymbol{y}_2, \cdots, \boldsymbol{y}_{N_{\mathrm{el}}}) \tag{2.61}$$

这里 $\boldsymbol{A}$ 是具有 N_{el} 列和 m 行的矩形矩阵。根据 $\boldsymbol{A}$ 形成 $m \times m$ 观察矩阵 $\boldsymbol{S}$：

$$\boldsymbol{S} = \boldsymbol{A}\boldsymbol{A}^{\mathrm{T}} \tag{2.62}$$

可以证明 $\boldsymbol{S}$ 是对称的正定矩阵。在第一步结束时，确定 $\boldsymbol{S}$ 的特征值和特征向量：

$$\boldsymbol{S}\boldsymbol{z}_i = \lambda_i \boldsymbol{z}_i, \quad i = 1, 2, \cdots, m \tag{2.63}$$

并按递减顺序排列特征值：$\lambda_1 > \lambda_2 > \cdots > \lambda_m$，特征向量是正交的。

---

① 该数字称为置信度。

2.3.5 试验函数

式(2.52)的一个明显的推广是将函数 ψ_i 视为试验函数,并将其幅度解释为实际堆芯中 ψ_i 的权重。通过适当选择 ψ_i,可以跟随演化的发展:当振幅随时间增加时,与它有关的物理过程变得越来越重要。通常振幅从较小的值开始,但如果它超过噪声水平,可能会捕捉到处于萌芽状态的危险过程。我们在第5章中提出了有用的试验函数。

寻找向量 $\boldsymbol{\psi}_i, i=1,2,\cdots,N_{\mathrm{as}}$ 表示堆芯中的组件分布。给出 N_{meas} 点处的测量值,其中 $N_{\mathrm{meas}}<N_{\mathrm{as}}$ 重构 $\boldsymbol{\psi}_i$ 值。为此,使用基函数并将未知分布展开为基函数的线性表达式。在实践中,使用一些试验函数就足够了。我们在这里使用主成分方法的变体,参见6.3节。

当分析人员研究测量值 $y_i(i=1,2,\cdots,N_m)$ 的映射时,首先要做的是找出堆芯中是否存在对称性。答案是:堆芯具有 n_s 折叠对称性。下一步是将测量值排序到 n_s 扇区之一中。之后,收集所有扇区中给定位置的测量值并进行统计,确定平均值和方差。

下一步研究方差之间的差异。有异常值吗?一个给定异常值附近是什么?这种分析通常很有成效。形式上,上述分析对应于式(2.54),其中 $\psi_{s,i}$ 是扇区 j 的位置 i 的测量值。通过研究学生分数,即式(2.59),可以找到外层位置。

应该强调的是,测量值属于给定的堆芯状态,并且如果具有堆芯跟踪计算,则计算的分布指的是假定的状态。运行参数如功率、硼浓度、控制棒位置或堆芯中的流量分布,进口冷却剂的温度与其假定值不同。然而,预先计算的分布必须是对实际堆芯状态的一个很好的猜测。这就是计算分布被选为第一试验函数的原因。

使用计算的分布,可以得出进一步的试验函数。例如,可以从具有不同的控制棒位置的两个计算分布的差异获得表示功率图变化的试验函数。

类似地,如果回路中的流量变化,则结果将是温度分布的倾斜。另外两个试验函数,一个在 x 方向倾斜,一个在 y 方向倾斜,因为它们的线性组合能够模拟任何流动倾斜。

当硼浓度包含系统误差时,中子谱将稍微硬一些,并且富集度会导致误差。

2.3.6 计算模型

与基础科学一样,如果没有合适的模型和合适的测量方法,反应堆将无法运行。反应堆计算的一个组成部分是一堆计算机程序,这些程序确定例如反应堆堆芯中的功率分布、裂变产物的量或冷却剂温度分布。这些计算[①]需要大量数据,包括(另参见第4章):

(1)材料性质(密度、热导率、同位素成分、黏性等);

(2)核特性(截面、共振参数等);

(3)技术描述(机械、电气、材料连接、故障传播等)

(4)技术的零部件之间的连接(设备可以连续工作,其他设备只能按需运行);

(5)电厂的运行可能需要一回路和二回路之间的反馈。

到目前为止,已经很清楚的是,反应堆模型的计算和测量值代表了反应堆描述的两个方面。

计算模型可表示为输入-输出关系。输入假设确定堆芯状态的所有参数,必须精简这

① 在这里,我们只讨论正常运行的情况。

些大量的信息，例如，不是单独给出每个棒的同位素组成，而是使用简化的结构：材料组成和截面在宏观截面中组合并利用均质化（参见4.3节）创建一个截面库，其中通过插值计算实际截面，将其作为几个精心选择的参数的函数。实际上，反应堆计算的输入由参数化库和实际参数组成。由于参数化库仅在使用新燃料时更新，我们认为它是给定的。

输入的另一个组成部分是堆芯描述。几何形状通常是恒定的[①]，装料模式仅在燃料循环结束时更新，因此堆芯模式在燃料循环中是确定的。最后，以下数据确定了堆芯：

（1）功率；

（2）控制棒位置；

（3）硼浓度；

（4）冷却剂进口温度；

（5）燃耗；

（6）冷却剂流量。

上面给出的一些参数是全局的，如控制棒位置、硼浓度，其他参数可以是全局的或局部的（例如功率、进口冷却剂温度）。最后，计算机模型是由参数向量 $\boldsymbol{p}$ 提供输入的一组计算机程序，并产生分布 $\boldsymbol{y}_i$：

$$\boldsymbol{y}_i = \boldsymbol{f}_i(\boldsymbol{p}) \tag{2.64}$$

这里的矢量符号是指分布。输出的转换可能是：$\boldsymbol{y}_1$ 为通量；$\boldsymbol{y}_2 = \boldsymbol{W}_{\text{ass}}$，功率；$\boldsymbol{y}_3 = \boldsymbol{T}_{\text{out}}$；$\boldsymbol{y}_4 = \Delta T$。

通常，计算模型使用设计人员、电厂工作人员提供的数据。我们举两个例子：第一个是组件几何，大多数程序假设所有堆芯的燃料组件都相同，显然，控制组件和燃料组件的几何形状确实不同，通过校正因子来考虑；第二个是进口温度分布，通常冷段环路温度只相差几度，组件 i 的进口温度由下式计算：

$$T_{\text{in},i} = \sum_k \boldsymbol{M}_{ik} T_{c,k} \tag{2.65}$$

式中　$T_{\text{in},i}$——组件 i 的进口温度；

$\boldsymbol{M}_{ik}$——混合矩阵；

$T_{c,k}$——环路 k 中的冷段温度。

首先，根据输入数据的不确定性研究计算分布的灵敏度：

$$\delta \boldsymbol{y}_i = \sum_k \frac{\partial \boldsymbol{f}_i}{\partial p_k} \delta p_k \tag{2.66}$$

不确定性通常被认为是统计上独立的。让我们估计参数向量 $\boldsymbol{p}$ 中的元素数量，有 N_{as} 个冷却剂进口温度，以及相同数量的冷却剂流量和出口温度。在 VVER－440 中，$N_{\text{as}} = 349$，因此应该将上千个小的统计上独立的贡献进行求和来获得 $\delta \boldsymbol{y}_i$。统计数据为我们提供了评估 $\delta \boldsymbol{y}_i$ 统计特征的方法，见附录F第G.1节。结论总结如下。

（1）分布趋向于正态分布，在式（2.66）中大约具有20项，正态分布应用是可以接受的。

（2）随着项数的增加，方差单调增加。当 δp_k 的方差不依赖于 k 时，$\delta \boldsymbol{y}_i$ 的方差随着 $\sqrt{K}$ 的增加而增加，其中 K 是参数的数量。

---

① 正如作者所指出的那样，已经发生了为减少反应堆容器的辐照而对 VVER－440/213 堆芯的几何形状进行更改的情况。

为了评估计算分布的准确性,应仔细测试计算[18],这是在 V&V 的过程中完成的。通常,精心挑选的测试案例包括已知精确解的简单问题和一系列更复杂的问题[44],包括对测试设施的测量[45]。类似的基准题汇编[46]也存在于热工水力学中,包括失水事故测试[47]和缩比模型的测量[48]。在发电厂中,收集测量数据用于测试计算和相关模型。

测量值可用于测试计算模型中使用的运行参数,可以将计算的功率分布和 ΔT 分布与计算结果进行比较。让我们寻找最小化表达式的最佳参数向量 $\boldsymbol{p}$:

$$Q(\boldsymbol{p}) = \sum_i [\boldsymbol{y}_i - \boldsymbol{f}_i(\boldsymbol{p})]^2 \tag{2.67}$$

其中,求和仅在测量位置上运行, 参数向量 $\boldsymbol{p}$ 的非线性方程为

$$\sum_i \sum_k [\boldsymbol{y}_i - \boldsymbol{f}_i(\boldsymbol{p})] \frac{\partial \boldsymbol{f}_i}{\partial p_k} = 0 \tag{2.68}$$

方程式和拟合中涉及的参数 p_k 一样多。由于 $\boldsymbol{f}_i(\boldsymbol{p})$ 由计算机程序提供,因此只能通过数值计算导数。请注意,$\boldsymbol{f}_i$ 具有与测量位置数量一样多的元素。在详细介绍拟合之前,我们观察到 $\boldsymbol{p}$ 的某些元素具有全局效应:控制棒位置和硼浓度改变了反应性,拟合总是在反应堆临界状态下进行。

当计算模型是精确的,并且数值计算的导数足够准确时,必须建立一个数值方法来使式(2.67)最小化。可用的程序分为两类:第一类在没有求导的情况下就能求出式(2.67)的最小值,这种方法是单纯形法;第二类使用导数方法,包括梯度法、最速下降法和其他方法。

$Q(\boldsymbol{p})$ 的最小值不能为零,因为测量的矢量 $\boldsymbol{y}_i$ 涉及测量误差。设 $\boldsymbol{y}_i = \boldsymbol{y}_{i0} + \delta \boldsymbol{y}_i$,其中 $\delta \boldsymbol{y}_i$ 是误差。当测量是无偏的,$E\{\delta \boldsymbol{y}_i\} = 0$,并且其分布与 $D\{\delta \boldsymbol{y}_i\}$ 标准偏差呈正态关系①,所获得的 $Q_{\min}$ 值用于估计测量值的方差,该值可能取决于 i。

测量值可用于调整计算模型。分析计算值和测量值之间的分布,可以观察到特殊的差异。可能发生的是,大的偏差与给定的富集度或给定区域相关,例如在反射层附近或在控制棒周围。然后通过调整具有给定富集度的组件的参数、控制棒附近的参数或控制棒参数,可以使计算的分布更接近测量值。相反,如果在与普通冷点相关的燃料组件中出现大的偏差,则可以改善对测量温度的评估。

学生分数图可以清楚地显示所提到的异常情况。遗憾的是,没有指示异常的自动极限值,导致分析人员认识上述现象是一个长期学习的过程。观察结果可能有助于将新的试验函数与拟合联系起来。将这种新的基函数引入能够描述测量和计算之间一些差异的表达式(2.25)中,$Q_{\min}$ 将会减少。

2.3.7 组件功率估计

在核反应堆中,能量在燃料棒中释放,燃料棒被装入燃料组件中,准备在换料过程中作为一个单元移动, 燃料组件的几何形状是相同的。堆芯仪表的主要目标之一是检查堆芯中释放功率的空间分布。

人们无法直接测量组件功率,但是可以通过模型得到。测量方法分成两大类:热工测量方法估计冷却剂吸收的热能;核功率测量方法估计燃料释放的能量。显然这两种测量方法

① 注意,从 100 点开始,有两三个点总是超出 3σ 极限。

测量不同的能量。两种测量都与安全直接相关：

(1)当释放的核能密度超过安全限值时,燃料可能过热,从而导致包壳破损和放射性气体如氙或碘的部分释放。

(2)燃料过热的另一个可能后果是在燃料棒的外部边界处发生传热危机，这可能会降低燃料的排热效果。

在 VVER－440 反应堆中,一个燃料组件中的燃料棒有 126 根,测量必须是局部的,因此我们需要一个物理模型来将局部测量与组件功率联系起来。在分析给定动力反应堆大量运行数据之后,详细阐述了这种模型[16]。这项工作可能包括以下步骤：

(1)收集大量数据,其中测量信号通常是探测器电流和组件功率。组件功率应根据堆芯中的功率分布确定,探测器电流取自测量值。在设计阶段两者都收集在装备精良的工业反应堆上。收集的数据应涵盖组件的整个寿期(新燃料,少量燃耗阶段,少数运行模式,包括各种冷却剂流动状态、控制棒位置等)。

(2)收集的数据被排序到给定的类中,该类包括特征运行模式。在一个类中,详细描述了模型和函数关系,这个函数关系是被测组件的装配功率和被测电流之间的关系。

(3)下一步是将模型的自由参数拟合到测量值。在拟合过程中,可以假设探测器电流－组件功率关系的近似形式,并确定拟合函数的常数。

组件功率易于在测量组件中确定。考虑一个带温度测量的组件。燃料中释放的热能流过组件的冷却剂,释放的热能量等于焓升,焓升等于冷却剂质量乘以温升和比热容。计算必须包括技术测量的数量。该技术提供以下测量量：

(1)Q_j——环路 j 的冷却剂体积流量,对于所有 j 都给出。

(2)ΔP_j——主循环泵(MCP)j 的压降。

(3)(MCP)j 的特征。

(4)ρ_j——环路 j 中冷却剂的密度。

(5)T_j^c——环路 j 冷段中冷却剂的温度。

热段焓由下式计算：

$$J_k^{\text{hot}} = J_0^{\text{hot}}[1 + A_1(T_k^{\text{hot}} - T_0^{\text{hot}})] \tag{2.69}$$

式中　J_0^{hot}——冷却剂的比焓；

T_k^{hot}——环路 k 的热段温度；

A_1——通过拟合获得的常数；

T_0^{hot}——热段中冷却剂的名义温度。

环路 j 的热功率 W_k^{P} 被确定为

$$W_k^{\text{P}} = G_k(J_k^{\text{hot}} - J_k^{\text{cold}}) \tag{2.70}$$

式中　G_k——环路 k 中质量流量；

J_k——是环路 k 中冷段和热段的比焓。

一部分冷却剂可以绕过加热的堆芯流动，所谓的间隙分数估计为

$$G_{\text{gap}} = G\frac{T_{\text{mix}} - T_{\text{hot}}^{\text{ave}}}{T_{\text{mix}} - T_{\text{cold}}} \tag{2.71}$$

式中　G——环路的总冷却剂流量；

T_{mix}——“混合区域”中的平均温度；

T_{hot}^{ave}——环路热段的平均温度。

冷段焓 J_0^{cold} 的确定类似于式(2.69):

$$J_k^{cold} = J_0^{hot}[1 + A_2(T_k^{cold} - T_0^{cold})] \tag{2.72}$$

在任何控制组件中都没有测量值,因此仅估计流量和焓。在配备出口温度测量的组件中,释放的功率计算为

$$W_k^T = G_0(J_k^{hot} - J_{cold}) \tag{2.73}$$

与

$$J_k^{hot} = J_{k0}^{hot}[1 + E_2(T_{in} - T_0^{hot})] \tag{2.74}$$

且

$$J_k^{cold} = J_{k0}^{cold}[1 + E_1(T_{in} - T_0^{cold})] \tag{2.75}$$

在最后两个方程中,通过拟合确定常数 E_1、E_2,J_{k0}^{hot}、J_{k0}^{hot} T_0^{hot}、T_0^{cold} 是标称值。必须注意的是,标称值取决于 MCPs 的数据,如果流量不同,环路的进口温度不同,则应使用修正值。

到目前为止,我们从技术的角度讨论了近似值。现在转到为非测量组件分配功率的问题,主要解决以下问题:

(1)如何比较两个或更多个不同燃料组件的温升?

(2)如何为非测量组件分配温升?

使用技术提供的读数,我们能够确定所测量组件的焓升。一些是限制根据堆芯的最高温度制订的,参见 2.3.9 节和 2.3.8.2 节,并且借助于组件中已知的冷却剂流速,释放的热能对应于温升。通常使用 ΔT_i,即组件 i 中的温升来评估堆芯中的温度分布。在本小节的其余部分,我们研究了估算非测量组件的 ΔT_i 的问题。

第一步是分析堆芯仪表,目的是理解设计师的概念①。需要回答以下问题:

(1)测量组件的比例是多少?

(2)可以从堆芯测量组件的分布看出一个概念吗?

(3)使用的仪表可以检测到什么样的异常?

(4)没有经过任何测量的堆芯区域有多大?

(5)该技术是否提供有关流量分布、组件进口温度分布的任何额外信息?

作为一个例子,分析 VVER-440 堆芯,见图 2.18。堆芯有 349 个六角形燃料组件,其中 210 个具有出口温度测量,36 个具有 SPND 链,每个链中有 7 个铑探测器。有 36 个控制组件对称地分布于中心组件。一回路中有 6 个环路,反应堆堆芯由 6 台按 60°对称排列的 MCP(主循环泵)提供冷却流量,每个回路都有温度和流量测量值。通过在冷却剂中溶解的硼酸或移动控制棒来维持临界状态,有一组 7 个控制棒用于精细临界调节。

测量组件的比例是(210+36)/349≈0.704。如果执行 230 次测量工作,则 2/3 的堆芯被测量。当 6 个环路中的流量或进口温度不同时,这个差异可能导致 60°扇区中的流速和冷却剂温度变化。即使很小的变化也可以首先通过环路仪表或堆芯仪表检测到。仪表几乎是对称使用的。

同时,控制组件没有进行任何测量。通常供应商提供数据,例如控制组件中的流量。通

---

① 幸运的分析人员可能会有清楚地阐明这一概念的文档。

常在燃料组件上部测量冷却剂出口温度，并且冷却剂的流动是湍流，导致测量到的温度有波动，可以通过热工水力模型计算估计弛豫时间并与采样周期进行比较。

图 2.18　VVER-440 堆芯仪表(C—控制组件；T—热电偶；S—SPND 链)

温度测量基于式(2.8)，它需要一个参考冷点，这是一个保存在隔离之处的大金属块，以尽量减少可能的温度变化。实际上，有不止一个冷点，所以典型的情况如图 2.19 所示，这是操纵员可以看到的屏幕之一。屏幕的中央部分显示了配备温度测量装置的组件，每个都与 12 个冷点中的 1 个相连。每个堆芯温度测量和环路温度计都连接到两个不同的冷点。冷点是冗余和独立的。当第一个冷点不真实时，评估会自动切换到另一个冷点。图 2.19 显示了第一个和第二个冷点温度之间的差异(扫码见采图)。

颜色代码显示堆芯中热电偶的位置，给定颜色的组件被分配给同一个冷点，冷点的实际温度显示在图的左侧和右侧。热电偶由代码 X0LEXXTYYY 标识，其中 XX 是数字，YYY 是 001 或 002，在代码下显示冷点的温度。在温度之后，颜色代码显示冷点值的状态，绿色表示正常，红色表示温度太高。

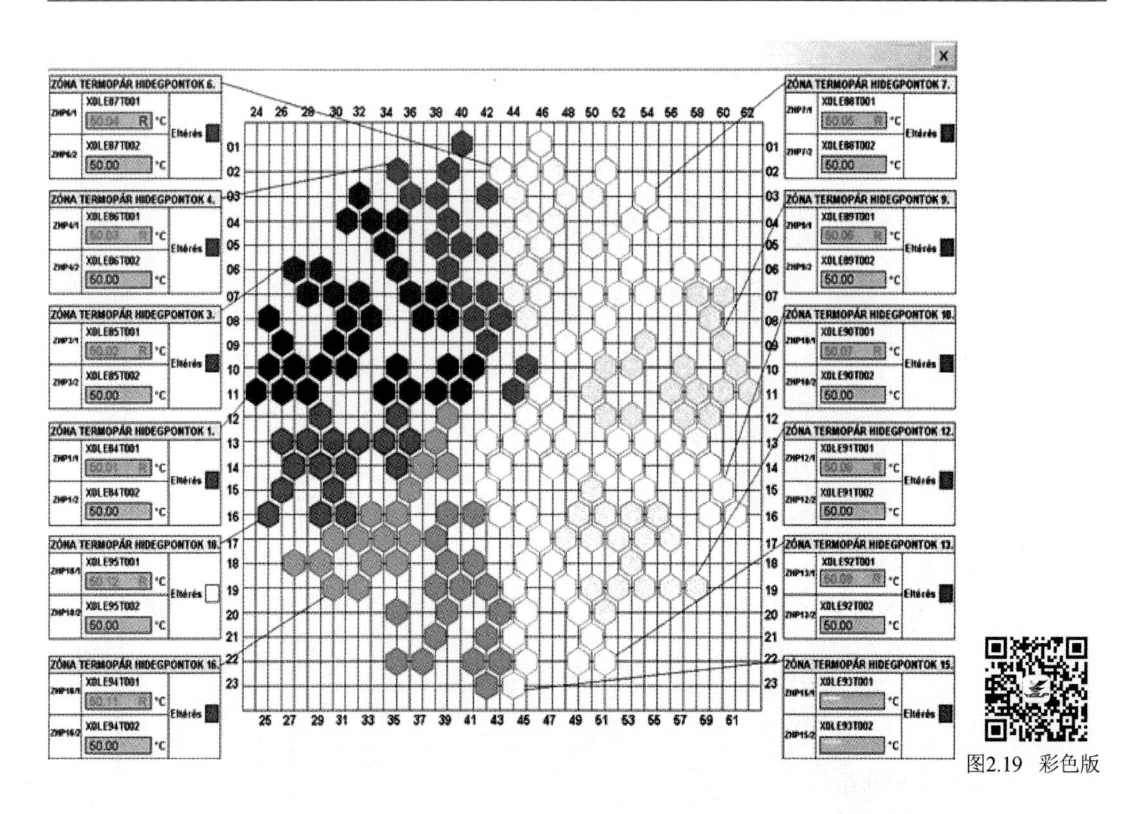

图 2.19 压水堆中冗余冷端温度的偏差(Paks NPP,匈牙利)

重要的是,冷点问题总是影响给定的组件,如图 2.19 所示。类似地,探测器信号由电子器件处理,知道哪些测量属于给定的电子设备可能有助于识别电子设备故障。这些案例将在第 6 章和第 7 章中讨论。

环路的对称位置、对称堆芯装载建议应用统计模型,如方程(2.54)。拟合的扇区幅度、学生分数的分布通常可以指出流动异常。

轴向变化的信息完全来自 SPND 链。为了给读者一个印象,即 349 个燃料组件的压水堆堆芯中的 210 热电偶是什么,我们在 Loviisa[27] 核电站的压水堆上给出了测量结果①,见图 2.20。给出的不是温升,而是其相对值,即所谓的 k_q,它是组件功率与平均组件功率之比。如前所述,组件位置应明确定义,并以各种方式实现。在图 2.17 中使用两个坐标,水平坐标从 16 开始,垂直坐标从 1 开始。在图 2.16 中,垂直位置被编号,水平编号用字母 A 到 R 标记。我们的表示法更实用:组件中心标记,中央组件的坐标为(0,0)。这是实用的,因为旋转和反射等转换很容易编程。从左上方的组件开始,组件体连续编号,数字从左向右递增。在图 2.19 中,我们看到另一种编号方法,行从上到下编号,一行内的位置编号为 24 到 62。

① 实际上,数据用于比较测量值和计算值。

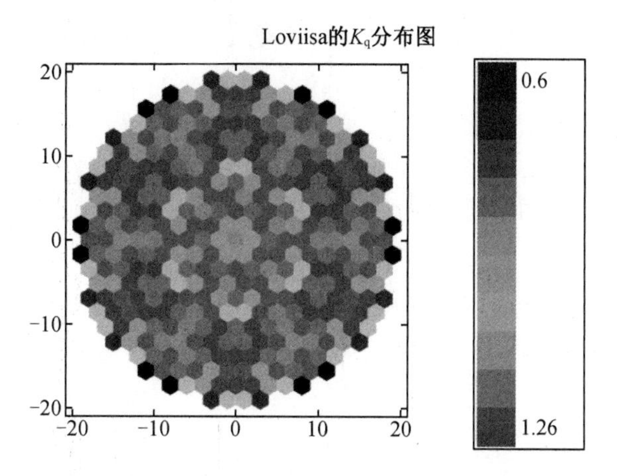

图 2.20　基于堆芯出口温度测量和计算的组件功率分布

冷段温度很重要，因为它们的误差直接出现在测量温度中，因此在温度差异中，误差几乎加倍，因为差异的方差是各项方差之和。

计算显示堆芯的 60°对称性。面对面组件尺寸为 $d = 14.7$ cm，与热扩散长度 λ_t 相比，我们看到 d 为$(8 \sim 10)\lambda_t$。由于快中子能群中的扩散长度 λ_f 较大，d 为$(3 \sim 4)\lambda_f$ 参见 4.3 节。这些数据表明，在第一个相邻组件中可以感觉到材料成分的强烈差异(想想控制组件)，而在第二个相邻组件中则是每周一次。

一般来说，研究测量场是个好主意，见图 2.21。遵循测试用例 SBESZ3 的主要步骤，测量来自 Paks 核电站的 VVER－440/213 型压水堆。所有 210 个热电偶都工作，预处理表明无论是冷点还是电子预处理都没有问题。然而，仔细观察温度场会发现不寻常的温度分布。在 74 号组件中，$\Delta T = 33.5$ ℃，但在第一个相邻组件中，位置 56 处的温度为 32.6 ℃，位置 93 处的温度为 34.7 ℃，位置 94 处的温度仅为 29.5 ℃。在几乎截然相反的位置，在第 259 和 241 号组件上分别为 14℃和 14.1 ℃，这表明堆芯中可能存在局部扰动，见方程(3.12)。

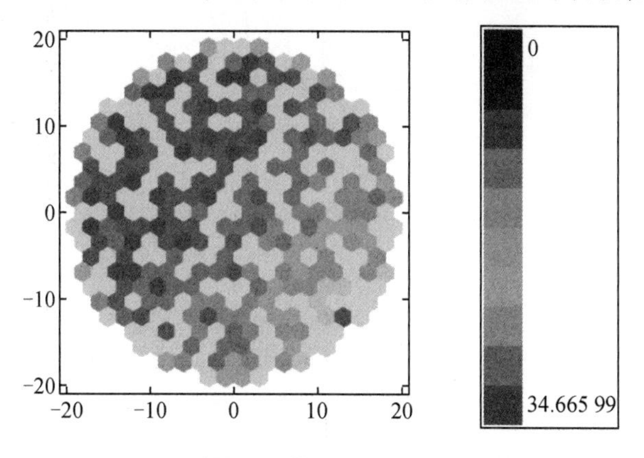

图 2.21　测量位置的 ΔT 图(SBESZ3 测试)

热电偶的位置不允许比较完全相反的位置，因此在更详细的温度分布之后，可以获得更好的图像，重要的是不要在测量场中添加任何额外信息。如我们所知，堆芯是对称的，冷却剂流量并不表示流量分布的任何本质差异，因此，我们可以假设堆芯中的功率分布或多或少是对称的。在这种情况下,因式分解式(2.51)必须是一个很好的近似。我们使用式(2.55)和式(2.56)来查找扇区振幅 a_s,($s=1,2,\cdots,6$),和扇区分布 Ψ_i,($i=1,2,\cdots,59$)。拟合的细节在附录 G 中讨论。经适当归一化后,扇形振幅如下:

$$0.982\,2,\quad 1.149,\quad 1.197\,1,\quad 1.143\,1,\quad 0.896\,1,\quad 0.632\,498 \tag{2.76}$$

扇区 1 位于东北方向,扇区以逆时针方式编号。东北扇区的振幅(0.632 498)约为西北扇区振幅的一半(1.197 1)。这证实了第一个观察结果:堆芯中存在强烈的通量梯度。

下一步是比较测量位置的测量值和拟合值,见图 2.22。毫无疑问:测量数据中存在从西北到东南的通量倾斜。我们继续分析学生分数图,这是拟合的统计特征,见图 2.23。

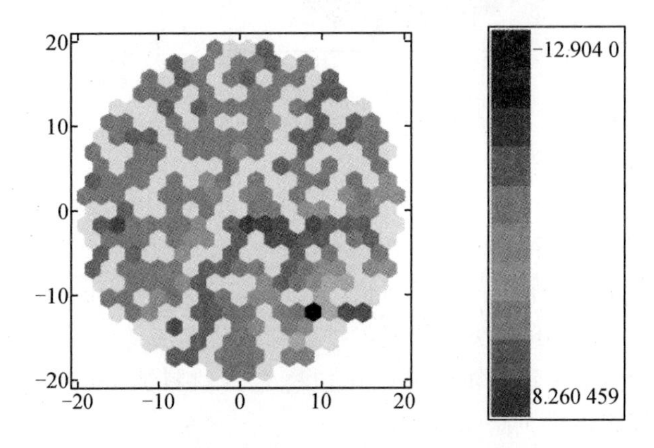

图 2.22　测量位置的测量重构 ΔT 图(SBESZ3 测试)

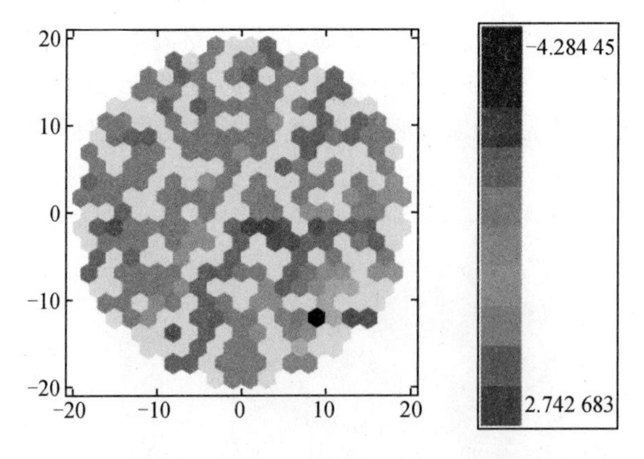

图 2.23　测量位置的 ΔT 图的学生分数(SBESZ3 测试)

学生分数在区间[-3,+3]是可接受的,但 2~4 个离群点仍在统计误差范围内。学生分数的频率如图 2.24 所示。在大量“零”中考虑到图 2.24 中 139 个非测量位置标记为零,统计分析到此结束。当然,最终目标是找出异常的原因。例如,观察到的数据可能是由冷却剂流动异常、错误的控制棒位置等引起的,第 5~7 章中讨论了进一步的分析方法。热电偶的时间序列分析也可能揭示技术问题。平均值和方差等简单指标可能表明信号处理问题,见图 2.25,其中方差与其他探测器的方差相比过大。原因是一些模拟-数字转换器“触发器”在两个状态之间随机变化。所研究的周期长度是 1 500 s,在该间隔期间,可以观察到至

少三位触发器。设 p 代表测量失效的概率,假设失效是独立的,则 16 次测量失效的概率是

$$\binom{246}{16}p^{16}(1-p)^{230} \sim 5.2\times10^{24}p^{16} \tag{2.77}$$

当 $p=0.01$,并且在 16 s 的周期内读出探测器信号时,16 个探测器的两次失效之间的时间平均值大约是 185 d。

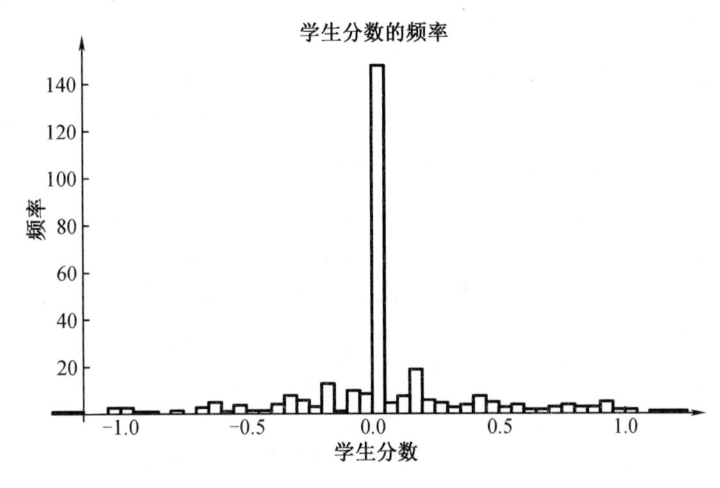

图 2.24 学生分数的频率(SBESZ3 测试)

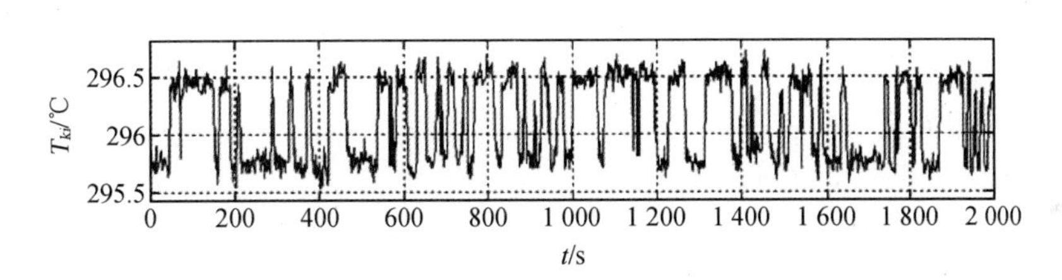

图 2.25 坐标处组件中的不稳定信号(4~53)

能否对非测量组件进行估算?为了回答这个问题,将使用结合方程(2.67)讨论的一个简单而有效的近似。通常,假设堆芯对称是个好主意。当存在一些轻微的不对称时,扇区幅度的差异将反映出来。当堆芯对称时,可以将堆芯分成扇区,例如在图 2.20 中可以观察到 60°、120°和 180°对称扇区。最简单的解决方案是找到轨道,其中的元素通过堆芯对称性相互转换,缺失的位置通过旋转填补,大多数堆芯处理程序都有这个选项。第 6 章提供了更复杂的方法。

如果读者怀疑实施复杂且昂贵的堆芯仪表是否经济,那么将在一项 EPRI 研究中给出答案,见参考文献[17]。

2.3.8 元件功率估计

安全限值也限制了燃料棒最大功率值和最大线功率。我们已经在 2.2 节中给出了获得组件功率的方法。如果慢化剂与燃料比例取决于组件内的位置或者组件包含吸收棒,则组件内的功率分布可能发生变化。由于周围环境不同,位于堆芯边缘附近的组件包含功率梯

度。遗憾的是,没有仪表能够直接测量燃料组件中的棒功率,这个问题必须通过数值模型来研究。

2.3.8.1 组件内功率分布的确定

使用在堆芯中确定的组件功率的结果来确定组件内功率分布。当燃料棒的直径为典型热中子平均自由程的量级时,通常通过有限差分法、蒙特卡洛(参见 MCU 程序[54])或碰撞概率法来求解少群扩散方程(WIMS 程序[55])。关于热工水力学程序,见参考文献[6,29]。

2.3.8.2 组件内子通道温度的确定

在子通道计算阶段,已经确定了组件功率。组件功率要么是组件积分的,要么是平均的。组件的结构确定子通道结构的几何形状,并且任务是确定子通道中的流速、冷却剂温度分布和功率分布。物理问题是确定组件中的质量、能量和动量的分布。为了进行计算,我们建立了守恒方程,以确定建立守恒方程所需的物理参数类型,并评估问题的复杂性。在开始时,我们注意到在问题表述中使用了两种方法:第一种称为多孔模型,第二种称为子通道模型,后者用于沸水堆和压水堆。对第一个模型的方法感兴趣的读者,我们提到了一些代码名:THINC-1[1]、JOYO[2]、MISTRAL[4]、TEMP[5]、POUCHOK[8]、FLICA[7]。将多孔模型与参考文献[9]中的子通道模型进行比较。

将平衡方程式写成以下形式。起点是非平衡统计物理学中使用的公式[10],但我们将符号改为参考文献[29]中使用的形式,我们从质量守恒开始:

$$\frac{\partial\rho(\boldsymbol{r},t)}{\partial t}+\nabla(\rho\boldsymbol{V})=0 \tag{2.78}$$

式中 ρ——流体密度;

V——冷却剂速度;

r,t——空间变量和时间;

∇——微分运算符。

引入所谓的实量时间导数:

$$\frac{\mathrm{d}}{\mathrm{d}t}=\partial t+\boldsymbol{V}\nabla \tag{2.79}$$

流体的动量平衡采用以下形式:

$$\partial\rho\boldsymbol{V}t+\nabla(\rho\boldsymbol{V}\boldsymbol{V})=-\nabla P+\nabla\tau+\rho\boldsymbol{g} \tag{2.80}$$

式中 P——压力;

τ——流体中的剪切应力;

g——重力加速度。

流体内能 u 的平衡表述为

$$\partial\rho ut+\nabla(\rho u\boldsymbol{V})=-\nabla\boldsymbol{q}''+q'''+P\nabla\boldsymbol{V}+\boldsymbol{\Phi}_{\mu} \tag{2.81}$$

式中 q''——流体中的热传导;

q'''——由于中子从燃料棒逸出而直接进入流体的体积热;

ε——由流体中的黏性应力引起的耗散。

热传导矢量 q'' 与温度梯度成正比:

$$\boldsymbol{q}''=-k\nabla T \tag{2.82}$$

因此 $\nabla q''=-k\Delta T$。借助流体焓 h,内能方程可以写成

$$\frac{\partial \rho h}{\partial t}+\nabla(\rho h \boldsymbol{V}) = -\nabla \boldsymbol{q}''+q'''+\frac{\partial P}{\partial t}+\boldsymbol{v}\nabla P \tag{2.83}$$

请注意,由于在 COBRA 模型中忽略了黏性耗散,这里省略了这一项[29]。

焓也可用于能量守恒,表示为

$$\rho\frac{\mathrm{d}h}{\mathrm{d}t} = -\nabla \boldsymbol{q}''+q''' \tag{2.84}$$

上面给出的方程式补充了以下状态方程表达式:

$$\rho=\rho(P,h) \tag{2.85}$$

$$T=T(P,h) \tag{2.86}$$

$$\mu=\mu(P,T) \tag{2.87}$$

$$k=k(P,T) \tag{2.88}$$

式中,μ 是黏度,k 是热导率。

由于冷却剂通道中可能存在液体和蒸汽,因此使用两相混合平衡方程是合理的。任意体积 V 以表面 A 为边界,并且蒸汽和液体分别占据体积 V_v 和 V_l。液体和蒸汽的混合物流过直径为 D_r 的燃料棒。燃料与混合物的边界要么是加热表面,要么是湿润周长 P_H。假设蒸汽和液体在整个流场中均匀分布,并且忽略流体性质的变化。我们取沿着通道壁向上为流动 x 方向,控制体积中每单位体积蒸汽所占的体积分数,即空隙率,用 α_v 表示:

$$\alpha_v=\frac{V_v}{V} \tag{2.89}$$

式中,V_v 是蒸汽占据的体积,V 是蒸汽和液体占据的总体积。因此,液体占据的体积分数是

$$\alpha_l=1-\alpha_v \tag{2.90}$$

下一个重要项称为流动质量,用χ 表示:

$$\chi=\frac{F_v}{F}\quad 0\leqslant\chi\leqslant 1 \tag{2.91}$$

最后,我们得出了 COBRA 模型中使用的以下守恒方程[29],参考 2.2.3 节。

1. 质量守恒

$$A\frac{\partial}{\partial t}\rho+\frac{\partial}{\partial x}F+\sum_{k\in i}e_{ik}w=0 \tag{2.92}$$

式中　A——子通道流动区域;

w——通过间隙在横向单位长度的质量流量;

e_{ik}——子通道指数。

2. 轴向动量平衡方程

$$A\frac{\partial \rho U}{\partial t}+\frac{\partial \rho U^2 A}{\partial x}+\sum_{k\in i}e_{ik}\rho UVs=-A\frac{\partial P}{\partial x}-\frac{1}{2}\left(\frac{f_w}{D_{hy}}+K_{ll'}\right)\rho U|U|A-C_T\sum_{k\in i}w'(\Delta U)-A\rho g\cos\theta \tag{2.93}$$

式中　U——两相混合物的流动速度;

g——重力加速度。

3. 横向平衡方程

$$s\frac{\partial\rho V}{\partial t}+s\frac{\partial\rho VU}{\partial x}=\frac{s}{l}(P_{l+\Delta l}-P_l)-\frac{1}{2}\frac{s}{l}K_G\rho V|V| \tag{2.94}$$

式中 K_G——损失系数。

4. 子通道能量守恒方程

$$A\frac{\partial\rho h}{\partial t}+\frac{\partial\rho UhA}{\partial x}+\sum_{k\in i}e_{ik}\rho Vhs=\sum_{m\in i}\varphi_{im}P_H q''_W+\sum_{m\in i}C_Q\varphi_{im}q'-\sum_{k\in i}w'(\Delta h) \tag{2.95}$$

式中 C_Q——直接在冷却剂中产生的燃料棒功率的分数。

5. 状态方程

每相的焓和饱和温度为

$$h_l=h_f(p),\quad h_v=h_g(p),\quad T=T_{sat}(p) \tag{2.96}$$

相密度为

$$\rho_l=\rho_f(h_l),\quad \rho_v=\rho_g(h_v) \tag{2.97}$$

传输特性为

$$\mu_l=\mu_f(h_l)\quad \mu_v=\mu_g(h_v)\quad k_v=k_g(h_v)\quad k_l=k_f(h_l) \tag{2.98}$$

表面张力为

$$\sigma=\sigma(p) \tag{2.99}$$

定压比热容为

$$c_{pl}=\left(\frac{\partial h_l}{\partial T_l}\right)_p \tag{2.100}$$

混合物的质量为

$$\chi=\frac{h-h_l}{h_v-h_l} \tag{2.101}$$

在 COBRA 中，蒸汽空隙率是从空隙率与质量和运输特性相关的经验关系式中得到的。关系式为

$$\alpha_v=\alpha_v(\chi,\rho_v,\rho_l,\sigma,\cdots) \tag{2.102}$$

在数值模型中，燃料组件通常由规则的燃料阵列和燃料棒之间的子通道中冷却剂的流动来表示。燃料产生热量，沿燃料棒表面产生热通量。图 2.26 和图 2.27 分别为正方形组件和三角形组件的简化几何形状。在图 2.26 中，四个燃料棒确定一个子通道，称为控制体积，用粗线表示。子通道的边界由四段弧线 A_w 和四段直线 A_t 组成，燃料棒的直径是 D_r。六角形组件中基本体积的扇区如图 2.27 所示。控制体积中的位置由坐标 U、V 给出，控制体积的高度由 ΔX 给出，U 为常数处的面积为 A，面积由两个相邻燃料棒的周长之间的距离 s 确定。

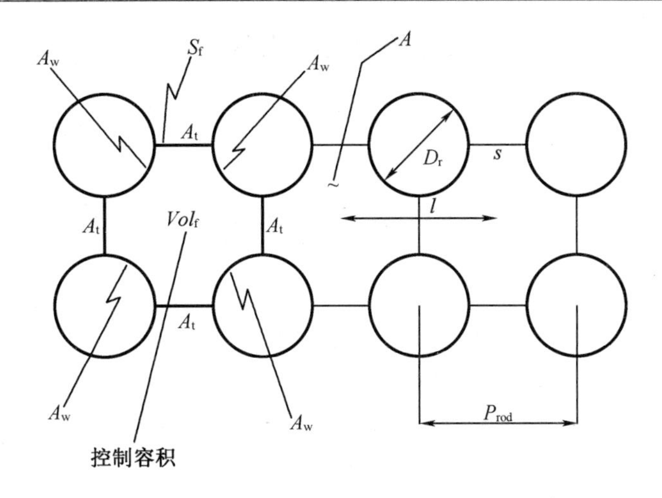

图 2.26　COBRA 中的组件几何形状:方形燃料组件[29]

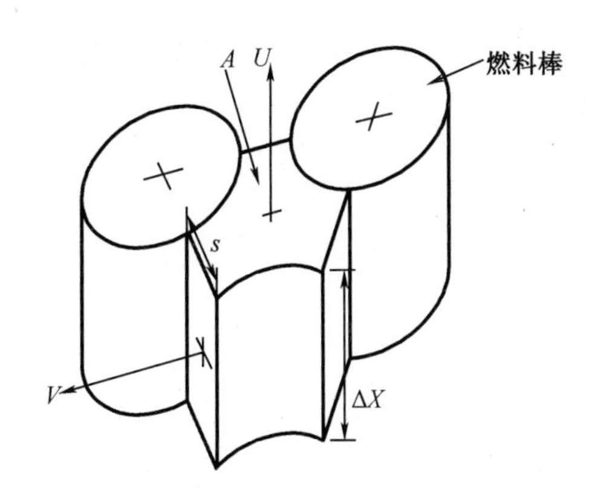

图 2.27　COBRA 中的子通道几何形状:三角形燃料组件[29]

在开始使用数值方法之前,分析人员必须确定组件计算的目标。一些可能的选择如下。

1. 分析安全裕度

第一个主题是组件中的功率峰值因子,第二个主题是最高冷却剂和燃料温度。H/U 在特定位置的燃料棒处可以是不同的,通常沿着组件的周边,尤其是在组件拐角处。

2. 优化燃料管理

我们越了解组件内部的功率分布,就越容易避免燃料泄漏;使用带可燃毒物的燃料,可以提高运行效率。

3. 探索反应堆运行的裕量

分析人员应该选择合适的计算模型。最简单的选择是独立的热工水力计算,最苛刻的是耦合热工水力学－中子学计算。计算时间随着计算模型的复杂性而迅速增加。该模型确定了问题中未知数的数量,因为无法从粗略离散化推导出精细细节,计算通常在三维空间中进行,组件的结构决定了离散元素的数量。一个重要的问题是轴向层的数量可能会显著增加计算时间。

使用上述派生变量的数值过程包括以下步骤:

(1)离散化:通常可以选择合适的几何模型,范围从三维全堆芯计算到组件的对称元件。在所选几何体的边界处,应确定适当的边界条件。

(2)选择合适的数值方法;

(3)建立迭代方案;

(4)加速求解。

在像 COBRA 这样的生产程序中,所提到的元素已经仔细地精心制作并且相互一致。下面我们评估一些与实际问题有关的上述元素。

在模拟器程序 RETINA 的最新版本[3]中,已经研究了增加的 H/U 比对组件拐角处功率的影响,参见图 2.1。没有进行测量用于研究组件内的功率分布,因此通过数值模型研究其影响。子通道的数量是 264,数值研究开始于空间离散化的细化,参见图2.28。在 COBRA 中,角子通道由一个元素表示,但是为了改进模型,每个角子通道已被分成两部分。例如,在左上角 1 号元件和262 号元件处,在最上面的 8 号和 263 号元件处分别替换一个 COBRA 通道。稍后,在计算中使用元素的平均值。组件边界附近的棒,尤其是角部,由更精细的网格建模。

为了最大限度地减少由于外部边界条件引起的误差,研究区域包括待分析的中心组件及 6 个相邻组件,见图 2.29。在燃料组件的中心有一个中心管,增加了局部 H/U 比。在程序测试中,使用了简化的功率,参见图 2.30,以模拟压水堆组件内的功率分布。与中心管相邻的燃料棒的功率设定为 2.2 kW,而其他燃料棒的功率设定为 1.5 kW。计算的轴向功率分布预计反映组件内部的横向混合,并且可以在轴向温度分布中看出。

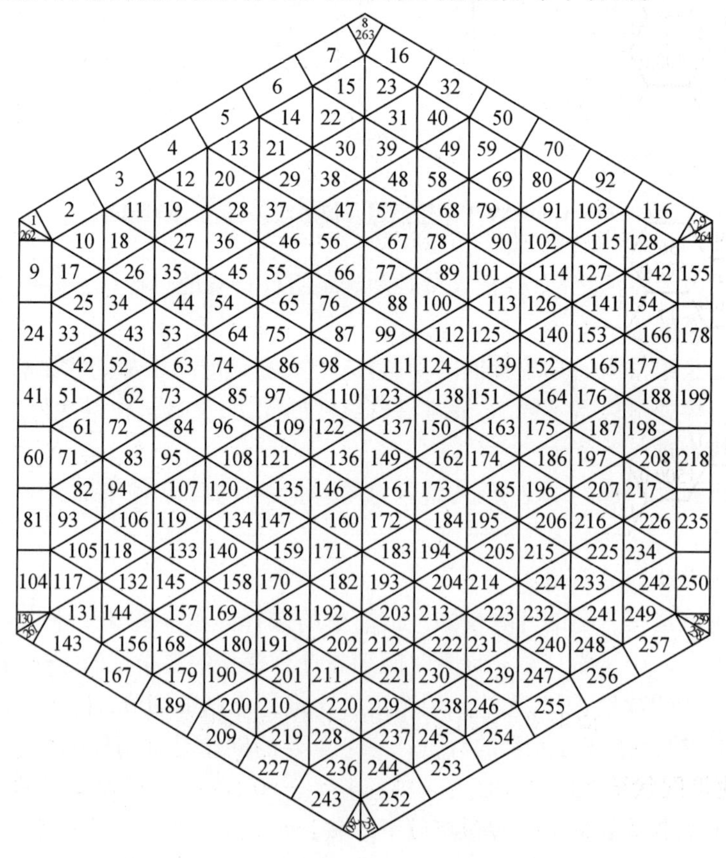

图 2.28　六角形组件中的离散化[3]

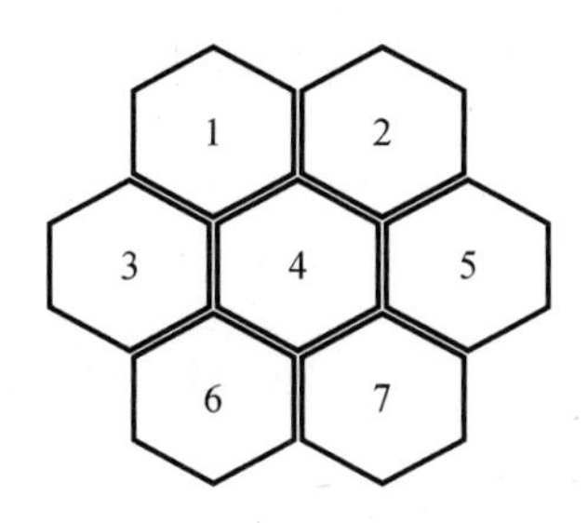

图 2.29　环境和边界条件[3]

在所考虑的组件中,功率和温度分布已经通过使用组件内部的三角形元件的有限元方法确定。请注意图 2.31 中组件角处的特殊离散化。该模型还用于研究压水堆模拟器中的冷却剂混合效果。图 2.31 和图 2.32 分别显示了第 2 层和第 6 层中的子通道温度值。在图 2.31 中,第 2 层的横向温度分布显示出明显的变化,但图 2.32 中,温度分布不太清晰。

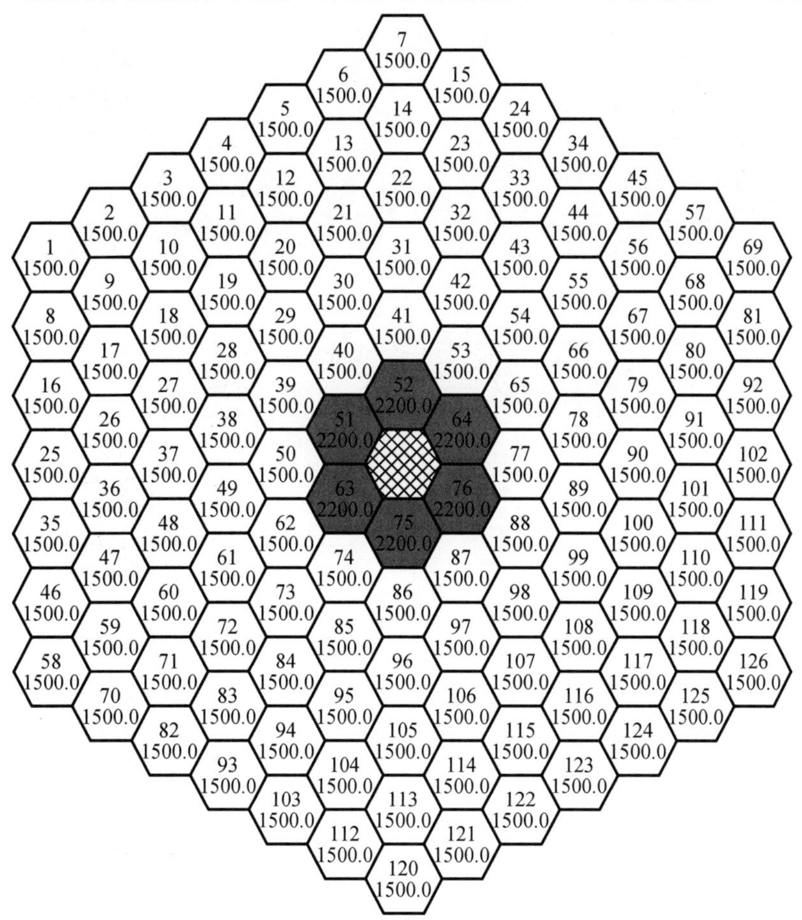

图 2.30　六角形组件中栅元和初始棒功率[3]

技术发展使得网状结构的细化成为可能,20 世纪 60 年代,人们使用了相当适度的几何表示[6]。通常,几何模型由组件的结构决定,合并几何元素会加速计算速度,细分会减慢计算速度。从 20 世纪 60 年代开始,六角形和方形组件的典型离散化分别如图 2.33[31] 图

2.34[30]所示。在图2.34中,间隙编号在框中,通道编号是简单的数字。

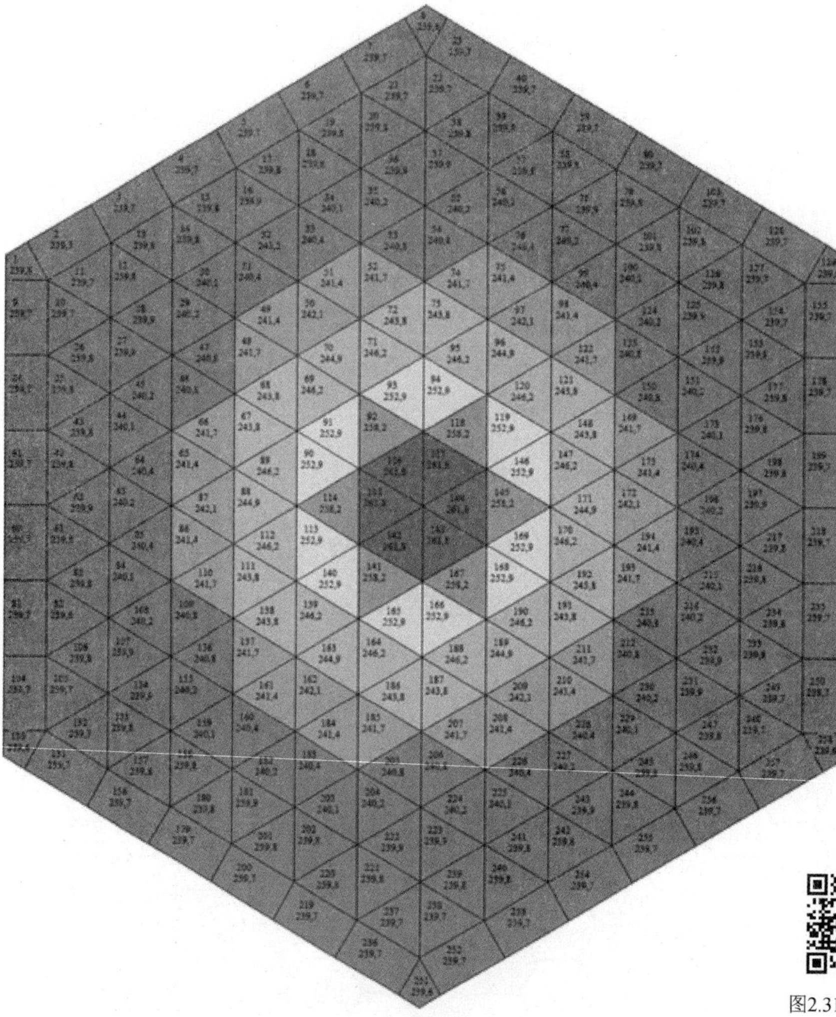

图2.31 彩色版

图2.31 由FEM计算的轴向第2层子通道温度[3]

最常用的两种数值方法是有限差分法和有限元法。通常,有限差分方法实现起来更简单,有限元方法更有效,详见A.1节。重要的是,热工水力问题中的几何形状与中子学问题中的几何形状不同。原因在于,在中子学问题中组件被视为一个单元,而在热工水力学中,冷却剂描述可能随子通道而异。

2.3.9 DNBR估计

燃料棒通过裂变产生热量,释放的热量传递到燃料棒周围流动的冷却剂。当热通量增加太多以至于加热表面不再能保持连续的液体接触时,就会发生沸腾危机,发生沸腾危机时的热通量称为临界热通量(CHF)。实际上,传递的热量取决于冷却剂的流动状态。流动状态粗略划分如下:

(1)加热表面被液态冷却剂包围。冷却剂流动可以是层流或湍流,湍流中的传热较大。

(2)冷却剂中出现蒸气泡。气泡的热传导很小,能量传递比流态更差。

(3)当气泡数量增加时,气泡可能形成稳定的气泡膜或气弹,这种流动状态可能导致包壳局部过热。

(4)流动可能呈环形,可能转变成冷却剂和气泡的分散流动。

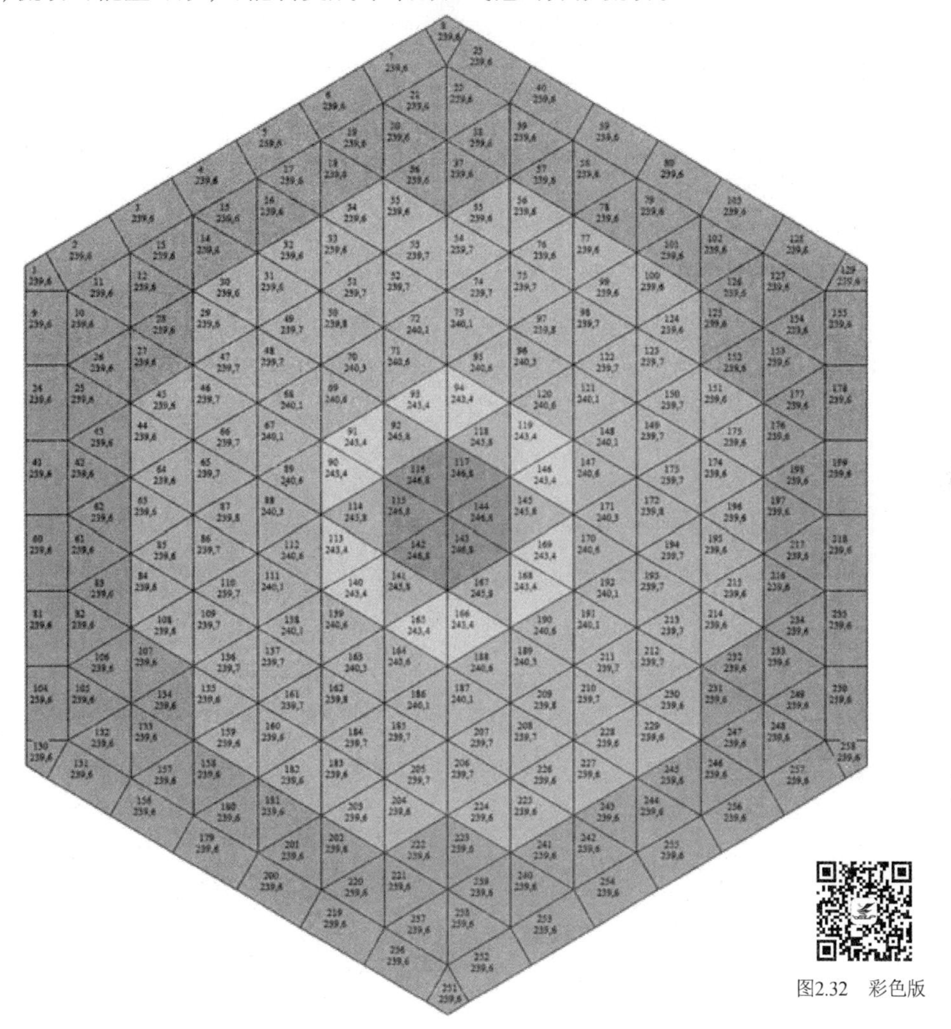

图2.32　彩色版

图 2.32　用 FEM 计算的轴向第 9 层子通道温度[3]

传热质量取决于表面特征[21]。例如 RELAP 程序有一个描述加热容积表面质量的输入参数。

一旦预测的临界热流密度(CHF)已知,它可用于表示局部热通量除以临界热流密度(CHF),见图 2.35,图中的符号:G—为质量通量,P—为压力,T_{in}—为入口温度。

CHF 设定了传输功率的限制,可能导致加热表面损坏。CHF 取决于流动状态和蒸汽相的存在。区分以下场景:

(1)偏离泡核沸腾(DNB)。

①成核诱导。在高过冷时,当大多数泡核沸腾传热时,经常遇到这种类型的 CHF。气泡在壁面生长和坍塌,并且在气泡之间发生对流。DNB 发生在非常高的表面热通量下,

CHF 的发生取决于局部热表面通量和流动条件。

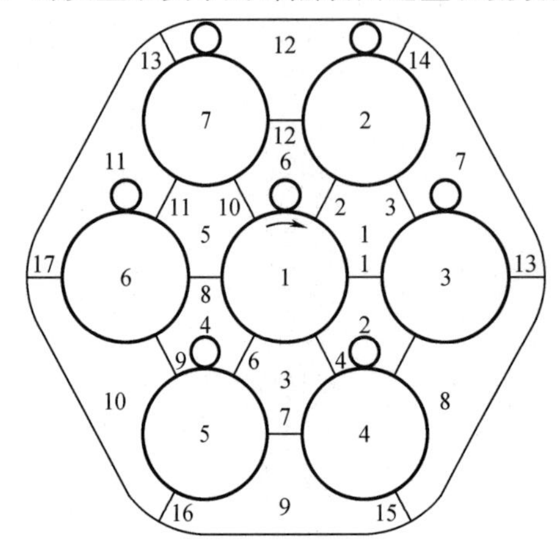

图 2.33　六角形组件中的离散[6]

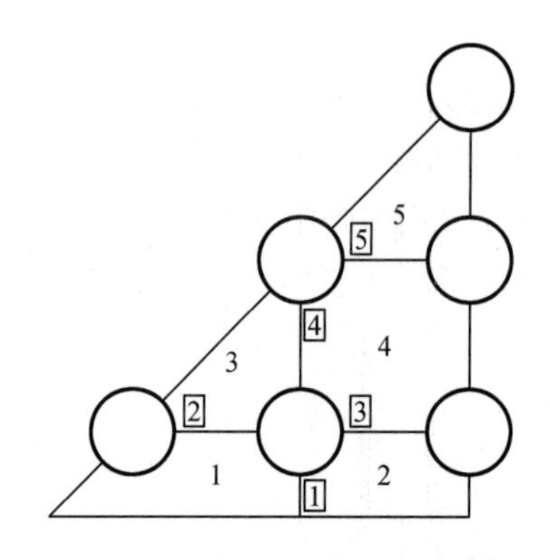

图 2.34　方形组件中的离散[6]

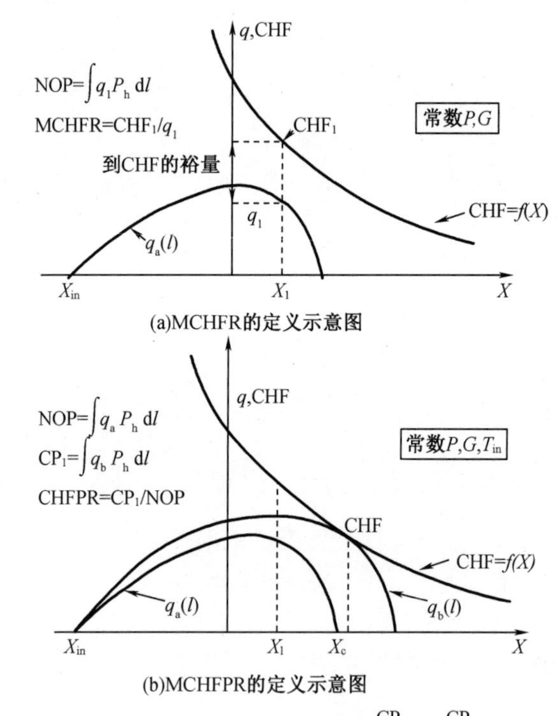

(a)MCHFR的定义示意图

(b)MCHFPR的定义示意图

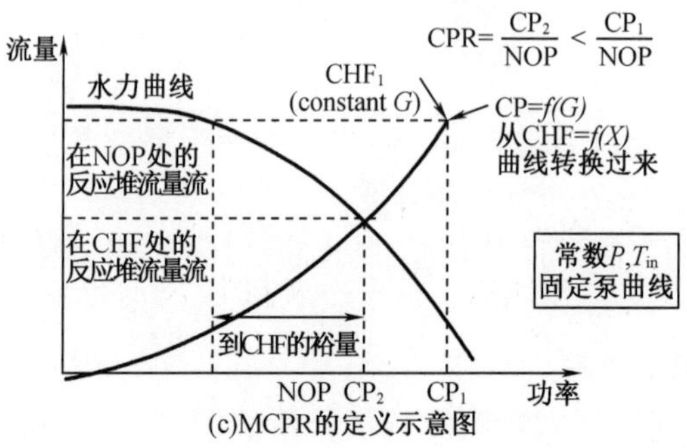

(c)MCPR的定义示意图

图 2.35　CHF 裕度的定义(参考文献[20],第 17 页)

②气泡云[20]。在过冷和饱和泡核沸腾中产生的气泡数量取决于热通量和体积温度。加热表面附近的气泡密度随着热通量而增加,并且通常在离表面很近的地方形成所谓的气泡边界层。如果该层足够厚,则会阻碍冷却剂流到受热表面。这又导致气泡群的进一步增加,直到壁面变得非常热以至于在加热表面形成蒸汽。这种类型的沸腾危机的特征还在于加热表面温度的快速升高(快速干涸)。在这些条件下经常发生受热表面的物理失效。

(2)亥姆霍兹不稳定性。

在饱和池式沸腾中,CHF 受最大蒸汽去除率的限制。最终,在非常高的热通量水平下,液体和蒸汽之间的相对速度将很高,从而产生不稳定的流动情况,导致 CHF 状态。在非常低的流速或流动停滞条件下可以考虑类似的情况。这种类型的 CHF 伴随着表面温度的快速升高(快速干涸)。

(3)环形薄膜干涸。

(4)不稳定或周期性干涸。

(5)缓慢干涸。

预测 CHF 的方法。由于许多可能的燃料束几何形状,各种可能的流动条件和各种通量分布,使用单一 CHF 预测方法和合理的准确度不可能预测所有情况下的 CHF。通过考虑最简单实验装置的 CHF 预测,可以很好地理解预测核燃料束中 CHF 的复杂性;均匀加热的管子内部由垂直向上以稳定速率流动的流体冷却。这里 CHF 是以下自变量的函数:

$$\mathrm{CHF} = f(L_{\mathrm{H}}, D_{\lambda}, G, \Delta H_{\mathrm{in}}, P, E) \tag{2.103}$$

式中　L_{H}——加热长度;

D_{λ}——直径;

G——质量通量;

ΔH_{in}——焓;

P——压力;

E——表面的整体质量,包括粗糙度、导热率和壁厚。

对于进一步的模型和细节,请见参考文献[20,26]。

与堆芯释热分布相容的充分热传递,使得通过反应堆冷却剂系统或应急堆芯冷却系统(如果适用)的热量排出确保满足以下性能和安全标准要求。

(1)在正常运行和运行瞬态(工况Ⅰ)或由中等频率故障引起的任何瞬态(工况Ⅱ)期间,预计不会发生燃料损坏①。但是,不可能排除极少数的燃料棒故障。这些将在电厂净化系统的能力范围内,并与电厂设计基础一致。

(2)在工况Ⅲ事件之后,反应堆可以进入安全状态,只有一小部分燃料棒损坏,尽管可能发生足够的燃料损坏,以防止在没有相当长停机时间的情况下恢复运行。

(3)在工况Ⅳ事件引起的瞬变之后,可以使反应堆安全,堆芯可以保持次临界状态,具有可接受的传热几何形状。

对于 CHF 或 DNB,假设超过 DNB 或 CHF 会导致燃料损坏。热工水力设计标准根据偏离核态沸腾比(DNBR)或临界热通量比的置信水平来制定,有时也使用临界功率比(CPR)。上述术语定义如下:

① 此处所使用的燃料损坏定义为裂变产物屏障(即燃料棒包覆层)的穿透。

$$\mathrm{DNBR}=\frac{\text{在某个位置的 DNB 热通量}}{\text{同一位置的局部热通量}} \tag{2.104}$$

$$\mathrm{CHFR}=\frac{\text{在某位置的 CHF 热通量}}{\text{同一位置的局部热通量}} \tag{2.105}$$

$$\mathrm{CPR}=\frac{\text{产生 CHF 的功率水平}}{\text{燃料组件功率水平}} \tag{2.106}$$

由于 CPR 取决于压力、温度和入口流量,因此 CHF 应该取任何一个值。

当无量纲参数用于热工水力学问题时,需要特别小心。注意,“特征距离”和其他工程参数没有很好地被定义。在诸如圆柱管这样简单的几何结构中,根据所研究的问题,特征距离可以是管道的直径或长度。此外,热工水力学分析通常是一个复杂的问题,在不同区域可以给出不同的特征距离、速度等。下面列出了在核工程中进行热工水力学分析经常遇到的问题,大多数问题都与核电厂的技术有关。

(1)堆芯传热模型;

(2)没有 SCRAM[①] 的预期瞬变;

(3)安全壳瞬态分析;

(4)汽轮机瞬态,如汽轮机跳闸;

(5)蒸汽发生器瞬态;

(6)给水丧失瞬态;

(7)失去厂外电源;

(8)堆芯建模;

(9)耦合堆芯和冷却剂系统;

(10)瞬态分析;

(11)部件分析;

(12)安全分析;

(13)严重事故分析;

(14)失水事故(LOCA)分析。

在考虑反应堆堆芯的热工水力时,我们遇到了以下问题。

(1)两相流;

(2)传热;

(3)相变;

(4)冷却剂动力学;

(5)子通道分析。

目前已经开发了用于解决上述问题的系统程序。我们只提一些常用的系统程序:ATHLET、CATHARE、COBRA、MELCORE、RELAP。这些程序在大型研究中心开发,并已经过仔细测试。尽管 CATHAR 专为严重事故建模而设计,但 RELAP 是分析轻水堆系统瞬态和假定事故的最佳估算程序。COBRA 被开发用于瞬态分析和 LOCA 分析,MELCOR 是一种严重事故分析程序。

---

① SCRAM 系统控制棒自动运动。

2.3.10　进一步的参数

到目前为止,我们一直在讨论持续工作的堆芯监测。然而,有一个测量值用于监测反应堆容器性能降低。反应堆容器的材料是特殊的合金钢,能量释放的位置在反应堆堆芯内。在能量产生过程中,堆芯的最高温度可能超过 330 ℃,压力约为 155 bar。在燃料循环结束时,钢的温度可能相当低。反应堆的设计寿命为 30 ~ 60 个燃料循环。

合金是过冷液体,具有晶粒结构,这意味着钢由几微米大小的区域组成。在一个区域内,原子成分(铁、碳、低浓度的补充剂,如钴、磷和杂质)以或多或少规则和稳定的顺序排列。重要的是域结构是稳定的,在正常的反应堆温度下原子不会改变它们各自的位置。在域边界处,平衡是脆弱的,不同的力作用于域边界处的原子上,缓慢的过程如扩散可能导致域边界缓慢变化。温度或浓度梯度加速了在间隙位置俘获原子的迁移。当反应堆容器被加热或冷却时,热应力可能导致原子在区域边界附近迁移。

反应堆压力容器受到放射性辐射,紧邻反应堆压力容器的燃料组件中的裂变过程提供高能中子和放射性辐射,与高能粒子的碰撞可能产生新的空位和间隙晶格紊乱,这些可能使压力容器的机械性能恶化。

为了监测反应堆压力容器的机械性能,样品组被放置在堆芯吊篮附近。样品由与堆芯吊篮相同的材料制成,并且在燃料循环结束时,分析一些样品以检查反应堆容器性能降低的进程。

2.4　堆芯监测的安全方面

如 1.1 节所述,安全分析确定了确保安全运行的反应堆关键参数的限制。现在讨论堆芯仪表在反应堆安全中的作用。

反应堆运行取决于两个方面:计算方法和测量,它们都不是完美的,因为计算使用大量的测量参数,例如截面、材料特性;热导率、热容量、比热容、模型;扩散近似、输运理论、冷却剂的流态、热交换模型以及其他。为什么反应堆设计人员、建造人员、运行人员和安全指导人员都认为这样一个复杂的系统相当安全呢?

本章讨论了堆芯测量,没有讨论环路测量(这种测量也可以作为安全参数的交叉检查)。电离室、冷却剂回路能量平衡作为堆芯关键测量值的独立测量。第 4 章中对计算模型进行了综述,提供了解决反应堆运行领域实际问题的适当方法,所有这些都为反应堆安全运行提供了坚实的基础。

本节简要介绍了基于统计考虑的安全评估基本术语[49,56]。假设存在一个计算模型,它可能包含近似,其结果不必精确但是相对准确。无论计算模型的输入还是计算模型都不是完美的,参考文献[50 - 53]详细阐述了统计基础。在我们的分析中,计算机模型是在计算机上运行的程序,它实际上是一个函数:

$$y = f(x_1, x_2, \cdots) \tag{2.107}$$

将给定的 $x_1, x_2, \cdots$ 输入映射到输出 y。当输入变量被认为是确定性的,y 也是确定性的。当重复计算时,得到相同的结果。

通常,输入参数可以通过测量或其他模型获得。例如,中子通量是根据所涉及的同位素的几何数据、材料成分和截面数据计算的。即使是确定性计算也包括随机元素,因此,即使在确定性模型中,使用可能的输入进行多次计算并估计最不利的 y 也是合理的。

运行模型(2.107) N 次,得到 $y_1,y_2,\cdots,y_N$ 输出值。根据输出值,可以构造函数 $L(y_1,y_2,\cdots,y_N)$ 和 $U(y_1,y_2,\cdots,y_N)$,使得大多数计算值在区间[L,U]中。如果计算值的未知分布函数 $g(y)$ 是已知的,则

$$\int_L^U g(y)\mathrm{d}y > \gamma \tag{2.108}$$

成立,其中 $\gamma<1$,但接近1。可以给出式(2.108)成立的概率($\beta<1$):

$$\beta = \sum_{j=0}^{s-r-1}\binom{N}{j}\gamma^j(1-\gamma)^{N-j} \tag{2.109}$$

具有

$$L = y(r), U = y(s) \tag{2.110}$$

如果计算的输出单调排序:$y_i<y_{i+1}$,$1\leqslant i\leqslant N-1$。显然 $\gamma\leqslant1$ 且 $\beta\leqslant1$。由于输出的数量是有限的,因此只能形成一个统计报表。当 U 是最大的计算输出 y_N 时,我们有

$$\beta = 1-\gamma^N \tag{2.111}$$

由于人们在工程实践中发现了错误的解释,因此强调式(2.111)的概念并不是多余的:β 是包含 N 个观测值的样本的最大值 $y(N)$ 大于输出变量 y 的未知分布的 γ 分位数的概率。另一个公式断言 γ 是区间[$-\infty,y(N)$]覆盖一个大于输出变量 y 的未知分布 $g(y)$ 的 γ 部分的概率。

应该反复强调的是:任何工业设备都只存在相对安全的运行,设备的设计和运行目标应该满足于给定的风险。可接受的风险取决于法律、法规等社会机制。专家的职责是指出风险,给出建议以降低风险。

在实践中,输出参数的数量大于1,因为它应包括燃料组件和燃料棒的最大功率、组件出口温度等。当应该考虑几个输出变量时,问题变得更加复杂,因为输出变量可能是相关的。这个问题将在5.2.1.1节中分析。

2.5 各种系统中使用的特征方法

在堆芯监测系统中要回答的第一个问题是:这个系统的基础是什么?可能的答案是从测量值到计算分布,两者之间的加权和。我们逐一评估上述可能性。

(1)基于测量的方法。很明显,如果没有合理的原因,不应改变测量值。但是如何处理没有测量的位置?当堆芯对称性得到确认时,在一个轨道内,可以通过使用堆芯对称性来恢复组件功率。

(2)基于计算的方法。一旦我们有一个经过良好测试的计算模型,为什么不在其基础上进行插值?这个有吸引力的想法可能会阻碍堆芯仪表的另一个目标:检查实际的反应堆状态是否已经偏离计划状态。比较测量的功率和计算的功率可能会发现测量误差、燃料组件的装载错误。

(3)测量和计算的混合。使用可靠的测量值并在未测量的位置使用计算值是合理的。

首先应该研究堆芯仪表。要测量组件的分布说明了设计者的意图。测量模式应该用于

揭示错误的测量设备(冷点、电子接触错误、电子处理错误等),检查堆芯装料对称性。另一方面,记住不测量单个进口冷却剂温度,因此局部流动模式异常(例如由于结垢引起的)主要通过局部温度测量来检测。

即使计算模型在测试中证明相当准确,也要记住精度还取决于输入数据。在稳定反应堆状态下,提供高质量输入不是问题,但在瞬态下并非如此。反应堆几乎总是处于稳定状态,因此首先我们评估稳定状态下计算模型所需的输入。

(1)燃料组件参数。好的计算需要好的输入,燃料组件参数包括计算模型所需的富集度、燃耗水平①、同位素组成②。

(2)反应堆的全局参数。组件级冷却剂流量、控制棒位置、硼浓度、反应堆功率。

(3)堆芯几何形状。应以足够的精度给出燃料组件的几何形状,计算通常基于简化模型,因此不使用单独的组件高度。

(4)边界条件。通常在程序开发阶段就对在反射层边界使用的反照率进行了详细研究,在压水堆顶部使用的反照率通常通过将计算的临界值与观察到的临界值拟合来确定。

(5)初始状态。由于使用堆芯监测中的程序计算一个给定的、变化相当缓慢的堆芯,因此可以从堆芯设计计算中获取第一个堆芯状态。

用于堆芯监测的计算模型与堆芯设计或经济计算中使用的模型有很大不同。堆芯状态更新相对缓慢,并且对先前的计算有一个很好的初始猜测。缓慢的变化如燃耗或缓慢瞬变可以忽略。

2.6　各种反应堆运行状态下的堆芯监测

测量值经过信号处理后显示在操纵员的监测盘上。操纵员应该有机会注意测量值是否“奇怪”,并且应该通过解谜的方式提供给操纵员:如何解决观察到的矛盾。这需要仔细的信号处理,但可能不排除故障。手册应该更倾向于操纵员在不明确的情况下朝着更安全的方向行动。

在超过91%的时间里,反应堆在几乎稳定的状态下运行,自动调节保持临界状态,仅可能发生波动。临界控制基于电离室而不是堆芯仪表。正如我们在2.2.1节图2.3中看到的那样,SPND太慢,无法用于瞬态处理。热电偶速度更快,但还需要考虑仪表的另一个方面。堆芯信号采用单一数据采样技术处理,这意味着在启动时会向传感器发送信号。多路复用器的频率决定了数据采样周期,通常约为2 s。电离室的信号与读出堆芯信号类似(或频率相当高)。

手册规定了稳态、瞬态或跳闸工况的范围。操纵员被告知反应堆的实际状态,并且建立机制调节小的瞬态。在反应堆跳闸过程中,操纵员可能需要得到建议的工作计划以恢复稳定状态而不违反任何规定限制,这个问题超出了本书的讨论范围。

---

①　当堆芯中有可燃毒物组件时,这一点尤其重要。

②　这取决于计算的目标。一些程序提出了一个初始富集度和一个燃耗水平,其他程序可能需要一些可裂变同位素或裂变产物。

2.7 堆芯监测系统

很明显,堆芯监测系统考虑的方面包括仪表、给定反应堆类型的经验、在正常和异常反应堆状态下的使用等。

堆芯监测系统的基本功能可以表述如下:

(1)堆芯监测对核查核电厂的安全运行至关重要。不要忘记,法规规定了反应堆堆芯的最大功率密度、最大燃料和慢化剂温度的限制以及避免反应堆堆芯中的沸腾,不可能测量燃料温度,因此使用间接方法。慢化剂温度随着冷却剂沿燃料组件温度的升高而不断升高。如果充分测量轴向功率曲线并且恰好在燃料组件顶部上方测量冷却剂温度,则可以高概率地排除燃料损坏。

(2)由于无法测量控制容积中的冷却剂温度,也无法测量燃料棒中的燃料温度,因此反应堆运行的安全性依赖于次要证据。这就是为什么安全限值要具有一定量的裕量。

(3)在非测量组件中发生超过限值的概率是不可忽略的,因此正确估计冷却剂温度以及组件中的最大功率同样重要。

(4)动力堆运行方面的经验至关重要,因此应该连续收集和分析运行数据以找出反应堆计算和运行中的薄弱环节。

堆芯监测的基本功能如下:

(1)估算每个组件中的轴向功率分布和最大功率密度以及最大 ΔT,不仅要限制超限行为,还要研究异常行为。请记住,在任何反应堆类型中都有没有仪表的燃料组件。

(2)持续分析流量异常并尽快检测它们。

(3)持续监测异常行为,以检测早期装载错误的燃料组件。

核电厂应拥有堆芯计算系统(连续运行的计算机程序),该系统提供堆芯的实际参数,该程序是堆芯信号处理的基石。经过验证的程序可以提供测量数据中缺失的信息。由于简单的技术原因,不可能对每个燃料棒和每个控制通道都进行测量,堆芯评估系统和操纵员应该识别这种情况并采取适当的维修或预防措施。

堆芯仪表涉及以下操作:

(1)在反应堆启动期间检查一切是否正常运行。想想可能的错误,例如错误的燃料组件标记,这与任何分析人员都相差甚远。

(2)测试仪表的任一元件是否失效。记住,隐藏的故障并不总是通过技术实现的。通常,少量错误的测量在反应堆运行中不会造成问题。

(3)向反应堆操纵员提供有关反应堆状态的充分信息。

(4)观察反应堆堆芯的状态趋势。只有操纵员长时间仔细研究提供的信息后,冷却剂流动异常等现象才会变得清晰。

上述大多数运行都很缓慢,所以工作人员有时间分析情况。

本章的各节提到了一些适用于这些操作的方法。法规明确规定了例如必须为操纵员提供何种信息。很明显,必须为每个组件提供组件数据。在每个机组都有常规假设,例如可以假设进入的冷却剂温度对于每个组件是相同的。比较回路流量和冷段温度以检查是否可以接受假设是一个好主意。

堆芯内信号处理应包括以下步骤：

(1)将测量数据相互比较；

(2)将测量数据与计算模型的预测值进行比较；

(3)使用计算机模型确定受限制的参数；

(4)当计算和测量的数据不同时,尝试找出差异背后的原因；

(5)尝试将任何观察到的异常放置在所信任的数据范围内；

纵深防御原则要求在反应堆运行期间获得有关以下参数的信息：

(1)中子通量和分布(启动、中间和运行功率范围)；

(2)中子通量的变化率；

(3)轴向功率分布因子；

(4)功率振荡；

(5)反应性控制装置；

(6)燃料包壳或燃料通道冷却剂的温度；

(7)反应堆冷却剂的温度；

(8)反应堆冷却剂的温度变化率；

(9)反应堆冷却剂系统的压力(包括冷态超压设置)；

(10)反应堆压力容器或稳压器中的水位(随核电厂状态而变化,随反应堆类型不同而不同)；

(11)反应堆冷却剂流量；

(12)反应堆冷却剂流量的变化率；

(13)一回路冷却剂循环泵跳闸；

(14)中间冷却和最终热阱；

(15)蒸汽发生器中的水位；

(16)蒸汽发生器的进口水温；

(17)蒸汽发生器的出口蒸汽温度；

(18)蒸汽流量；

(19)蒸汽压力；

(20)提供了启动蒸汽管线隔离、汽轮机跳闸和给水隔离的设置；

(21)主蒸汽管道隔离阀的关闭；

(22)应急冷却剂注射；

(23)安全壳压力；

(24)提供开启安全壳喷淋系统、冷却系统和隔离系统的设置；

(25)干井压力(仅适用于压水堆)；

(26)冷却剂毒物的控制和注射系统；

(27)主回路中的放射性水平；

(28)蒸汽管道中的放射性水平；

(29)反应堆厂房中的放射性水平和大气污染水平；

(30)失去正常电源；

(31)应急电源。

上述有些参数很简单,如电源丧失,则其他的很难测量。例如,燃料包壳的温度是每个燃料组件中每个燃料棒的数字。大多数参数实际上是空间和时间的函数。工程考虑因素限制了反应堆堆芯的测量,一些有限的数值是从模型中获得的。

正如我们在之前看到的,模型包括测量值和经过验证与许可的堆芯计算获得的分布。最近可用的计算机能力允许基于堆芯状态的测量值,即实际反应堆功率、硼浓度、控制棒位置、燃耗分布①进行频繁的堆芯计算。反应堆的运行可以基于计算来进行。同时,计算和测量的功率分布之间的差异可以提供关于测量系统或反应堆实际状态的额外信息。

当反应堆处于瞬态、功率瞬变、启动阶段时,计算和测量分布之间承载着重要信息。

在以下小节中,将简要介绍堆芯监测系统长时间运行的情况。

2.7.1 BEACON

BEACON(Best Estimate Analyzer for Core Operations Nuclear)由美国西屋公司开发。最初的 BEACON 被开发用于由方形燃料组件组成的堆芯,后来经修改可以用于带有铑自给能堆芯探测器的六角形燃料组件[65]。以下的概述基于参考文献[66]。

BEACON 系统是一个先进的堆芯监测和支持系统,它使用现有的仪表数据结合分析方法,用于在线生成和评估 3D 堆芯功率分布。该系统提供了用于技术规范中描述的功率限制的堆芯监测、堆芯跟踪、堆芯测量和堆芯预测的工具。该系统最初是在 20 世纪 90 年代初开发的,并于 1994 年由 USNRC 批准用于连续在线堆芯监测。

作为 WhiteStar 项目的一部分,BEACON 7.0 版本的开发是该系统的另一项重大升级,旨在整合并支持以下目标:

(1)集成正在西屋公司堆芯设计程序中实施的新的和先进的节点求解方法和数据管理。

(2)增加设施和功能以支持由美国企业倡议的到 2010 年的“零计划”(2010 年零燃料故障)。

(3)支持西屋公司 AP1000 反应堆设计的新的电厂设施和要求。

(4)为反应堆运行人员提供更好、更易于使用的反应性管理和数据接口工具。

为了将燃料故障降至可能的最低水平,美国核工业一直致力于 2010 年实现零燃料故障的倡议。为了支持这一倡议,BEACON 7.0 系统包括监测和预测局部斜率、燃料调节功率和局部燃料限制三种能力。三维堆芯监测系统非常适合这项任务,因为它具有每个组件燃料棒功率分布的详细信息,可以在启动或计划的功率机动之前使用预测计算来预测不同情景的局部燃料斜率,然后可以对其进行评估以确定哪些功率机动满足具有最大斜率裕量的运行目标。系统数据管理和存储能力的改进使得在运行堆芯周期内保存和跟踪此类分析所需的大量数据变得更加容易和快捷。

2.7.1.1 软件开发方法

ANC 的开发以及与 BEACON 的集成遵循迭代软件开发方法和分阶段开发策略。该项目分为三个不同的开发阶段,每个阶段都有明确的可交付成果。该项目开发的第一个阶段包括 ANC 9.1、NEXUS 以及这些部件的集成,本书中描述的 ANC 方法更新也是第一阶段开

① 燃耗随时间变化非常缓慢。

发的一部分，与 PIP、DEPORT 和 CoreStore 的集成也在项目的第一阶段完成。该项目的第一阶段已完成，第二阶段包括功能开发，以支持 AP1000 堆芯设计所需的分析。这些功能包括限制和裕量计算、支持 3DFAC 分析，以及与用于 DNB 反馈的 VIPRE - W 程序的集成。此外，MSHIM 控制策略将在项目的第二阶段编译到 ANC 中。该项目的第三阶段包括 ANC 和 BEACON 的集成，以支持 AP1000 和非 AP1000 堆芯的在线堆芯监测。

2.7.2 GARDEL

下面是对 GARDEL 的简要描述，GARDEL 可以在任何沸水堆上使用[①]，是一个先进的在线堆芯监测套件，内置反应性管理工具。将 Studsviks 最先进的反应堆分析方法与高效的数据库技术和可定制的图形用户界面相结合，GARDEL 可以帮助减少限制反应堆运行效率的不确定性和保守性。

GARDEL 可以部署在整个组织中，仅允许控制室中的操纵员查看显示，同时为工程师提供先进的运行规划功能。GARDEL 具有易于使用的图形界面，允许反应堆工程师轻松执行准确、可靠的规划计算，提供增强的反应性管理功能，并支持全厂操作。

凭借多种强大的工程功能来分析过去的情况或规划未来的运行，GARDEL 能够帮助操作人员快速响应意外的运行需求或事件。

GARDEL 的数据采集方法可以在任何沸水堆核电厂使用。使用来自电厂过程计算机的详细实时信号，GARDEL 明确地计算出一直到燃料棒级别的全局和局部堆芯监控量。

三维堆芯仿真的精确性与对探测器信号的内置匹配相结合，即使在非额定条件下也能提供对堆芯运行的可靠跟踪和预测。

GARDEL 使用堆芯设计人员和工程师生成的堆芯模型，将 Studsviks 反应堆分析能力扩展到控制室，以便在电厂的所有区域之间实现简化的数据共享。

全球监管机构已批准 GARDEL 强大的管理控制，确保所有电厂信号和计算结果的安全收集和存档，同时授权用户完全访问数据和自动计算工具。内置支持计算功能的高度自动化可在执行运行支持计算时预防潜在的用户输入错误。

GARDEL 自动生成定期（每日和每月）堆芯跟踪和同位素报告，可以轻松定制以满足特定的报告需求。只需要单击按钮即可按需生成报告，并以各种格式导出系统。

GARDEL 包括以下几种内置功能，为堆芯运行提供支持。

（1）停堆裕量：确定高价值控制棒并评估停堆裕量。

（2）临界控制棒模式搜索：在定义的序列内查找临界控制棒模式。

（3）高切口价值：通过控制棒序列移动以找到高缺口值模式。

（4）冷态临界：使用 Studsviks 独有的温度相关性和周期校正功能评估顺序或局部临界。

（5）重新分析过去的运行事件：允许用户重新计算过去的运行事件并将数据分析到燃料棒层次。

（6）用户指定的预测：允许用户创建未来运行的预测，以进行规划和指导。

GARDEL 管理来自电厂计算机的数据流，并根据不断变化的反应堆状态自动激活中子计算。

---

① 在其他类似的压水堆小册子上。

GARDEL 系统使用自动信号—功率转换，连续比较堆芯热工量和堆芯探测器读数的计算值与测量值。

GARDEL 帮助企业确保培训模拟器性能目标、标准和法规的一致性，包括 10CFR55.46、SOER 96－02 和 ANSI 3.5 标准中表达的内容。

由于 GARDEL 堆芯中子模型是特定循环的，并且始终反映电厂的实际运行历史，因此它可用于维护 S3R 培训模拟器堆芯模型而无需额外资源。

此外，电厂支持人员可以使用 GARDEL 导出当前堆芯状态的快照，以进行实时(JIT)模拟器培训。

至于 GARDEL[67] 的压水堆版本，其核心是 SIMULATE－3 中子动力学模型，已在 15 个国家使用，在 6 个国家获得许可，被多个国家的安全当局使用。根据文献[67]，该程序已应用于几乎所有现有的压水堆燃料和堆芯设计，包括超低泄漏负荷模式，UO_2 和 MOX 栅格，含硼的可燃毒物以及包括铒、钆和硼涂层在内的综合吸收体，氧化钆和硼涂层，以及各种堆芯探测器，例如 ^{235}U 裂变室、伽马敏感铂发射器、伽马温度计、固定铑堆芯探测器和钒空气球。

2.7.2.1 GARDEL 系统配置

GARDEL 不在电厂计算机上运行。存档的数据定期进行(通常每 1～2 min)更新，并被传输到 GARDEL 服务器。该数据集是一个相对较小的文件，包含很少的参数，如反应堆功率、流量、压力、入口和出口状态、控制棒位置、堆外和堆内信号(如果可用)等。

关于信号处理：电厂过程计算机向电厂计算机提供过程计算机存储的信号，将这些数据用于中子模型中以进行堆芯跟踪。数据传输的频率取决于所需的监测频率，并且仅受中子模拟器①速度(通常)的限制。

定期控制器：它管理从电厂计算机到 GARDEL 数据库的数据流。当授权用户要求时，或者当反应堆状态发生变化时，它会自动启动中子计算。

SIMULATE－3：GARDEL 访问由堆芯设计小组开发并用于堆芯设计计算的同一个堆芯监测系统(CMS)中子动力学模型。GARDEL 的模块化，使得可以从网络中的不同计算机同时进行多个 CMS 计算。

数据库：它存档所有结果(电厂信号以及计算结果)。该数据库专门设计用于最大限度地提高电厂信号以及 CMS 计算结果的记录和检索效率。

图形用户界面：它是操纵员信息的核心，不仅显示当前电厂状态，允许授权用户访问数据库，还通过反应性管理计算为操纵员提供支持。由于 GARDEL 的模块化，图形用户界面(GUI)模块可以在每个授权用户的桌面上单独执行。这允许多个用户同时进行计算或访问电厂测量和计算结果。每个用户可以独立于其他用户在其桌面上配置 GARDEL 显示，用户可以通过 GARDEL 系统管理员控制 GARDEL 系统中各种功能。如果用户可以访问 GARDEL 所在的网络，那么他们可以远程使用 GARDEL，例如远程办公支持。

2.7.2.2 GARDEL 结果

本节提供了几个具体示例，说明了系统的准确性和在解决运行问题方面的适用性。自几年前成立以来，GARDEL 已在世界各地的 5 个压水堆和几个工程办公室安装。这些装置

① 全堆芯三维 SIMULATE－3 计算通常需要不到 30 s。

包括固定式和移动式,中子和伽马感应、堆芯仪表设备。GARDEL 在这些装置中用于从堆芯监测到运行支持和反应性管理的各种应用,取自参考文献[67]的描述已经压缩。第一个要研究的数据来自西屋公司 Beznau 核电厂的两个环路①。这些机组的在线堆芯监测是 GARDEL(图2.36)。

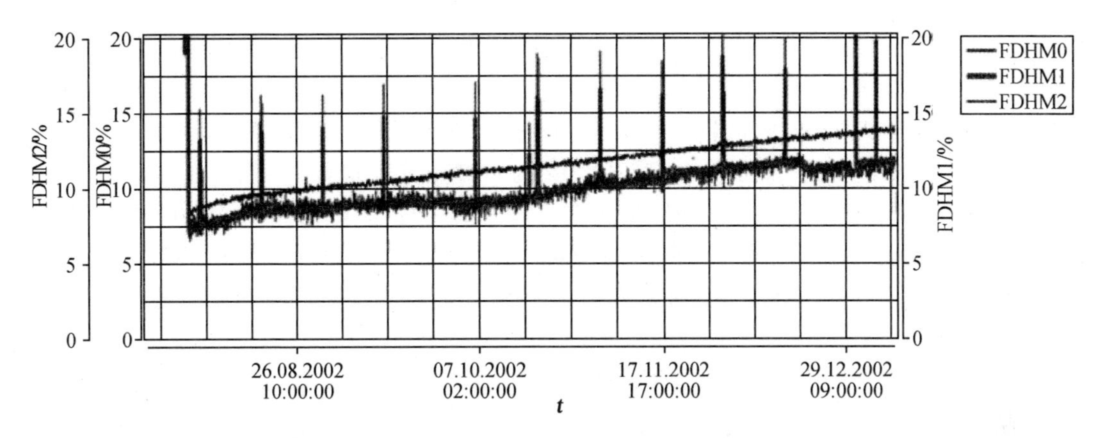

图 2.36　预测和校正的 $F\Delta h$ 裕度的 GARDEL 比较

图 2.37 给出了在计算的积分径向峰值因子 $F\Delta h$ 的 LCO 裕度的代表性循环数月内 GARDEL 精度的示例,该图显示了 SIMULATE－3 计算裕度 FDHM0 与基于最新通量图的校正因子的裕度(FDHM1),以及根据最新通量图与当前热电偶读数(FDHM2)组合的信息计算的裕度。

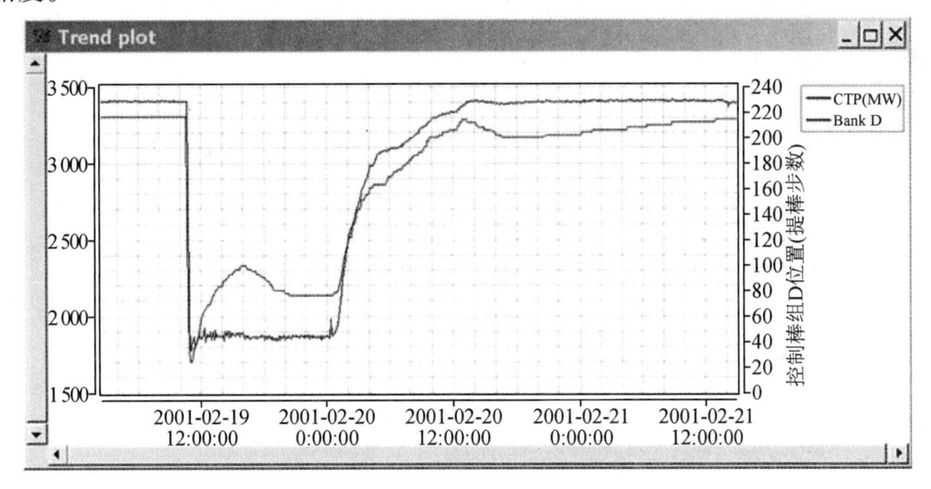

图 2.37　泵跳匣期间关键参数的 GARDEL 趋势图

FDHM0 和 FDHM1 之间的差异约为 2%,与测量值相比,这大约是计算出的反应速率的准确度。基于热电偶数据的附加修改可以忽略不计,因此,Beznau 不会使用基于热电偶数

① 原始符号已保留。

据的修正值来限制评估。

另一个瞬态如图 2.37 所示。在西屋公司设计的压水堆 McGuire 接近循环末期的状态下,1 号机组和 4 号环路发生主冷却剂泵跳闸事故,这触发了控制棒插入,降低了功率水平。该机组稳定在低的功率水平,瞬态启动了氙瞬态。瞬态是研究 GARDEL 准确性的好机会。

GARDEL 计算了轴向通量不平衡 ΔI,它是功率机动过程中堆芯监测和操纵员指导的重要参数。直接从 GARDEL 获得的事件中的功率和控制棒位置的图形摘要如图 2.37 所示。

下一个示例 GARDEL 使用固定探测器执行信号到电源转换。由于这些探测器烧坏,因此需要在 GARDEL 内进行补偿,以更新每个探测器的电荷累积和探测器灵敏度,此功能可减少计算电荷累积过程计算机上的负载。而且,与可移动探测器一样,信号/功率转换因子在实际电厂条件下按需创建,消除了近似值并减少了传统上生成预先计算的库所需的资源。

图 2.38 显示了循环期间计算和测量功率分布之间的径向、轴向和总(节点)RMS 的趋势图。计算和测量的铑反应速率之间的总 RMS 对于径向(二维积分)为 1.0%,对于总的(三维积分)为 2.7%。该结果可为降低峰值因子 LCO 监测中使用的电流不确定因素提供依据。

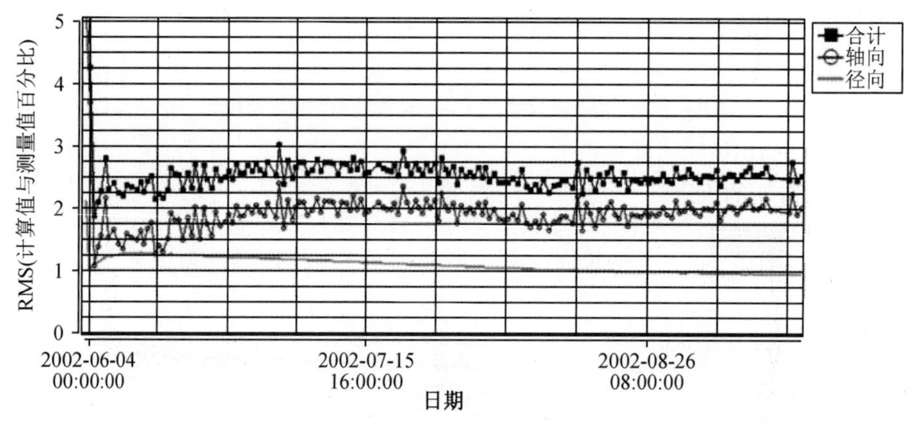

图 2.38　固定探测器系统的 GARDEL 反应速率精度

2.7.3　SCORPIO

SCORPIO 系统[68-69]是在 20 世纪 80 年代初期开发的,它已在瑞典、英国、美国、捷克的 9 个压水堆机组[70]中运行。在捷克 Dukovani 核电厂运营的版本有两种[70]。

(1)堆芯跟随机制——将仪表信号和理论计算相组合来评估实际堆芯状态。通过图形界面向操纵员提供有关堆芯状态的信息,该图形界面包含趋势曲线、堆芯图、图表和表格,显示实际堆芯状态的信息,包括技术规范中保留限值的实际测量值。

(2)预测机制——操纵员可以通过未来几小时的预测瞬态看到堆芯特征。策略生成器实现的快速预测可以通过预测模拟器进行深入分析。就像在堆芯跟随模式中一样,可以将评估状态的特征与技术规范进行比较,并且可以通过专用屏幕的数量来分析堆芯的预测行为。

在 Dukovani 核电厂中实施的 SCORPIO 系统的主要特征如下。在堆芯跟随模式中:

(1)与电厂数据源的通信和数据采集是持续的。

(2)SCORPIO 验证测量数据并识别传感器故障。

(3)校准温度测量传感器并识别等温堆芯状态。

(4)SCORPIO 根据经过验证的热电偶的出口温度、SPND 测量结果和堆芯模拟器的结果,通过棒功率重构进行在线三维功率分布计算。

(5)在线堆芯计算由 Moby – Dick 程序[64]执行。

(6)检查极限和热工裕量超限(DNBR、过冷裕度、FdH 和其他峰值因子)是否循环执行。

(7)SCORPIO 还进行 SPND 监测、评估、解释和线性功率转换。

在预测模式中,SCORPIO 使以下功能成为可能:

(1)使用集成模块监测燃料性能和调节功率分配。

(2)集成模块可用于冷却剂活性监测和燃料失效识别。

(3)方便地监测和预测反应堆启动期间的临界方法。

(4)预测能力和策略规划,允许提前检查操作演习的后果,预测关键参数和检测燃料循环结束等。

(5)循环之间的自动转换(燃料重新装载)。

(6)记录所有计算和主要测量数据的归档功能。

(7)用户可定义的协议和表单的打印机输出。

带有捷克 Dukovani 核电厂的堆芯在位置(10 ~ 49)处所选燃料元件中组件出口温度和轴向功率分布的 SCORPIO 屏幕如图 2.39 所示。可以使用名为 CoreCreate 的额外函数[69]从组件栅元对象构造新的堆芯图。图 2.40 还显示了 SCORPIO 在沸水堆机组中的应用。

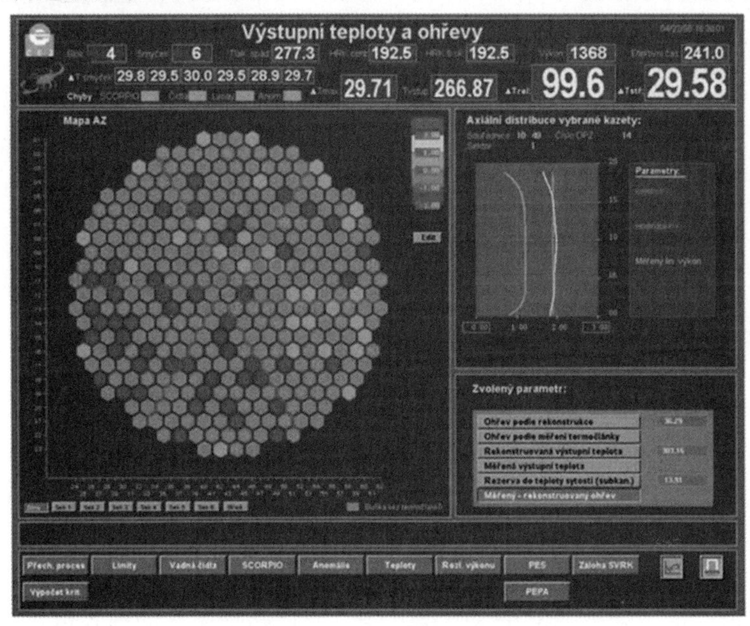

图 2.39　SCORPIO – VVER 系统中堆芯图图片示例

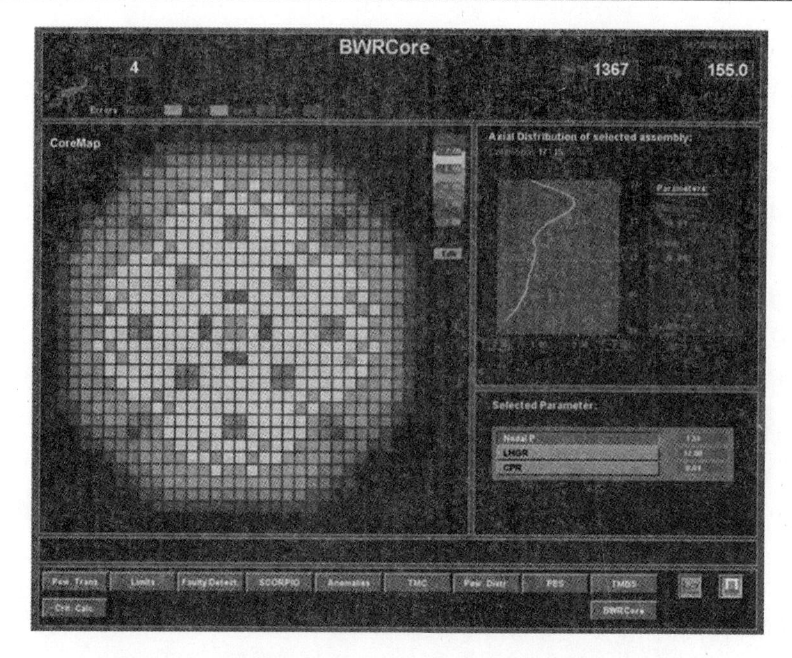

图 2.40 使用“CoreCreate”工具生成的堆芯图图片示例

2.7.4 VERONA

VERONA 是 VVER－440 核电厂首个基于堆芯信号的操纵员辅助系统之一。第一个 VERONA 版本于 20 世纪 80 年代早期在匈牙利 Paks 核电厂实施，匈牙利当时可利用的计算机能力相当有限。VERONA 已经实施了多个升级流程[57]。

为了评估，将 Paks 核电厂 VVER－440 机组原先 1 375 MW 堆芯热功率提高到 1 485 MW（108%）的可能性进行中子物理研究，已经证明只有通过使用新的燃料类型才能实现目标功率水平。选择具有 12.3 mm 的燃料棒节距的径向成型的燃料组件（具有 3.82% 的平均富集度）作为新燃料：在 2006 年，当功率达到 108% 时，该 4 号机组使用该类型的燃料。考虑到燃料经济性，这种类型的燃料还不是最佳的，因此之后它逐渐被具有更高富集度和含有可燃毒物的组件所取代。

核电厂与安全当局希望在不改变堆芯安全限值的情况下实现 108% 的功率，很明显，这一要求只能通过引入更详细和更准确的在线堆芯分析来实现。由于旧的堆芯分析计算机（大约 10 年前安装的 MicroVAX－3100 计算机，详见参考文献[58,59]）已经任务超载，这只能通过使用具有更高性能（在 CPU 速度、内存大小、磁盘容量和网络带宽方面）的新计算机来实现。

2002 年核电厂决定实施两步升级项目。第一步旨在将额外的计算机资源整合到旧架构中，以确保旧版本的 VERONA 能够正常运行并工作良好，直到所有机组都安装新系统。第二步的主要目标是创建一个全新的系统，具有更高的准确性、更大的资源和更先进的服务。这两个步骤包含以下主要项目。

1. 旧的堆芯分析工具的有限范围升级（所有机组 2003 年完成）

（1）用功能更强大的 Model96 计算机取代了旧的 Model80 MicroVAX－3100 计算机（这

确保了 CPU 速度提高了四倍和双倍的 RAM 大小,加上一些额外的磁盘空间)。

(2)用基于 Windows - NT 4.0 的 PC 替换过时的图形工作站。

此升级步骤的优点是 Open - VMS 操作系统和 VAX 计算机上的应用程序软件根本没有改变(这对于实现顺利的许可程序和轻松转换至关重要)。

2. 全面更换旧系统(所有机组 2008 年完成)

(1)系统架构的现代化和应用软件的替换。

(2)反应堆物理计算的新的、更先进版本的开发。

(3)PDA 堆芯数据获取计算机的局部升级。

(4)VERONA 局域网的全部替换。

2.7.4.1　新系统架构和新软件工具

之前在 VAX 计算机上运行的软件分为两个主要部分:反应堆物理计算部分被分离并转移到一台名为 RPH 服务器的功能强大的 PC 上。其余的软件保持不变,留在 VAX 计算机上(图 2.41)。

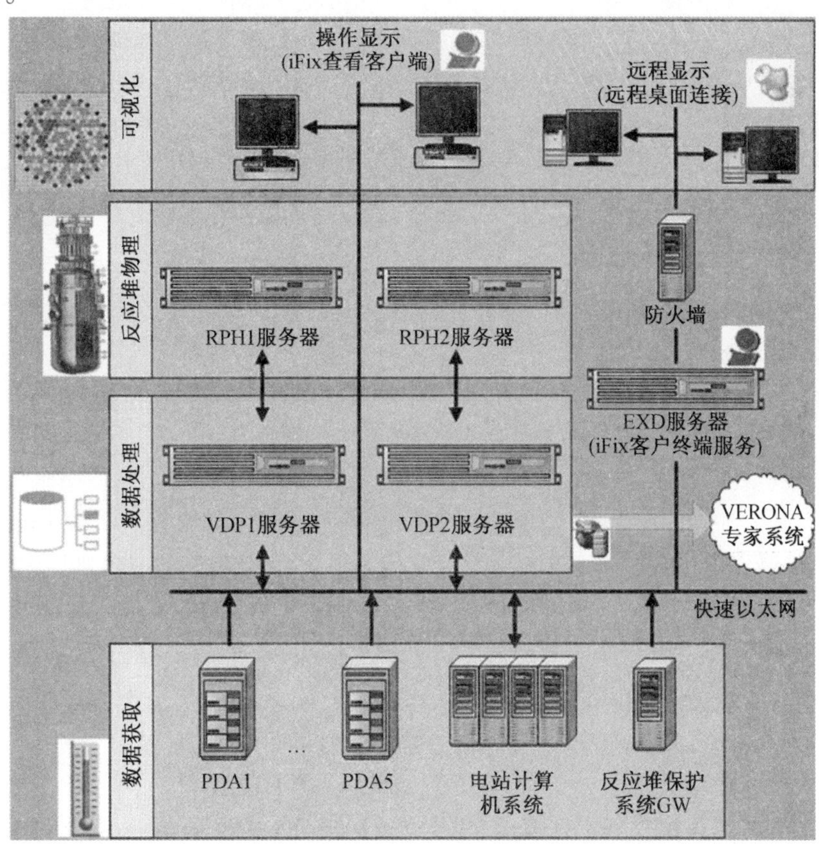

图 2.41　安装在 3 号机组的新 VERONA 系统的示意性架构

以下主要软件项目经过全面重新设计和重新编程。

(1)数据库和数据归档管理工具:应用与结构化查询语言(SQL)兼容的标准关系数据库管理工具。

(2)数据可视化:应用专业的图片编辑器和显示程序。

(3)为外部用户提供可视信息和数据:此任务是通过创建一个用作多用户显示站的专用外部显示服务器来完成的。

(4)系统管理:可靠的系统监督程序和图形管理工具应用于所有重要的系统管理任务。

(5)系统扩展:新架构旨在通过提供充足的储备和内置扩展可能性来支持无缝系统扩展。

安装了一个速度为 100 Mb/s 的新 VERONA 网络,并扩展了堆芯数据采集系统。新的 LAN① 使用光媒体的冗余快速以太网网络;有源元件由 Hirschmann 制造。新的服务器计算机是专业的 HP ProLiant 计算机,具有双 AMD 处理器,运行 Windows 2003 Server 操作系统。两个冗余 VDP(数据处理)服务器负责存储在线和归档数据库、信号处理、显示站数据,以及执行其他管理任务。两个 RPH(反应堆物理)服务器负责定期运行堆芯计算。有关系统硬件和软件结构的更多详细信息,见参考文献[60-61]。

2.7.4.2 用户界面和测试

基本屏幕部分的图形支出(堆芯图、轴向分布显示、反应堆和环路参数汇总)保持不变。尽管如此,应用了新的图形工具并引入了几个新的功能。新的堆芯分析方法结合了在线测量和在线计算信息,然而用于确定棒(即组件内)通量分布的模块仍然使用大量的离线计算信息(以所谓的 C 矩阵[57] 的形式)。堆芯计算分为两个主要循环:2 s 周期称为同步,而 5 min周期称为异步(图 2.42)。

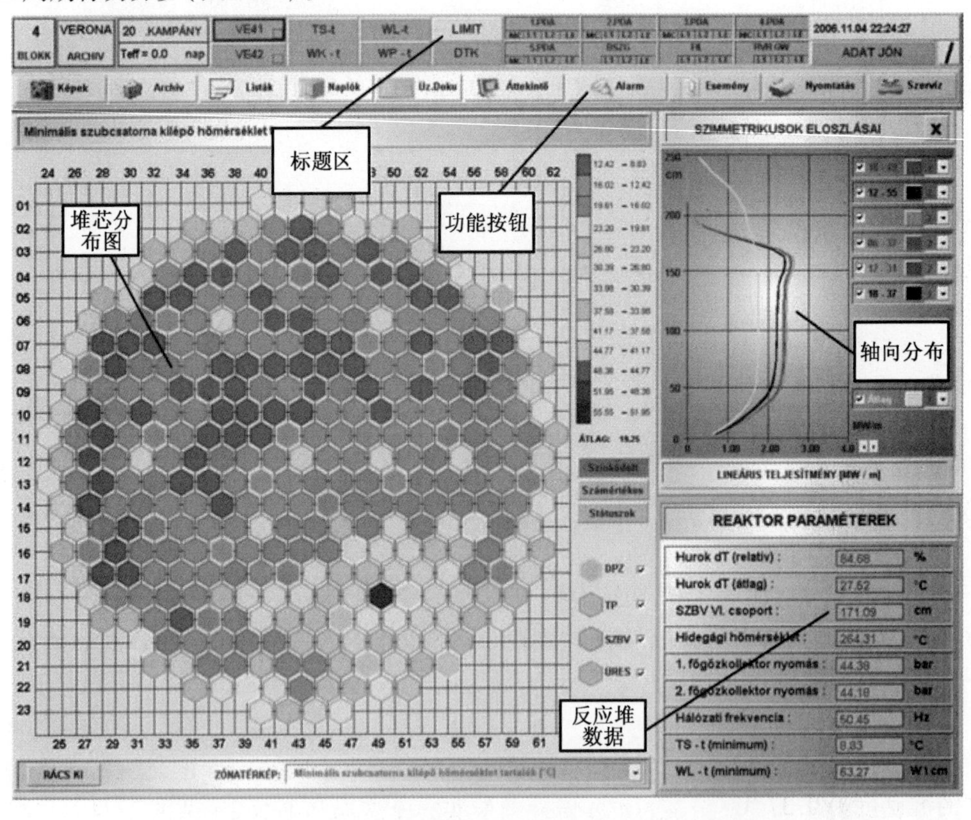

图 2.42 新 VERONA HMI 的主要显示格式(显示存档重放)

① LAN = Local Area Network.

(1)首先运行C-PORCA程序;它使用实际的反应堆功率、控制棒位置和组件进口温度作为输入。该程序更新了节点同位素浓度、燃耗,并确定了堆芯的三维(节点)通量图。

(2)通过使用在线计算的C-PORCA结果和测量的SPND电流,执行轴向拟合程序以获得实际的快速通量分布。

(3)然后,通过使用计算的C-PORCA数据、拟合的轴向快速通量值和测量的组件出口温度,对快速通量场执行二维扰动计算。

(4)确定新的自适应向量(由同步程序使用)。

(5)通过使用三维快速通量场和C插值矩阵来执行燃料棒级的堆芯分析。在该步骤中,确定三维线性功率分布和各个燃料棒功率。

(6)确定所有燃料组件的子通道出口温度(该模型考虑了子通道之间的冷却剂混合)。

(7)最后,重要参数(例如自适应向量、节点同位素浓度和燃耗)存储在称为RAR(反应堆物理存档)的特殊文件系统中,以供以后检索。

同步计算在每个循环中执行以下任务。

(1)首先确定全局堆芯和一回路参数(例如,环路、堆芯冷却剂流量和功率)。

(2)下一步包含使用测量的组件出口温度的二维外推程序(该算法与旧版本中的算法相同)。

(3)然后使用测量的SPND电流作为输入执行三维外推(轴向快速通量外推算法与旧版本中相同)。

(4)根据异步计算确定的自适应向量校正外推的三维快速通量。

(5)通过使用三维快速通量场和C插值矩阵来执行燃料棒级堆芯分析。在该步骤中,确定三维线性功率分布和各个燃料棒功率。

(6)确定所有燃料组件的子通道出口温度。

(7)最后,所有测量输入和计算输出都存储在RAR中。

新的堆芯分析模块已经过仔细测试,参见参考文献[57]。通过使用大量测量的ΔT分布来广泛地检查新的二维外推模型的正确性。堆芯测量取自4号机组,通过燃料循环(10~17)收集。研究的反应堆状态具有以下特征:

(1)共评估了170个测量分布(每个测量场包含210个测量的组件ΔT值)。

(2)测量的ΔT场对应于各种堆芯装载模式,具有不同的燃料组件类型(富集度2.40%、3.60%和3.82%,正常和低泄漏堆芯等)。

(3)研究仅限于接近标称功率的稳定反应堆状态。

研究的基本方法如下:对每个测量的ΔT场应用二维外推模型,然后确定计算的和测量的分布之间的差异,然后对差异分布进行统计分析和评估。方法和结果的详细描述在文献[63]中给出。

这里我们给出两个图。第一个显示与参考值的线性功率偏差,见图2.43。图2.44显示了学生分数的分布,最重要的结果是在测量点处外推和测量的ΔT值之间的平均偏差。外推的准确度为0.37 ℃(方差,1σ),偏差分布实际上遵循高斯分布(见图2.44)。这意味着新的二维外推是无偏的,没有系统误差。其验证的准确度非常接近在要求的规范文件中定义的目标值(0.35 ℃)。

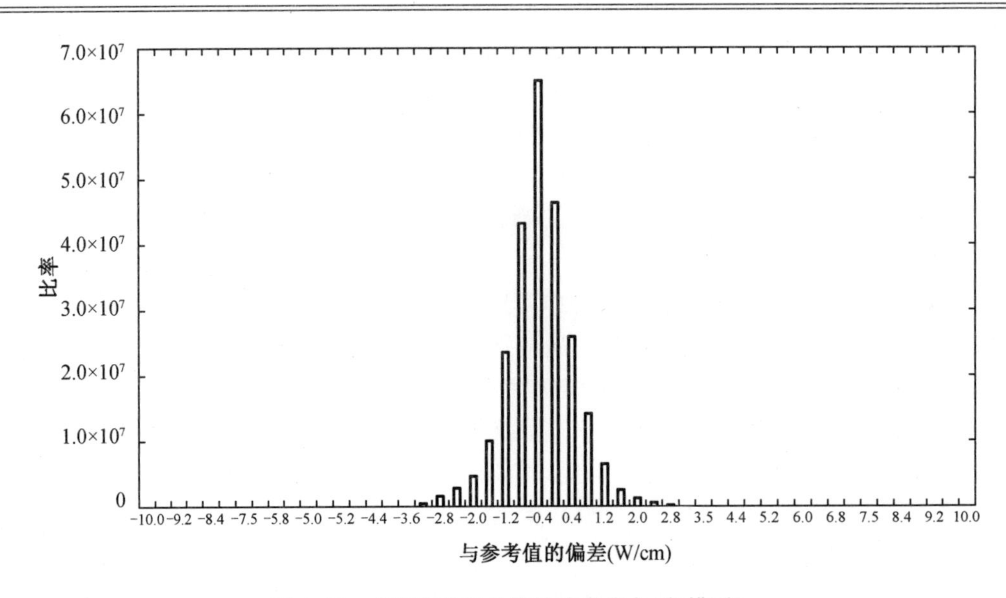

图 2.43　偏离参考值的线性功率分布(新模型)

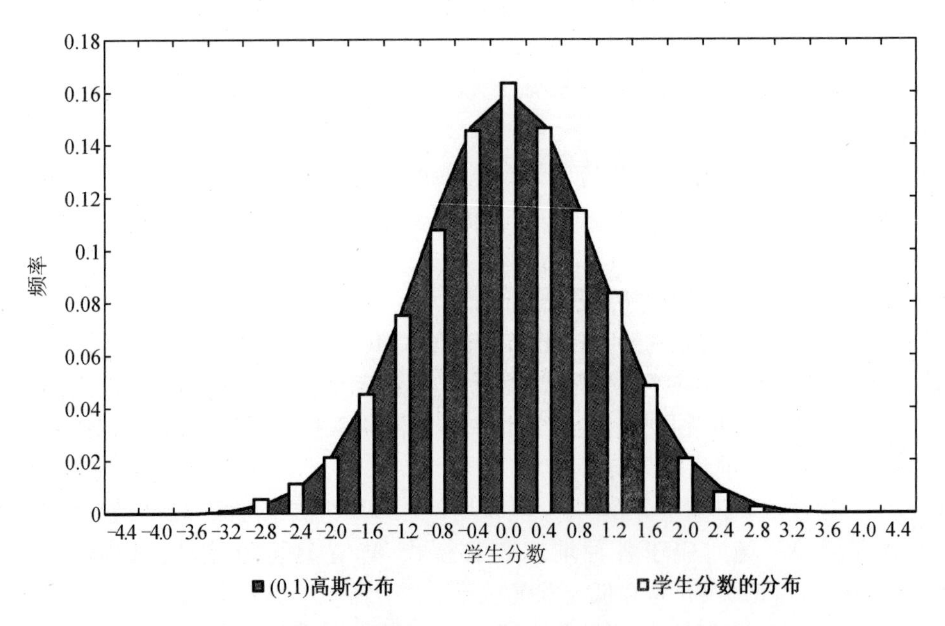

图 2.44　对于测量值和外推组件 ΔT 值之差计算的学生分数的频率分布

2.7.4.3　VERONA-e 专家系统

新的架构和新的高速网络使得在核电厂引入一种新的反应堆物理分析形式成为可能。Paks 核电厂反应堆物理部现在可以使用所谓的 VERONA 专家系统(VERONA-e):该系统由专用工作站组成,运行与在机组配置中工作的反应堆物理服务器相同的软件。在线和归档过程数据可以通过 EXD 服务器传输到这些计算机,反应堆物理专家可以在本地进行自己的堆芯分析。专家系统用于广泛收集堆芯长期趋势参数,执行特殊堆芯计算和报告生成。这些计算机可以托管附加的软件模块,即在机组配置中尚不存在的程序。这些模块可用于各种任务,例如堆芯测量和长期趋势监测的统计分析(用于信号验证目的),应用详细堆芯水力模型进行堆芯异常解释。更多细节见参考文献[62]。

现在,日常经验证明,这种新的、更开放的系统架构与内置数据服务器功能相结合,在很大程度上支持反应堆物理专家,为离线分析和报告生成提供了便利的工具。

2.7.5　VVER 的最新发展

在要讨论的方法[71]中,重要的是将堆芯设计(或跟随)计算与堆芯内测量的评估分开。因为以这种方式可以消除共因失效。这样,重构的功率和温度场仅取决于温度和中子探测器信号。

在参考文献[71]中,发展的目标总结如下:

(1)缩短监测中子物理(功率、通量)和热工水力(冷却剂、包壳和燃料温度)参数的响应时间;

(2)及早发现运行中的异常并保证平稳的反应堆运行。

堆内测量应提供足够的方法,以便在早期阶段指示异常或故障。

现代 VVER 堆芯仪器的结构有两个层次,SPND 安装在7个轴向标高处。

在低水平(LL)处,在7个标高的每一处,对于每个燃料组件,功率密度在0.5 s内确定。在该计算中,使用2.2.1节校准系数和计算的局部功率密度用于检测任何实际控制棒位置变化,或实际堆芯状态的计划外变化。同样在下层,计算局部参数如线功率密度、DNBR等并与限值进行比较。

在上层进行进一步的计算,误差低于2% ~2.5%,以确定:

(1)每个燃料组件中,在16个标高处的实际功率密度分布和相关量;

(2)重新计算下层的校准系数,并进行堆芯计算以辅助瞬态管理并预测反应堆的动态行为。

用于将 SPND 电流转换为相邻燃料元件中的线性热功率的系数在诸如 VVER-440(Loviisa、Paks、Dukovany 和 Bohunice 核电站)和 VVER-1000(VVER-1000)等反应堆中通过实验确定(Novovoronezh 核电站)。

在 VVER-1000 机组的堆芯监测中,堆芯通常配备[71]:

(1)64个燃料组件中448(=7×64)个 SPNDs;

(2)95个热电偶(TC);

(3)一回路冷热管段上的16个热电偶和8个电阻温度计(TR)。

图2.45显示了 VVER-1000 机组带有 SPND 的位置(图2.45中的 KNI)、控制棒和热电偶(TC)位置的堆芯图。反应堆的总热功率 P_{th} 被计算为5种评估方式的加权和:

$$P_{th} = \frac{\sum_i N_i w_i}{w_i} \tag{2.112}$$

式中　w_i——评价方式 i 的权重;

N_i——评估方法 i 中反应堆的热功率。

(1)第一种评估方法根据电离室读数估算功率 N_1,电离室是中子通量监测设备的一部分;

(2)第二种评估方法根据 SPND 读数估算 N_2;

(3)根据一回路监测的读数获得功率估计 N_3；

(4)根据二回路监测的读数获得功率估计 N_4；

(5)根据堆芯的流量估算 N_5。

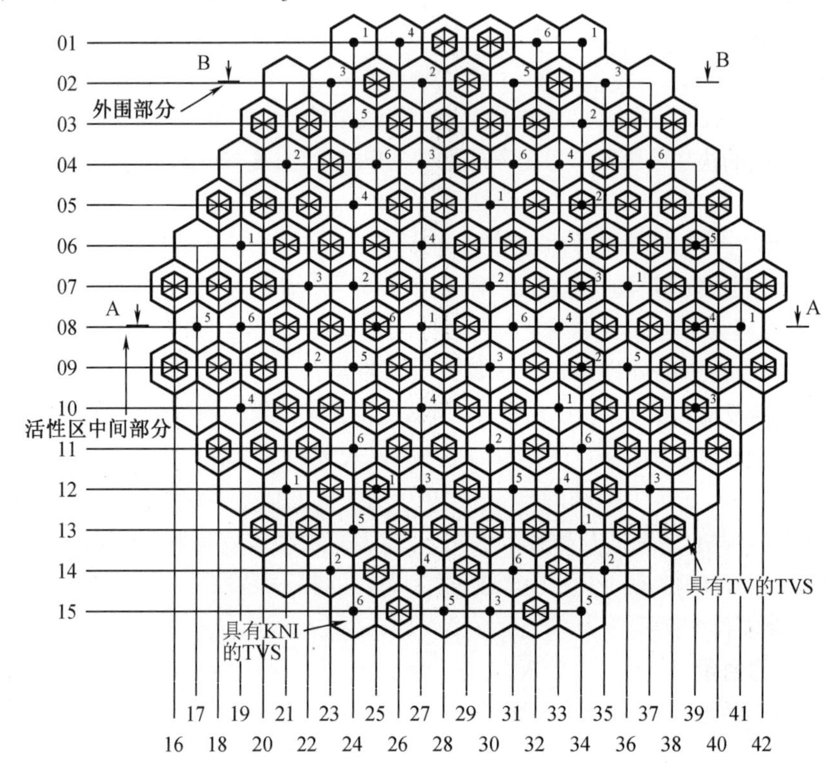

图 2.45　SPND(KNI)、控制棒和热电偶(TC)的位置

这些方法中的每一种都可能涉及测量值的系统和/或随机的未知误差。在新的燃料循环开始时,消除了由传感器故障、设备故障、测量误差、流量调节等引起的系统偏差。为了避免在确定分配到上述方法的统计权重时的主观性和随意性,开发了一种特殊的统计技术[81]。

下层的软件和硬件符合俄罗斯联邦标准,也符合 IEC 和 IAEA 安全标准的最新要求。设备是抗震的,环境和人的相互作用不会对其造成危害。

上层的测量、处理和信息传输周期为 1 s。在下层应用的方法提供了以下可靠性参数:最小平均故障间隔时间(小时)。

1. 换热危机裕量(DNBR)的保护信号形成

(1)“虚假”信号产生:1.7×10^{6}；

(2)信号产生缺失:2.7×10^{11}。

2. 线性功率释放形成保护指示

(1)“虚假”信号产生:2.3×10^{7}；

(2)信号产生缺失:2.7×10^{11}。

下层应用软件执行以下功能:从上层发送 SPND 电流和系数,它在 7 个标高处计算每个燃料组件中最大负载燃料元件的线性功率,与允许的设置相比较,并在超过限值的情况下,发送一个预防性保护信号 PP－2 到反应堆保护系统。

在下层，当 SPND 信号要求自动保护时，提供的响应时间延迟保持低于 0.5 s，并且卡尔曼滤波器具有 Tsimbalov 的修改功能，延迟低于 2 s。

上层软件和硬件的特征：

（1）软件和硬件在操作环境“Unix”（SUN“Solaris”“Linux”等）中工作；

（2）开放系统的示例架构，可以在广泛使用的标准（标准－PIXIX 1、1. b、1. c 等）的基础上创建现代和预期的决策；

（3）最具技术性的工业建设性（可靠性、修复能力、装配决策谱）；

（4）高生产率——处理器模块的运行速度足以分析反应堆单元状态，包括实时堆芯中子物理和热工水力过程的建模；

（5）系统可靠性应用新的结构决策，包括控制和监视的一些组件，支持集群技术以充分利用计算资源，以及在组件或模块发生故障时自动重新配置资源。

上层软件包括反应堆物理模块 TVS－M[75]，来自探测器的带电粒子由参考文献[76]计算，燃料组件的能量释放由参考文献[77－80,82]计算。这里我们只提到一个主题，见参考文献[71,82]。

中子通量满足扩散方程，详见附录 A。目标是找到与空间相关通量的近似值，以便简单且合理地表示与空间相关的通量。为此，已经进行了 4 个能群的计算，结果可以在图 2.46 中看到，其中 4 个能群中的通量沿着堆芯中的线显示。蓝色方块是快速组中的通量，洋红色方块是第二个中的通量，黄色三角形是第三个中的通量，蓝色×代表热通量。目标是找到一个平滑的空间相关函数来表示通量。

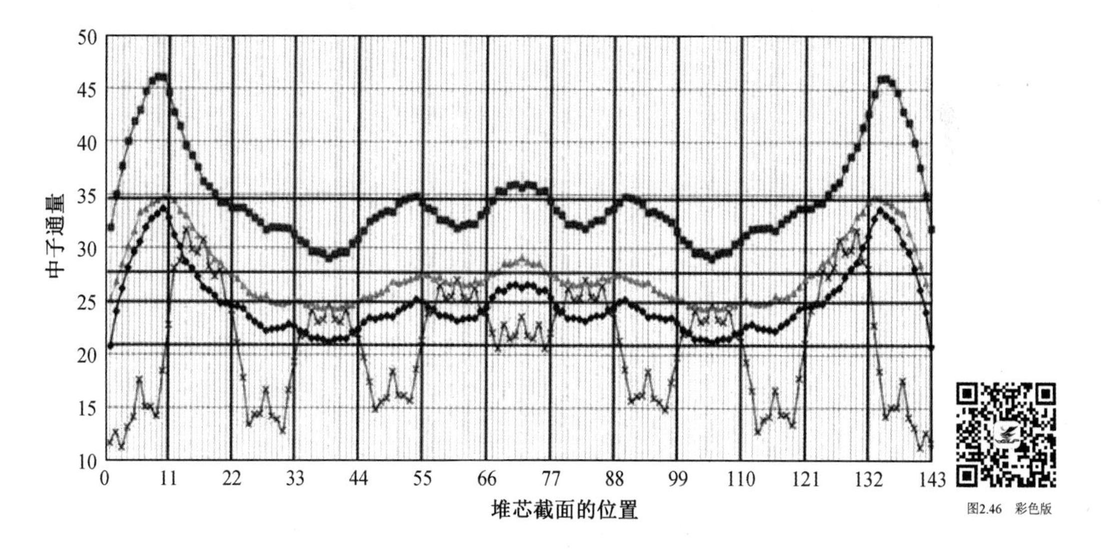

图 2.46　活性区 *A*－*A* 的中心部分（顶层）

该计算证实了与 VVER 反应堆堆芯中的慢化（即第三能群）中子相对应的通量空间分布的最大“平滑度”的理论预测。这确定了选择这样一组中子进行插值的最合适的中子。我们省略了进一步的细节[71－74]，空间相关性由第三能群的通量表示。

我们提到了一个与 VVER 堆芯有关的一般性主题：冷却剂流动分布在堆芯中的作用已

在 2.3.6 节中提到,与配备热电偶的组件的冷却剂流量有关。对于 VVER－1000 机组 Kozloduy－6(保加利亚),建立了经合组织/核能机构的基准[83－84],下面我们简要介绍一下结论。

该实验于 1991 年 6 月 29 日在第 1 个循环的反应堆启动期间进行。实验的目的是确定混合系数,即冷热段之间以及从冷段到燃料组件进口的质量交换率。

Kozloduy6 号机组有四台主循环泵,并且给定组件的流速是这些流速的函数。图2.47显示了四台主循环泵(MCP)在反应堆堆芯部分的贡献。图中,入口和出口喷嘴的方位角分布是不均匀的,其中设计角度和测量的制造角度也以表格形式给出。

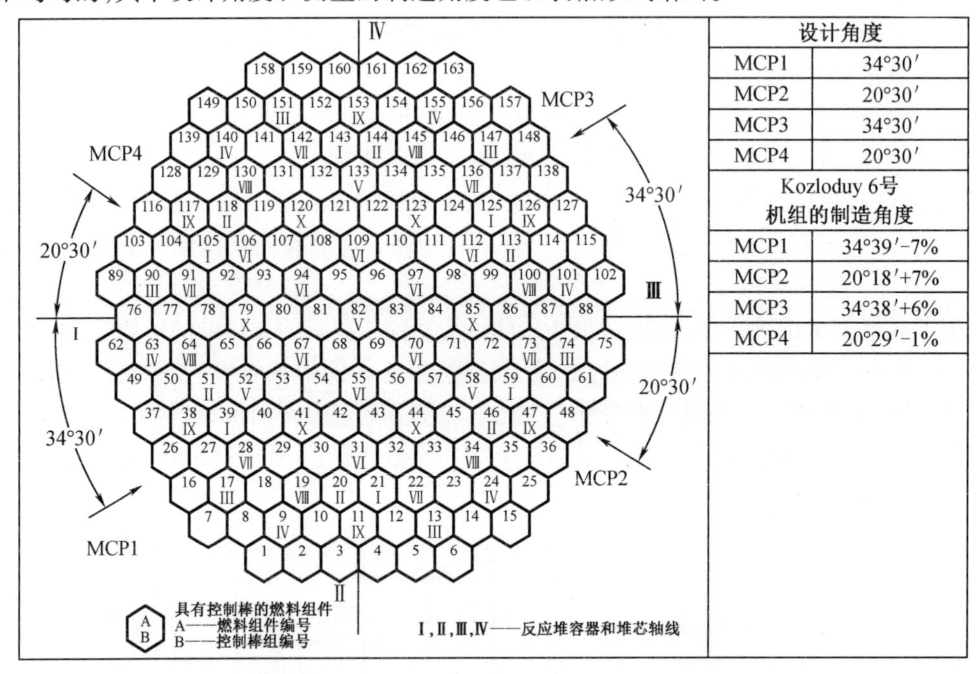

设计角度	
MCP1	34°30′
MCP2	20°30′
MCP3	34°30′
MCP4	20°30′
Kozloduy 6号机组的制造角度	
MCP1	34°39′-7%
MCP2	20°18′+7%
MCP3	34°38′+6%
MCP4	20°29′-1%

图 2.47　堆芯组件的编号和来自四个 MCP 的冷段的角度

在实验开始时,四台主循环泵和四台蒸汽发生器工作。机组的热功率是 281 MW,相当于额定功率的 9.36%。堆芯上方的压力为 15.59 MPa,标称值为 15.7 MPa。入口处的冷却剂温度为 268.6 ℃,比标称冷段温度低 19.1 ℃,蒸汽发生器水位处于标称值。对于该初始状态,配备有热电偶的每个组件的温度升高是根据测量的冷段和组件出口温度计算的。图 2.48 显示了堆芯出口处的温度分布,燃料组件的平均加热温度为 3.2 ℃。

通过关闭 SG－1 的蒸汽隔离阀并将 SG－1 与给水隔离,在 4:31:00(EET)时启动瞬态。在 SG－1 中,压力开始增长并在 20 分钟后稳定在 6.47 MPa。在 1 号回路中,冷却剂温度上升了 13～13.5 ℃,质量流量减少了约 3.4%。

实验在 05:06:00(EET)的稳定状态被认为是最终状态,并且在 SSG－1 分离后 35 min 达到这种状态。图 2.49 显示了最终状态下测得的组件出口温度。根据测量的堆芯出口温度和初始状态的估计的平均燃料组件上升来估计最终状态下的堆芯入口温度。

在该项目的框架中,CEA Grenoble 开发了名为 $Trio_U$ 的热工水力程序。该程序设计用于工业规模应用的大涡模拟,用于数千万节点的结构化和非结构化网格[85－86]。我们这里不讨论技术细节，但 $Trio_U$ 已经过测试和广泛使用，其中包括 Kozloduy－6 问题的分析。

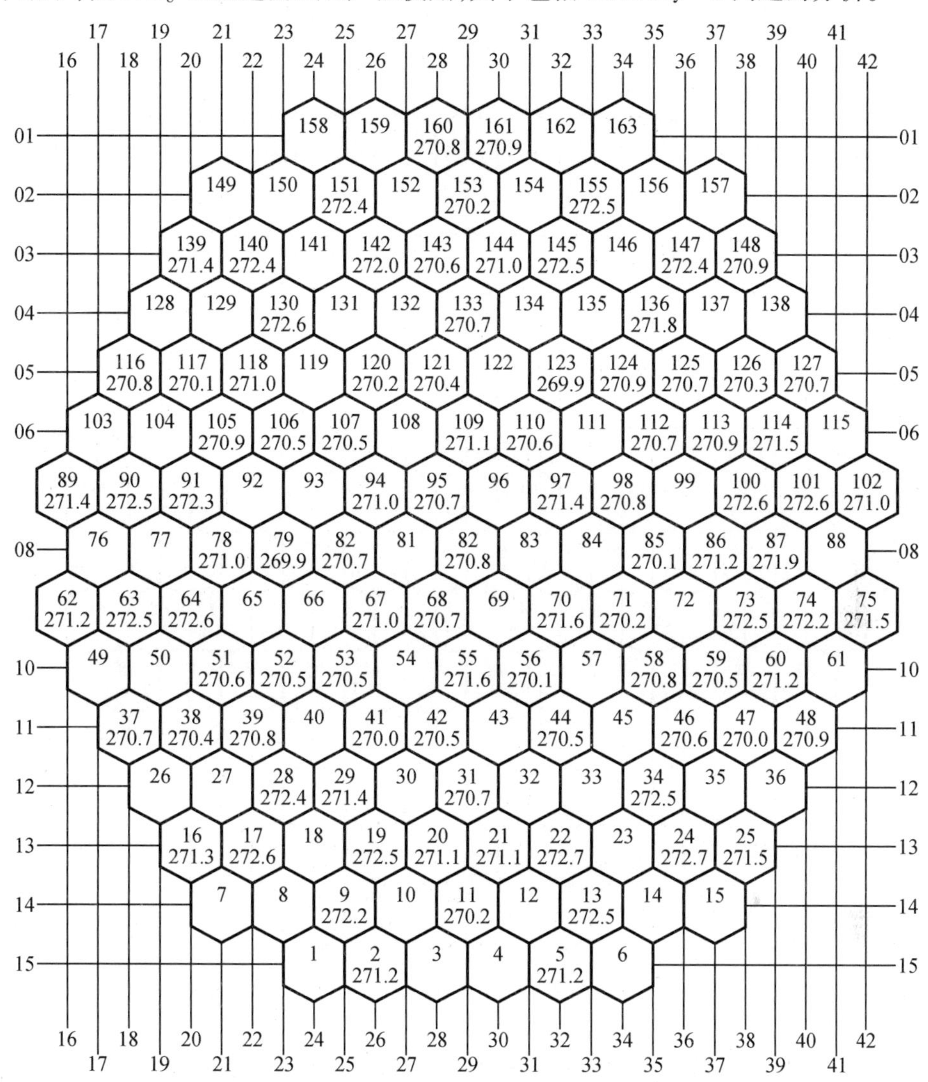

图 2.48　堆芯组件的编号和初始状态下堆芯出口处的冷却剂温度测量值

计算流体动力学已在 A.1.3 小节中讨论。$Trio_U$ 被设计用于模拟不可压缩和低马赫数流动。质量、能量和动量守恒方程是离散化的，离散化可以是结构化的或非结构化的[23]。在离散化之后，通过有限元（FE）方法求解所获得的非线性代数方程的解。采用共轭梯度法确定每个时间步长的压力场。为了解决大量计算，使用 256 个处理器的并行架构。

$Trio_U$ 已经在各种核安全相关应用上进行了测试，这里只提到有关混合实验的计算。图 2.50 显示了堆芯入口处测量和计算的冷却剂温度。通过线性插值获得未测量组件的温度。小方块表示测量值，箭头表示冷段喷嘴的轴。来自 MCP1 的流量中心最大值逆时针方向移位约 24°。在 $Trio_U$ 计算中也可以看到这种移位。对涡流的正确预测在组件 5,6,13,14,23,24 的温度中是显而易见的。

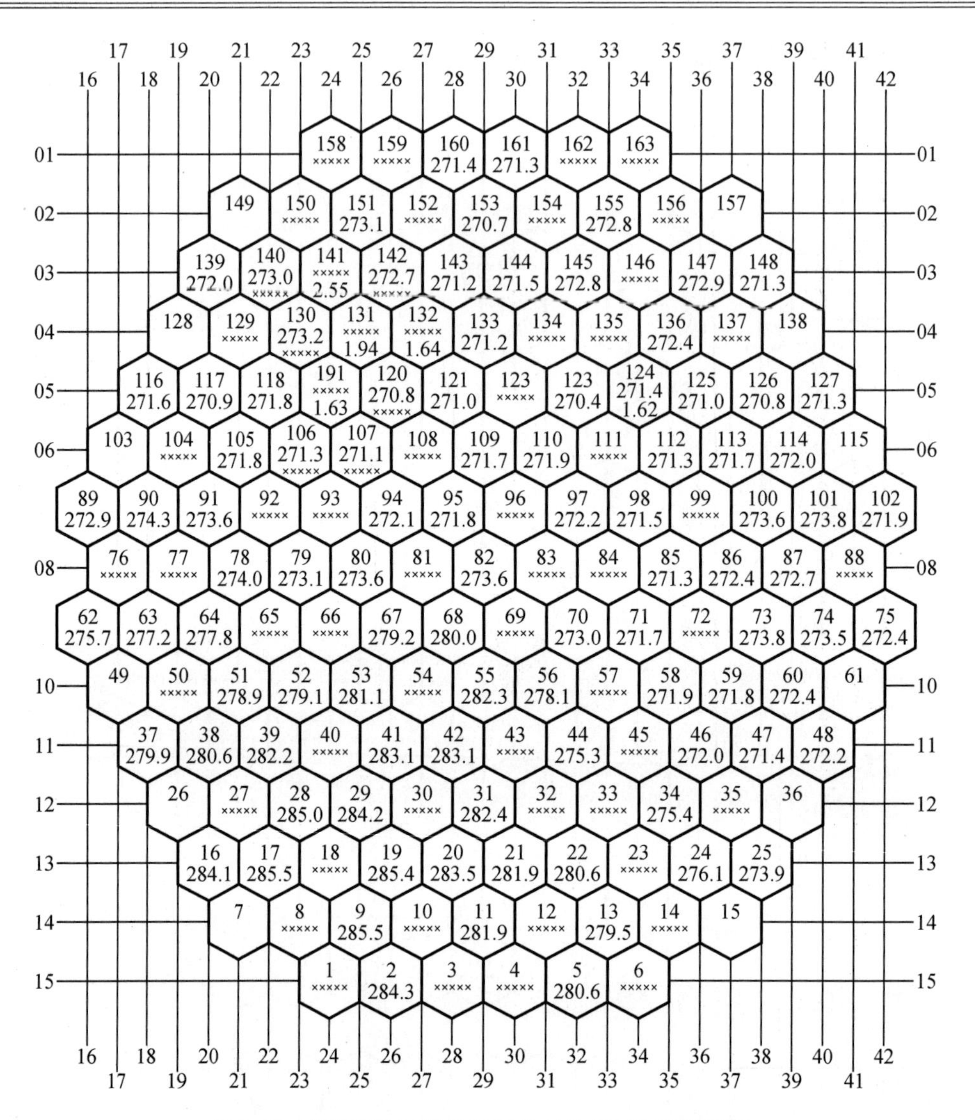

图 2.49　最终状态下堆芯出口处的冷却剂温度测量值

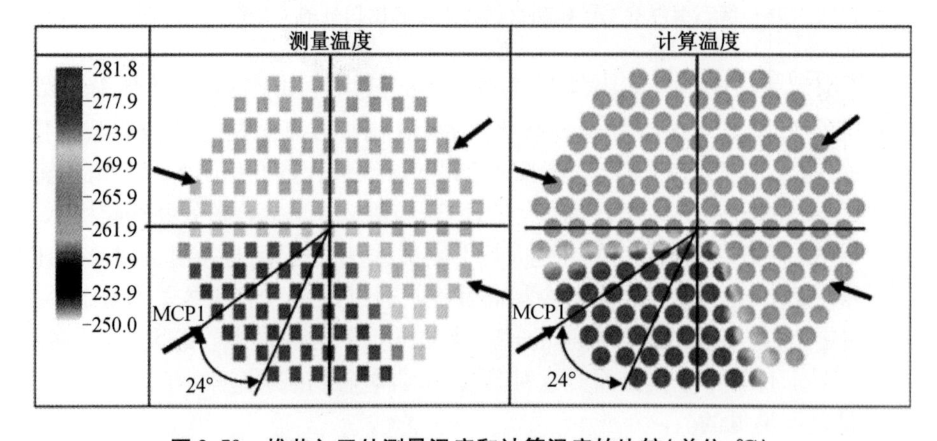

图 2.50　堆芯入口处测量温度和计算温度的比较(单位:℃)

在回路和组件之间可观察到另一种混合现象，回路到组件的混合系数 K_{ij} 定义为从回路 i 的冷却剂与流过组件 j 的冷却剂的百分比，计算和测量的 Ki_{ij} 系数如图 2.51 所示。

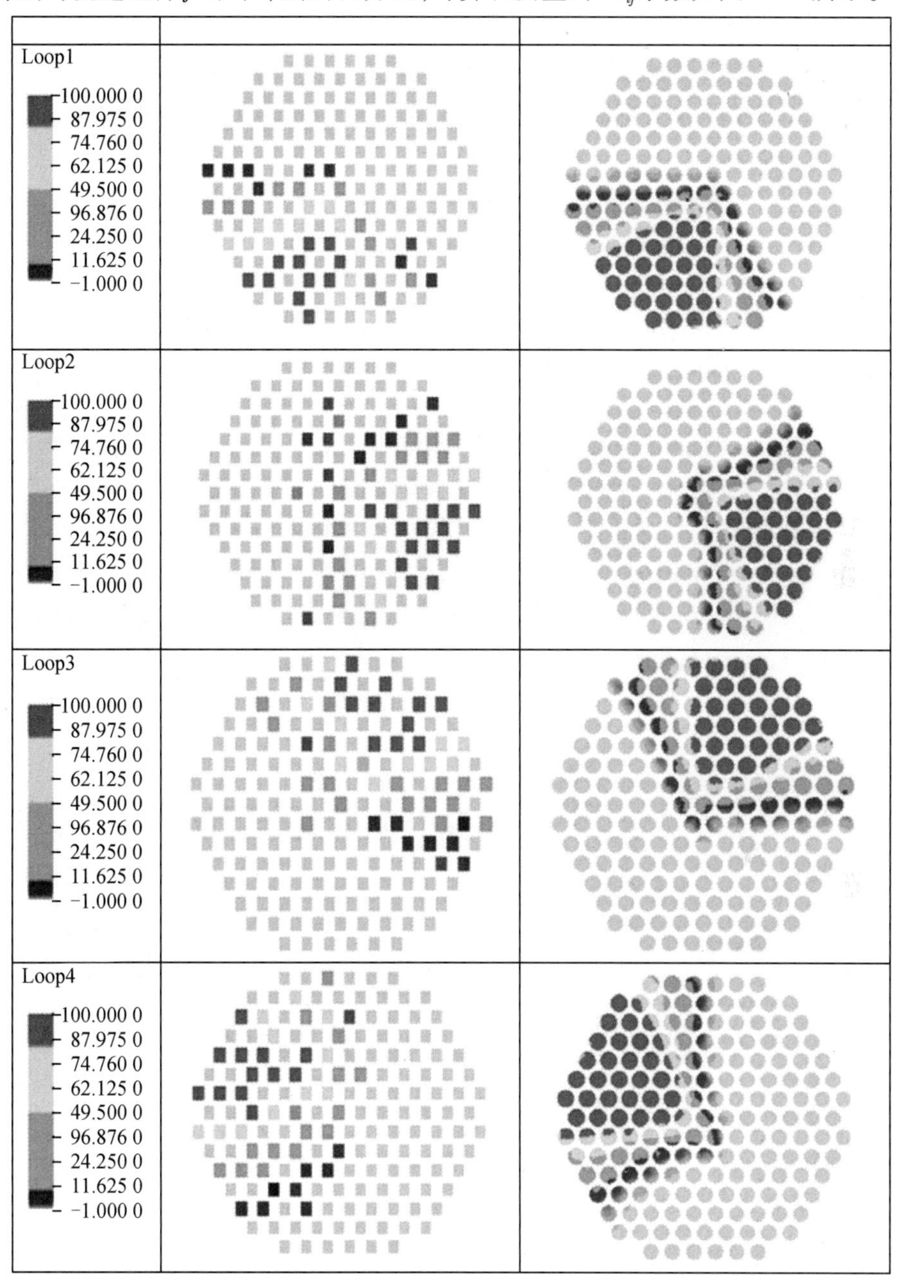

图 2.51　Kozloduy 6 测量和计算的回路与燃料组件混合系数的比较

参考文献

[1] Zernick, W., Currin, H. B., Elyath, E., Previti G.: THINC-a thermal hydraulic interaction code for a semi-open or closed channel. Westinghouse Electric Company, Pittsburgh. WCAP-3704(1962)

[2] Okamoto, Y., Hishida, M., Akino, N.: Hydraulics performance in rod bundles of fast reactor fuel pressure drop vibration and mixing coefficient. Progress in Sodium-Cooled Fast Reactor Engineering, Monaco, IAEA SM-130/5(1970)

[3] Házi, G., Mayer, G., Farkas, I., Makovi, P., El-Kafas, A. A.: Simulation of loss of coolant accident by using RETINA V1.0D code. Ann. Nucl. Energy 28, 1583 – 1594(2001)

[4] Baumann, W., Hoffman, H.: Coolant Cross Mixing of Sodium Flowing in Line through Spacer Arrengements. International Heat Transfer Seminar, Trogir, Yugoslavia(1971)

[5] Zhukov, A. V., Mouzanov, A. B., Sorokin, A. P. et al.: Inter-Channel Mixing in Cylindrical Pin Bundles. Preprint IPPE-413, Obninsk(1973)(in Russian)

[6] Bowling, R. W.: HAMBO A Computer Programme for Subchannel Analysis of the Hydraulic and Burnout Characteristics of Rod Boundles, Part 1, General Description. Report AEEWR524, London(1968)

[7] Plas, R.: FLICA-III-M: Reactors or Test Loops Thermohydraulic Computer Code. Technical Report CEA-N-2418, Saclay(1984)

[8] Mironov, Y. V., Shpanski, S. V.: Distribution of two-phase flow parameters over the fuel bundle. Reactors or Test Loops Thermohydraulic Computer Code. Atom. Energy vol. 39 (1975)

[9] Zhukov, A. V., Sorokin, A. P., Matyukhin, N. M.: Interchannel Exchange in Fast Reactor Subassemblies: Foundation and Physics of the Process. Atomizdat, Moscow (1989). (in Russian)

[10] de Groot, S. R., Mazur, P.: Non-Equilibrium Thermodynamics. North-Holland, Amsterdam (1962)

[11] Kittel, C.: Introduction to Solid State Physics. Wiley, Amsterdam(2004)

[12] Buongiorno, J.: PWR Description. MIT CANES, New York(2010)

[13] Papoulis, A.: Probability, Random Variables, and Stochastic processes. McGraw-Hill, Tokyo (1965)

[14] Szatmáry, Z.: Evaluation of Measurements, Lecture Note, Budapest Technical Univesity, Budapest, p. 136(2010)(in Hungarian)

[15] Szatmáry, Z.: Data Evaluation Problems in Reactor Physics, Theory of Program RFIT. Report KFKI-1977-43(1977)

[16] On-Line Monitoring for Improving Performance of Nuclear Power Plants, Part 1: Instrument Channel Monitoring, IAEA Nuclear Energy Series No. NP-T-1.1, IAEA, Vienna(2008)

[17] Electric Power Research Institute: Cost Benefits of On-line Monitoring. Report EPRI TR-

1003572. Palo Alto,CA(2003)

[18] Guidelines for the verification and validation of scientific and engineering computer programs for the nuclear industry,an American National Standard,ANSI/ANS-10.4 – 1987

[19] The determination of neutron reaction rate distributions and reactivity of nuclear reactors, an American National Standard,ANS,ANSI/ANS-10.4 – 1987

[20] Thermohydraulics relationships for advanced water cooled reactors,International Atomic Energy Agency,Vienna,IAEA TECDOC-1203(2001)

[21] Raines,K. N. ,et al. :Effect of pressure,subcooling,and dissolved gas on pool boiling heat transfer from microporous to, square spin-finned surfaces in FC-72. Int. J. Heat Mass Trans. 46,23 – 35(2003)

[22] Mardia,K. V. ,Kent,J. T. ,Bibby,J. M. :Multivariate Analysis. Academic Press,London (1979)

[23] Lucia,D. J. ,Beran,P. S. ,Silva,W. A. :Reduced order modeling:new approaches for computational physics. Progress Aerosp. Sci. 40,51 – 117(2004)

[24] Holmes,P. ,Lumley,J. L. ,Berkooz,G. ,Rowley,C. W. :Turbulence. Coherent Structures, Dynamical Systems and Symmetry(2012)

[25] Makai, M. , Temesvári, E. : Evaluation of in-core temperature measurements by the principal components method. Nucl. Sci. Eng. 112,66 – 77(1992)

[26] Sorensen, J. M. (ed.): The Reactor Analysis Support Package (RASP), vol. I. : Introduction and Oveview,S. Levy Incorporated,Campbell,Calif. ,Section 5.3(1986)

[27] Siltanen, P. , Antila, M. , Sorri, V. : Comparison on the HEXBU-3D and BIPR-5 Core Simulation Programs with Measured Data on the LOVIISA-1 Reactor. In:XIth Symposium of VMK, Varna,Sept(1982)

[28] Hyman,J. M. ,Shashkov,M. :Natural discretizations for the divergence,gradient,and curl on logically rectangular grids. Comput. Math. Appl. 33,81 – 104(1997)

[29] COBRA-FLX:A Core Thermal-Hydraulic Analysis Code. Topical report,ANP-10311NP, AREVA NP Inc. (2010)

[30] Rowe,D. S. :COBRA III. c:A Digital Computer Program for Steady State and Transient Thermal-Hydraulic Analysis of Rod Bundle Nuclear Fuel Elements. Report BNWL-1695, Pacific Nordwest Laboratories,Richland,Washington(1973)

[31] Rowe,D. S. ,Wheeler,C. L. ,Fitzsimmons,D. E. :An Experimental Study of Flow and Pressure in Rod Bundle Subchannel Containing Blockages,Report BNWL-1771,Pacific Northwest Laboratories(1973)

[32] ANSYS CFX Release 12.0,ANSYS Inc. Canonsburg,PA 15317,USA(2009)

[33] Tennekes,H. ,Lumely,J. L. :A First Course in Turbulence. MIT Press,Cambridge(1972)

[34] Horelik,N. ,Herman,B. : MIT Benchmark for Evaluation and Validation of Reactor Simulations,release rev. 1.1.1. MIT Computational Reactor Physics Group,30 Oct 2013

[35] Huang,K. :Statistical Mechanics. Wiley,New York(1963)

[36] Orechwa, Y., Makai, M.: Application of Finite Symmetry Groups to Reactor Calculations, INTECH. In: Mesquita, Z. (ed.) Nuclear Reactors, INTECH (2012). http://www.intechopen.com/articles/show/title/applications-of-finite-groups-in-reactor-physics

[37] Makai, M.: Group Theory Applied to Boundary Value Problems with Applications to reactor physics. Nova Science, New York (2011)

[38] Strang, G., Fix, G. J.: An Analysis of the Finite Element Method. Prentice-Hall, Englewood Cliffs, NJ (1973)

[39] Hegedüs, C. J.: Generating conjugate directions for arbitrary matrices by matrix equations, I. Comput. Math. Appl. 21, 71 – 85 (1991)

[40] Palmiotti, G., Lewis, E. E., Carrico, C. B.: VARIANT: VARiational Anisotropic Nodal Transport for Multidimensional Cartesian and Hexagonal Geometry Calculation, Report ANL-95/40, October 1995. Argonne National Laboratory, IL (1995)

[41] Laletin, N. I., Elshin, A. V.: Derivation of finite difference equations for the heterogeneous reactor. Report IAE-3281/5, 1, Square fuel assemblies, Kurchatow Institute, Moscow, (1980) and Laletin, N. I. and Elshin, A. V.: Derivation of finite difference equations for the heterogeneous reactor, Report IAE-3281/5, 2, Square, triangular, and double lattices, KurchatowInstitute, Moscow (1981) (both in Russian)

[42] Arnold, L.: Stochastic Differential Equations: Theory and Applications. Wiley, Amsterdam (1974)

[43] Janossy, L.: Theory and the Practice of the Evaluation of Measurements. Oxford University Press, Oxford (1965)

[44] Argonne Code Center Benchmark Problem Book, report ANL-7416, Argonne, IL (1975)

[45] Szatmáry, Z.: The VVER Experiments: Low Enriched Uranium—Light Water Regular and Perturbed Hexagonal Lattices (LEU-COMP-THERM-016) in OECD NEA International Handbook of Evaluated Criticality Safety Benchmark Experiments, Volume IV

[46] TRACE 5.0, Assessment Manual, Appendix A, Report NUREG/IA-0412: Fundamental Validation Cases, US Nuclear Regulatory Commission, Washington DC

[47] ROSA-III Experimental Program for BWR LOCA/ECCS Integral Simulation Tests, JAERI-1307 (1987)

[48] Szabados, L., ézsöl, G., Perneczky, L., Tóth, I.: Results of the experiments performed in the PMK-2 facility for VVER safety studies, Vol. I-II. Akadémiai Kiadó, Budapest (2007)

[49] Pál, L., Makai, M.: Statistical Considerations on Safety Analysis. arXiv: physics/0511140v1 [physics.data-an]. 16 Nov 2005

[50] Tukey, J. W.: Non-parametric estimation I. Validation of order statistics. Ann. Math. Stat. 16, 187 – 192 (1945)

[51] Tukey, J. W.: Non-parametric estimation II. Statistically equivalent blocks and tolerance regions-the continuous case. Ann. Math. Stat. 18, 187 – 192 (1947)

[52] Tukey, J. W.: Non-parametric estimation III. Statistically equivalent blocks and tolerance

regions-the continuous case. Ann. Math. Stat. 19,30 – 39(1948)

[53] Fraser, D. A. S., Wormleighton, R.: Non-parametric estimation IV. Ann. Math. Stat. 22, 294 (1951)

[54] Maiorov, L.: The Monte Carlo Codes and Their Applications. Final Reports of TIC, vol. 2, Theoretical Investigations of the Physical Properties of WWER-Type Uranium-Water Lattices, pp. 70 – 149, Akadmiai Kiadó, Budapest(1994)

[55] Gubbins, M. E., Roth, M. J., Taubman, C. J.: A General Introduction to the Use of WIMS-E Modular Program. Report AEEW-R-1329. Winfrith, UK(1982)

[56] Guba, A., Makai, M., Pál, L.: Statistical aspects of best estimate method-I. Relat. Eng. Syst. Saf. 80, 217 – 232(2003)

[57] Végh, J., et al.: Core analysis at Paks NPP with a new generation of VERONA. Nucl. Eng. Des. 238, 1316 – 1331(2008)

[58] Lux, I., et al.: Experiences with the upgraded VERONA-u VVER-440 core monitoring system. In: IAEA Specialists Meeting on Advanced Information Methods and Artificial Intelligence in NPP Control Rooms, Halden, Norway, 13 – 15 Sep(1994)

[59] Végh, J., et al.: Upgrading of the VERONA Core Monitoring System at Unit 2 of the Hungarian Paks NPP. In: Proceedings of the OECD NEA/IAEA International Symposium on NPP Instrumentation and Control, Tokyo, Japan, 18 – 22 May 1992

[60] Major, C., et al.: Development and application of advanced process monitoring tools for VVER-440 type NPPs. In: Proceedings of the IAEA Technical Meeting on On-line Condition Monitoring of Equipment and Processes in Nuclear Power Plants Using Advanced Diagnostic Systems, Knoxville, Tennessee, USA, 27 – 30 June(2005)

[61] Végh, J., et al.: Utilization of modern hardware and software technologies for the creation of process information systems providing advanced services and powerful user interfaces. In: Proceedings of the IAEA Technical Meeting on Impact of Modern Technology on Instrumentation and Control in Nuclear Power Plants, Chatou, France, 13 – 16 Sept (2005)

[62] Pós, I., et al.: An advanced tool of nuclear reactor core analysis for reactor physicists: VERONA-e expert system. In: Proceedings of the 16th Symposium of AER, Bratislava, Slovakia, 25 – 26 Sept(2006)

[63] Patai Szabó, S., Pós, I.: Self power neutron detector model and its validation in the C-PORCA code. In: Proceedings of the 11th Symposium of AER, Csopak, Hungary, 24 – 28 Sept(2001)

[64] Krysl, V., et al.: Theoretical foundation of modular macrocode system MOBY-DICK. Report KFKI-ZR-6-551/1987(in Russian)

[65] Ernst, D., Milisdörfer, L.: 10 years of experience with Westinghouse fuel at NPP Temelin. Prague, 1 – 3 Nov(2010)

[66] William, A. B., et al.: TheWhitestar development project: Westinghouse next generation core design simulator and core monitoring software to power the nuclear renaissance. In:

International Conference on Mathematics, Computational Methods and Reactor Physics, (M&C 2009), Saratoga Springs, New York, 3 – 7 May(2009)

[67] DiGiovine, A. S., Noël, A.: GARDEL-PWR: studsvik's online monitoring and reactivity management system. In: Proceedings of Advances in Nuclear Fuel Management III (ANFM 2003), Hilton Island, South Carolina, USA, 5 – 8 Oct 2003

[68] Berg, Ø., Hval, S., Scot, U.: The core surveillance system SCORPIO and its validation against measured pressurised-water reactor data. Atomkernener. Kerntech. 45(4), 271 – 276(1984)

[69] Berg, Ø, et al.: User interface design and system integration aspects of core monitoring systems. Core monitoring for commercial reactors: improvements in systems and methods (2000)

[70] Molnár, J., Sikora, J.: The SCORPIO-VVER New Upgraded Version with Enhanced Accuracy and Adopted to the IEC Requirements, EHPG 2013, MTO, 10th 15th March 2013. Storefjell Resort Hotel, Norway(2013)

[71] Mtin, V. I., Semchenkov, J. M. Kalinushkin, A. E.: Modernization in-core monitoring system of VVER-1000 reactors(V-320) by fuel assemblies with individual characteristics using. In: Proceedings on AER-17

[72] Mitin, V. I.: Technical means of in-core control on VVERs. Atomn. Energy 60(1), 7 – 11 (1986)

[73] Mitin, V., Tsimbalov, S.: Power distribution measurement and control for VVER1000 cores. Specialists' Meeting on In-Core Instrumentation and Reactor Core Assessment, Pittsburgh, 1 – 4 Oct(1991)

[74] Mitin, V., Kalinushkin, A., Tsimbalov, S., Tachennikov, V., et al.: IRC system in VVER reactors. History of creation and tendencies of development. Paper at IAAE Task Group Conference, Pen State University(1996)

[75] Sidorenko, V. D., et al.: Spectral code TVS-M for calculation of characteristics of cells, supercells and fuel assemblies of VVER-type reactors. In: Proceedings of 5-th Symposium of the AER, Dobogókö, Hungary, 15 – 20 Oct(1995)

[76] Gomin, E. A., Marin, S. V., Tzimbalov, S. A.: Calculation of β emitting Transfer function. Preprint IAE No. 5755/5, Moscow(1984)(in Russian)

[77] The MCU-RFF 2000 with Constant Library DLC/VCU Dat, Moscow(2000)

[78] Tzimbalov, S. A., Kovel, A. I.: Transfer Function and Material Constant Analysis in the Present State as Function of Reactor Prehistory. Report RNC KI, Moscow(2000)

[79] Experience with the Reactor Control System SVRK-M Relating Primary Loop Temperature and Power Distribution Control, Protocoll AES Kozloduy, 19 June 2004

[80] Experience with the Reactor Control System SVRK-M Relating Primary Loop Temperature and Power Distribution Control, Protocoll AES Kozloduy, 05 July 2004

[81] Mitin, V. I., Mitina, O. V.: A method for determining exact values from several independent measurement types. Atomn. Energy. (2007)(in Print)

[82] Lizorkin, M. P. : Model problem solutions with using PERMAK. Final Report of TIC, Vol. 2, Theoretical Investigations of the Physical Properties of WWER-Type Lattices, Akadémiai Kiadó(1994)

[83] Bieder, U. , et al. : Simulation of mixing effects in a VVER-1000 reactor. Nucl. Eng. Des. 237, 1718 – 1728(2007)

[84] Böttcher, M. , Krüßman, R. : Primary loop study of a VVER-1000 reactor with special focus on coolant mixing. Nucl. Eng. Des. 240, 2244 – 2253(2010)

[85] Bieder, U. et al. : PRICELESS: an object oriented code for industrial LES. In: Proceedings of the 8th Annual Conference of the CFD Society of Canada, 11 – 13 June(2002)

[86] Calvin, C. , Cueto O. , Emonot, P: An object-oriented approach to the design of fluid mechanics software. Math. Model. Numer. Anal. 36(5). http://www.edpsciences.org/articlesm2an/abs/2002/05/contents/contents

第3章　堆芯功率分布描述

摘要

在第2章中我们已经看到,反应堆运行过程中应该将反应堆状态保持在给定的限值内,这些限值已在式(2.104)、式(2.105)和式(2.106)中规定。本章尝试用各种方法来确定上述方程所限定的量,为此,可以使用详细的测量和附加的计算。限制的目标是检查局部产生热量或局部功率释放。通过测量和计算,我们必须得出每个受限制量的估计值,还估计了安全参数的不确定性,研究了构成反应堆运行基础的主要模型。上述模型将在第4章中详细讨论。

在核电厂中,反应堆堆芯通过核裂变反应产生能量。复杂的技术确保能量转化为电能并送入电网。首先,我们讨论核电厂能源生产的基本原理。当中子将重核①分裂成较小的部分时能量释放出来,这些核反应发生在反应堆堆芯。从核反应的观点来看,反应堆堆芯的材料根据它们与中子反应的"速度"来表征,这由截面描述。核反应的另一个参与者是中子,它以中子气体的形式存在,并且由所有中子在无限小体积中行进的距离来描述,被称为中子通量或通量。裂变反应释放的能量约为200 MeV,是氢燃烧释放能量的10^7倍,这种能量必然会加热堆芯材料,温度可用于表征材料的热能。

为了运行反应堆,必须了解发生在核电厂(不仅在反应堆堆芯)的相互作用。在核反应中释放能量是反应堆特有的,一部分能量以热的形式出现,但约5%的裂变能以γ辐射的形式出现,另外5%以β辐射的形式出现。这些辐射与原子相互作用,导致结构变化,表现为辐射损伤。描述上述反应和与裂变有关的核反应是一个复杂的问题,这里我们只讨论与能量产生直接相关的问题。假设其他数据是可用的。

在堆芯发生的过程的基本方程是

$$\frac{\partial \Phi}{\partial t} = \boldsymbol{O}_1(\Sigma, T)\Phi \tag{3.1}$$

$$\frac{\partial \Sigma}{\partial t} = \boldsymbol{O}_2(\Phi, T)\Sigma \tag{3.2}$$

$$\frac{\partial T}{\partial t} = \boldsymbol{O}_3(\Sigma, \Phi)T \tag{3.3}$$

这里$\boldsymbol{\Phi} = \boldsymbol{\Phi}(\boldsymbol{r}, E, T)$是中子通量。注意它取决于中子的能量$E$、位置$r$和时间$t$。$\boldsymbol{\Sigma} = \boldsymbol{\Sigma}(\boldsymbol{r}, E, T, t)$是截面,$T = T(\boldsymbol{r}, E, t)$是温度。算子$\boldsymbol{O}_1$、$\boldsymbol{O}_2$和$\boldsymbol{O}_3$包含数学运算。式(3.1)至式(3.3)是非线性偏微分方程。要求解这些问题,必须指定初始条件和边界条件。求解式(3.1)至式(3.3)的模型和方法将在第4章中讨论。总的来说,该技术决定了初始条件和边界

① 一个包含200多个中子和质子的原子核。

条件。Φ 的时间导数由方程(4.17)给出,且方程(A.1)描述了温度场。关于材料成分的变化,请参见 4.6 节。

正如我们在第 2 章中看到的那样,评估堆芯内测量所需的计算按层次结构进行组织。在开始时,模型从最小的单元开始:燃料栅元,接着燃料组件,最终是反应堆整体计算。层次结构中的每个站点都旨在为后续步骤提供参数。这种方法是合理的,因为难以解决耦合的热工水力和中子物理方程,这些方程将在第 4 章详细讨论。现在我们只提以下几点。

(1)在原来的问题中涉及大量区域,因为堆芯中燃料组件有几百个,一个组件中的燃料栅元也有上百个。对于热工水力学,组件中冷却剂通道的数量是相同的。

(2)提取这个问题的数学特征非常困难,因为核数据取决于燃料的温度,但燃料温度取决于裂变释放的热量。

(3)随着燃料循环的进行、温度的变化,材料特性也会发生变化。

这些特征建议使用循序渐进的方法。

一旦接受了以上概述的方法,我们就必须回答:如何结合上述计算的输出,以找出给定燃料棒的功率水平。在这里没有提出燃耗问题、同位素成分的变化以及其他相关问题,这些问题将在 4.6 节简要讨论。在讨论反应堆计算的细节之前,我们提出了一般方法。图 3.1 显示了计算步骤的开始。反应堆堆芯中有数百种核素,安全运行基于描述所有已知核素的正确核数据。数据存储在经过评估的核数据文件中。国际原子能机构(IAEA)核数据部不断修订核数据,并在必要时发布有关建议变化的信息。反应堆计算过程从截面生成开始。它使用核测量的评估结果,例如 ENDF 库。核数据阐述假定无限均匀媒介。核电厂中实际材料是不均匀的、有限扩展的,因此它们的描述需要额外的数据,通常称为工程输入。库生成在能量上要使用精细的分辨率,在几何结构上简化。典型的方法是无限栅格,即具有反射边界条件的一个燃料棒栅元,输出是一个截面库,具有浓缩的能群,通常为 20 ~ 100 个能群。库生成需要在 10 年内完成一次,当新的堆芯设计原则(例如低泄漏堆芯、可燃毒物)出现时通常在核电厂文件中需要一个新数据库。

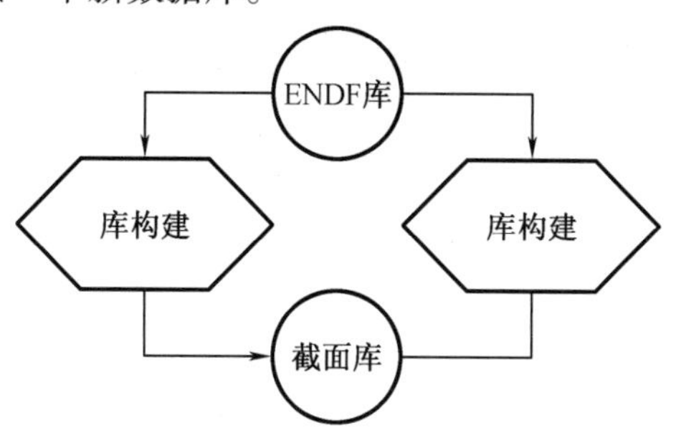

图 3.1　截面生成

在第一步之后,我们拥有运行核反应堆的核数据,反应堆运行基于上一步骤中生成的截面库,图 3.2 显示了核数据的使用情况。输入分为核数据库和工程数据。首先进行栅元计算,所获得的中子谱用于凝聚和均质化栅元。均匀化的栅元截面形成组件计算的输入。最后,获得均匀化和凝聚的截面,用于组件,或者用于反应堆芯的另一个“不确定的”区域。计算链的最后一步通常单独讨论,见图 3.3。在这里,能谱被强烈地简化:根据所考虑的问题使用 2 ~4 个能群。注意应用模型之间的关系:在栅元计算中,我们使用简单的空间模型,但在能量上有很好的分辨率,这允许正确地处理能谱中的共振。到组件级,能量分辨率进一步简化,主要的一点是裂变产生的中子与光谱的热部分的分离。

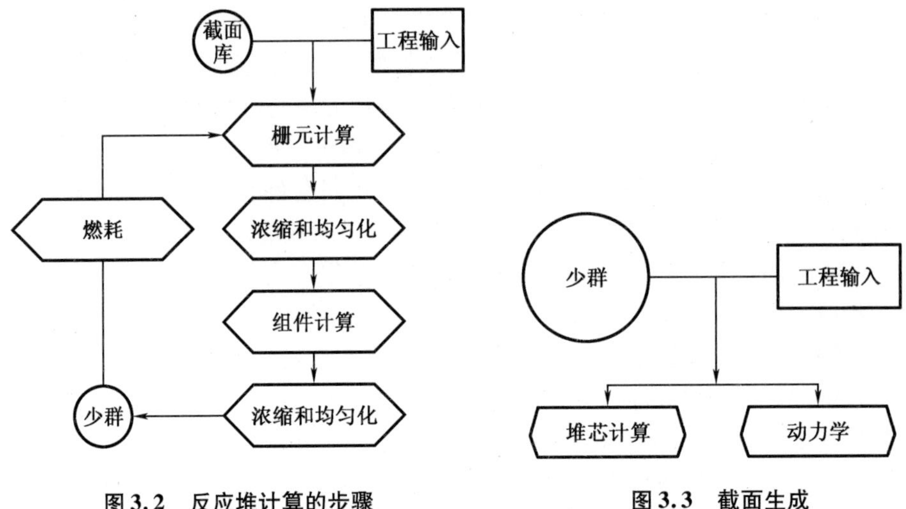

图 3.2　反应堆计算的步骤　　**图 3.3　截面生成**

本章的目标仅仅是描述一个层次的计算结果如何通过输入数据提供给下一个层次的计算,以及如何结合输出以获得评估安全性所需的数据。

3.1　简 单 模 型

从非常简单的中子气体模型中可以获得重要信息。在开始研究现实模型之前,我们提出几个非常简化的模型。中子气体由中子输运方程描述,见第 4 章。在许多情况下,扩散方程是可靠的近似,扩散方程解的特征提供了一般结论。下一节讨论扩散方程的实际形式,但现在我们研究无限区域中的扩散方程。能量 E 下的中子平衡为

$$\Sigma(E)\Phi(E)=Q(E) \tag{3.4}$$

式中,$Q(E)$是中子源,$\Phi(E)$是通量。当 $Q(E)$给定时,在中子能量 E 处得到

$$\Phi(E)=\frac{Q(E)}{\Sigma(E)} \tag{3.5}$$

对于给定的源,当去除截面 $\Sigma(E)$较小时,通量较大。当 $\Sigma(E)$随能量快速变化时,这一观察很重要,特别是在共振能量附近,在截面大的情况下,通量很小。当我们研究有限区域时,稍微简单一点的 $\Phi(\boldsymbol{r},E)$也取决于空间:

$$D\nabla^2\Phi(\boldsymbol{r},E)+\Sigma(E)\Phi(\boldsymbol{r},E)=0,\boldsymbol{r}\in \boldsymbol{V} \tag{3.6}$$

只要 D 和 Σ 是常数,$\Phi(\boldsymbol{r},E)$就是单变量函数的乘积。例如,在(r,θ,z)圆柱坐标中,空间相关性采用以下形式:

$$\Phi(\boldsymbol{r},\theta,z)=F_1(r)F_2(\theta)F_3(z) \tag{3.7}$$

通常,V 的 ∂V 边界处的边界条件是均匀的,如

$$F_1(R)=0,\quad F_2(\theta)=F_2(\theta+2\pi),\quad F_3(\pm z)=0 \tag{3.8}$$

其中,V 被假定为 $0\leqslant r\leqslant R,\ -Z\leqslant z\leqslant +Z$。一旦 Σ、D 在 V 中不恒定,或者边界条件不对称,解则变得更加复杂。我们简要概述了当边界条件在 R 时的解:

$$\Phi(R,\theta)=P(\theta),\quad P(\theta)=P(\theta+2\pi) \tag{3.9}$$

利用方程式（3.6）是线性的，我们对 $P(\theta)$ 进行傅里叶变换并对每个傅里叶分量分别求解式(3.6)。式(3.6)不变，但边界条件是

$$F_2(\theta)=\sum_n B_n s_n(\theta) \tag{3.10}$$

$s_n(\theta)$ 代表 $\cos(n\theta)$，$\sin(n\theta)$。B_n 为

$$B_n=\int_0^{2\pi}P(\theta)s_n(\theta)\mathrm{d}\theta \tag{3.11}$$

V 中的通量分布是

$$\Phi(r,\theta,z)=F_1(r)F_3(z)\sum_n B_n s_n(\theta)=F_1(r)F_3(z)[B_0+B_1\sin\theta+\cdots] \tag{3.12}$$

式中，第一项是无扰动的解。注意，第一个修正项在完全相反的位置改变符号，即在 θ 和 $-\theta$ 处，表明局部变化可能引起非局部扰动。

最后我们绕了一条简短的弯路。当计算机可以解决几乎任意大小的问题时，为什么还要使用麻烦的模型呢？答案如下[1]。

数字由计算机上的有限位数表示。在64位长的字中，1位是符号，11位是为指数保留的，52位是尾数。两个数字的和以相同的方式表示。当要添加的数字的顺序本质上不同时，结果可能会出人意料地不准确，更令人讨厌的是，错误取决于操作的顺序，这可能给调试方式带来困难。假设我们直接求解一个反应堆问题，这个反应堆有100个组件，每个组件有100个燃料棒，用10个轴向位置和10个能群。在这个问题中未知数有 10^6 个，必须处理的矩阵元素有 10^{12} 个。求解不可避免地要求计算 $10^5\sim10^6$ 项的和，即使在稀疏方程组中也是如此。作者认为，在反应堆物理学中最好对蛮力方法敬而远之。

3.2 反应堆级

反应堆运行基于对整个反应堆的描述。一种适用于方程(3.1)的方法用于在 $\partial\Phi/\partial t=0$ 时达到稳态，或者 $\partial\Phi/\partial t>0$ 时增加反应堆功率或 $\partial\Phi/\partial t<0$ 时减小反应堆功率。为此，中子平衡的简化表示就足够了，通常能量变量减少到2个或4个能群，能群的概念将在第4章讨论。通常，扩散近似就足够了。材料属性由参数化截面表示：实际截面是从库中获得的，其中截面作为一些参数的函数存储：

$$\Sigma=f(c_\mathrm{B},T_\mathrm{m},B,w) \tag{3.13}$$

式中　c_B——硼浓度；

T_m——冷却剂温度；

B——燃耗；

w——局部功率密度。

除了燃耗之外，上述量的量纲是易于理解的。燃耗通常的单位是MWd/tU，即释放的能量除以反应堆堆芯铀含量的质量。该库允许对整个燃料循环进行低阶多项式插值，插值可以应用于扩散系数 D 或传输截面 $\frac{1}{\Sigma_t}$。扩散方程通常写作以下多群形式，见第4章：

$$\frac{1}{v_g}\frac{\partial \Phi_g(\boldsymbol{r},t)}{\partial t}=\nabla[D_g(\boldsymbol{r})\nabla \Phi_g(\boldsymbol{r},t)]-\Sigma_{t;g}\Phi_g(\boldsymbol{r},t)+\Phi_g(\boldsymbol{r},t),\quad g=1,2,\cdots,G \tag{3.14}$$

这里的源项 Q_g 包含来自其他能群的贡献：

$$Q_g=\sum_{g'=1}^{G}\Sigma_{g'\to g}\Phi_{g'}(\boldsymbol{r},t)+\sum_{g'=1}^{G}\Sigma_{in;g'\to g}\Phi_{g'}(\boldsymbol{r},t)+f_g\sum_{g'=1}^{G}v\Sigma_{f;g'\to g}\Phi_{g'}(\boldsymbol{r},t)+S_g(\boldsymbol{r},t) \tag{3.15}$$

在式(3.14)和式(3.15)中，$g=1,2,\cdots,G$；v_g 是能群 g 中的平均中子速度；Φ_g 是中子通量；∇是 Nabla 算子；D_g 是扩散系数；$\Sigma_{t;g}$是总截面；Q_g 是源项；$\Sigma_{g'\to g}$是从 g'群到 g 群的散射截面；$\Sigma_{in;g'\to g}$是从 g'群到 g 群的非弹性散射截面；f_g 是裂变谱；v 是每次裂变的次级中子数；$\Sigma_{f;g'}$是 g'群的裂变截面；S_g 是外部中子源。

通常，对于所有 g 有 $S_g=0$，且式(3.15)形成一组齐次方程。只有当方程组的行列式为零以允许非平凡解时，一组齐次方程具有非平凡的平稳解①，裂变谱 f_g 被 f_g/k 替换，并且 k 被选择为有非平凡解，并且该值称为 k_{eff}。通常，能群的数量是 $G=2$ 或 $G=4$。

沿反应堆堆芯的外部边界规定了均匀的边界条件。常用的边界条件是反射率，它给出了假设一个中子离开堆芯时进入堆芯的中子数。入射中子的能量可能与射出中子的能量不同，然后边界条件由反射率矩阵 $\boldsymbol{\alpha}_{gg'}$ 描述。在一些堆芯几何结构中，入射中子的位置可能与出射中子的位置不同。在凸边界处不能忽视这种现象。

确定反射率有可能是困难的，因为堆芯周围区域的几何形状和材料成分可能是复杂的，而技术方面又决定了边界的几何形状。有些情况下无法确定反射率②，在这种情况下，最好将未知反射率与测量通量和临界条件相吻合。

式(3.14)和式(3.15)使得增加或减少通量 $\Phi_g(g=1,2,\cdots,G)$ 成为可能，通过降低冷却剂的硼酸浓度或者从堆芯部分抽出控制棒降低 $\Sigma_{t;g}$来实现增加，当 Σ_t 增加时通量减少。不幸的是，在裂变产物中，我们发现了强烈吸收的核素（例如^{135}Xe 或^{149}Sm）。因此，在能量产生期间，必须提供过量的反应性以维持恒定的通量水平。

在反应堆水平计算中，我们通过均匀截面描述组件，并获得临界条件，参见式(3.14)和(3.15)。通过硼浓度或设置适当的控制组件位置来确保临界。在燃料循环的第一周期，硼被稀释，并且当硼浓缩物为零时，反应性由控制组件位置控制。核电厂必须使其运行以适应电网的要求，电厂操纵员可能必须继续进行能源生产，为此，其必须知道临界条件如何随反应堆参数的变化而变化。除临界因子 k 外，反应性 ρ 也在使用中：

$$\rho=\left(1-\frac{1}{k}\right) \tag{3.16}$$

当 $k>1$ 时，$\rho>0$，反应堆具有反应性储备，可通过可用的技术手段（例如硼浓度或控制棒位置）进行补偿。在反应堆运行中，重要的是知道技术参数，如冷却剂、燃料温度和燃耗效应反应性。安全运行排除了任何正反馈，因此

① 平稳解在时间上是恒定的，因此式(3.14)的左侧同样为零。

② 堆芯的上边界就是这种情况。电缆、电机和其他技术用具的排列不规则。没有人会给出如此体积的同位素组成。

$$\frac{\partial\rho}{\partial W}<0,\ \frac{\partial\rho}{\partial c_{\mathrm{B}}}<0,\ \frac{\partial\rho}{\partial H_{\mathrm{c}}}<0,\ \frac{\partial\rho}{\partial T_{\mathrm{f}}}<0,\ \frac{\partial\rho}{\partial T_{\mathrm{m}}}<0,\ \frac{\partial\rho}{\partial x}<0 \tag{3.17}$$

为此,在求解式(3.14)时,还确定以下反应性系数:

$$\frac{\partial\rho}{\partial W},\ \frac{\partial\rho}{\partial c_{\mathrm{B}}},\ \frac{\partial\rho}{\partial H_{\mathrm{c}}},\ \frac{\partial\rho}{\partial T_{\mathrm{f}}},\ \frac{\partial\rho}{\partial T_{\mathrm{m}}},\ \frac{\partial\rho}{\partial x}$$

式中,W 是反应堆功率;c_{B} 是硼浓度;H_{c} 是控制棒位置;T_{f} 是燃料温度;T_{m} 是慢化剂温度;x 是慢化剂中的蒸汽含量。这些参数对于评估反应堆安全性和规划反应堆机动性非常重要。

输入数据应提供式(3.14)、式(3.15)中的截面和反射率。输出包括:临界参数 k、ρ,每组中 g 中的通量 Φ_g 和功率密度:

$$\Psi = \sum_{g=1}^{G} \varepsilon \Sigma_{f,g} \tag{3.18}$$

式中,ε 是一次裂变中释放的能量;Ψ 是功率密度。

输出还给出了燃料循环长度和反应性系数的估计。输入数据在组件级计算中提供,见 3.3 节。

热工水力学计算与中子学计算一起完成。正如我们所提到的,中子学不是使用一组给定的核数据,而是使用库,以便在其中查找实际数据。这些数据包括燃料温度、冷却剂中的空泡份额和冷却剂温度。中子学提供燃料中的热源,利用热传导和流体流动规律,热工水力学重新计算燃料和冷却剂温度以及空泡份额。平衡方程已在 2.3.8 节中给出。

重点是控制反应堆功率和保持热平衡:平衡冷却剂从堆芯带出的热量以及堆芯通过裂变产生的热量。控制方程可以采用以下简洁形式:空间和时间相关的中子通量 Φ 也依赖于材料密度和温度,因为如同在第 4 章中看到的,宏观截面不仅取决于材料密度,还取决于一些核参数,如共振截面,也取决于温度。这种负反馈通常被称为多普勒效应,使反应堆稳定运行成为可能。

3.3　组　件　级

组件级计算为反应堆计算提供数据。应用的求解方法在所应用的物理模型和数值方法上都表现出很大的多样性。首先讨论几何结构。随着燃耗的增加,燃料的成分在轴向区域呈现出较大的差异。在通量大且有可裂变材料的地方,裂变反应的数量大,因此可裂变同位素的数量迅速减少。另一个重要问题是与相邻组件的关系。很容易处理单个组件并通过边界条件来计算相邻组件。当组件半径较大时,例如在平均自由程的 10 倍范围内,边界条件中的误差仅影响所考虑的组件内的一小部分燃料栅元。同时,通过组件边界进入的中子谱可以快速变化,尤其是在三个组件的角落处(在六边形压水堆堆芯中,在方形组件的压水堆中的四个组件的拐角处)。一般而言,谨慎的做法是将组件计算的外边界指定得远大于组件的几何尺寸,以减少由不准确的边界条件引起的误差。

中子场通常由通量和电流来描述,即角通量的前两个矩。使用各种数值方法,包括 4 ~ 8 个能群扩散理论,S_n 和 P_n 方法以及碰撞概率和蒙特卡洛方法。上述方法在 4.7 节中简要描述。热工水力学和中子学被组织在一个迭代中,中子学和热工水力学模块在一个循环中依次被调用,直到收敛。离散化可能取决于组件内的 H/U 值。

对燃料棒进行安全限制,组件计算直接影响反应堆功率水平。同时,组件级程序难以通过实验验证,因为测量会改变组件内的流动和加热条件。A.1 节简要介绍了组件的热工水力特性。

3.3.1 组件中子学

该组件由均匀栅元组成,由少群扩散理论截面描述。如上所述,能群的数量是 4 ~ 8。只使用了数值方法:碰撞概率、有限差分、粗网格有限差分、有限元、P_n 或 S_n 方法,如第 4 章所述。数值方法也包括蒙特卡洛方法,但要特别小心,因为在迭代中使用蒙特卡洛方法时,统计误差可能会阻止收敛,在计算时间允许的范围内使用尽可能少的迭代步骤是不正确的,参见 A.2.4 节。在组件的外部边界处,使用外推距离,或者使用诸如反射的一些简单边界条件。在这种情况下,所研究区域的边界应该远离组件的实际边界,以避免由于近似边界条件而导致的误差。

当提到中子通量时,我们通常会谈到能群。为了使计算保持在可管理的水平,描述阶段涉及不同数量的能群。在评估的核数据文件(ENDF)中使用更精细的能量分辨率,不同的反应堆类型使用不同能群数 G,通常从 −30 到 100。① 在少群计算中,能群的数量是 $G=2$ 或 $G=4$;在栅元计算中,可以看到 $G=30$ 或 $G=100$。较大的数字是指某些微观截面具有共振的能量范围,能群的数量可能达到 1 000[3]。为了区分库中的组索引,详细或微谱的描述,使用下标 g;对于凝聚或宏观谱使用下标 G。传统能群编号为:$g=1$ 或 $G=1$ 表示最高能量,递增的下标表示较小的中子能量。空间和能量的离散化是强相关的。在全局反应堆问题中,使用少量能群,通常为 $G=2$,但空间点的数量等于堆芯中的组件数量,在几百个范围内。在组件计算中,$G=4$ 或 $G=8$ 是通常的群数量。空间点的数量约为 100 个②。燃料栅元中仅使用了三个区域,但能群的数量约为 30 个。这些数字表明明显存在折中。首先,由于四舍五入[1],大数值问题会带来数值不确定性。其次,当运行时间很重要时,反应堆分析通常需要一系列计算。我们将下标 g 和 G 分别称为微观群和宏观群。

正如我们在 2.3.7 节中看到的那样,热工水力学和中子学使用不同的几何形状。前者侧重于控制体积,见图 2.26,后者侧重于燃料棒,但在组件水平上,燃料栅元已经均匀化。

空间相关通量在快速组中是平坦的。均匀化通常使用无限的介质通量:所考虑的区域被反射边界条件包围。在裂变截面和裂变谱明显大于平均值的区域中,局部通量较大。该条件适用于 $g=1,2$。通常在平均截面中使用无限介质通量。在 $g=1,2$ 能群中,平均自由路径足以耦合 2 ~ 3 个相邻栅元,但是反射边界条件排除了该效应。幸运的是,梯度增加了栅元一半的通量,减少了另一半栅元的通量,梯度的影响相互抵消。

在反射层边界处的栅元中,较大的局部梯度可能出现在较高的能量下。然而,在热能下,燃料中的中子吸收大于超热能下的中子吸收,这可能导致热通量的快速谱变化。在热区,平均自由路径较短并且通量与平均自由路径成反比。然而,由于超热能量范围内的梯度,可能出现热梯度。在某些位置,如控制棒附近或间隙处,可能出现大的空间梯度。可以

---

① 在 20 世纪 60 年代,“多群”是指 6 ~ 16 个能群,请参见文献[2]。

② 我们用大于 200 的空间点进行计算。

使用 B_1 方法校正这种效应，该方法假设通量形状与板中的 e^{iBx} 成比例。

扩散理论中的特征距离推导如下。在两个能群中，通量为 $\boldsymbol{\Phi}(\boldsymbol{r})=[\Phi_1(\boldsymbol{r}),\Phi_2(\boldsymbol{r})]$，$\Phi_1(\boldsymbol{r})$ 为超热通量，$\Phi_2(\boldsymbol{r})$ 为热通量。扩散方程表示群中子平衡，现在采取以下形式：

$$\boldsymbol{D}\,\nabla^2\boldsymbol{\Phi}(\boldsymbol{r})+\Sigma\boldsymbol{\Phi}(\boldsymbol{r})=0 \tag{3.19}$$

这里 $\boldsymbol{D}$ 是一个对角矩阵，在对角元素中具有群扩散常数：

$$\boldsymbol{D}=\begin{pmatrix} D_1 & 0 \\ 0 & D_2 \end{pmatrix} \tag{3.20}$$

和

$$\Sigma=\begin{pmatrix} \lambda v\Sigma_{f1}-\Sigma_{1\to2}-\Sigma_{a1} & \lambda v\Sigma_{f2} \\ \Sigma_{1\to2} & -\Sigma_{a2} \end{pmatrix} \tag{3.21}$$

式中 $\Sigma_{1\to2}$——快群中的减速截面；

Σ_{ai}——第 i 能群的吸收截面；

Σ_{f2}——能群2的裂变截面。

我们假设裂变仅发生在能群2中，没有向上散射。注意到式(3.26)在 $\boldsymbol{\Phi}$ 中是均匀的，因此仅当式(3.26)中矩阵的行列式为零时才存在非零解。为了确保这一点，我们引入参数 λ，比较3.2节，在临界反应堆中 $\lambda=1$。式(3.26)的非平凡解与矩阵 $\boldsymbol{D}^{-1}\Sigma$ 的特征向量成比例：

$$\boldsymbol{D}^{-1}\Sigma\boldsymbol{t}_i=B_i^2\boldsymbol{t}_i,\ i=1,2 \tag{3.22}$$

式中，$B_i(i=1,2)$ 称为材料曲率，因为它们的量纲是 cm^{-1}。式(3.22)只是解的一部分，必须乘以与空间相关的函数 $\boldsymbol{\Phi}(\boldsymbol{r})$，即

$$\nabla^2\Phi_i(\boldsymbol{r})=-B_i^2\Phi_i(\boldsymbol{r}),\ i=1,2 \tag{3.23}$$

一个 $\Phi_i(\boldsymbol{r})$ 是一个正函数，它称为基模，对方程(3.26)的任何 $\boldsymbol{\Phi}(\boldsymbol{r})$ 解可以表示为

$$\boldsymbol{\Phi}(\boldsymbol{r})=\boldsymbol{t}_1\Phi_1(\boldsymbol{r})+\boldsymbol{t}_2\Phi_2(\boldsymbol{r}) \tag{3.24}$$

通常，在均质材料中，G 群扩散方程的解可以表示为

$$\boldsymbol{\Phi}(\boldsymbol{r})=\sum_{g=1}^{G}\boldsymbol{t}_i\Phi_i(\boldsymbol{r}) \tag{3.25}$$

表达式(3.25)被称为模态展开形式。

获得的通量被用于使组件的内部结构均匀化。均匀化可能涉及空间均匀化以及群凝聚。后者可以应用公式：

$$\Sigma_g=\frac{\sum_{j\in g}\Phi_j\Sigma_j}{\sum_{j\in g}\Phi_j} \tag{3.26}$$

而上式可写作：

$$\Sigma_g=\frac{\sum_{i=1}^{N}\Sigma_{gi}\Phi_{gi}}{\sum_{i=1}^{N}\Phi_{gi}} \tag{3.27}$$

式中，j 遍历群 g 的子群，在式(3.27)中，求和遍历组件的每个栅元。

很难验证组件计算，问题是在实际反应堆环境中缺乏测量值。测量中子通量是可行的，

例如,可以测量放置在燃料棒表面探测片的活性,但难以对其进行温度测量。只有少数实验设施能够进行这种测量。

3.3.2 组件热工水力学

组件热工水力程序不仅可用于正常工况,还可用于极端流动工况,如冷却剂的完全或部分堵塞。可能涉及冷却剂流动的部分堵塞、几何形状变形、横向冷却剂流动、再循环等。较不极端的工况是两相流动。可能出现的情况是,相同的程序名称涵盖正常工况使用的程序版本以及用于极端流动工况的另一个程序版本。

基本方程保持不变,要求解的基本方程已在2.3.8.2中讨论过,其中我们提出了具有精细离散化的计算,以研究模拟器程序RETINA的可能改进。

3.4 栅元级

由于裂变而在燃料中释放的热量通过热传导排出,参见式(2.81)~式(2.84)。裂变热在由惰性气体包围的燃料芯块中释放。芯块加热接触包壳内表面的惰性气体。包壳是金属合金,它将热量传导到包壳的外表面,外表面直接与反应堆冷却剂接触。当上述过程失效时,包壳可能过热并与冷却剂发生化学反应(氧化)。金属氧化物的密度低于金属的密度,因此包壳肿胀。氧化物的导热率低于金属的导热率,因此氧化的金属不能排出裂变产生的热量。肿胀的包壳氧化物也会使流动模式恶化并减少热量的移除。氙、碘、铯等裂变产物迟早从燃料芯块中扩散出来并进入冷却剂,这增加了一回路中的活性水平。持续测量一回路的活性,并在放射性水平达到警告或警报阈值时发出警告。

安全限值[4]确定最大包壳温度以防止包壳氧化。同时,一回路配备了灵敏的辐射监测功能,可以及早发现任何包壳故障。栅元计算使用多群方法之一(例如碰撞概率)来求输运方程,参见第4章。中子谱影响均匀化的栅元截面。栅元级的输出通常在栅元区域上均匀化。同时,热工水力学计算需要为燃料、包壳和慢化剂区域提供分离的数据。

在压水堆中,燃料栅元是方形或六边形,其中任何一个都被称为Wigner-Seitz单元的相等面积的圆柱形单元所取代。一个单位栅元以四区划分为燃料、间隙、包壳和慢化剂区,或以三区划分为燃料、包壳和慢化剂区。圆形栅元的栅元直径d和直径c的关系为

$$c=\frac{d}{\sqrt{\pi}}\quad\text{(对于方形栅元)}$$

$$c=\frac{d}{\sqrt{\frac{2\pi}{\sqrt{3}}}}\quad\text{(对于六边形栅元)}$$

六边形栅元和正方形栅元分别见图3.4和图3.5。要注意,当通常的程序导致不寻常的反应速率并且必须研究误差的来源时,可能需要精确的计算。在这种情况下,可以一起研究几个栅元,并且使用更精细的空间离散来找到误差源。

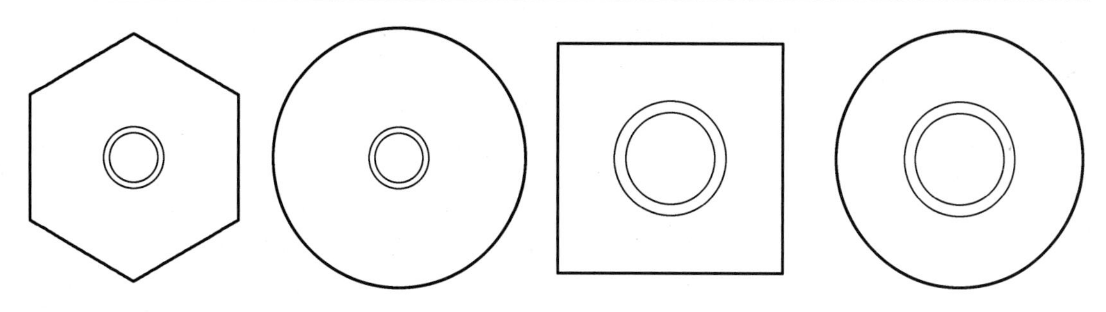

图 3.4　六边形栅元的几何形状　　　　图 3.5　正方形栅元的几何形状

3.4.1　栅元中子学

求解以下形式的中子输运方程,详见 A.2.5 节:

$$[\Omega\nabla+\Sigma(\boldsymbol{r},E)]\Phi(\boldsymbol{r},E,\Omega)=\Psi(\boldsymbol{r},E,\Omega) \tag{3.28}$$

式中　$\Phi(\boldsymbol{r},E,\Omega)$——角中子通量;

$\Sigma(\boldsymbol{r},E)$——位置 $\boldsymbol{r}$ 和中子能量 E 的宏观截面。

式(3.28)的右侧为

$$\Psi(\boldsymbol{r},E,\Omega)=\int \mathrm{d}E'\int \mathrm{d}\Omega'\Sigma_s(\boldsymbol{r},E'\rightarrow E,\Omega'\rightarrow\Omega)\varphi(\boldsymbol{r},E',\Omega')+Q(\boldsymbol{r},E,\Omega) \tag{3.29}$$

式(3.29)是散射源、裂变源和外部源(如果有的话)的总和。在大多数单位栅元计算中,可以假设源各向同性并且通过积分方程(3.28)给出积分输运方程:

$$\Phi(\boldsymbol{r},E)=\int\frac{\mathrm{e}^{-\tau}}{4\pi t^2}\Psi(\boldsymbol{r},E)\mathrm{d}\boldsymbol{r}' \tag{3.30}$$

这里 τ 是点 $\boldsymbol{r}$ 和 $\boldsymbol{r}'$之间的光学距离:

$$\boldsymbol{r}'=\boldsymbol{r}-t\Omega \tag{3.31}$$

且

$$\tau=\int_0^t\Sigma\left(\boldsymbol{r}+u\frac{\boldsymbol{r}'-\boldsymbol{r}}{|\boldsymbol{r}'-\boldsymbol{r}|}\right)\mathrm{d}u \tag{3.32}$$

在细分由下标 k 标记的区域的栅元中,中子平衡由参考文献[12](第 10 章),文献[12](第 4 章),文献[5](第 1 卷)表示:

$$\Sigma_t V_k\varphi_k(E)=\sum_{k'}P_{kk'}(E)V_{k'}\Psi_k(E) \tag{3.33}$$

这里 V_k 是区域 k 的体积,$P_{kk'}$是区域 k 和 k'之间的第一个飞行原子核:

$$P_{kk'}\sum_{k'}(E)=\frac{\Sigma_k(E)}{V_k}\int_{V_k}\mathrm{d}^3\boldsymbol{r}\int_{V_{k'}}\frac{\mathrm{e}^{-\tau}}{4\pi t^2}\mathrm{d}^3\boldsymbol{r}' \tag{3.34}$$

通过对于 $\varphi_k(E)$求解方程组(3.33),在所有区域 k 中,得到栅元区域能谱。栅元计算的一个重要目标是估算燃料和反射层区域中平均通量的比例[6]。他们在燃料中应用了输运理论,在慢化剂中应用了扩散理论。设燃料和慢化剂中的平均通量分别为 φ_f、φ_m,则

$$\frac{1}{f}-1=\frac{\Sigma_{af}V_f}{\Sigma_{am}V_m}\frac{\overline{\varphi}_m}{\overline{\varphi}_f} \tag{3.35}$$

式中，Σ_{af}、Σ_{am}分别是燃料和慢化剂的平均吸收截面；f是热利用系数①。

在栅元计算中，与空间能量相关通量的计算通常被认为是可分离的，并被写成空间相关函数和能量相关函数的乘积。

我们这里仅提到有同位素，例如^{238}U在电子伏特范围内具有共振，具有接近或在热能范围内的共振线。如果在栅元中出现这样的同位素，则应该放弃能量-空间相关性的分离，并用碰撞概率方法同时处理能量和空间相关性。H. C. Honneck[7]的THERMOS程序是解决这个问题的方法之一。THERMOS的主要特点如下[8]：

（1）对于通量Φ求解Peierls积分方程（3.30）。当考虑无限燃料栅格时，这种近似是可接受的。

（2）所考虑的栅元是轴向无限的Wigner-Seitz栅元，见图3.4。

（3）Wigner-Seitz栅元细分为圆柱环。在第一次飞行碰撞概率的计算中，已经使用了各种方法。中子通量在栅元内缓慢变化，并且在栅元边界处应用了白色边界条件。

（4）假设散射各向同性②。为了解释散射的各向异性，应用了各种校正方法。

（5）减速源仅被近似计算。

（6）热能范围的离散化和群常数的计算会影响结果，尤其是钚同位素的反应速率。

3.4.2 栅元热工水力学

由于热工水力学涉及冷却剂通道③，因此不需要栅元级热工水力学计算。

3.5 栅元内部级

在栅元中子学中，仅确定温度分布和中子通量梯度。栅元几何形状通常是圆柱形的。我们省略了栅元热工水力学。

3.6 功率重构

在某些情况下，分析人员希望看到堆芯温度或功率分布的细节。他可以使用以下数据：反应堆整体参数，如临界状态（硼浓度、控制棒临界位置），堆芯中组件功率分布，燃料组件中栅元平均通量和流动通道温度。这些数据通常足以设计燃料循环及其主要参数。

当需要更多的细节时，例如为了找到堆芯燃料包壳最高温度，可能需要进一步的计算。在测试反应堆程序时，还需要进一步的数据，如堆芯包壳最高温度、最大通量密度、堆芯功率峰分布等。

在解决一般问题之前，我们先研究简化问题。第一个问题是无限栅格中的通量分布。通常问题被表述如下。我们将线性算子$\mathscr{O}$应用于函数Ψ，我们寻求以下方程的解：

$$\mathscr{O}\Psi(\boldsymbol{r}) = \lambda\Psi(\boldsymbol{r}) \tag{3.36}$$

---

① f是燃料吸收的热中子与吸收的中子总数之比。

② 在实验室坐标系中。

③ 在热工水力系统中，也使用术语控制元件。

显然:$\boldsymbol{r}=(x,y)$,这是一个特征值问题,假设物理解是 $\Psi(\boldsymbol{r})\geqslant 0$。

我们对中子输运方程及其近似值感兴趣。中子平衡由以下项确定:$\mathscr{L}$ 是泄漏,$\mathscr{A}$ 是排出,$\mathscr{S}$是散射,$\mathscr{P}$是产生,k 是特征值。

定理 3.6.1　考虑以下形式的稳态输运方程:

$$(\mathscr{L}+\mathscr{A})\Phi(\omega)=\left(\mathscr{S}+\frac{1}{k}\mathscr{P}\right)\Phi(\omega),\quad \omega=(\Omega,\boldsymbol{r}),\quad \boldsymbol{r}\in V \tag{3.37}$$

具有边界条件:

$$\Phi(\omega)=0,\quad \boldsymbol{f}\text{或}\,\boldsymbol{r}\in\partial V,\boldsymbol{\Omega n}<0 \tag{3.38}$$

其中,$\boldsymbol{n}$ 是 $\boldsymbol{r}$ 的外法线。则对于 $\boldsymbol{r}\in V$ 存在一个正的单解,且特征值 $k=k_{\text{eff}}>0$。

模拟定理适用于输运方程的扩散近似,见参考文献[9]。我们得出结论,有足够的数学模型描述中子气体。模型包括多群扩散理论。

在下一步中,我们构建了一个合适的物理模型来研究简化几何结构中的中子分布。正如我们所看到的,反应堆堆芯由数百个具有相同几何形状但偶尔具有不同材料特性的燃料组件组成。我们的近似模型忽略了材料属性的多样性,这些属性以后在模型中可作为扰动考虑。

在第一步中,当式(3.37)中涉及的算子是 $\boldsymbol{r}$ 的周期函数时,考虑有限周期栅格中的中子场:

$$\mathscr{O}(\boldsymbol{r})=\mathscr{O}(\boldsymbol{r}+\boldsymbol{d}) \tag{3.39}$$

其中,矢量 $\boldsymbol{d}$ 连接栅格的两个栅元的中心,$\mathscr{O}$代表 $\mathscr{L}$、$\mathscr{A}$、$\mathscr{S}$、$\mathscr{P}$。式(3.37)在变换 $\boldsymbol{r}\to\boldsymbol{r}+\boldsymbol{d}$ 下是不变的,那么式(3.37)的解是 Bloch 函数$f_B(\omega)=\mathrm{e}^{\mathrm{i}Br}u_B(\omega)$的线性组合:

$$\Phi(\omega)=\sum_B \mathrm{e}^{\mathrm{i}Br}u_B(\omega) \tag{3.40}$$

这里 $u_B(\omega)$在 $\boldsymbol{r}$ 中是周期性的。

当研究的体积很大且包含大量栅元时,$|\boldsymbol{B}|$很小。显然 $\boldsymbol{B}=0$ 对应无限栅格,所以我们将 u_B 展开为

$$u_B(\omega)=u_0(\omega)+\boldsymbol{u}_1(\omega)\boldsymbol{B}+\sum_{i,j}u_{2ij}(\omega)B_iB_j+\cdots \tag{3.41}$$

将最后一个表达式代入式(3.40),周期结构中的通量可以用周期性的“$\boldsymbol{u}$”函数和缓慢变化的 Ψ 函数表示:

$$\Phi(\omega)=\Psi_0(\boldsymbol{r})u_0(\omega)+\nabla\Psi_0(\boldsymbol{r})u_1(\omega)+\sum_{i,j}\partial_{x_i}\partial_{x_j}\Psi_0(\boldsymbol{r})u_{2ij}(\omega)+\cdots \tag{3.42}$$

在大容积中,$|B|\ll 1$,在展开中保留前两个或前三个项就足够了[10]。缓慢变化的函数 $\Psi_0(\boldsymbol{r})$称为宏观通量,周期性的“$\boldsymbol{u}$”函数称为微观通量。可以推导出宏观通量的类似扩散方程,其系数取决于栅元截面和微观通量。

结论如下。在由相同几何结构(组件、栅元)构成的堆芯中,两个部件确定 $\boldsymbol{r}$ 处的中子通量:一个宏观通量和几个微观通量。微观通量由栅元结构决定,遇到的栅元类型越多,需要的微观通量越多。宏观通量是扩散方程的解。反应堆中有一个层次结构:栅元构成组件,组件构成堆芯。这种层次结构仅在极其简单的情况下体现在一个简单的公式中,例如由一个或两个栅元类型构建的大栅格。中心须考虑工程实践因素。

获得了反应堆中的功率分布后,我们求解了组件中几个群的扩散方程。当目标是确定

组件内的功率分布时，组件功率由分析人员处理，可以建立一个小的边界值问题来描述功率分布的细节，重点是根据测量或更详细的计算来验证模型。

参考文献

[1] Robertazzi, T. G., Schwartz, S. C.: Best ordering for floating-point addition. ACM Trans. Math. Softw. 14(1), 101－110 (1988)

[2] Hansen, G. E., Roach, W. H.: Six and sixteen group cross sections for fast and intermediate critical assemblies, Report LAMS-2543, Los Alamos (1961)

[3] Nikolaev, M. N., Ryazanov, B. G., Savoskin, M. M., Tzibulya, A. M.: Multigroup Approach in the Theory of Neutron Transport. Energoatomizdat, Moscow (1984). (in Russian)

[4] IAEA Safety Standard Series No. GS-G-2.2, IEAE, Vienna, Chapter 6. Limits and conditions for normal operation; Chapter 7. Surveillance requirements and chapter 10. Compliance with operational limits and conditions and operating procedures (2000)

[5] Ronen, Y. (ed.): CRC Handbook of Nuclear Reactors Calculations, vol. I. CRC, Boca Raton (1986)

[6] Amouyal, A., Benoist, P., Horowitz, J.: Nouvelle Methode de Determination du Facteur d'Utilisation Thermique d'un Cellul. J. Nuclear Energy 6, 79 (1957)

[7] Honeck, H. C.: THERMOS A thermalization transport theory code for reactor lattice calculations. Report BNL-5826 (1961)

[8] Becker, R., Gadó, J., Kereszturi, A., Pshenin, V.: Asymptotic approximations and their place in WWER core analysis. In: Theoretical Investigations of the Physical Properties of WWER-Type Uranium-Water Lattices, vol. 2. Akadémiai Kiadó, Budepst (1994)

[9] Habetler, G. J., Martino, M. A.: Existence theorems and spectral theory for the multigroup diffusion model. In: Nuclear Theory, pp. 127－139. AMS (1961)

[10] Deniz, V. V.: The theory of neutron leakage in reactor lattices. In: CRC Handbook of Nuclear Reactors Calculations, vol. II, pp. 409－508. CRC (1986)

[11] Stammler, R. J. J., Abbate, M. J.: Methods of Steady-State Reactors Physics in Nuclear Design. Academic, London (1983)

[12] Bussac, J., Reuss P.: Traité de neutronique, Hermann, Paris (1985)

第 4 章　反应堆计算模型

摘要

核电厂的运行使用了关于核数据、中子气体行为、传热过程以及各种极端情况下的流体流动的扩展知识。在核电厂的日常工作中，上述专业知识仍隐藏在计算机程序中。了解可能出现的问题及其原因需要了解上述主题。本章简要介绍了核数据库、中子输运和扩散以及热工水力学，目的是为读者提供基本知识和参考资料，以查找更多信息。

将原子核中的结合能看作质量数的函数，马上就能看出如果两个轻原子核（例如氢原子核）结合在一起，能量就会释放出来。或者，如果像铀或钚这样的重核可以分裂成较小的部分，也会释放出能量。我们对后一种能量的产生感兴趣。存在诸如钍、铀或钚等重核，它们与中子发生核反应并最终分成两个质量差不多相等的原子核。如果变成中等原子核，每个核子的结合能[1]高达 1 MeV。重原子核中有大约 200 个核子，因此在单个核反应中将释放大约 200 MeV 的能量。将这一能量与单个氢原子燃烧时释放的 10 eV 进行比较，即核能大约是化学反应中释放能量的 2.0×10^7 倍。

中子核反应分类如下：

（1）势散射：当中子散射在原子核的势场上时；

（2）非弹性散射：当中子的动能和结合能增加原子核的内能时；

（3）弹性散射：当原子核与中子交换动能时；

（4）复合核的形成和复合核的分裂，在这种情况下，一个复合核可能发射 α、β 或 γ 粒子；或者原子核可能会分裂。

上述任何一种反应都可能以给定的概率发生[1]，核反应是相当容易理解的[1]。

铀有两种主要的同位素：^{235}U 和 ^{238}U。前者具有较大的截面以进入裂变反应，最重要的两个反应如下：

（1）^{235}U 核与中子碰撞形成复合核，复合核分解成两个裂变碎片，产生中子、能量以及 β 和 γ 射线；

（2）^{235}U 核与中子碰撞形成 ^{236}U，发射 γ 射线。

这简略的表述包含了一个过程，其中在中子被吸收之后，激发能量在核子之间重新分布，核子通常分成两个部分，质量大致相等[1]。不断增长的能源需求和碳排放的危险已经导致核能被纳入能源结构，这需要理解核能生产的所有方面。人们已经研究了测量同位素截面的核反应，工程师详细设计了观察能量产生的技术，调节核反应堆堆芯中从未见过的能量密度。

上述技术体系体现了几代人的专业知识，例如使用蒸汽、核数据库、技术相关知识或堆芯设计计算方面的经验。上述成分不可随意制造，有相关程序可以批准和许可新方法或修改旧方法。在核电厂的文件中，有一个定期的安全修订条例，在其框架内对核电厂的技术体系进行精心修订。操作动力堆是一项值得尊敬的工作,责任重大。核电厂太复杂,没有专用工具就无法管理,包括如特殊维修工具、管理核电厂实际状况的软件、设计下一个燃料循环、规划下一个堆芯负荷、管理核燃料库存以及管理核电厂的日常。

存在周期性重复的任务,例如技术的维护、下一个堆芯装载的设计,其中体现了复杂的计算和设计工作。如果没有经过仔细测试和验证的计算机程序,任何反应堆都不能运行。本章简要概述了这些程序背后的理论。计算模型是一个很庞大的主题,这里我们只讨论基本技术。对更多细节感兴趣的读者可参考文献[2-6]。

反应堆计算寻求可用模型的可行性与达到所需精度之间的脆弱平衡,并在规定的时间内完成计算。读者将会看到主要适用于热和中子学过程的数值模型。在这两个领域中,大量数据以数据表、关系式的形式支持其他领域中的计算。讨论热工水力学数据或评价核数据文件超出了本著作的范围,我们假设这些数据是可用的,并专注于求解的物理数学问题。

在第2章中,读者已经看到了反应堆堆芯的整体结构。我们的主题是反应堆堆芯,并寻求对那里发生的过程的描述。这种描述基于几代人努力建立的数学、物理和工程模型。反应堆运行基于以下几点:

(1)中子物理学(或中子学)。

(2)热工水力学。

(3)燃料行为。

我们将重点关注前两个主题,因为燃料行为在严重事故分析中起主导作用,这一主题超出了本著作的范围。

在中子物理学中,基本问题是求解中子输运方程或其适当的近似。在热工水力学中,我们必须求解质量、能量和动量守恒方程。这些求解方案或者它们的组合应该用于以下问题。

(1)确定燃料棒中的通量和功率。

(2)确定冷却剂温度、流道中的蒸汽含量。

(3)计算校正以考虑接近燃料栅格非均质性的局部各向异性。

(4)结合全局级、组件级和栅元级计算。

对于反应堆运行,计算模型用于解决以下问题。

(1)堆芯装载设计:需要进行扩展计算以证明计划的堆芯满足安全目标。除安全性外,新的燃料循环也应符合经济标准。所提到的一些标准,如正确估计周期长度,不仅对当局而且对该国的能源供应都有意义。

(2)操纵员支持系统:为了处理瞬态,操纵员应执行一系列步骤以再次达到稳定的堆芯状态。这里的反应堆模型可以发挥良好的作用。

(3)试验函数的推导:当堆芯内监测显示出与计划堆芯状态的偏差时,可能需要额外的试验函数,参见2.2节。

(4)燃料管理:核电厂应经济运行。虽然运行成本只占总成本的一小部分,但是节省或损失百分之一的成本会产生很大的差异。

4.1 反应堆基础知识

我们讨论压水堆的计算模型。反应堆的运行应该有计划,因此核电厂工作人员必须进行大量计算。首先，计划燃料循环。核电厂也必须考虑运营的经济性方面。大多数反应堆以循环方式工作：工作包括燃料循环，燃料循环从堆芯设计开始。在运行过程中，燃料燃烧成乏燃料，同时产生能量。经济运行需要精心设计的燃料循环，只有在特殊情况下才能中断反应堆的连续工作。

在使用燃料时，反应堆必须保持临界状态。这意味着在产生能量的同时应保持中子平衡。维持中子平衡的反应堆称为临界反应堆。反应堆工作人员采用以下方法来保持临界。

(1)裂变过程降低反应性，可降低冷却剂中硼酸含量来恢复临界。

(2)部分控制棒可以从堆芯提出。

(3)可以降低冷却剂温度。

反应堆运行应注意测量和控制系统的适当运行。在反应堆启动过程中，上述系统已经测试。

(1)启动：这是校准测量系统、检查测量系统的时间。

(2)运行：从功率达到标称值的那一刻起，反应堆在 90% 的时间内处于稳定状态，在其余时间反应堆处于瞬态，功率增加或减少。

(3)停堆：在燃料循环结束时，反应堆功率降低至零，并开始为下一个燃料循环做准备。

反应堆计算的主要功能是为解决上述工作阶段的任务提供工具。重点是：制定可靠的计划并克服意外的困难。一个非常重要的问题是确定任何计划内或计划外事件对反应堆的影响。

适用的模型不仅取决于反应堆，还取决于所考虑的问题。如两群扩散理论，这样简单的模型为燃料循环设计、正常运行提供了很好的依据，见 A.2 节。然而，核电厂工作人员会不断比较计算的分布和测量值。为了解决争议，找到计算模型中的弱点，最好通过后续讨论的精细模型重新研究有问题的计算。

具有给定燃料和给定运行模式的给定反应堆的计算模型随燃料、主冷却剂泵、蒸汽发生器等一起装运。反应堆工作人员与计算模型无关，而是在需要时使用它。有时会出现新的燃料类型，出于技术改变或经济上的考虑，需要修改发电厂的工作制度。

在上述情况下，需要修正计算模型，以明确计算模型是否适用于这些变化，需要进行哪些修改。可能会出现需要一个新的参数化数据库的情况，应该制作和测试新的数据库。以下内容讨论了可能需要的基础知识。

4.2　核　数　据

核电厂的能量是由裂变产生的，中子与一个可裂变原子核碰撞，在碰撞中形成中间核，中间核可能分裂成两部分，中间核的能量与裂变产物的总能量之差被释放出来。

裂变产物的一部分也经历核反应，因此在能量产生中必须适当地描述核反应。为此，使用了在所谓的评价核数据库中可用的截面。

为了维持能量的产生，将可裂变材料布置在堆芯，这样在裂变过程中出现的中子会引发另一次裂变，这称为链式裂变反应。反应堆中的中子形成稀薄气体，反应堆物理学的主要目标是描述中子气体。

中子也与反应堆的结构元件①以及慢化剂的分子碰撞，与中子发生反应的各种同位素的数量超过 100 个，需要正确的同位素存量来评估辐射水平等。读者可在参考文献[3]中找到关于核数据的简明讨论。

4.3 中子气体

本节假设库中的核数据是可用的，我们的任务是确定反应堆堆芯的中子分布，计算还需要知道堆芯中所有材料的同位素组成。注意这些数据可能随温度和时间而变化，因为核反应的副产品是辐射，它可能与堆芯结构材料相互作用。

我们的模型应该给出堆芯中的中子密度，并详细说明燃料的能量释放、结构材料中蓄积的能量、核反应、堆芯的蓄热量。在反应堆中，上述效应用一个简单但性能良好的模型处理：反应堆由一个被原子填充的空间环绕的稀薄中子气体来描述②。

中子在反应堆堆芯中，要么飞行要么与物质的原子核碰撞。由于原子核是平均原子的 10^{-4} 倍，因此中子气体这个术语恰当地描述了反应堆堆芯的几何关系。为了维持能量产生，堆芯几何形状的组成使得中子的数量总是接近稳定的。我们不重复中子平衡的背景，读者可以在许多可用的教科书中找到它，见参考文献[1,4－8]。

中子与原子核碰撞，碰撞被描述为取决于原子核性质的核反应。这些性质是所谓的截面，通常用 σ 表示。可能的反应包括散射，相关的截面是 σ_s，其他截面是吸收(σ_a)、裂变(σ_f)。中子－原子核相互作用由上述截面之一描述。在宏观尺度上，我们还需要通过宏观截面确定的反应速率 $\Sigma_x = N\sigma_x$，其中 x 是上述反应之一，N 是介质的数密度③。

中子气体由角通量 $\Psi(\boldsymbol{r},E,\Omega,t) = vN(\boldsymbol{r},E,\Omega,t)$ 描述，即能量为 E 的中子沿 Ω 方向行进的距离。$N(\boldsymbol{r},E,\Omega,t)\mathrm{d}^3\boldsymbol{r}\mathrm{d}E\mathrm{d}\Omega$ 是 $\mathrm{d}^3\boldsymbol{r}$ 中关于 $\boldsymbol{r}$ 的预期中子数，在 $\mathrm{d}E$ 中动能为 E，以立方角 $\mathrm{d}\Omega$ 移动，E 是中子动能 $E = 1/2mv^2$。中子的动能以电子伏特 eV 为单位表征。中子的数量可能在碰撞中发生变化，变化由以下平衡方程描述：

$$\frac{1}{v}\frac{\partial\psi(\boldsymbol{r},E,\Omega,t)}{\partial t} = -\Omega\nabla\psi(\boldsymbol{r},E,\Omega,t) - \Sigma(\boldsymbol{r},E)\psi(\boldsymbol{r},E,\Omega,t) + \frac{\chi(\boldsymbol{r},E)}{4\pi}\int v\Sigma_f(\boldsymbol{r},E')\psi(\boldsymbol{r},E',t)\mathrm{d}E' + Q(\boldsymbol{r},E,\Omega,t) \tag{4.1}$$

方程(4.1)称为中子输运方程。考虑到它作为输入－输出关系，其输入包括材料属性 $\Sigma(\boldsymbol{r},E)$、$\chi(\boldsymbol{r},E)$、ν、$\Sigma_f(\boldsymbol{r},E)$，分别称为总截面、裂变谱、每次裂变的次级中子数和裂变截面。

$Q(\boldsymbol{r},E,\Omega,t)$ 是在时间 t 出现在 $\boldsymbol{r},E,\Omega$ 的中子数。由于假设核反应是迅速的，因此可以暂时忽略变量 t。④ 中子要么来自其他能量 E'、其他方向 Ω' 的碰撞，要么来自裂变。能量分

---

① 结构元件用于保持燃料固定、保持冷却剂流量、操作调节机构等。

② 这种令人惊讶的简化之所以有效，是因为中子的波长或“大小”比两次碰撞之间的路径小，并且中子－中子碰撞可能被忽略。

③ 每单位体积的原子数。

④ 一小部分中子，从裂变中出现的延迟中子会延迟出现，请参见 4.4 节。

布由$\chi(\boldsymbol{r},E)$给出，裂变产生的中子的角分布被认为是各向同性的。

角分布也出现在中子散射中。一般来说，源项由下式给出：

$$\begin{aligned}Q(\boldsymbol{r},E,\Omega,t) = &\int_{4\pi}\int_0^\infty \Sigma_s(\boldsymbol{r},E'\to E,\Omega\Omega')\psi(\boldsymbol{r},E',\Omega',t)\,\mathrm{d}E'\mathrm{d}\Omega + \\ &\frac{f(E)}{4\pi}\int_{4\pi}\int_0^\infty v(E')\Sigma_f(\boldsymbol{r},E')\psi(\boldsymbol{r},E',\Omega',t)\,\mathrm{d}E'\mathrm{d}\Omega' + \\ &\int_{4\pi}\int_0^\infty \Sigma_{\mathrm{in}}(\boldsymbol{r},E'\to E)\psi(\boldsymbol{r},E',\Omega',t)\,\mathrm{d}E'\mathrm{d}\Omega' + S(\boldsymbol{r},E,\Omega,t)\end{aligned} \tag{4.2}$$

这里第一项是来自弹性散射的源，第二项来自裂变，第三项来自非弹性散射，最后一项是外部源。注意，次级中子的数量$v(E')$取决于中子能量E'。输出是$\Phi(\boldsymbol{r},E,\Omega,t)$，在式(4.1)中也发现了标量通量$\Phi(\boldsymbol{r},E,t)$，其通过以下关系与角通量有关：

$$\Phi(\boldsymbol{r},E,t) = \int_{4\pi}\Phi(\boldsymbol{r},E,\Omega,t)\,\mathrm{d}\Omega \tag{4.3}$$

当式(4.1)的右侧为零时，能量的产生是自持的。当其为正时，中子数量随时间增长。实际上，积分中子数为

$$N_I(t) = \int_{V_{\mathrm{reactor}}}\mathrm{d}^3\boldsymbol{r}\int_0^\infty \mathrm{d}E\int_{4\pi}\psi(\boldsymbol{r},E,\Omega,t)\,\mathrm{d}\Omega \tag{4.4}$$

的中子平衡应保持不变，以维持能量产生。

为了确定角通量，必须求解式(4.1)。为此，需要在堆芯的边界[①]点$\boldsymbol{r}_b$处有适当的边界条件$\Phi(\boldsymbol{r}_b,E,\Omega,t)$和在$t_0$时有适当的初始条件。为了得到物理解，初始条件应该在t_0时固定一个非负值，但是在边界条件下有一些自由度。最常用的边界条件如下：

(1)反照率边界条件，其中入射方向的角通量是出射方向上角通量的线性表达式。

(2)净电流的法向分量(见下文)在边界处为零。

(3)周期性边界条件：离开堆芯的中子在堆芯的径向相反点处返回堆芯。

最后，我们提到描述中子气体的方程似乎是完整的，形成了一个封闭系统，实际上并非如此。为了确定外边界处的反照率，应该知道反应堆周围空间的几何形状和材料成分。在径向边界中可能是这样，但是反应堆堆芯上方和下方的空间非常复杂，可以确定最近似的反照率。上部空间布置着很难描述几何形状的用于移动控制棒的电动机、电缆。通常推导一个近似反照率并将其调整到临界状态。有时径向边界也很复杂，其材料分布基本上是已知的，反照率通常用蒙特卡洛方法计算，见A.2.4节。

在反应堆运行中，工作人员和设计人员经常使用模型几何进行计算。这样的模型几何形状可以是无限周期栅格，其给出了具有大周期结构的堆芯内中子分布的良好近似。该方法通常用于燃料组件和燃料棒计算。

式(4.1)的数学性质是复杂的。尽管所涉及的算子是线性的，其特征函数的完整性是默认的，但从未被证明。如果截面和角通量中的角度相关性近似为常数，则获得合适的形式和一个线性的Ω。这种简化的形式被称为扩散或P_1方程，角度相关项展开如下：

$$\psi(\boldsymbol{r},E,\Omega,t) = \frac{1}{4\pi}\Phi(\boldsymbol{r},E,t) + \frac{3}{4\pi}\boldsymbol{J}(\boldsymbol{r},E,t)\Omega \tag{4.5}$$

---

① 实际上，输入方向的边界条件决定了解决方案。

式中，$J(\boldsymbol{r},E,t)$是中子流，展开是Ω的第一阶。在源$Q(\boldsymbol{r},E,\Omega,t)$中，散射项的参数也包含$\Omega$，但是为乘积形式。该项展开如下：

$$\Sigma_s(\boldsymbol{r},E'\to E,\Omega\Omega') = \frac{1}{4\pi}\Sigma_{s0}(\boldsymbol{r},E'\to E) + \frac{3}{4\pi}\Sigma_{s1}(\boldsymbol{r},E'\to E)(\Omega\Omega') \tag{4.6}$$

通过这些替换，在Ω上积分后，式(4.2)中的散射项为以下形式：

$$\frac{1}{4\pi}\int_0^\infty \Sigma_{s0}(\boldsymbol{r},E'\to E,t) + \frac{3\Omega}{4\pi}\Sigma_{s1}(\boldsymbol{r},E'\to E,t)\boldsymbol{J}(\boldsymbol{r},E',t)\,\mathrm{d}E' \tag{4.7}$$

使用源项(4.2)

$$Q(\boldsymbol{r},E,t) = \frac{1}{4\pi}Q_0(\boldsymbol{r},E,t) + \frac{3}{4\pi}\Omega\boldsymbol{Q}_1(\boldsymbol{r},E,t) \tag{4.8}$$

式中，各向同性源项为

$$\begin{aligned} Q_0(\boldsymbol{r},E,t) = & \int_0^\infty \Sigma_{s0}(\boldsymbol{r},E'\to E)\boldsymbol{\Phi}(\boldsymbol{r},E',t)\,\mathrm{d}E' + \\ & f(E)\int_0^\infty v(E')\Sigma_f(\boldsymbol{r},E')\boldsymbol{\Phi}(\boldsymbol{r},E',t)\,\mathrm{d}E' + \\ & \int_0^\infty \Sigma_{in}(\boldsymbol{r},E'\to E)\boldsymbol{\Phi}(\boldsymbol{r},E',t)S_0(\boldsymbol{r},E,t)\,\mathrm{d}E' \end{aligned} \tag{4.9}$$

以及各向异性的源项为

$$\boldsymbol{Q}_1 = \int_0^\infty \Sigma_{s1}(\boldsymbol{r},E'\to E)\boldsymbol{J}(\boldsymbol{r},E',t)\,\mathrm{d}E' + S_1(\boldsymbol{r},E,t) \tag{4.10}$$

在式(4.9)和式(4.10)中，S_0和S_1分别代表外部源的第零和第一个方位角分量。在推导中，我们使用了以下积分：

$$\int_{4\pi} a\Omega\mathrm{d}\Omega = 0;\quad \int_{4\pi} b\Omega\mathrm{d}\Omega = 0;\quad \int_{4\pi}(\Omega\boldsymbol{a})(\Omega\boldsymbol{b})\,\mathrm{d}\Omega = \frac{4\pi}{3}(\boldsymbol{ab})$$

$$\int_{4\pi}\Omega_i^2\mathrm{d}\Omega = \frac{4\pi}{3},\quad i = x,y,z;\quad \int_{4\pi}\Omega_i\Omega_j\mathrm{d}\Omega = 0, i\neq j$$

最后，式(4.1)在Ω上的积分得到通量$\boldsymbol{\Phi}(\boldsymbol{r},E,t)$和中子流$J(\boldsymbol{r},E,t)$的下列方程：

$$\frac{1}{v}\frac{\partial\boldsymbol{\Phi}(\boldsymbol{r},E,t)}{\partial t} = -\nabla J(\boldsymbol{r},E,t) - \Sigma\boldsymbol{\Phi}(\boldsymbol{r},E,t) + Q_0(\boldsymbol{r},E,t) \tag{4.11}$$

将式(4.1)乘以Ω并在Ω上积分，得到第二个独立方程，包括未知的$\boldsymbol{\Phi}(\boldsymbol{r},E,t)$和$J(\boldsymbol{r},E,t)$：

$$\begin{aligned} \frac{1}{v}\frac{\partial\boldsymbol{J}(\boldsymbol{r},E,t)}{\partial t} = & -\frac{1}{3}\nabla\boldsymbol{\Phi}(\boldsymbol{r},E,t) - \Sigma(\boldsymbol{r},E)\boldsymbol{J}(\boldsymbol{r},E,t) + \\ & \int_0^\infty \Sigma_{s1}(\boldsymbol{r},E'\to E)\boldsymbol{J}(\boldsymbol{r},E',t)\,\mathrm{d}E' \end{aligned} \tag{4.12}$$

教科书中提供了详细的推导，参见参考文献[1,4]。式(4.11)和式(4.12)是确定通量$\boldsymbol{\Phi}(\boldsymbol{r},E,t)$和中子流$J(\boldsymbol{r},E,t)$的封闭系统。为了得到扩散方程，必须消除中子流。这需要近似，在(4.12)中，我们忽略时间导数，用下式来近似积分：

$$\int_0^\infty \Sigma_{s1}(\boldsymbol{r},E'\to E)\boldsymbol{J}(\boldsymbol{r},E',t)\,\mathrm{d}E' \approx \Sigma_{s1}(\boldsymbol{r},E)\boldsymbol{J}(\boldsymbol{r},E,t) \tag{4.13}$$

式中

$$\Sigma_{s1}(\boldsymbol{r},E) = \Sigma_s(\boldsymbol{r},E)(\overline{\cos\Omega\Omega'}) \tag{4.14}$$

这里 $\overline{\cos(\Omega\Omega')}$ 是散射角的余弦平均值。使用式(4.13)和式(4.14)可以消除中子流：

$$\boldsymbol{J}(\boldsymbol{r},E,t) = -D(\boldsymbol{r},E)\nabla\Phi(\boldsymbol{r},E,t) \tag{4.15}$$

其中扩散常数为

$$D(\boldsymbol{r},E) = \frac{1}{3[\Sigma(\boldsymbol{r},E) - \Sigma_s(\boldsymbol{r},E)](\overline{\cos\Omega\Omega'})} \equiv \frac{1}{3\Sigma_{tr}} \tag{4.16}$$

式中，Σ_{tr} 是输运截面。

通过将式(4.15)和式(4.16)代入式(4.12)获得扩散方程，得到的方程是通量 $\Phi(\boldsymbol{r},E,t)$ 的二阶偏微分方程：

$$\frac{1}{v}\frac{\partial\Phi(\boldsymbol{r},E,t)}{\partial t} = \nabla[D(\boldsymbol{r},E)\nabla\Phi(\boldsymbol{r},E,t)] - \Sigma(\boldsymbol{r},E)\Phi(\boldsymbol{r},E,t) + Q_0(\boldsymbol{r},E,t) \tag{4.17}$$

式(4.17)是二阶偏微分方程，标量通量 $\Phi(\boldsymbol{r},E,t)$ 的扩散方程。当角通量 $\Psi(\boldsymbol{r},E,\Omega,t)$ 是 Ω 的缓慢变化函数时，它是一个很好的近似值。

式(4.17)被称为输运方程的微分形式，或者简称为微分输运方程。可以用以下方式获得积分输运方程。设给定中子的位置在 $t=0$ 时为 $\boldsymbol{r}_0$，并沿方向 Ω 飞行，则在 $t=s/v$ 时，其位置是

$$\boldsymbol{r} = \boldsymbol{r}_0 + s\Omega$$

让我们研究在 $\boldsymbol{r}_0$ 处无穷小体积 $\mathrm{d}^3\boldsymbol{r}$ 中在 $\Omega\mathrm{d}\Omega$ 方向上飞行的中子数。中子束由于与主核的碰撞而衰减，衰减是呈指数的，只有下面的部分到达 $\boldsymbol{r}$：

$$\mathrm{e}^{-\overline{\Sigma_t(\boldsymbol{r}_0\to\boldsymbol{r})}} \tag{4.18}$$

式中

$$\overline{\Sigma_t(\boldsymbol{r}_0\to\boldsymbol{r})} = \int_0^s \Sigma_t(\boldsymbol{r}_0 + s'\Omega,E)\,\mathrm{d}s' \tag{4.19}$$

是 r_0 和 $r=r_0+s\Omega$ 之间的光学距离。r 处的中子总数是最后一次碰撞的位置的总和。

$$\Phi(\boldsymbol{r},E,\Omega,t) = \int_{-\infty}^{s} \mathrm{e}^{-\overline{\Sigma_t(\boldsymbol{r}_0\to\boldsymbol{r})}} Q\left(\boldsymbol{r}_0 + s'\Omega,E,\Omega,E,\Omega,t-\frac{s'}{v}\right)\mathrm{d}s' \tag{4.20}$$

式(4.20)是输运方程的积分形式，通常用于数值方法。

4.4　稳态和动态模型

如4.1节中所述，反应堆大部分时间处于稳态或准稳态，通过调节维持稳态。在工业环境中，每个测量值都是有噪声的，所以稳态意味着在额定状态附近缓慢波动。我们区别稳态和瞬态，前者是稳定的额定状态，后者是计划中的从一个稳态到另一个稳态的转变。

以下内容总结了核反应堆中与时间有关过程的特征[9]：

(1)燃耗，由于疲劳和辐射引起的结构元件老化：10^{-4} Hz；

(2)氙振荡：$10^{-4}\sim10^{-2}$ Hz；

(3)控制棒运动(人工或自动)：0.001～0.1 Hz；

(4)缓发中子效应：0.01～1 Hz；

(5)典型的反应堆循环时间(例如冷却剂循环周期)：0.01～1.0 Hz；

(6)反应堆部件的机械振动：0.1 Hz 以上；

(7)燃料富集度的局部非均匀导致功率输出的变化:约 1 Hz;

(8)冷却剂进口温度和流量的波动:0.1 ~ 1.0 Hz;

(9)冷却剂中的大规模流动不稳定性和压力波动,燃料元件传热特性波动引起的湍流:0.01 Hz 以上;

(10)沸水堆中的气泡形成和坍塌,泵引起的气蚀:10 Hz 以上。

当反应堆状态改变时,工作人员使用上述过程将反应堆操纵到所需状态。

4.4.1 稳态

反应堆大部分时间都处于稳态运行。扩散方程(4.17)适用于描述中子气体。式(4.17)的左侧在稳态下为零,且如果源项 $Q_0(\boldsymbol{r},E,t)$ 由式(4.9)给出,其中外部源 S_0 为零,则右侧在 $\boldsymbol{\Phi}(\boldsymbol{r},E,t)$ 是线性的,式(4.17)采用以下形式:

$$\nabla[D(\boldsymbol{r},E)\Phi(\boldsymbol{r},E)] - \Sigma(\boldsymbol{r},E)\Phi(\boldsymbol{r},E) + \int_0^\infty \Sigma_{s0}(\boldsymbol{r},E' \to E)\Phi(\boldsymbol{r},E')\mathrm{d}E' +$$

$$f(E)\int_0^\infty v(E')\Sigma_{\mathrm{f}}(\boldsymbol{r},E')\Phi(\boldsymbol{r},E')\mathrm{d}E' = 0 \tag{4.21}$$

方程的解为

$$\mathscr{A}f = 0 \tag{4.22}$$

式中,$\mathscr{A}$ 是线性的(运算符或矩阵),$f \equiv 0$ 或 $\mathscr{A}$ 的零空间是非空的。我们对 $f \equiv 0$ 不感兴趣,因此在式(4.22)中引入一个自由参数,从而使源项改变如下。我们将裂变项除以一个数 $k \neq 0$:

$$f(E)\int_0^\infty v(E')\Sigma_{\mathrm{f}}(\boldsymbol{r},E')\Phi(\boldsymbol{r},E',t)\mathrm{d}E' \to \frac{f(E)}{k}\int_0^\infty v(E')\Sigma_{\mathrm{f}}(\boldsymbol{r},E')\Phi(\boldsymbol{r},E',t)\mathrm{d}E' \tag{4.23}$$

最后选择 k 使得方程:

$$\nabla[D(\boldsymbol{r},E)\Phi(\boldsymbol{r},E)] - \Sigma(\boldsymbol{r},E)\Phi(\boldsymbol{r},E) + \int_0^\infty \Sigma_{s0}(\boldsymbol{r},E' \to E)\Phi(\boldsymbol{r},E',t)\mathrm{d}E' +$$

$$\frac{f(E)}{k}\int_0^\infty v(E')\Sigma_{\mathrm{f}}(\boldsymbol{r},E')\Phi(\boldsymbol{r},E')\mathrm{d}E' = 0 \tag{4.24}$$

应该有非零 $\boldsymbol{\Phi}(\boldsymbol{r},E)$ 解。允许非零解的 k 值称为式(4.24)左边的线性算子 $\mathscr{A}$ 的特征值。

特征值具有物理意义。如果裂变项除以 k 存在稳态解,则有下列情况之一:

(1)当 $k=1$ 存在非零解时,反应堆是临界的。

(2)当 $k>1$ 存在非零解时,反应堆是超临界的。

(3)当 $k<1$ 存在非零解时,反应堆是次临界的。

在超临界反应堆中,中子通量随时间增长,在次临界反应堆中,中子通量随时间减小。设定临界的 k 值被称为"k"有效,用符号 k_{eff} 表示。

为了描述临界,还使用反应性。反应性 ρ 是

$$\rho = \left(1 - \frac{1}{k_{\mathrm{eff}}}\right) \tag{4.25}$$

就 ρ 而言,临界状态 $\rho=0$,$\rho>0$ 是超临界状态,$\rho<0$ 是次临界状态。从式(4.24)可以

看出，k_{eff}以及ρ是反应堆的整体参数，因为反应堆或其周围的任何变化都可能改变反应性。更重要的是，在式(4.24)中，第一项是泄漏，即由于从堆芯泄漏而导致的中子损失，即使堆芯几何形状或材料成分的变化也会影响临界。还要注意，在式(4.24)中涉及宏观截面。宏观截面与质量密度成正比，因此密度的任何变化，如温度变化或冷却剂中的气泡形成，都会引起宏观截面的变化。总之，临界状态的集合由以下函数决定：

$$\rho(T_m, T_f, x, c_B, H_{cr}, \cdots) \tag{4.26}$$

式中　T_m——慢化剂温度；

T_f——燃料温度；

x——冷却剂的空泡含量；

c_B——冷却剂中的硼浓度；

H_{cr}——控制棒位置。

这份名单是不完整的，可以增加以下项：

(1)燃料成分变化(燃耗、包壳氧化)；

(2)反射层区域的几何形状和成分变化；

(3)冷却剂状态变化。

操纵员的任务之一是操纵反应堆以使其保持：

$$\rho(T_m, T_f, x, c_B, H_{cr}, \cdots) = 0 \tag{4.27}$$

一些参数通过自动控制来调节，例如调节控制棒位置H_{cr}，使得反应堆始终在式(4.27)的状态。堆芯仪表的主要目标是为式(4.27)中尽可能多的参数提供测量值。

4.4.2　反应堆动力学

式(4.1)表示中子平衡。中子-原子核反应包括以下阶段。

(1)中子与原子核之间的碰撞。中子速度约为10^5 cm/s，原子核直径的数量级为10^{-12} cm，因此碰撞发生在大约10^{-17} s内；

(2)在第二阶段，中子的结合能及其动能在多次碰撞中在原子核之间重新分配。这种现象部分是集体运动，部分是核子对成员之间的相互作用。

(3)由于原子核之间的一系列相互作用(碰撞)，一组核子可能离开吸引核力的范围，出现新的反应产物。

从上面概述的相当定性的模型中可以看到，与任何宏观现象相比，核反应都相当快，如堆芯中子平衡的变化。因此，核相互作用的过程可以看作是瞬时的。

在式(4.1)中，假设碰撞是局部的，即散射中子或裂变产物出现在与发生中子-核子碰撞的位置相同的位置$\boldsymbol{r}$。另一方面，我们已经看到原子运动并且它们的速度遵循麦克斯韦分布。在讨论缓发中子时，仅在移动燃料中必须放弃快速反应假设。

实际上，一部分中子不是在上述快速过程中释放的。从裂变中产生的一些中子确实是迅速的，但是一些中子是在一系列核反应之后出现的。这些中子是在裂变事件发生后不迟于10^{-8}s出现的，其他的称为缓发中子。在中子俘获时获得的激发能分布在裂变碎片中，裂变碎片可以在一系列核反应中释放各自的激发能，这些裂变碎片称为延迟中子先驱或短先驱。发射缓发中子的级联成员称为子核，考虑以下示例[10]：^{87}Br是裂变产物，它的β衰变到基态是被禁止的，因此两种过渡路径都是可能的，都通过β^-衰变，第一种进入^{87}Kr的激发态，另一种进入^{87}Kr 的低能态，这是一个子核，^{87}Kr 发射中子并衰变到稳定的^{86}Kr。

表 4.1　缓发中子群衰变常数和丰度

组号	$\lambda_i(1/s)$	a_i
1	0.012 7	0.038
2	0.031 7	0.213
3	0.115	0.188
4	0.311	0.407
5	1.40	0.128
6	3.87	0.026

缓发中子被划分成 6 个缓发中子群。缓发中子群的特征在于衰变常数和相对丰度。对于^{235}U，缓发中子群参数在表 4.1 中，见参考文献[10]第 6 页。考虑到缓发中子，在中子平衡中我们发现中子通量 $\boldsymbol{\Phi}(\boldsymbol{r},t)$ 和先驱 $C_i(\boldsymbol{r},t)$：

$$\frac{1}{v}\frac{\partial\boldsymbol{\Phi}(\boldsymbol{r},t)}{\partial t} = D\Delta\boldsymbol{\Phi}(\boldsymbol{r},t) - \Sigma_a\boldsymbol{\Phi}(\boldsymbol{r},t) + v\Sigma_f(1-\beta)\boldsymbol{\Phi}(\boldsymbol{r},t) + S(\boldsymbol{r},t) + \sum_{i=1}^{6}\lambda_i C_i(\boldsymbol{r},t) \tag{4.28}$$

以及

$$\frac{\partial C_i(\boldsymbol{r},t)}{\partial t} = -\lambda_i C_i(\boldsymbol{r},t) + \beta_i v\Sigma_f\boldsymbol{\Phi}(\boldsymbol{r},t),\quad i=1,2,\cdots,6 \tag{4.29}$$

注意，式(4.17)的结构已经改变。有关详细信息请参阅参考文献[10－11]。

随机波动的幅度非常小，被认为是零均值的随机噪声。噪声分析超出了本书的范围，但是在该领域已经取得了辉煌的成果，见参考文献[12－13]。

反应堆安全的一个主要因素是共振线[1]的多普勒展宽。能量低于 1 MeV 的中子之间的核反应分两步进行。第一步是形成一个复合核，其处于激发能状态，因为复合核的能量是通过中子的结合能(约 9 MeV)增长的。第二步是复合核分裂，能量接近复合核激发能的中子发生核反应的概率很大。E_r 表示共振能量，由于能量为 E 的中子的碰撞可能导致俘获或裂变，因此截面由 Breit－Wigner 公式给出：

$$\sigma_t(E) = \frac{\sigma_0}{1+x^2} + \left(\sigma_0\sigma_{pa}g_j\frac{\Gamma_n}{\Gamma}\right)^{\frac{1}{2}}\frac{2x}{1+x^3} + \sigma_{pa} \tag{4.30}$$

$$\sigma_c(E) = \frac{\sigma_0}{1+x^2}\frac{\Gamma_\gamma}{\Gamma} \tag{4.31}$$

式中

$$x = \frac{E-E_r}{\frac{\Gamma}{2}} \tag{4.32}$$

式中　Γ——核反应的宽度，其中 Γ 为总宽度，Γ_n 为共振散射，Γ_γ 为俘获，Γ_f 为裂变，Γ_a 为共振俘获；

σ_0——$E=E_r$ 时的总共振截面；

g_j——统计自旋系数：

$$g_j=\frac{2J+1}{I+1} \tag{4.33}$$

其中　I——原子核的自旋量子数；

J——复合核的自旋量子数；

σ_{pa}——势散射截面。

在共振截面很小的高能裂变中产生中子。通过与原子核碰撞，中子失去了一部分能量。共振线很窄，并且中子落入共振能量附近的概率很小。但是式(4.30)～式(4.32)指的是一个静止的原子核，而原子核永远不会静止，其速度取决于温度，原子核速度 V 的概率分布由麦克斯韦－玻尔兹曼分布给出：

$$p(\boldsymbol{V})\mathrm{d}\boldsymbol{V}=\left(\frac{mA}{2\pi kT}\right)^{\frac{3}{2}}\mathrm{e}^{-\frac{mAV^2}{2kT}}\mathrm{d}\boldsymbol{V} \tag{4.34}$$

式中　m——中子质量；

mA——原子核的质量；

k——玻尔兹曼常数；

T——包含原子核的材料温度。

从式(4.34)得出，共振线随着温度 T 的增加而变宽，并且在高的温度下更可能发生中子俘获。这种负反馈使得调节和运行核反应堆成为可能[1,5]。

还有其他与时间有关的问题，例如控制棒弹出和严重事故分析，这些问题超出了讨论的范围。对于较慢的时间相关现象，如氙振荡，其特征时间太长，在此不讨论。

无论是采用扩散方程(4.17)还是传输方程(4.1)，大多数实际问题都需要数值方法。

考虑到缓发中子的中子平衡表示为

$$\frac{\partial\boldsymbol{\Phi}}{\partial t}=(L+M_0)\boldsymbol{\Phi}+\sum_{i=1}^{6}\lambda_i f_i C_i \tag{4.35}$$

$$\frac{\partial(C_i f_i)}{\partial t}=M_i\boldsymbol{\Phi}-\lambda_i f_i C_i \tag{4.36}$$

这里 $\boldsymbol{\Phi}$ 是中子通量，C_i、λ_i、f_i 分别是缓发群 i 中的先驱密度、衰变常数和中子能谱。已使用以下运算符：

$$M=\sum_{j=1}^{N_f}\frac{f_j(E)}{4\pi}\int v_j(E')\Sigma_{fj}(\boldsymbol{r},E')\,\mathrm{d}\Omega\mathrm{d}E' \tag{4.37}$$

我们将瞬发裂变项与缓发裂变项中分离出来为

$$M_0=\sum_{j=1}^{N_f}\frac{f_{0j}(E)}{4\pi}\int_{4\pi}\int_0^{\infty}v_j(E')(1-\beta_j)\Sigma_{fj}(\boldsymbol{r},E')\,\mathrm{d}\Omega\mathrm{d}E' \tag{4.38}$$

式中　j——可裂变同位素；

ν_j——次级中子的平均数；

β_j——缓发中子分数；

f_{0j}——同位素 j 的瞬发裂变谱。

缓发中子群 i 的缓发裂变算子是

$$M_i = \sum_{j=1}^{N_f} \frac{f_i(E)}{4\pi} \int_{4\pi} \int_0^\infty \beta_{ij} v_j(E') \Sigma_{fj}(\boldsymbol{r}, E') \mathrm{d}E' \mathrm{d}\Omega \tag{4.39}$$

这里f_i是缓发中子群i中的裂变谱,裂变中子的角分布假设是各向同性的。

在稳态反应堆中:

$$(L + M) \Phi_0(\boldsymbol{r}, E, \Omega) = 0 \tag{4.40}$$

成立,其中:

$$M = \sum_{j=1}^{N_f} \frac{f_j(E)}{4\pi} \int v_j(E') \ \Sigma_{fj}(\boldsymbol{r}, E') \mathrm{d}\Omega \mathrm{d}E' \tag{4.41}$$

并且同位素j的裂变谱被定义为

$$f_j(E) = (1 - \beta_j) f_{0j}(E) + \sum_{i=1}^{6} \beta_{ij} f_j(E) \tag{4.42}$$

方程(4.40)在Φ_0中是线性的。因此,只有当$(\mathscr{L} + \mathscr{M})$运算符具有包含非零元素的零空间时,才存在非平凡解。为了满足这个条件,我们像之前一样引入了k_{eff}。唯一形式上的区别是,现在我们必须为前体密度考虑方程(4.36)。

现在改写式(4.35)和式(4.36)为矩阵形式并引入未知向量$\underline{\psi}(t)$:

$$\underline{\psi} = \begin{pmatrix} \Phi(\boldsymbol{r}, E, \Omega, t) \\ C_1(\boldsymbol{r}, t) f_1(E) \\ \vdots \\ C_6(\boldsymbol{r}, t) f_6(E) \end{pmatrix} \tag{4.43}$$

和动力学矩阵:

$$\boldsymbol{K} = \begin{pmatrix} \mathscr{L} + \mathscr{M} & \lambda_1 & \lambda_2 & \cdots & \lambda_6 \\ \mathscr{M}_1 & -\lambda_1 & 0 & \cdots & 0 \\ \mathscr{M}_2 & 0 & -\lambda_2 & \cdots & 0 \\ \vdots & 0 & \cdots & \ddots & 0 \\ \mathscr{M}_6 & 0 & 0 & \cdots & -\lambda_6 \end{pmatrix} \tag{4.44}$$

式(4.35)和式(4.36)用新的项写为

$$\frac{\partial \underline{\psi}}{\partial t} = \boldsymbol{K} \underline{\psi} \tag{4.45}$$

如果有可能确定特征向量[10]:

$$\boldsymbol{K} \underline{\varphi}_n = \omega_n \underline{\varphi}_n, \quad n = 1, 2, \cdots, 7 \tag{4.46}$$

则

$$\underline{\psi}(t) = \sum_{n=0}^{\infty} [\underline{\varphi}_n^+, \underline{\psi}(0)] \varphi_n \mathrm{e}^{\mathrm{i}\omega t} \tag{4.47}$$

我们选择初始条件:

$$\psi(\boldsymbol{r}, E, \Omega, 0) = \delta(\boldsymbol{r} - \boldsymbol{r}_0) \delta(E - E_0) \delta(\Omega - \Omega_0) \tag{4.48}$$

即,在$\boldsymbol{r}_0$处$t = 0$时存在单个中子,其能量为E_0,并且其沿方向Ω_0移动。当初始状态是稳定的,有

$$\underline{\psi}(t) = \sum_{n=0}^{\infty} \Phi_n^+(\boldsymbol{r}_0, E_0, \Omega_0) \Phi_n(\boldsymbol{r}, E, \Omega) \mathrm{e}^{\omega_n t} \tag{4.49}$$

特征值 $\omega_n, n=1,2,\cdots$ 的实部均小于零的基本特征值。因此,高阶模式随时间衰减。

为了使动力学方程式(4.35)和式(4.36)更透明,我们对它们进行变换和简化。通常的程序[10-11,14]是将角通量分离为时间相关的幅度 $P(t)$ 和形状函数 $\varphi(\boldsymbol{r},E,\Omega,t)$:

$$\Phi_n(\boldsymbol{r},E,\Omega,t)=P(t)\varphi(\boldsymbol{r},E,t) \tag{4.50}$$

我们将式(4.50)代入式(4.35)和式(4.36),得

$$P(t)\frac{\partial\varphi}{\partial t}+\varphi\frac{\mathrm{d}P}{\mathrm{d}t}=P(t)(\mathscr{L}+\mathscr{M})\varphi+\sum_{i=1}^{6}\lambda_i f_i C_i+Q \tag{4.51}$$

$$\frac{\partial(f_iC_i)}{\partial t}=P(t)\mathscr{M}_i(t)-\lambda_i f_i C_i \tag{4.52}$$

涉及的算子是

$$\mathscr{L}\Phi(\omega,t)=-\nabla\Omega\Phi(\omega,t) \tag{4.53}$$

对于式(4.39)和(4.37),假设对于 $S=0$ 的相同反应堆,给出稳态参考解 $\Phi_0(\boldsymbol{r},E,\Omega)$。参考解是指假设的反应堆,其非常接近所考虑的反应堆,这些差异可以看作扰动。还假设参考反应堆的伴随通量 $\Phi_{0n}^+, n=1,2,\cdots$ 是已知的,用基本模式 Φ_{00}^+ 形成式(4.51)和式(4.52)中项的标量积。在结果中,我们使用标量积符号:

$$(\Phi_{00}^+,\varphi)\frac{\mathrm{d}P}{\mathrm{d}t}+P\frac{\mathrm{d}}{\mathrm{d}t}(\Phi_{00}^+,\varphi)=P[\Phi_{00}^+,(\mathscr{L}+\mathscr{M})\varphi]+\sum_{i=1}^{6}\lambda_i(\Phi_{00}^+,f_iC_i)+(\Phi_{00}^+,Q) \tag{4.54}$$

$$\frac{\mathrm{d}}{\mathrm{d}t}(\Phi_{00}^+,f_iC_i)=P[\Phi_{00}^+,\mathscr{M}_i(t)\varphi]-\lambda_i(\Phi_{00}^+,f_iC_i) \tag{4.55}$$

注意,在近似形式(4.50)中,$P(t)$ 的归一化尚未确定,因此我们遵循 Henry 建议的归一化:

$$\frac{\mathrm{d}(\Phi_{00}^+,\varphi)}{\mathrm{d}t}=\frac{\mathrm{d}}{\mathrm{d}t}\int_V\iint\Phi_{00}^+(\boldsymbol{r},E,\Omega)\varphi(\boldsymbol{r},E,\Omega,t)\,\mathrm{d}\Omega\mathrm{d}E\mathrm{d}^3r=0 \tag{4.56}$$

$\Phi_{00}^+(\boldsymbol{r},E,\Omega)$ 是参考解中的中子价值。在式(4.56)中,中子在状态 $\varphi(\boldsymbol{r},E,\Omega,t)$ 中的总价值在时间上保持不变,并且应相应地选择形状函数 $P(t)$。注意,$\varphi(\boldsymbol{r},E,\Omega,t)$ 可能同时随 t 局部变化。当幅度函数是 Φ 与 φ 之比时,满足条件:

$$P(t)=\frac{(\Phi_{00}^+,\Phi)}{(\Phi_{00}^+,\varphi)} \tag{4.57}$$

当 φ 的归一化使得分母为1时,振幅 $P(t)$ 的物理意义是在时间 t 时实际反应堆中总价值的数值而不是中子的总数。

现在我们回到主要动力学方程式(4.54)和式(4.55),它们用于确定中子场的动力学。通过选择 $P(t)$ 的归一化,式(4.54)左侧的第二项为零。假设参考反应堆是临界的,而正在考虑的实际反应堆则不是。这种差异是由 XS 的时间依赖性差异引起的。我们将实际反应堆中的 XS 写作各个算符的扰动:

$$\mathscr{L}(t)+\mathscr{M}(t)=\mathscr{L}_0+\mathscr{M}_0+\delta[\mathscr{L}_0(t)+\mathscr{M}_0(t)] \tag{4.58}$$

其中下标 0 指的是稳态参考反应堆。用式(4.58)代替式(4.54),有

$$[\Phi_{00}^{+},(\mathscr{L}_0+\mathscr{M}_0)\varphi]=0$$

下面是动力学方程的简单形式:

$$\frac{\mathrm{d}P}{\mathrm{d}t}=\frac{\rho(t)-\beta_{\mathrm{eff}}}{\Lambda}P(t)+\sum_{i=1}^{6}\lambda_i C_{i,\mathrm{eff}}(t)+Q_{\mathrm{eff}}(t) \tag{4.59}$$

$$\frac{\mathrm{d}C_{i,\mathrm{eff}}}{\mathrm{d}t}=\frac{\beta_i}{\Lambda}P(t)-\lambda_i C_{i,\mathrm{eff}}(t) \tag{4.60}$$

我们在这里引入了以下定义:$\rho(t)$是扩展到时间相关过程的反应性。记住 $\rho(t)$ 的原始定义不涉及时间相关性。时间相关性反应性定义为

$$\rho(t)=\frac{1}{F}[\Phi_{00}^{+},\delta(\mathscr{L}_0(t)+\mathscr{M}_0(t)),\varphi] \tag{4.61}$$

β_{eff}是第 i 个缓发中子群中有效的缓发中子分数有

$$\beta_{\mathrm{eff},i}=\frac{1}{F}(\Phi_{00}^{+},\delta,\mathscr{M}_i(t),\varphi) \tag{4.62}$$

且

$$\beta_{\mathrm{eff}}=\sum_{i=1}^{6}\beta_{\mathrm{eff},i} \tag{4.63}$$

平均每代时间 Λ 是

$$\Lambda=\frac{1}{F}(\Phi_{00}^{+},\varphi) \tag{4.64}$$

归一化因子为

$$F=(\Phi_{00}^{+},\mathscr{M}(t)\varphi) \tag{4.65}$$

有效源为

$$Q_{\mathrm{eff}}=\frac{1}{F\Lambda}(\Phi_{00}^{+},Q) \tag{4.66}$$

有效的缓发中子先驱核密度为

$$C_{i,\mathrm{eff}}=\frac{1}{F\Lambda}(\Phi_{00}^{+},f_i C_i) \tag{4.67}$$

由于我们没有忽略任何内容,在推导中没有引入近似值,因此式(4.59)(4.60)相当于原始方程式(4.35)(4.36)。另一方面,导出的方程包括未知形状函数 $\varphi(\boldsymbol{r},E,\Omega,t)$,其只能由动力学方程确定。我们的努力是合理的,因为新的式(4.59)、(4.60)使得实现各种实际近似变得容易。

注意,归一化因子 F 在式(4.59)(4.60)中抵消。同时,F 不会在式(4.61)(4.62)中抵消。

式(4.61)只能近似地解释为由静态特征值问题确定的反应性,这是因为在动力学中我们考虑一个参数随时间变化的反应堆。这里应该强调的是,可以根据式(4.61)中使用的函数 φ 给出各种反应性定义。在参考文献[10]之后,我们提到其中两个。

1. 最简单的近似是将静态中子场与时间相关解分离，并将时间相关解写为

$$\Phi(\boldsymbol{r},E,\Omega,t) \approx \frac{P(t)}{P(0)}\Phi_0(\boldsymbol{r},E,\Omega) \tag{4.68}$$

则 $P(t)/P(0)$ 是瞬时（相对）功率。当功率形状变化缓慢时，这种近似是恰当的。

2. 另一种可能性是在不同时间解决静态特征值问题，然后在 t 时可根据静态特征值 k_{eff} 计算 $\rho(t)$，方便地选择形状函数作为 t 时刻静态特征值问题的解。通过该方法测定的反应性称为静态反应性。

在下一节中，我们将讨论动力学方程在扩散近似中的解。

4.4.2.1　时变微分方程的近似解

我们研究了输运方程的扩散近似，在这里我们忽略了延迟中子效应。为简单起见，现在研究单群扩散近似中的中子动力学。缓发中子的驱核方程保持不变，但在中子通量方程中，必须修改泄漏项和产生项。在均质材料中，动力学方程的单能群扩散近似为

$$\frac{1}{v}\frac{\partial\Phi(\boldsymbol{r},t)}{\partial t} = D\Delta\Phi(\boldsymbol{r},t) - \Sigma_a\Phi(\boldsymbol{r},t) + v\Sigma_{\mathrm{f}}(1-\beta)\Phi(\boldsymbol{r},t) + \sum_{i=1}^{6}\lambda_i C_i(\boldsymbol{r},t) + Q(\boldsymbol{r},t) \tag{4.69}$$

$$\frac{\partial C_i(\boldsymbol{r},t)}{\partial t} = \beta_i v\Sigma_{\mathrm{f}}\Phi(\boldsymbol{r},t) - \lambda_i C_i(\boldsymbol{r},t) \tag{4.70}$$

用傅里叶方法求解，因变量的形式为

$$\Phi(r,t) = \sum_n \Phi_n(r)\Phi_n(t) \tag{4.71}$$

$$C_i(r,t) = \sum_n \Phi_n(r)C_{\mathrm{in}}(t) \tag{4.72}$$

式中，函数 $\Phi_n(r)$ 形成一个完整的集合。为此，我们选择拉普拉斯算子的本征函数，并在体积 V 的边界 ∂V 处补充适当的齐次边界条件：

$$\Delta\Phi_n(\boldsymbol{r}) = -B_n^2\Phi_n(\boldsymbol{r}) \tag{4.73}$$

如果有外部源，我们也会根据所选择的基础对其进行展开：

$$Q(\boldsymbol{r},t) = \sum_n \Phi_n(\boldsymbol{r})Q_n(t) \tag{4.74}$$

在将式(4.71)至式(4.74)代入式(4.69)和(4.70)之后，我们用拉普拉斯方程本征函数的元素对得到的方程进行点乘，并获得以下方程：

$$\frac{\mathrm{d}\varphi_n(t)}{\mathrm{d}t} = \frac{\rho_n-\beta}{\Lambda}\varphi_n(t) + Q_n(t) + \sum_{i=1}^{6}\lambda_i C_{\mathrm{in}}(t) \tag{4.75}$$

且

$$\frac{\mathrm{d}C_{in}(t)}{\mathrm{d}t} = \frac{\beta_i}{\Lambda}\varphi_n(t) - \lambda_i C_{\mathrm{in}}(t),\quad n=1,2,\cdots \tag{4.76}$$

为了使结果更加透明，我们引入了具有物理意义的新变量。首先，引入了与反应性类似的量 ρ_n，但是适用于拉普拉斯算子的第 n 个本征函数。齐次方程：

$$D\Delta\boldsymbol{\Phi}_n(\boldsymbol{r}) - \Sigma_a\boldsymbol{\Phi}_n(\boldsymbol{r}) + \frac{v}{k_n}\Sigma_f\boldsymbol{\Phi}_n(\boldsymbol{r}) = 0 \tag{4.77}$$

只有在下面的情况下，才有一个非平凡解：

$$k_n = \frac{v\Sigma_f}{DB_n^2 + \Sigma_a} \tag{4.78}$$

相关的反应性定义为

$$\rho_n = 1 - \frac{1}{k_n} \tag{4.79}$$

与模式 n 相关联的每代时间定义为

$$\Lambda = \frac{\ell_n}{k_n} = \frac{1}{v\Sigma_f v} \tag{4.80}$$

其中 ℓ_n 是瞬发中子寿命，为

$$\ell_n = \frac{1}{v(DB_n^2 + \Sigma_a)} \tag{4.81}$$

在反应堆运行过程中，测量反应性至关重要。为此，让我们考虑 $n=1$ 的基本模式，然后根据静态特征值 k_{eff} 定义 $k_1 = k_{eff}$ 和 $\rho_1 = \rho$。假设：

$$\varphi_1(t) = \varphi_0 e^{\omega t}, \quad C_i(t) = C_{i0} e^{\omega t} \tag{4.82}$$

将式(4.82)代入式(4.75)和式(4.76)，只有当下式成立时，才能得到一个具有非平凡解的线性方程组：

$$\frac{\rho_1}{\beta} = \frac{\Lambda}{\beta}\omega + \omega\sum_{i=1}^{6}\frac{\frac{\beta_i}{\beta}}{\lambda_i + \omega} \tag{4.83}$$

并且幅度 φ_0 和 C_{i0} 的关系如下：

$$C_{i0} = \frac{\beta_i}{\Lambda}\frac{\varphi_0}{\lambda_i + \omega} \tag{4.84}$$

式(4.83)将 ω 与反应性 ρ 联系起来，称为倒时方程[①]。

在反应堆中，当给定反应性时，可能的弛豫时间是式(4.83)的根。$\rho_1(\omega)$ 曲线具有以下结构：

(1)曲线在 $\omega = \lambda_i, i = 1, 2, \cdots, 6$ 处是不连续的，并且在那里它改变符号；

(2)任何 ρ_1 = 常数线在 7 个点与曲线相交，交点在式(4.82)中给出可能的指数；

(3)6 个根总是负的，只有当 $\rho_1 > 0$ 时，第 7 个根才是正的。

我们使用表 4.1 中的常数将 $\rho(\omega)$ 绘制成四个部分，曲线如图 4.1 所示。注意图中的不同比例，并且 ω 值在 0 ~ 350 之间变化。在实践中，使用的不是指数 ω，而是 T_{2x}，即中子数量加倍的时间。它与 ω 的连接是

---

① 倒时实际上是一个反应性单位，这是给出 1 h 稳定期反应性的量，是高度非线性的单位，例如 2 h 的反应性不会导致 30 min 的稳定期。

$$\omega = \frac{\ln 2}{T_{2x}} \tag{4.85}$$

在式(4.83)中,以β单位表示反应性。以β单位表示的反应性称为元(＄)。在亚临界/超临界状态下,反应性分别为负/正。随着T_{2x}降低至 1 s 以下时,以元(＄)表示的反应性具有安全含义。

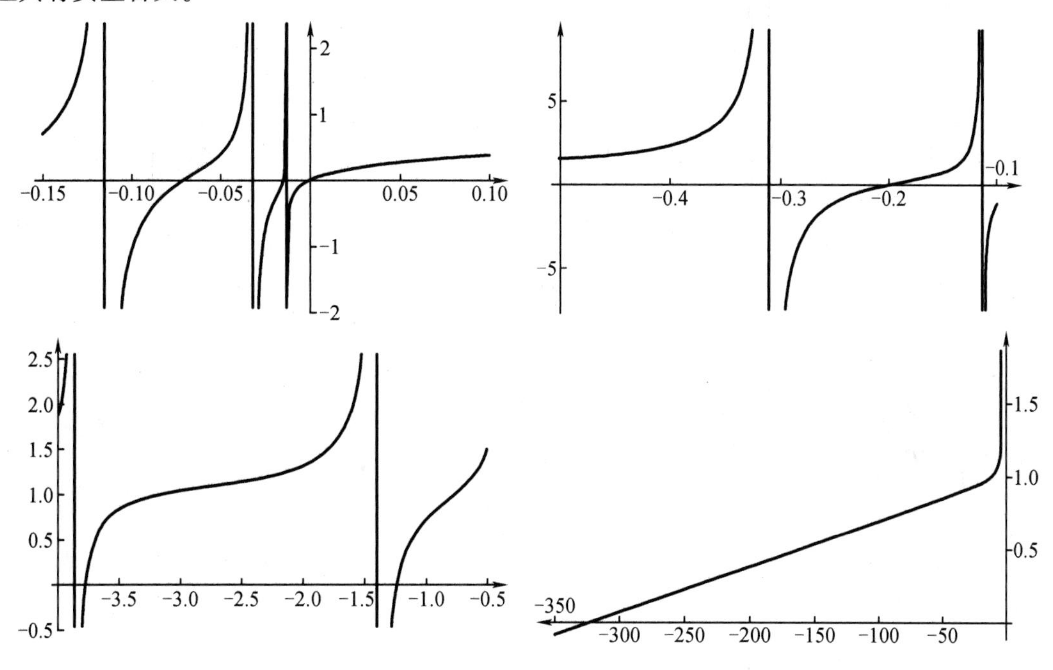

图 4.1　$\rho(\omega)$曲线(横轴ω,纵轴ρ)

4.5　反应性测量

测量反应性是反应堆运行和控制中最重要的任务之一。反应性测量基于动力学的结果。正如我们在前几节所述,反应性决定了中子通量的时间相关性,因此,有可能将反应性控制建立在通量测量作为时间函数的基础上。使用式(4.83),我们找到反应性和倍增时间之间的关系。通常反应堆在$\rho \approx 0$下运行,但在计划瞬态中反应性可能不等于零。在表 4.2 中给出了倍增时间T_{2x},用ρ/β单位表示的反应性。如我们所见,在正反应性范围内反应性控制的可用时间相当小。然而,存在负反馈效应(例如,谐振线的变宽、慢化剂的膨胀),会减缓功率增加。技术过程中的任何变化都有自己的时间常数。中子平衡可以通过两种方式改变,第一种是插入控制棒,第二种是改变硼浓度。后者是一个缓慢的过程,前者更快:操纵员(或自动控制)向控制棒驱动装置发送信号以使控制棒下插。在紧急情况下,落棒时间为 5～8 s。

表 4.2 倍增时间与反应性的关系

T_{2x}/s	ρ/β
0.01	1.151 0
0.10	0.979 6
1.00	0.790 8
10.00	0.399 1
100.00	0.098 8

自动反应性控制平顺地处理小的反应性变化，工艺参数的微小变化通过控制棒运动自动补偿。在反应堆控制中，反馈效应起决定性作用。

当倍增时间太短时，尽管存在负反馈，但功率水平可能达到由于质量沸腾而导致冷却剂压力快速增长的点。在反应堆技术中，$\rho \leqslant 1$ \$ 被认为是瞬态的，而 $\rho > 1$ \$ 的情况是由于相互作用时间短而导致的反应堆功率剧增。控制系统具有简单的算法，用于比较连续的检测器信号并估计反应性。当控制棒特性已知时，可以估计补偿反应性所需的控制棒移动。

以下反应堆参数影响反应性：

(1)冷却剂温度；

(2)多普勒系数；

(3)硼系数；

(4)控制棒位置系数；

(5)燃料温度系数；

(6)空泡系数；

(7)压力系数；

(8)功率系数。

将上述参数与式(3.17)进行比较，只发现压力系数这个新增项。原因是除了这里没有讨论的事故工况，反应堆压力在运行期间几乎是恒定的。

反应性系数的计算是一项复杂的任务。反应堆参数的变化应转换为式(3.14)和式(3.15)中对应项的变化。通常变化很小，计算必须通过数值方法进行，由各种来源引起的校正可能相差很大，这可能导致数值问题和较大误差。为避免这种情况，测量反应性系数是对计算模型的验证。

控制棒移动调节是核电厂的日常工作，我们将详细讨论。

4.5.1 控制棒特性

控制棒移动的影响可以通过两个简单的模型来研究[5]。我们注意到在设计和运行中使用了更精确的模型。

为了证明控制棒的作用，考虑一个半径为 R、高度 H 的均匀圆柱形反应堆[5]。为简单

起见,假设 R 和 H 包括相应的外推距离,则

$$\Phi(H,r)=\Phi(0,r)=0,\quad 0\leqslant r\leqslant R \tag{4.86}$$

且

$$\Phi(z,R)=0,\quad 0\leqslant z\leqslant Z \tag{4.87}$$

在简化的控制棒模型中,控制棒插在堆芯的中心,即 $r=0$。假设控制棒在热群中是黑色吸收体①,在超热群中是透明的②。控制棒的半径为 a,当控制棒完全插入时,它填满了 $0\leqslant r\leqslant a, 0\leqslant z\leqslant Z$ 的区域。中子通量 $\Phi(r,z)$ 在两个能群描述。

在圆柱几何结构中,两群扩散方程的解是

$$\Phi_1(r)=a\mathrm{J}_0(B_2r)+b\mathrm{Y}_0(B_2r)+c\mathrm{I}_0(B_1r)+d\mathrm{K}_0(r) \tag{4.88}$$

$$\Phi_2=at_{22}\mathrm{J}_0(B_2r)+bt_{22}\mathrm{Y}_0(B_2r)+ct_{12}\mathrm{I}_0(B_1r)+dt_{12}\mathrm{K}_0(r) \tag{4.89}$$

式中,$t_1=(t_{11},t_{12})$,$t_2=(t_{21},t_{22})$ 分别是截面矩阵的特征向量;J_0、Y_0 分别是第一类和第二类贝塞尔函数; I_0、K_0 分别是第一类和第二类的修正贝塞尔函数。

由于控制棒插入,堆芯的 k_∞ 减小了 δk_∞,进化到新的临界状态。该新的临界状态由四个方程确定,从中可以确定通量的自由振幅 a、b、c 和 d。这些方程是:

(1)在 $r=R$ 的圆柱体边界处,快中子通量为零。

(2)在 $r=R$ 处,热中子通量为零。

(3)对于快中子通量,在 $r=a$ 处 $\mathrm{d}\Phi/\mathrm{d}r=0$。

(4)在 $r=a$ 处,黑色边界条件 $\Phi_2(a)-\Gamma\Phi'(a)=0$ 保持在热群中成立,其中 Γ 是黑反照率。

经过漫长而烦琐的计算,对于轻水堆得到了[5]以下反应性变化:

$$\delta k_\infty=7.5\frac{L_2^2}{R^2}\frac{1}{0.116+\dfrac{\Gamma}{a}+\dfrac{L_2^2}{M^2}\ln\left(\dfrac{L_1L_2}{Ma}\right)}+\frac{L_2^2}{M^2}\ln\frac{R}{aR_0} \tag{4.90}$$

式中

$$M^2=L_1^2+L_2^2 \tag{4.91}$$

$R_0=2.405$ 是贝塞尔函数 $\mathrm{J}_0(r)$ 的第一个零。式(4.90)表明,控制棒半径 a 越大,反应性衰减越大,堆芯半径 R 越大,反应性衰减越小。

在第二个模型中,我们研究了控制棒轴向位置对反应性衰减的影响。从反应性的定义可以立即看出,反应性扰动由下式给出:

$$\delta\rho=-\frac{(\Phi^+,[\delta\mathscr{D}]\Phi)}{(\Phi^+,\mathscr{F}\Phi)} \tag{4.92}$$

式中,k_{eff} 是控制棒插入前的特征值。

控制棒插入不会改变裂变算子,因此它不包括在分子中,并且分母是恒定的。在近似

---

① 进入黑色吸收体的中子以单位概率被吸收。

② 在透明材料中没有吸收。

中，我们使用 $\Phi(r)=\Phi(x,y,z)$ 来计算通量，并假设 x、y 相关部分可分离为幅度 $A(x,y)$ 和一个 z 相关函数。为了满足堆芯顶部 $z=H$ 和 $z=0$ 处插入的控制棒末端的边界条件，以下列形式写出通量：

$$\Phi(x,y,z)=\sin\left(\frac{\pi z}{H}\right)A(x,y) \tag{4.93}$$

耗损项仅由于控制棒插入而改变，因此

$$\delta\mathscr{D}(\boldsymbol{r})=\begin{cases}-\Sigma_{ar} & \boldsymbol{r}\in V_{\text{rod}}\\ 0 & \text{其他}\end{cases} \tag{4.94}$$

现在可以很容易地评估式(4.92)。反应性仅随 z 变化：

$$\delta\rho(z)=c\int_z^H\sin^2\left(\frac{\pi z'}{H}\right)\mathrm{d}z'=\frac{H-z}{2}+\frac{H}{4\pi}\sin\left(\frac{2\pi z}{H}\right) \tag{4.95}$$

曲线 $\rho(z)$ 称为控制棒特性。通常在具有合适参数化库的全局反应堆程序中，其实际确定基于反应堆计算模型。

在6.2.4节会详细讨论一种实用的反应性测量方法。在A.1节中，我们研究问题的热工水力学方面。

4.6 燃　　耗

随着反应堆堆芯产生能量，燃料的成分发生变化。本节讨论燃料成分改变的后果。

在能量产生过程中，必须跟踪铀同位素的浓度。一般来说，核素密度 N_i 可能通过以下过程发生变化：

(1)中子吸收，N_i 减少，这个过程用截面 σ_a 表征；

(2)随着 N_i 减少，用 λ_i 表征衰变；

(3)当 N_i 增加时，其他核的俘获用 $\sigma_{j,c}$ 表征，假设核数是 N_j；

(4)当 N_i 增加时，其他核衰变，衰变常数是 λ_k，假设核数是 N_k。

平衡由下式给出：

$$\frac{\mathrm{d}N_i}{\mathrm{d}t}=-(\sigma_{i,a}\Phi)N_i+\sigma_{j,c}\Phi N_j+\lambda_k N_k \tag{4.96}$$

注意，N_i 的变化与宏观截面成正比，但是因为我们对 N_i 的变化感兴趣，所以宏观截面被写为数密度 N 与相应的微观截面 σ 的乘积。应该为所有 i 编写方程(4.96)，并且可以从核数据确定哪种原子核类型 j 通过俘获对同位素 i 有贡献并且通过衰变对同位素 k 有贡献。式(4.96)右边的第一项应该涉及减少 N_i 的所有过程，并且存在两种这样的核反应：都包含在吸收截面中的俘获和裂变。可以在核数据文件中查找实际的 i、j 和 k。实际上，式(4.96)已被简化，因为截面取决于中子能量，Φ 通量取决于时间，其能谱也取决于时间①。

① 在燃料循环中，硼浓度降低，中子光谱变硬，累积的裂变产物也会影响中子谱。

^{235}U 的裂变截面很大,其浓度决定了燃料循环。当提及铀、钚或钍同位素时,i、j 和 k 指数被用于 $i=49$ 时的同位素 ^{239}Pu, $i=02$ 时的 ^{232}Th, $i=25$ 时的 ^{235}U①,因此 N_{25} 是核素密度 ^{235}U,其由于裂变而减少:

$$\frac{dN_{25}(t)}{dt} = -\sigma_{25,a}\Phi(t)N_{25}(t) \tag{4.97}$$

据此,得

$$N_{25}(F) = N_{25}(0)e^{-\sigma_{25,a}F} \tag{4.98}$$

其中

$$F = \int_0^t \Phi(t')dt' \tag{4.99}$$

被称为注量。在核科学中,不是用 F 来衡量燃耗的,而是用:

$$\int_0^t \Sigma_f(t')\Phi(t')dt' \tag{4.100}$$

以 MWd/tU 为单位测量,单位质量燃料产生的能量来衡量。

从同位素 ^{238}U 开始,出现了一组更复杂的同位素。同位素的燃耗类似于式(4.98):

$$\frac{dN_{28}(t)}{dt} = -\sigma_{28,a}\Phi(t)N_{28}(t) \tag{4.101}$$

但中子俘获促进了 N_{29} 的产生:

$$\frac{dN_{29}(t)}{dt} = \sigma_{28,c}\Phi(t)N_{28}(t) - \lambda_{29}N_{29}(t) \tag{4.102}$$

^{239}U 衰变为 ^{239}Np:

$$\frac{dN_{39}}{dt} = \lambda_{29}N_{29}(t) - \lambda_{39}N_{39}(t) \tag{4.103}$$

同位素 ^{239}U 和 ^{239}Np 的寿命很短,因此式(4.102)和式(4.103)可能被排除在方案之外,N_{28} 直接衰变成 N_{39},并形成了 ^{239}Pu:

$$\frac{dN_{49}(t)}{dt} = \lambda_{39}N_{39}(t) - \sigma_{49,a}\Phi(t)N_{49}(t) \tag{4.104}$$

式(4.101)至式(4.104)的要点是从同位素 ^{238}U 形成可裂变的钚同位素。这导致了协调核燃料生产的想法,组织了一系列反应堆,其中核燃料的数量没有下降,也没有增加。

一些裂变产物具有大的吸收截面,并且它们的衰变常数 λ_i 和截面 σ_i 足够大(或足够小)。前一种核素的数量达到饱和值,然后减少。这里我们讨论氙中毒。裂变产物 ^{135}Te 的产量为 0.064,其寿命为 19.2 s,并且在 β^- 衰变中转变为 ^{135}I。后者发射一个 β^- 粒子并衰变为 ^{135}Xe。上述核素密度可以组织成以下两个方程:

$$\frac{dN_I}{dt} = Y_I\Sigma_f\Phi - \lambda_I N_I \tag{4.105}$$

① 第一位等于原子序数的最后一位,第二位等于质量数的最后一位。

以及

$$\frac{\mathrm{d}N_{\mathrm{Xe}}}{\mathrm{d}t}=Y_{\mathrm{Xe}}\Sigma_{\mathrm{f}}\boldsymbol{\Phi}+\lambda_i N_i-\lambda_{\mathrm{Xe}}N_{\mathrm{Xe}}-\sigma_{\mathrm{Xe}}N_{\mathrm{Xe}}\boldsymbol{\Phi} \tag{4.106}$$

饱和 N_{Xe}可以是初始 N_{Xe}的三倍以上,并且氙的吸收截面是 $\sigma_{a,\mathrm{Xe}}=3.1\times10^6$ b。累积的氙需要一到两天才能衰变。

4.7 耦合模型

在上面讨论的耦合模型中,假设在热力学中的功率分布是已知的,在中子物理学中温度、空隙率是已知的。然而,这两种计算类型通常应该共同完成,需要迭代才能达到一致的热工和中子数据。由此产生的算法取决于所涉及的数值方法。这里我们关注耦合计算,几种确定性数值方法在随机公式中有其各自的一面,例如,随机版本的有限元方法(FEM)[15],存在排列[16];确定性问题的寻根算法(例如梯度方法[17])也适用于随机问题,其中一些也适用于耦合问题,例如蒙特卡洛法和 FEM,见参考文献[16,18]。通常,具有反馈的中子输运方程可以用几种方式表达。我们评估几种方法,其中最简单的是线性源问题:

$$\boldsymbol{A\Phi}=Q \tag{4.107}$$

式中,Q 是给定的源,$\boldsymbol{A}$ 是给定的矩阵或算子,$\boldsymbol{\Phi}$ 是中子通量。通过迭代求解方程(4.107)。这个方程很容易实现迭代。

更现实的模型认为 $\boldsymbol{A}$ 是材料密度和温度的函数,而材料密度和温度又取决于来自裂变和中子慢化的能量沉积。该模型需要求解以下两个方程:

$$\boldsymbol{A}(p)\boldsymbol{\Phi}=0 \tag{4.108}$$

$$\boldsymbol{T}(\boldsymbol{\Phi})p=Q(\boldsymbol{\Phi}) \tag{4.109}$$

线性算子 $\boldsymbol{A}$ 涉及宏观截面,其取决于材料特性 p,并且中子通量通常由数值程序确定。当 $\boldsymbol{\Phi}$ 已知时,燃料和冷却剂中的产热 Q 也是已知的,并且通过求解非线性热工水力学方程式,给出了 p 的新估计值。

第一个模型更简单,因为它是线性的,并且对于研究解的统计数据信息更加透明。参考文献[19]对以下简单问题进行了分析。考虑一组扩散近似:

$$\frac{\partial^2\boldsymbol{\Phi}(x)}{\partial x^2}-B^2\boldsymbol{\Phi}(x)+Q=0 \tag{4.110}$$

具有边界条件:

$$\boldsymbol{\Phi}(0)=\boldsymbol{\Phi}(a)=0 \tag{4.111}$$

当 Q 在空间中是常数时,解是

$$\boldsymbol{\Phi}(x)=\frac{Q}{B^2}[1-\cosh(Bx)]-\frac{Q}{B^2}\frac{1-\cosh(Ba)}{\sinh(Ba)}\sinh(Bx) \tag{4.112}$$

当使用数值方法时,可以容易地确定数值解的精度,并且当恒定源是偶然的时,也可以确定其统计数据[19]。

可以按以下方式组织迭代。通量$\underline{\widetilde{\Phi}}$和源通过下式关联：

$$\underline{\widetilde{\Phi}} = \boldsymbol{A}\ \underline{\widetilde{\Phi}} + \frac{(\Delta x)^2}{2 + B^2(\Delta x)^2}\underline{\widetilde{Q}} \tag{4.113}$$

引入期望值，我们得到

$$\underline{\boldsymbol{\Psi}} = \boldsymbol{A}\ \underline{\boldsymbol{\Psi}} + \frac{(\Delta x)^2}{2 + B^2(\Delta x)^2}\underline{e} \tag{4.114}$$

从期望值引入偏差$\underline{\widetilde{\varphi}}$：

$$\underline{\widetilde{\varphi}}_\lambda = \underline{\widetilde{\Phi}}_\lambda - \underline{\boldsymbol{\Psi}} \tag{4.115}$$

我们注意到对于所有 ℓ，$E(\underline{\widetilde{\varphi}})_\ell = 0$。

在每个迭代步骤 $\ell = mN$ 中重新计算源：

$$\underline{\widetilde{\Phi}}_{\ell+1} = \boldsymbol{A}\ \underline{\widetilde{\Phi}}_\ell + \frac{(\Delta x)^2}{2 + B^2(\Delta x)^2}\underline{\widetilde{Q}}_{\ell+1} \tag{4.116}$$

得以下表达式：

$$\underline{\widetilde{\varphi}}_{mN} = A^{mN}\underline{\widetilde{\varphi}}_0 + \sum_{m'=0}^{m-1} A^{m'N}\underline{\widetilde{\zeta}}_{m-m'} \tag{4.117}$$

这里 N 是空间点的数量，m 是历史数量。忽略细节，收敛由下式表征：

$$\text{CONV} = \max_i \left| \frac{\widetilde{\Phi}_{mN,i} - \widetilde{\Phi}_{(m-1)N.i}}{\widetilde{\Phi}_{mN,i}} \right| \approx \frac{(\Delta x)^2}{2 + B^2(\Delta x)^2} \frac{|\widetilde{q}_{mN,i} - \widetilde{q}_{(m-1)N.i}|}{\widetilde{\Phi}_{mN,i}} < \varepsilon \tag{4.118}$$

收敛极限通常是一个很小的数字，比如 $\varepsilon = 10^{-5}$。可以看出[19] CONV 的极限值与 mN 无关。

当源是随机的，我们从参考文献[19]引述解的以下结论。

(1)当源是随机的并且在所有迭代步骤中重新计算时，通量由式(4.113)确定。CONV 在极限附近波动，但迭代永远不会收敛，或者只是偶然收敛。CONV 的期望值可以确定：

$$\text{CONV} \approx \frac{(\Delta x)^2}{2 + B^2(\Delta x)^2} \frac{2\sigma}{\psi_i \sqrt{\pi}} \tag{4.119}$$

(2)为了说明迭代的性质，假设迭代在式(4.118)中 $m = M$ 时收敛。为了说明极限对区间数 n 的相关性，我们在图 4.2 中给出了 $n = 21$ 的结果，在图 4.3 中给出了 $n = 101$，$N = 9$ 的结果。

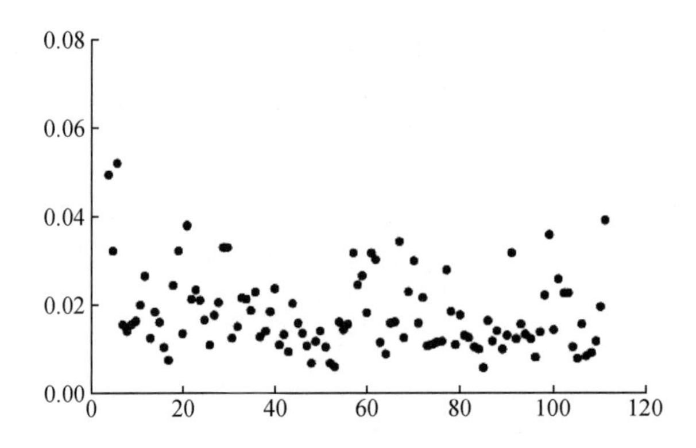

图 4.2　式(4.118)定义的 CONV 在迭代过程中的进度($n=21$)

(3)在 10~15 个点的点之间可以观察到大约 0.2 的相关性。

基于式(4.118)的收敛是传统收敛准则的直接扩展。当涉及随机变量时,以下替代标准也适用:

在蒙特卡洛算法中使用了随机方法,并且规定了随机收敛准则。随机收敛有各种定义[20]。

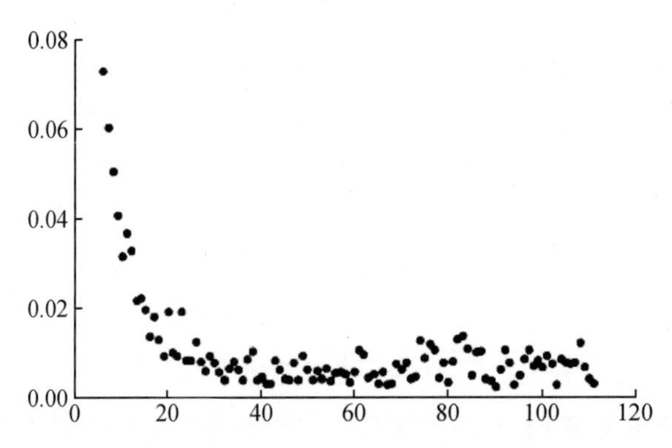

图 4.3　式(4.118)定义的 CONV 在迭代过程中的进度($n=101$)

定义 4.7.1　(几乎肯定收敛)设 $\xi_1,\xi_2,\cdots$是在实数 $\mathbf{R}$ 的子集上定义的无限随机变量序列。如果该序列收敛到给定实数 A 的概率等于 1,那么我们说随机变量的原始序列收敛到 A。

定义 4.7.2　(概率收敛)设 $\xi_1,\xi_2,\cdots$是在实数 $\mathbf{R}$ 的子集上定义的无限随机变量序列。如果存在实数 A,则:

$$\lim_{i\to\infty} P\{\,|\xi_i - A| > \varepsilon\} = 0,\varepsilon > 0 \tag{4.120}$$

那么序列在概率上收敛到 A。

定义 4.7.3　(分布收敛)给定随机变量 ξ,具有累积分布函数 $F(x)$,令 ξ_i 为随机变量序列,每个随机变量具有累积分布函数 $F_i(x)$。如果对于 $F(x)$ 连续的所有 x 的 $\lim\limits_{i\to\infty} F_i(x) = F(x)$,则我们说序列 ξ_i 收敛于 ξ 的分布。

在讨论收敛概率之前,我们提出了几项:

(1)在称为历史的随机游走中,平均点数是 N_p。

(2)N_h 是迭代中的历史数。

(3)N_c 是单元格的数量(或相空间中的网格)。

我们使用给定单元格中给定计数的概率分布以及满足收敛标准的概率。通常通过实际考虑来选择 N_p:当 N_p 很小时,历史中的方差 σ_0 可能很大。为了监测 N_p 的适用性,可以使用分数的均值和方差或相对误差。一个可效仿的例子是 MCNP 程序,它具有良好的测试性,有助于用户评估所选参数的适当性。

N_c 由问题决定:在任何数值方法中,中子气体的分布由矩阵 $\boldsymbol{G}$ 表示。要讨论的体积被细分为单元格,单元格由其位置和栅元中子的速度决定。各项位置取决于几何形状:在平板中,单元格的位置由一个数字确定,在平面中由两个数字确定,在空间中由三个数字确定。至于速度,单元格包含在给定间隔内具有速度的中子,参见 A.2 节中的多群方法。

蒙特卡洛方法通过随机方法确定矩阵 $\boldsymbol{G}$。中子从随机选择的单元开始,比如 G_{i0}、j_0,并在随机选择的单元 G_{i1}、j_1 中发生碰撞,碰撞的结果也通过统计方法确定。当中子被吸收或从研究体积中泄漏时,其历史就结束了。中子在其游荡期间对访问的栅元提供了矩阵 $\boldsymbol{G}$ 的一些元素并给出了 $\boldsymbol{G}$ 的随机表示。追踪大量历史,通过获得的矩阵的平均值 $\boldsymbol{G}_1,\boldsymbol{G}_2,\cdots,\boldsymbol{G}_{N_h}$,我们获得了中子通量 $\boldsymbol{\Phi}(r,v)$ 离散化的表示。设 $\boldsymbol{F}$ 是精确中子通量的离散形式,则

$$\boldsymbol{G}_i=\boldsymbol{F}+\bar{\boldsymbol{f}}_i,\ i=1,2,\cdots,N_h \tag{4.121}$$

式中,$\tilde{\boldsymbol{f}}_i$是随机矩阵。近似质量的衡量标准是

$$\frac{1}{N_h}\sum_{i=1}^{N_h}G_i-\boldsymbol{F}=\frac{1}{N_h}\sum_{i=1}^{N_h}\bar{\boldsymbol{f}}_i \tag{4.122}$$

当每个$\tilde{\boldsymbol{f}}_i$是独立且正态分布时,可以精确地估计误差,因为正态分布的随机变量的总和通常用均值分布和方差表示:

$$m=\frac{1}{N_h}\sum_{i=1}^{N_h}m_i \tag{4.123}$$

$$s^2=\frac{1}{N_h}\sqrt{\sum_{i=1}^{N_h}s_i^2} \tag{4.124}$$

均值是各组分均值的平均值,并且不是 N_h 的递增函数,但方差随着历史次数的增加而增加。当 $s_i^2=c^2$ 时,$s^2=\sqrt{N_h}c^2$。

最后,我们评估随机数发生器的效果。每台计算机都会产生准随机数,这些数字会循环重复。循环长度通常相当大,在 MCNP5 中大约是 10^{19},计算可能超过随机数发生器的能力。如果是这样,平均数量就会相互关联,导致有偏差的经验方差。在我们的模型中,随机数调用的总数不超过循环长度。为了弄清楚耗尽循环引起的误差,我们人为地将循环长度减少到 10^5。由此得到的标准偏差[19]接近 4%。

4.8 扰　　动

在这里,我们总结了用于研究由于微小变化引起的通量或功率分布变化的技术。该技术在7.1节中用于解决实际问题。

中子平衡可以写成以下简洁形式:

$$\boldsymbol{D\Phi} = \frac{1}{k}\boldsymbol{P\Phi} \tag{4.125}$$

这是 $\boldsymbol{\Phi}$ 的齐次线性方程。如果下式成立,存在非平凡解[1]:

$$k = \frac{(\boldsymbol{\Phi}^+, \boldsymbol{P\Phi})}{(\boldsymbol{\Phi}^+, \boldsymbol{D\Phi})} \tag{4.126}$$

其中伴随通量 $\boldsymbol{\Phi}^+$ 是伴随方程的解:

$$\boldsymbol{D}^+\boldsymbol{\Phi}^+ = \frac{1}{k}\boldsymbol{P}^+\boldsymbol{\Phi}^+ \tag{4.127}$$

在平衡方程中,通常使用 ρ 反应性代替 k:

$$\rho = 1 - \frac{1}{k} \tag{4.128}$$

反应堆中参数的变化会引起生产 $\boldsymbol{P}$ 和耗损 $\boldsymbol{D}$ 运算符的变化:$\boldsymbol{P} \to \boldsymbol{P} + \delta\boldsymbol{P}$ 和 $\boldsymbol{D} \to \delta\boldsymbol{D}$。变化后,平衡方程表示为

$$(\boldsymbol{D} + \delta\boldsymbol{D})(\boldsymbol{\Phi} + \delta\boldsymbol{\Phi}) = \frac{1}{k + \delta k}(\boldsymbol{P} + \delta\boldsymbol{P})(\boldsymbol{\Phi} + \delta\boldsymbol{\Phi}) \tag{4.129}$$

以及

$$(\boldsymbol{D}^+ + \delta\boldsymbol{D})(\boldsymbol{\Phi}^+ + \delta\boldsymbol{\Phi}^+) = \frac{1}{k + \delta k}(\boldsymbol{P}^+ + \delta\boldsymbol{P}^+)(\boldsymbol{\Phi}^+ + \delta\boldsymbol{\Phi}^+) \tag{4.130}$$

在一阶扰动理论中,忽略了包含两个或多个变量乘积的项。假设扰动前的反应堆是临界的,即式(4.125)中的 $k = 1$,因此在扰动之前:

$$\boldsymbol{P\Phi} = \boldsymbol{D\Phi} \tag{4.131}$$

由式(4.130)得

$$(\boldsymbol{P} - \boldsymbol{D})\delta\boldsymbol{\Phi} = [\delta\boldsymbol{P} - \rho(\boldsymbol{P} + \delta\boldsymbol{P}) - \delta\boldsymbol{D}]\boldsymbol{\Phi} \tag{4.132}$$

由扰动引起的通量变化是从一个方程中获得的,其中包含未扰动的算子,源项是应用于未扰动通量的扰动。当源项与伴随式(4.127)的解正交时,式(4.132)的解是唯一的。

参 考 文 献

[1] Weinberg, A. M., Wigner, E. P.: The Physical Theory of Neutron Chain Reactors. The University of Chicago Press, Chicago(1958)

[2] Stamm'ler, R. J. J., Abbate, M. J.: Methods of Steady State Reactor Physics in Nuclear Design. Academic Press, London(1983)

[3] Ronen, Y.: CRC Handbook of Nuclear Reactors Calculations, vol. I. CRC Press, Boca Raton (1986)

[4] Bell, G., Glastone, S.: Nuclear Reactor Theory. Van Nostrand Reinhold, New York (1970)
[5] Bussac, J., Reuss, P.: Traitéde Neutronique. Hermann, Paris (1985)
[6] Marchuk, G. I., Lebedev, V. I.: Numerical Methods in Neutron Transport Theory. Atomizdat, Moscow (1971). (in Russian)
[7] Makai, M., Kis, D., Végh, J.: Global Reactor Calculation. Bentham, Sharjah (2015)
[8] Duderstadt, J. J., Martin, W. R.: Transport Theory. Wiley, New York (1979)
[9] Williams, M. M. R.: Random Processes in Nuclear Reactors. Pergamon Press, Oxford (1974)
[10] Akcasu, Z., Lellouche, S. G., Shorkin, L. M.: Mathematical Methods in Nuclear Reactor Dynamics. Academic Press, London (1971)
[11] Henry, A. F.: Nuclear-Reactor Analysis. MIT Press, Cambridge (1975)
[12] Pázsit, I., Demazier, Ch.: Noise techniques in nuclear systems. In: Cacuci, D. G. (ed.) Handbook of Nuclear Engineering. Springer, Berlin (2010). Chap. 14
[13] Pázsit, I., Glöckler, O.: On the neutron noise diagnostics of PWR control rod vibrations III. Application at a power plant. Nucl. Sci. Eng. 99(4), 313 – 328 (1988)
[14] Szatmáry, Z.: Introduction to Reactor Physics. Akadémiai Kiadó, Budapest (2000). (in Hungarian)
[15] Babuska, I., Tempone, R., Zouraris, G. E.: Galerkin finite element approximation of stochastic elliptic partial differential equations. SIAM J. Numer. Anal. 42, 800 (2004)
[16] Hoogenboom, J. E., Ivanov, A., Sanchez, V. Diop, C.: A flexible coupling scheme for Monte Carlo and thermal-hydraulics codes. International conference on mathematics, computational methods and reactor physics, (M&C 2009), Saratoga Springs, New York, May 3 – 7 (2009)
[17] Dufek, J., Gudowski, W.: Stochastic approximation for Monte Carlo calculation of steady state conditions in thermal reactors. Nucl. Sci. Eng. 152, 274 – 283 (2006)
[18] Sanchez, V., Al-Hamry, A.: Development of coupling scheme between MCNP and COBRATF for the prediction of the pin power of a PWR fuel assembly. International conference on mathematics, computational methods and reactor physics, (M&C 2009), Saratoga Springs, New York, May 3 – 7 (2009)
[19] Makai, M., Szatmáry, Z.: Iterative determination of distributions by the Monte Carlo method in problems with an external source. Nucl. Sci. Eng. 177, 1 – 16 (2014)
[20] Pasupathy, R., Kim, S.: The stochastic root-finding problem: overview, solutions, and open questions. ACM Trans. Model. Comput. Simul. 21(3) (2011) (Article 19)

第5章　试验函数的应用

摘要

燃料组件中的实际温升取决于机组的状态。在计算模型中,只能给出一个理想状态,该状态接近实际堆芯状态。为了解释实际堆芯状态和理想状态之间的差异,我们通过一组函数(即所谓的试验函数)来修正理想状态。最重要的试验函数是计算模型提供的理想状态。试验函数进一步解释了控制棒位置的修正、主冷却剂泵中流量的变化。

考虑堆芯中一个量,例如组件功率、功率峰值因数 k_q 或组件中冷却剂的温升。所有提到的场都是仅部分已知的分布,因为不可能为每个组件测量任何场。因此,测量的场一定是不完整的。同时,必须知道受到限制的任何分布都不违反极限值定律,为此,必须对非测量组件提供合理的估计。

这个问题的数学方面如下。我们必须估计具有 N_{as} 个元素的向量,但通过测量只知道 N_{meas} 个元素,需要对对缺失元素寻找一个合理的估计。

处理堆芯测量值的首要任务如下:

(1)检查堆芯对称性。如果燃料装载是对称的,有几个因素可能影响堆芯对称性,最重要的因素是冷却剂回路中的流量和各组件之间的冷却剂流量分布。冷段和热段环路温度也可能导致不对称,控制组件的轴向位置不同也影响堆芯对称性。

(2)将测量的分布与堆芯设计计算进行比较。通常存在小的零星差异,但应分析严重的偏差。

(3)检查测量值的稳定性。如果堆芯是对称的,但是测量值破坏了这种对称性,则应该研究差异的原因。SPND 测量和温度测量承载不同的信息。前者测量中子通量,后者测量冷却剂温度,见 2.3.7 节。只有 SPND 测量值包含轴向功率分布的信息。

该问题的数学公式如下。实际的反应堆状态取决于参数矢量 $\boldsymbol{p}$,并且由矢量 - 矢量函数 $\boldsymbol{\Phi}(\boldsymbol{p},\boldsymbol{r})$ 表示。$\boldsymbol{\Phi}$ 的两个重要分量是温度 $T(\boldsymbol{r})$ 和通量 $\Psi(\boldsymbol{r})$。完整的反应堆状态由该技术决定。科学通过模型描述类似情况,在模型中复杂问题用更简单的问题代替。第 4 章中描述的模型用于反应堆物理,模型有三个主要部分:中子动力学、热工水力学和燃料行为,本书讨论前两个。中子通量可以由方程(4.1)和(4.2)确定,温度是上述方程中的参数,由方程(A.1)~(A.3)确定。

从处理堆芯测量值的角度来看,我们不需要详细的模型,它足以讨论描述反应堆状态的向量,我们保留符号 $\boldsymbol{\Phi}(\boldsymbol{p},\boldsymbol{r})$,通常 $\boldsymbol{r}$ 被忽略或用下标 i 代替。实际的堆芯状态是随机的,因为这个技术过程与时间相关,我们将 π 与它联系起来。假设 π 接近一个确定性的标称状态 $\boldsymbol{p}_0$ 是合理的,因此可以使用近似值:

$$\boldsymbol{\Phi}(\pi)=\boldsymbol{\Phi}(\boldsymbol{p}_0)+\frac{\partial\boldsymbol{\Phi}}{\partial\boldsymbol{p}_0}(\boldsymbol{p}_0)(\pi-\boldsymbol{p}_0)+\cdots \tag{5.1}$$

可以通过标称状态运行计算模型来计算第一个决定性项。第二项是以下之和:

$$c_1F_1(\boldsymbol{p}_0)+c_2F_2(\boldsymbol{p}_0)+\cdots \tag{5.2}$$

式中,函数 F_1、F_2 原则上可以从计算模型中导出。$c_1,c_2,\cdots$在 $\pi-\boldsymbol{p}_0$ 中是线性的,因此取决于实际的堆芯状态,这里将其视为常数。这种方法对于实际目的而言过于复杂,因此表达式(5.2)中的项被重新组合并且每一项专用于特定事件,例如控制棒移动或燃耗的变化。重新组合的修正项称为试验函数。虽然 $\boldsymbol{\Phi}(\pi)$ 取决于大量参数,但一些精心选择的试验函数可能会带来良好的准确性。

试验函数可以是表达式(5.1)中导数数值的简单近似(如有限差分)。当我们得到

$$Q(c_1,c_2,\cdots)=[\boldsymbol{\Phi}(\pi)-c_1F_1(\boldsymbol{p}_0)-c_2F_2(\boldsymbol{p}_0)]^2 \tag{5.3}$$

的最小值为 $c_1,c_2,\cdots$的函数时,c_i 的符号也表示修正的符号。

5.1　试验函数的选择与推导

我们在2.3.1.1节中使用了基矢量 $\boldsymbol{B}_k$。在反应堆堆芯上插入 Φ,其可以是通量、功率或温度。矢量 $\boldsymbol{B}_k$ 的元素 i 是组件 i 中的通量、功率或温度的值。实际上,$\boldsymbol{B}_k$ 是一个试验函数,现在我们研究如何确定它。对试验函数进行编号是合理的,因此第一个是最重要的,并且重要性随着下标的增加而降低。

第一个试验函数 $\boldsymbol{B}_1$ 是计算的实际堆芯状态,即 $\Phi(p_0)$。必须有一个通过V&V过程的计算模型。如果给出了足够的输入数据,这种计算模型能够计算给定反应堆状态下的通量、功率、温度场。第一个也是最重要的试验函数的适当性取决于实际的堆芯状态。在稳定的反应堆状态下,输入应描述最近约一小时内反应堆的平均状态。反应堆状态由反应堆功率、冷却剂流速、控制棒位置和硼浓度决定。通常,计算模型从参数化数据库中获取截面,其中包括所提到的参数。在95%的情况下,第一个试验函数足以表征堆芯中的温度、通量、组件功率分布,附加的试验函数起到修正的作用。

控制棒的实际位置、环路温度和流量的差异可能需要进一步的试验函数。当第二个和更高的试验函数的幅度随时间变化时,就有可能指出一回路中的具体技术问题。

一个试验函数通过减去仅有一个参数不同的两个计算分布而得到。两个这样的计算分别产生了 x 和 y 方向流量的影响,并且它们在拟合中的权重将指示流动异常的方向。类似地,仅在一个控制组件位置上不同的两个计算场的差异表明控制组件修正的效果。

如果在测量的和拟合的分布之间存在无法解释的偏差,则应研究偏差背后的原因。在大多数情况下,通常是电子学方面的技术问题,见图2.19。

注意,某些参数的变化只会导致堆芯温度或通量图的局部变化。这是单个组件误装的情况,其影响太小而不会引起反应性变化。反射率的局部变化也不会引起功率分布的全局变化,但可能导致局部扰动。

另一方面,硼浓度的变化会引起全局变化,而不是局部变化。控制棒位置变化导致通量的局部和全局变化。堆芯对称性要么存在,要么不存在。尽管如此,主冷却剂泵确定流量,流量不仅可能连续变化,而且实际上会不断波动,给定组件的流量是每台主冷却剂泵提供的冷却剂量的线性表达式见式(2.65)。此外,给定组件中的流量还取决于冷却剂通道的有效横截面,参见图2.26和图2.27。部分堵塞可能使冷却剂温度变形并且可能导致对组件功

率的错误估计。

5.1.1 进一步的试验函数

当名义状态与实际堆芯状态不同时,附加的试验函数可能是有用的。例如,在 Loviisa 核电厂中,附加的试验函数用于或已经用于解释计算中的名义堆芯状态与实际堆芯状态之间的差异。差异很小,但可以清楚地表明反应堆堆芯的状态。

我们只提到两个试验函数。控制棒位置不断变化以保持堆芯的临界状态。由于反应堆堆芯通常通过控制棒移动保持临界状态,因此最好有一个控制棒位置变化的试验函数。控制棒的试验函数很容易得出。设 Ψ_1 为 H_1 位置的功率分布,Ψ_2 为 H_2 位置的功率分布,则 $\Phi(H_1 - H_2) = \Psi_1 - \Psi_2$ 为与控制棒位置变化相关的试验函数。

控制棒移动会影响反应性,因此除了局部效应外,还具有全局效应。在控制棒附近局部功率分布可能会有所不同,这取决于$(H_1 - H_2)$。

堆芯流量分布受到每个环路中进入堆芯的冷却剂量的影响,环路配有流量计,热段、冷段配有温度计。给定燃料组件的实际进口温度通过混合矩阵计算,参见供应方程(2.65)。尽管如此,燃料组件中产生的实际功率是根据焓平衡计算的,见方程(2.69)~(2.73)。如果堆芯中的流动模式与名义值不同,尽管堆芯和堆外的仪表工作正常,但堆芯中的功率分布将是错误的。

可以预见某些流动异常:当主回路的主冷却剂泵状态改变时,或当冷段温度改变时,这可能增加所估计的组件功率分布的误差。为了解释这些变化,可以在拟合式(5.3)中包含略微倾斜流动模式的试验函数,与流动异常相关的试验函数权重的改变可以反映堆芯流动模式的变形。

5.2 Gedanken 实验

在前面的章节中,我们已经讨论了设计的反应堆状态与测量值之间的关系,探讨了可能的误差来源以及适合指出反应堆状态是否偏离计划状态的技术。为此,我们仔细检查了堆芯测量值,建立了计算模型,阐述了数值模型。这种相当复杂的机理也可用于其他目的。

可以使用反应堆模型来研究、预测反应堆行为,并研究在诸如事故的特定情况下的反应堆行为。即使在极端情况下,也可以通过可靠的模型研究反应堆行为,计算模型可以用 Gedanken 实验来研究计划堆芯的行为。这里我们研究以下两个应用。

(1)安全性分析:当设计新的反应堆(堆芯装载、技术的主要元素等)时,应提出合理的证据证明新设计安全有效。一部分这样的研究可以使用在计算机上运行的反应堆模型来进行。

(2)培训:计算机反应堆模型适用于研究极端情况下的反应堆行为,而不会危及反应堆、环境等。

前几节讨论了这个问题:反应堆仪表如何用于发现、避免危险的反应堆状态,为什么不把反应堆运行的经验应用到计算模型中,以提高安全性?

5.2.1 安全

当使用人造设备时,第一个问题是:我们知道这个设备的所有基本特征吗?在第 1 章我们已经评估了核电厂的安全问题。现在我们研究以下简单的问题:对于一个依赖于科学理论、工程考虑、近似和在第4章中讨论的数值方法的复杂工业设备的安全性,可以说些什么呢?

现代生活是有风险的,交通、短途旅行、所有休闲活动都有风险。工作时,我们可能受伤或发生事故。社会已经接受了这样的事实:我们都生活在一个易遭受伤害、发生事故、中毒等的世界里。然而,社会设计了一个保护网络,将风险降低到大多数人可接受的水平。至于核反应堆的风险,保护社会不受核电厂风险影响的保护系统已在第1章中描述。现在我们将详细介绍,为什么我们认为运行计算机程序并讨论输出将确保可接受的安全运行。

5.2.1.1　安全和经济运行

当仪表检测到要采取应对措施的任何类型的变化时,例如功率降低,或者当轻微燃料故障导致主回路的辐射水平增加时,可能需要适当的应对措施。下面给出了堆芯中发生过程的简短列表[1,2]。

我们简要概述可能导致动力堆异常运行的过程。首先,我们考虑控制组件中的燃料,在VVER-440/213堆芯中每个组件包含126根燃料棒。在燃料棒中,可裂变材料呈芯块状,芯块由金属包壳包围。热传导将芯块中释放的能量传递到包壳,包壳内部温度高、外部温度低,温差可能高达200~300 ℃。

芯块的材料是氧化铀,嵌入陶瓷栅格中以促进导热并使芯块温度稳定。芯块是多孔的,孔隙充满气态裂变产物,如氙、氪、氢,因为裂变伴随着气体释放。芯块的热导率取决于其结构。较高的温度会产生热应变,芯块可能会破裂,芯块的大小可能会随着气隙的热导率而变化。因此,芯块特性如热导率、孔隙率、裂缝等会发生变化。累积的裂变产物导致膨胀,随着燃耗的进行,膨胀以0.5%~0.7%/10 MWd/kgU的速率增长。

包壳由金属合金制成,即使在没有机械应力的情况下,在中子通量下也会发生变形,也改变包壳几何形状:长度增加但直径减小。包壳在应力作用下缓慢变形,进一步的影响包括辐射引起的热蠕变,腐蚀,内侧吸收氢气。金属氧化物的体积越大,其导热系数越小。

燃料组件也可能劣化,污垢可能沉积在其上,改变堆芯中的冷却剂流量分布。弯曲和轴向偏移异常是这里提到的最后一种影响。

当出现以下任何一种情况时,可能会出现极端情况:

(1)从堆芯排出的热量减少;

(2)某些燃料组件的温度升高(当局部功率增加或者在产热和排热之间不平衡时)。

任何反应堆都应准备好应对上述极端情况。实际上,在不污染环境或不造成健康问题的情况下,核反应堆能够生存下来的最严重情况应该在所谓的设计基准事故中加以界定。两种主要的事故情况是失水事故(LOCA)和反应性引入事故(RIA)。在前一种情况下,分析了最严重的冷却剂损失的后果,而在后一种情况下,计划外事件导致反应性增加。

上述所有过程都应该在安全分析中讨论。核管会(NRC)已经启动了一个项目,为合理的安全分析项目奠定基础,见参考文献[3-7]。

如上面所看到的,安全通常被表述为一种限制。假设有一个计算机模型,它能够确定应该低于极限值的输出变量 y,任务是估计输出变量 y 是否低于安全限制。y 依赖于大量参数,这些参数或者需要测量或者从其他模型导出,这使得情况变得更加复杂。将输入视为随机变量是合理的,将模型作为将输入与输出相关的映射。进行计算得出对于 y 的估计 y_1,$y_2,\cdots,y_n$,我们寻求对于 y 的最大值的可靠估计。

在实际发电厂中,不是一个而是几个输出变量受到限制。此外,不仅输入参数是随机变量,而且计算模型包括近似值,也导致不确定性。

下面提出一个安全分析的适度问题,模型如下。设 $y_1,y_2,\cdots,y_n$ 是受到安全限制的物理量的估计值。假设我们知道核电厂的所有参数,如何确定将要建造的核电站是否安全呢?我们有一个计算机程序根据实际参数计算 $y_1,y_2,\cdots,y_n$。

在这里,我们提出一个基于参考文献[8]的简短论文,更确切地说是关于 Pal 的下列定理,定理基于如下设置。我们运行模型 N 次,在一次运行中获得输出 $y_1,y_2,\cdots,y_n$。输出处理有两种。当一次运行中获得的输出在统计上完全独立时,可以应用定理 5.2.1 至定理 5.2.4。对于统计相关的输出,我们必须应用定理 5.2.5,有相当好的统计测试来证明随机变量的相关性。

我们首先讨论最简单的案例。设计算模型给出具有累积分布函数 $G(y)$ 的单个输出变量 y,在 N 次独立运行之后,得到样本 $S_N=\{y_1,y_2,\cdots,y_N\}$。按升序排列样本元素,$y(k)$ 是样本的第 k 个有序元素:

$$y(1)<y(2)<\cdots<y(r)<\cdots<y(s)<\cdots<y(N)$$

根据定义,$y(0)=-\infty$,$y(N+1)=+\infty$。众所周知,随机变量 z 的联合密度函数是 $z(r)=G[y(r)]$ 和 $z(s)=G[y(s)]$,其中 r、s 是正整数,$s>r$,由下式给出

$$g_{r,s}(u,v)=\frac{u^{r-1}(v-u)^{s-r-1}(1-v)^{N-s}}{B(r,s-r)B(s,N-s+1)},0\leqslant u\leqslant v\leqslant 1$$

这里 $B(j,k)$ 是欧拉的 β 函数。

将 Q_γ 表示为 $G(y)$ 的 γ 量,则

$$G(Q_\gamma)=\int_{-\infty}^{Q_\gamma}\mathrm{d}G(y)=\gamma$$

由于 $G(y)$ 连续且严格增加,因此可以写为

$$Q_\gamma=G^{-1}(y)$$

Q_γ 的点估计是有序样本的元素 $y(k)$,其中 k 是与 N_γ 最接近的整数。Q_γ 的区间估计可以推导如下。

定理 5.2.1 如果 r 和 s 是正整数,使得 $0<r<(N+1)\gamma<s\leqslant N$,那么随机区间 $[y(r),y(s)]$ 以概率涵盖未知的 γ 区间 Q_γ:

$$\beta=\mathscr{P}\{y(r)\leqslant Q_\gamma\leqslant y(s)\}=I(1-\gamma,N-s+1,s)-I(1-\gamma,N-r+1,r) \tag{5.4}$$

其中

$$I(c,j,k)=\frac{B(c,j,k)}{B(j,k)} \tag{5.5}$$

是非奇异情况下的正则化不完全 β 函数。

从双边公差区间式(5.4),通过代入 $r=0,s=N$,可以很容易地获得单边公差区间:

$$\beta=1-\gamma^N \tag{5.6}$$

该技术为确保反应堆安全运行的输出变量设定了一个区间 $[L_T,U_T]$,当输出在 $[L_T,U_T]$ 内时,是安全的。问题是实际的反应堆可以是随机参数不同的任何一种可能的反应堆。安全分析对于可能的输出变量试图找到一个区间估计 $[L,U]$,基于运行 N 次具有允许参数的

模型,找到可能的输出变量参数,显然 $L = L(y_1, y_2, \cdots, y_N)$ 和 $U = U(y_1, y_2, \cdots, y_N)$。我们的目标是从样本中推导出限制:

$$\mathscr{T}\left\{\int_L^U \mathrm{d}G(y) > \gamma\right\} = \beta \tag{5.7}$$

式(5.7)的左侧是随机变量的积分,有时称为概率内容,它测量随机区间$[L, U]$中包含的分布部分。概率β的名称为置信水平。安全运行的标志是高概率内容和高置信度。一旦确定了β和γ,就可以确定运行次数N。不幸的是,输出变量的概率分布是未知的,并且以合理的精度估计它是非常昂贵的。下一个定理讨论了无分布公差区间的问题。

定理 5.2.2　设 $y_1, y_2, \cdots, y_N$ 是随机输出 y 的 N 个独立观测值。假设除了分布函数 $G(y)$ 是连续的以外,对它一无所知①。以递增②的顺序排列值 $y_1, y_2, \cdots, y_N$,并且让 $y(k)$ 表示那些有序值的第 k 个,特别是

$$y(1) = \min_{1 \leqslant k \leqslant N} y_k, \quad y(N) = \max_{1 \leqslant k \leqslant N} y_k$$

根据定义,$y(0) = -\infty$,$y(N+1) = +\infty$。在这种情况下,对于一些正 $\gamma < 1$ 和 $\beta < 1$,可以构造两个随机函数 $L(y_1, y_2, \cdots, y_N)$ 和 $U(y_1, y_2, \cdots, y_N)$,分别称为公差下限和上限。则下式:

$$\int_L^U \mathrm{d}G(y) > \gamma$$

的概率为

$$\beta = 1 - I(\gamma, s-r, N-s+r+1) = \sum_{j=0}^{s-r-1} \binom{N}{j} \gamma^j (1-\gamma)^{N-j} \tag{5.8}$$

其中

$$I(\gamma, j, k) = \int_0^\gamma \frac{u^{j-1}(1-u)^{k-1}}{B(j,k)} \mathrm{d}u, \quad B(j,k) = \frac{(j-1)!(k-1)!}{(j+k-1)!} \tag{5.9}$$

$0 \leqslant r < s \leqslant N$ 且 $L = y(r)$,$U = y(s)$。

现在考虑累积分布 $G(y)$ 已知的情况。我们强调,有些情况下对 $G(y)$ 的确切形状做出无根据的假设会特别危险。通常,尝试通过方程式(5.7)获得β的显式表达式会失败。然而有一个例外,当可获得β的精确公式时,$G(y)$ 具有正态分布 $N(m, \sigma)$ 的情况。当输出变量 y 是大量微小的统计独立随机变量的总和时,其分布几乎是正态分布。

在第一步中,我们估计 N 个输出的均值和方差:

$$\tilde{y}_N = \frac{1}{N} \sum_{k=1}^N y_k \tag{5.10}$$

N 次运行样本的方差为

$$\tilde{\sigma}_N^2 = \frac{1}{N-1} \sum_{k=1}^N (y_k - \tilde{y}_N)^2 \tag{5.11}$$

现在我们构造下限:

$$L = L(y_1, y_2, \cdots, y_N; \lambda) = \tilde{y}_N - \lambda \tilde{\sigma}_N$$

和上限:

---

① 可以证明,仅需要单侧连续性。

② 出现相等值的概率为零。

$$U = U(y_1, y_2, \cdots, y_N; \lambda) = \tilde{y}_N - \lambda\, \tilde{\sigma}_N$$

这里参数 λ 为缩放区间 $[L,U]$ 的长度，表示 $\mathscr{A}(\tilde{y}_N, \lambda\, \tilde{\sigma}_N)$ 包含在极限 L 和 U 之间的输出分布部分：

$$\mathscr{A}(\tilde{y}_N, \lambda\, \tilde{\sigma}_N) = \int_L^U g(y)\mathrm{d}y = \frac{1}{\sqrt{2\pi}\sigma}\int_L^U \exp\left[-\frac{(y-m)^2}{2\sigma^2}\right]\mathrm{d}y \tag{5.12}$$

设 $z = \dfrac{(y-m)}{\sigma}, \tilde{z}_N = \dfrac{(\tilde{y}_N - m)}{\sigma}, \tilde{s}_N = \dfrac{\tilde{\sigma}_N}{\sigma}$，则：

$$\tilde{A}(m + \sigma\, \tilde{z}_N, \lambda\, \tilde{\sigma}_N) = \rho(\tilde{z}_N, \tilde{s}_N) = \frac{1}{\sqrt{2\pi}}\int_{\ell_N}^{U_N} \mathrm{e}^{-\frac{z^2}{2}}\mathrm{d}z \tag{5.13}$$

式中，$\ell_N = \tilde{z}_N - \lambda\tilde{s}_N, u_N = \tilde{z}_N + \lambda\tilde{s}_N$。注意这里 $\rho(\tilde{z}_N, \tilde{s}_N)$ 是一个随机变量。

定理 5.2.3 提供的公差间隔是近似的，当 $N > 50$ 时是适用的。

定理 5.2.3　对于任何给定的正 λ 的概率 $\rho > \gamma$，其中 $0 \ll \gamma < 1$ 表示为

$$W(\lambda, \gamma, N) = 1 - \sqrt{\frac{N}{2\pi}}\int_{-\infty}^{+\infty} K_{N-1}\left[(N-1)\left(\frac{q(\mu,\gamma)}{\lambda}\right)^2\right]\mathrm{e}^{\frac{-N\mu^2}{2}}\mathrm{d}\mu \tag{5.14}$$

其中，$K_{N-1}[\,\cdot\,]$ 是具有 $(N-1)$ 个自由度的 χ^2 分布，$q(\mu,\gamma)$ 是下式的解：

$$\frac{1}{\sqrt{2\pi}}\int_{\mu-q}^{\mu+q} \mathrm{e}^{\frac{-x^2}{2}}\mathrm{d}x = \gamma \tag{5.15}$$

可以根据等式计算在预先分配的概率内容 γ 处和在 N 次运行的情况下预先指定的显著性水平 β 下，确定容差区间①的值 λ

$$W(\lambda, \gamma, N) = \beta \tag{5.16}$$

β 与分布 $G(y)$ 的未知参数 m 和 σ 无关。公式(5.16)只有一个根 λ，因为 $W(\lambda,\gamma,N)$ 是 λ 的严格单调函数。

当分布函数已知时，推导给定量的双侧公差区间就不那么困难了。当样本较大时(例如 $N>50$)，可以推导出一个近似的公差区间。公差区间在以下定理中导出。

定理 5.2.4　近似的双侧公差区间由下式给出：

$$[\tilde{y}_N - \lambda_a(\gamma,\beta)\tilde{\sigma}_N, \tilde{y}_N + \lambda_a(\gamma,\beta)\tilde{\sigma}_N]$$

式中

$$\lambda_a(\gamma,\beta) = \sqrt{\frac{N-1}{Q_{N-1}(1-\beta)}}\,q\left(\frac{1}{\sqrt{N}},\gamma\right) \tag{5.17}$$

式中，$Q_{N-1}(1-\beta)$ 是 $(N-1)$ 个自由度的 χ^2 分布的 $(1-\beta)$ 百分位数，$q(1/\sqrt{N},\gamma)$ 是方程的根：

$$\frac{1}{\sqrt{2\pi}}\int_{\frac{1}{\sqrt{N}}-q}^{\frac{1}{\sqrt{N}}+q} \mathrm{e}^{\frac{-x^2}{2}}\mathrm{d}x = \gamma$$

用同样的方式可以计算具有上限的单侧公差区间的类似表达式，但是 γ 被计算为

① 如果需要单侧公差上限，则将式(5.15)替换为

$$\frac{1}{\sqrt{2\pi}}\int_{-\infty}^{\mu+q} \mathrm{e}^{\frac{-x^2}{2}}\mathrm{d}x = \gamma$$

$$\frac{1}{\sqrt{2\pi}}\int_{-\infty}^{\frac{1}{\sqrt{N}}-q} e^{\frac{-x^2}{2}}\mathrm{d}x = \gamma$$

现在我们来看具有几个输出变量的情况。与单个输出变量相比,主要区别在于输出变量可能是统计相关的。有很好的统计方法来检查统计相关性。

设 $G(y_1,y_2,\cdots,y_n)$ 为输出随机变量的未知累积分布函数,形成以下 $N \gg 2n$ 个独立运行的样本矩阵:

$$\boldsymbol{S}_N = \begin{pmatrix} y_{11} & y_{12} & \cdots & y_{1N} \\ y_{21} & y_{22} & \cdots & y_{2N} \\ \vdots & \vdots & & \vdots \\ y_{n1} & y_{n2} & \cdots & y_{nN} \end{pmatrix} \tag{5.18}$$

引入 n 分量矢量:

$$\boldsymbol{y}_k = \begin{pmatrix} y_{1k} \\ y_{2k} \\ \vdots \\ y_{nk} \end{pmatrix}$$

样本矩阵可以用以下形式编写:

$$\boldsymbol{S}_N = (y_1,y_2,\cdots,y_N)$$

通过使用适当的统计方法来测试样本矩阵,我们可以对设备运行安全性做出有用的概率。符号测试方法可以推广到几个输出变量[8]。

在陈述具有多个输出变量的设备的安全性分析的基础定理之前,定义了所考虑的情况的容差区域。假设未知的联合分布函数 $G(y_1,y_2,\cdots,y_n)$ 是绝对连续的并且具有联合密度函数 $g(y_1,y_2,\cdots,y_n)$。对于一些给定的正值 $\gamma<1$ 和 $\beta<1$,必须构造 n 对随机变量 $L_j(y_1,y_2,\cdots,y_n)$ 和 $U_j(y_1,y_2,\cdots,y_n)$,$j=1,2,\cdots,n$,使得

$$\int_{L_1}^{U_1}\int_{L_2}^{U_2}\cdots\int_{L_n}^{U_n} g(y_1,y_2,\cdots,y_n)\mathrm{d}y_1\mathrm{d}y_2\cdots\mathrm{d}y_n > \gamma \tag{5.19}$$

成立,等于 β。

先前针对单变量情况应用过程的自然扩展似乎是正确的选择。不幸的是,这种选择并不能提供所需的解决方案,因为不等式(5.19)的概率是真的,取决于未知的联合密度函数 $g(y_1,y_2,\cdots,y_n)$。我们的任务是找到一个合理的过程,其中概率 β 独立于 $g(y_1,y_2,\cdots,y_n)$。可以证明存在这样的程序,但尚未证实其独特性。

由于分布函数 $G(y_1,y_2,\cdots,y_n)$ 是绝对连续的,我们可以说明样本矩阵 $\boldsymbol{S}_N$ 中没有两个元素是相等的。样本矩阵中的行序列是任意的,反映了我们任意对输出变量进行编号的事实。

选择样本矩阵的第一行,并按递增的幅度顺序排列 $y_1(1),y_1(2),\cdots,y_1(N)$。从中选择 $y_1(r_1)$ 为 L_1,$y_1(s_1)>y_1(r_1)$ 为 U_1。令 $i_1,i_2,\cdots,i_{s_1-r_1-1}$ 分别代表元素 $y_1(r_1+1),y_1(r_1+2),\cdots,y_1(s_1-1)$ 的原始列索引。在下一步中,选择第二行,即输出变量 y_2 的 N 个观测值,并按升序排列其元素的 $y_2i_1,y_2i_2,\cdots,y_2i_{s_1-r_1-1}$,以获得 $y_2(1)<y_2(2)<\cdots<y_2(s_1-r_1-1)$。其中,分别为 L_2 和 U_2 选择 $y_2(r_2)$ 和 $y_2(s_2)>y_2(r_2)$。显然 $r_2 \geqslant r_1$,$s_2 \leqslant s_1-r_1-1$。将这个嵌入

程序继续到样本矩阵的最后一行并定义一个 n 维体积：

$$V_n = \{[L_1, U_1] \times [L_2, U_2] \times \cdots \times [L_n, U_n]\}$$

式中

$$L_j = y_j(r_j), \quad U_j = y_j(s_j)$$

且

$$r_j \geqslant r_{j-1} \geqslant \cdots \geqslant r_1$$

而

$$r_j < s_j \leqslant s_{j-1} - r_{j-1} - 1$$

对于 $j = 2, 3, \cdots, n$。现在我们可以证明这个定理。

定理 5.2.5 在 $n \geqslant 2$ 个具有连续联合分布函数 $G(y_1, y_2, \cdots, y_n)$ 的相关输出变量的情况下，可以构造 n 对随机区间 $[L_j, U_j]$，$j = 1, 2, \cdots, n$，使得不等式的概率：

$$\int_{L_1}^{U_1} \cdots \int_{L_n}^{U_n} g(y_1, y_2, \cdots, y_n) \mathrm{d}y_1 \mathrm{d}y_2 \cdots \mathrm{d}y_n > \gamma$$

与 $g(y_1, y_2, \cdots, y_n)$ 无关，由下式给出：

$$P\left\{\int_{L_1}^{U_1} \int_{L_2}^{U_2} \cdots \int_{L_n}^{U_n} g(y_1, y_2, \cdots, y_n) \mathrm{d}y_1 \mathrm{d}y_2 \cdots \mathrm{d}y_n > \gamma\right\} = 1 - I(\gamma, s_n - r_n, N - s_n + r_n + 1) = \beta \tag{5.20}$$

这里，$I(\ )$ 是正则化的不完全 β 函数，且

$$s_n \leqslant s_{n-1} - r_{n-1} - 1 \leqslant s_1 - \sum_{j=1}^{n-1} (r_j + 1)$$

且 $r_n \geqslant r_{n-1} \geqslant \cdots \geqslant r_1$。

从定理 5.2.5 可以看出，对于固定的 β 和 γ 所需的运行次数随输出变量 n 的增加而增加。上述结果使得我们可以估计统计评估的概率含量。

5.2.2 模拟器模型

模拟器是一种广泛应用的设施，用于掌握飞机或核电站等复杂设备的操纵。建造模拟器时首先要确定需求，主要分为以下三类。

(1)在原理模拟器中，虽然建立了基本的物理 - 技术特性关系，但模拟受到限制，既不包括实时工作也不包括原始设备的全部功能，这超出了需求。原理模拟器是一种计算机程序，它执行所需的计算并显示结果。

(2)中等范围模拟器的软件和硬件允许实时交互和回答，但其目标不是让用户感觉在一个真实的控制室中。

(3)全尺寸模拟器包括反应堆控制室的复制品，操纵员可以看到与他在实际主控制工作时相同的监视器和显示屏。操纵员使用与主控制室相同的控制机构，他操作的结果与在真正的控制室操作相同。模拟器实时运行，操纵员交互的结果出现得与现实生活中一样快。

模拟器的好处是显而易见的：学费比在真正的汽车、潜艇、飞机或发电厂上练习要便宜。另一方面，制作一个好的模拟器是非常困难的。想想核电站的实时计算。在第 4 章我们简单讨论了近似和数值模型。时间常数的范围从几毫秒开始，以实际精度进行实时计算。

为了给出一个简单的模拟器模型，让我们考虑一下来自参考文献[9]的 Casti 概率模

型,其简洁性首屈一指。在 Casti 的模型中,反应堆是一个长度为 a 的细棒。在棒中,中子沿着棒以单位速度移动。当中子与棒的原子核碰撞时,中子瞬间被 $0,1,\cdots,N$ 个中子取代,各自的概率为 $c_k,k=0,1,\cdots,N$。

引入一个单中子,它的位置由 0 移到 x 处,设 $u(x)$ 表示在 $t=\infty$ 时至少有一个中子存在的概率。当 $t=0$ 时,在 x 处一个中子开始左移,在 $t=\infty$ 时至少有一个中子存在的概率是 $v(x)$。从碰撞中出现的中子以 1/2 的概率向左/右移动。我们引入消失概率 $p(y)$,其由下式确定:

$$p(y) = \sum_{k=0}^{N} c_k p_k(y) \tag{5.21}$$

式中,$p_k(y)$ 是所有 k 个新生的中子在引起裂变之前消失的概率。如果在 $t=\infty$ 时没有中子存在,它们要么从棒中泄漏,要么消失。因此:

$$1-u(x) = \mathrm{e}^{\frac{-(a-x)}{\lambda}} + \int_x^a \mathrm{e}^{\frac{-(y-x)}{\lambda}} \frac{p(y)}{\lambda}\mathrm{d}y \tag{5.22}$$

随着 k 个中子的产生,有

$$\binom{k}{n}\left(\frac{1}{2}\right)^k$$

是 n 个中子向右移动而其余向左移动的概率,那么消失的概率就是

$$[1-u(y)]^n[1-v(y)]^{k-n}$$

对于 $v(x)$ 类似的方程成立。引入符号:

$$z(x) = \frac{u(x)+v(x)}{2} \tag{5.23}$$

获得以下等式来确定 $z(x)$:

$$z(x) = \int_0^a E(x,y)G(z(y))\mathrm{d}y, \quad 0 \leqslant x \leqslant a \tag{5.24}$$

式中

$$E(x,y) = \frac{1}{2\lambda}\mathrm{e}^{\frac{-|x-y|}{\lambda}} \tag{5.25}$$

且

$$G(r) = cr - \sum_{k=2}^{N} c_k[(1-r)^k - 1 + kr] = 1 - \sum_{k=0}^{N} c_k(1-r)^k \tag{5.26}$$

$$c = \sum_{k=1}^{N} kc_k \tag{5.27}$$

是平均中子数倍增。当 $c<1$ 时反应堆是次临界,当 $c=1$ 时是临界,$c>1$ 时是超临界。

公式(5.24)是非线性输入-输出关系。可以看出[9],式(5.24)等价于以下非线性微分方程:

$$-\frac{\mathrm{d}^2 z}{\mathrm{d}x^2} + \frac{z}{\lambda} = \frac{G(z(x))}{\lambda^2}, \quad 0<x<a \tag{5.28}$$

具有边界条件:

$$z'(0) - \frac{z(0)}{\lambda} = 0; \quad z'(a) + \frac{z(a)}{\lambda} = 0 \tag{5.29}$$

该模型很简单,两个参数描述了反应堆:平均自由程 λ 和每次碰撞的次级中子数,见

式(5.27)。注意,式(5.28)是扩散方程的变体,参数 λ 描述了中子倍增。

参考文献

[1] Chen, J. : On the interaction between fuel crud and water chemistry in nuclear power plants. SKI report, Studwik Material AB, Sweden(2000)

[2] Hee, M. : Chung: fuel behaviour under loss-of-coolant accident situations. Nucl. Eng. Technol. 37(4), 327 - 362(2005)

[3] Boyack, B. E. : Quantifying reactor safety margins, part 1: an overview of the code scaling, applicability, and uncertainty evaluation methodology. Nucl. Eng. Des. 119, 1 - 15(1990)

[4] Wilson, G. E. , Boyack, B. E. : Quantifying reactor safety margins, part 2: characterization of important contributors to uncertainty. Nucl. Eng. Des. 119, 17 - 31(1990)

[5] Wulff, W. , Boyack, B. E. : Quantifying reactor safety margins, part 3: assessment and ranging of parameters. Nucl. Eng. Des. 119, 33 - 65(1990)

[6] Lellouche, G. S. , Levy, S. : Quantifying reactor safety margins, part 4: quantifying reactor safety margins part 4: Uncertainty evaluation of lbloca analysis based on trac-pf1/mod 1. Nucl. Eng. Des. 119, 67 - 95(1990)

[7] Wilson, G. E. : Quantifying reactor safety margins part 5: evaluation of scale-up capabilities of best estimate codes. Nucl. Eng. Des. 119, 97 - 107(1990)

[8] Pál, L. , Makai, M. : Statistical Considerations on Safety Analysis. arXiv: physics/0511140v1 [physics. data-an](2005)

[9] Casti, J. L. : Nonlinear System Theory. Academic Press, New York(1985)

第6章　功率图分析

摘要

反应堆堆芯功率分布是核电厂安全经济运行的基础之一。本章主要讨论了冷却剂温度和堆芯释放功率分布的估算方法。本章以数学背景为依据,首先讨论了近年来流行的主成分法(PCM)。PCM是检验测量值的一个有用工具,可以得到对非测量组件的可靠估计,并证实或反驳在运行中使用的一些假设。由于没有无误差的测量,统计也可以很好地揭示误差。第三个主题是根据测量值调整计算模型的一些参数,以升级计算模型中测量值的用途。

在线监测(OLM)的好处在参考文献[1]中有详细阐述。在线状态监测的目的是在核电厂运行过程中监测和评估核电厂设备与工艺的状态。OLM的实现还提供了一个使用运行历史中的可靠性信息来优化工厂的维护间隔,以便引入更有针对性维修的框架。

虽然OLM也包括监测一回路设备和二回路设备,但我们只讨论堆芯监测。本章是堆芯测量分析使用的一些技术的简短概述。在核反应堆中,不断地收集和分析大范围的数据。首先,仅列举未详细讨论的在线监测:

(1)振动监测。

(2)声学监测。

(3)松动部件监测。

(4)反应堆噪声分析。

(5)电机电气特性分析。

上述技术允许对即将发生的电厂设备退化或故障发出警告。感兴趣的读者,建议查看参考文献[1-2],详细了解上述技术。我们只提噪声分析的一些突出成就。堆芯吊篮振动已被检测到,从堆芯内仪表信号已经有可能检测到堆芯的组件振动,并防止燃料组件[3]的损坏。

在本书中,功率图分析仅限于堆芯温度和SPND测量的处理。在该领域内,我们讨论缓慢变化的部分(有时称为测量信号的直流部分)。下面讨论的方法是经过主观选择的。在介绍具体技术之前,先介绍一下堆芯测量的背景。应该指出的是,每次测量都是在一个定义良好的模型中进行的。堆芯测量包括温度和功率测量,这两种方法都用于研究燃料组件释放的能量。前者用来测量热功率,后者用来测量裂变释放的能量。热功率与核功率只能通过以下工艺链来测量,包括探测器材料、热电偶和适当的吸收器,分别经受与温度或中子通量成正比的变化。这两种变化都会产生电信号,分别是热功率和探测器电流。经过电子处理后,信号分别转换为温度(℃)和功率密度(W/cm)。这些转换需要转换因子。

运行限值(见第一章)规定了冷却剂温度和裂变释放功率的极限,即便是非监测位置。中子场理论为我们提供了完整的温度场和功率场,因此可以同时估计最高温度和最大功率密度,但这是通过测量技术和反应堆理论的结合应用实现的。

这些方法在实际应用中,使用了计算温度和功率图。任何一个分量的权重取决于对测量技术和计算模型的信任程度。测量与计算存在协同关系,例如计算模型不断地根据测量值进行测试。仔细地统计分析可以揭示两者之间可能存在的矛盾。这种矛盾可以通过对测量处理系统进行修正或对计算模型进行改进来解决。

6.1 测试案例

要评估计算模型的准确性,可以在记录充分的情况下通过可靠的测量来研究计算的场。为此,我们提出了已经用于测试 VVER 反应堆计算模型的测量方法。测试案例已用于测试 KARATE[4]、PRINCE - w 和 C - PORCA 程序系统。测试案例显示了 Paks 核电站 VVER - 440/213 机组堆芯的真实状态。基准集不断增长,以促进反应堆程序的 V&V。下面给出的结果是由 PRINCE - w 程序[5-6]在 V&V 过程中得到的。试验 SBESZ0 为正常反应堆状态,试验 SBESZ1 中,控制棒插入 50%,但流量是对称的,而试验 SBESZ3 中控制棒完全插入。在 SDIN1、SDIN2、SDIN3 中,分别有 1 台、2 台、3 台反应堆冷却剂泵关闭,但是控制棒位置和 6 个主环路的流量是对称的,一些测试案例见表 6.1。

表 6.1 PAKS NPP 收集的一些测试案例

测试 ID	最大误差(%)	平均误差(%)
SBESZ0	0.26	0.1
SBESZ1	0.6	0.2
SBESZ3	1.5	0.5
SDIN1	0.36	0.15
SDIN2	0.5	0.2
SDIN3	1.0	0.2

在讨论测试案例之前,我们讨论了应用的方法。在分析中必须记住基础数据来自测量,因此应该使用统计方法。我们感兴趣的是回答这样的问题:堆芯是否对称?是否可以在温度和功率分布中看到可能导致功率降低的任何因素?

一些测试案例用于测试极端情况下的反应堆物理模型,比如 SBESZ1 和 SBESZ3。如果异常是由冷却剂流量分布或者由燃料、控制棒异常引起的,则存在本质上的差异。核电厂积累的测试数据是验证堆芯处理和计算模型的宝贵财富。

6.2 参数拟合

给定一组观测值 y_i 和一系列依赖于参数向量 $\boldsymbol{a}$ 的函数 $f(x,\boldsymbol{a})$,我们寻求给定点 x_i 处 $\boldsymbol{a}$ 的最小化表达式:

$$Q = \sum_{i=1}^{n} w_i[y_i - f(x_i,\boldsymbol{a})]^2 \tag{6.1}$$

式中,w_i 是点 i 的权重。在物理问题中,y_i 通常被测量,因此只有它的近似值是已知的,通常被认为是真值 y_i 加上一个随机噪声 η_i。η_i 的概率分布假设是已知的。

上述问题分两步进行讨论:首先假设噪声不存在,并希望通过给定的函数来近似 y_i 集合,其中应该选择包含的参数 $\boldsymbol{a}$ 以使得 Q 最小。这两个问题在物理学和工程学中都是普遍存在的。在信号处理中,常用的函数是对探测器的数字化时间序列进行处理,滤除噪声,或者简单地将被测信号处理成压力、温度、功率密度等物理量。反应堆操纵员使用经过处理和评估的堆内仪表提供的信号,在 SPND 位置的冷却剂温度和功率密度是评估过的测量值。本节是对评估技术的简要概述。冷却剂温度和功率密度都不是直接测量的,而是先测量热功率并经处理后估计温度。一般来说,物理量 x 和 y 之间的关系由一个物理定律来表示:

$$y = f(x, \boldsymbol{a}) \tag{6.2}$$

式中,$f(\cdot)$ 是表示物理量 x 与 y 之间数学关系的函数,$\boldsymbol{a}$ 表示关系中涉及的参数。当 $\boldsymbol{a}$ 和 x 已知时,就能计算出 y。

没有测量误差就没有测量,因此,将实测值视为随机值更为现实,我们重复测量 x,实测值记为 $\boldsymbol{x} = (x_1, x_2, \cdots, x_n)$,$\boldsymbol{y} = (y_1, y_2, \cdots, y_n)$。因此,式(6.2)并不适用于每一个 x_i 和 y_i。

式(6.2)中的变量可以认为是确定性的。在这种情况下,给定的 x 值和另一个给定的值 $\boldsymbol{a}$ 通过函数 f 得到一个给定的值给 y 值,函数 f 是一个单值函数①。在这种情况下,式(6.2)称为确定性的,变量 y、x 和 $\boldsymbol{a}$ 是确定性变量。其他关系可能涉及没有给定值的变量,只能取给定值的概率,这些变量称为随机变量。随机变量 ξ 由其可能取值的范围和一个值 $(0 \leqslant p \leqslant 1)$ 描述,$p(x)$ 给出 ξ 取 x 值的概率。更准确地说,当 ξ 的范围是离散集为 $x_1, x_2, \cdots, x_n$,则 $p_i = p(x_i)$ 为 $\xi = x_i$ 的概率。事件 $\xi = x_{n+1}$ 是不可能的,因为 x_{n+1} 在 ξ 的范围外,且适当的概率 $p(\xi = x_{n+1}) = 0$ 的前提是 $x_{n+1} \neq x_i, 1 \leqslant i \leqslant n$,则随机变量 ξ 称为离散变量。当 ξ 的范围是一个区间,事件 $x \leqslant \xi \leqslant x + \mathrm{d}x$ 的概率由 $p(x)\mathrm{d}x$ 给出,ξ 称为连续随机变量。$F(x)$ 是连续随机变量 ξ 的概率分布函数,如果

$$F(x) = P\{\xi < x\} \tag{6.3}$$

函数 $f(x)$ 称为 ξ 的密度函数,当

$$f(x) = \frac{\mathrm{d}F(x)}{\mathrm{d}x} \tag{6.4}$$

如果 $P\{\xi = x, \eta = y\} = P\{\xi = x\} P\{\eta = y\}$,则随机变量 ξ 和 η 被称为统计独立的。

6.2.1 统计基础

希腊字母指的是随机变量,重要参数是概率分布的均值和方差。离散随机变量的均值是

$$m = M\{\xi\} = \lim_{N \to \infty} \sum_{k=1}^{N} p_k x_k \tag{6.5}$$

这是随机变量 ξ 的 N 个观测(或实验)的平均值。ξ 的 N 个观测值一起被称为统计样本。对于连续随机变量,均值是

$$M\{\xi\} = \int_{-\infty}^{+\infty} x f(x) \mathrm{d}x \tag{6.6}$$

---

① 当 f 是多值函数时,给定的 x 和 $\boldsymbol{a}$ 将有多个 y。

ξ 的观察值的偏差由方差 $D^2\{\xi\}$ 描述，对于连续的 ξ，有

$$D^2\{\xi\} = \int_{-\infty}^{+\infty} (x - m)^2 f(x)\,\mathrm{d}x \tag{6.7}$$

对于离散的 ξ，有

$$D^2\{\xi\} = \sum_{k=1}^{\infty} (x_k - m)^2 p_k \tag{6.8}$$

均值和方差之间的有用关系是

$$D^2\{\xi\} = M\{\xi^2\} - [M\{\xi\}]^2 \tag{6.9}$$

$$M\{c_1\xi_1 + c_2\xi_2\} = c_1 M\{\xi_1\} + c_2 M\{\xi_2\} \tag{6.10}$$

$$D^2\{c\xi\} = c^2 D^2\{\xi\} \tag{6.11}$$

矩是均值和方差的推广；离散 ξ 的第 n 个矩是 ξ^n 的均值，对于离散分布，有

$$M_n = M\{\xi^n\} = \sum_{k=1}^{\infty} x_k^n p_k, \quad n = 2,3,\cdots \tag{6.12}$$

对于连续分布，有

$$M_n = M\{\xi^n\} = \int_{-\infty}^{+\infty} x^n f(x)\,\mathrm{d}x, \quad n = 2,3,\cdots \tag{6.13}$$

根据式(6.6)，M_1 的通常表示法是 m。方差的推广称为中心矩，由下式给出：

$$C_n = M\{(\xi - m)^n\} \tag{6.14}$$

随机变量可能有几种相关的方式。当下式成立时，ξ 和 η 被称为不相关：

$$M\{\xi\eta\} = M\{\xi\}M\{\eta\} \tag{6.15}$$

当它们的联合密度函数 $f(x,y)$ 是两个单变量密度函数的乘积时，统计上是独立的：

$$f(x,y) = f(x)g(y) \tag{6.16}$$

当式(6.15)不成立时，随机变量 ξ 和 η 称为相关，相关系数由下式给出：

$$R\{\xi,\eta\} = \frac{M\{(\xi - M\{\xi\})(M\{(\eta - M\{\eta\})\})\}}{D\{\xi\}D\{\eta\}} \tag{6.17}$$

以下标准随机变量可以由任意随机变量 ξ 构成：

$$\xi' = \frac{\xi - M\{\xi\}}{D\{\xi\}} \tag{6.18}$$

具有 $M\{\xi'\} = 0, D\{\xi'\} = 1$ 的性质。

将上面定义的量推广到几个随机变量是很简单的。我们考虑随机变量 $\xi_1,\xi_2,\cdots,\xi_n$ 的联合分布，联合概率分布函数是

$$F(x_1,x_2,\cdots,x_n) = P\{\xi_1 < x_1, \xi_2 < x_2, \cdots, \xi_n < x_n\} \tag{6.19}$$

函数是数学对象之间的映射，在这种情况下，函数 F 将几个随机变量映射到作为确定性函数的实函数 F，它给出其随机自变量位于给定的确定性区间中的概率。这种函数是矩和中心矩。还有另一种函数类型将随机变量映射到另一个随机变量，见式(6.63)。上面介绍的确定性函数 F 允许定义 $\xi_1,\xi_2,\cdots,\xi_n$ 之间的关系。如果下式成立，则它们被称为统计独立的：

$$F(x_1,x_2,\cdots,x_n) = F_1(x_1)F_2(x_2)\cdots F_n(x_n) \tag{6.20}$$

则联合密度函数也是一个乘积：

$$f(x_1,x_2,\cdots,x_n) = \frac{\partial^n F(x_1,x_2,\cdots,x_n)}{\partial x_1 \partial x_2 \cdots \partial x_n} = \frac{\partial F_1 \partial F_2}{\partial x_1\,\partial x_2}\cdots\frac{\partial F_n}{\partial x_n} = f_1(x_1)f_2(x_2)\cdots f_n(x_n)$$

协方差用于表征随机变量 ξ_1 和 ξ_2 之间的统计关系：

$$\operatorname{cov}(\xi_1,\xi_2)=M\{(\xi_1-m_1)(\xi_2-m_2)\} \tag{6.21}$$

式中 $M\{\xi_i\}=m_i, i=1,2$。当 $\operatorname{cov}(\xi_1,\xi_2)=0$ 时，ξ_1 和 ξ_2 在统计上是独立的。

另一个重要的统计关系是相关系数 r：

$$r(\xi_1,\xi_2)=\frac{\operatorname{cov}(\xi_1,\xi_2)}{\sqrt{D\{\xi_1\}D\{\xi_2\}}} \tag{6.22}$$

可以看出 $-1\leqslant r\leqslant +1$。

最后我们可能需要条件概率。我们测量 $\xi_1=x_1$ 并测量 ξ_2，调用 $\xi_1=x_1$ 事件 A 和 $\xi_2=x_2$ 事件 B。假设知道概率 $p_1=P\{\xi_1=x_1\}$ 和 $p_2=P\{\xi_2=x_2\}$。则给定 B，A 的条件概率被定义为

$$p(A|B)=\frac{p(\mathrm{AB})}{p(\mathrm{B})} \tag{6.23}$$

当 $P(\mathrm{AB})=P(\mathrm{A})P(\mathrm{B})$ 时，事件 A 和 B 在统计上是独立的。贝叶斯定理建立了与反向条件的关系：

$$P\{\mathrm{A}|\mathrm{B}\}P\{\mathrm{B}\}=P\{\mathrm{B}|\mathrm{A}\}P\{\mathrm{A}\} \tag{6.24}$$

下面总结三种常用概率分布的特征。

1. 二项式或伯努利分布

考虑具有两个可能收入 A 和 $\bar{\mathrm{A}}$ 的随机事件，使得 $p(\mathrm{A})+p(\bar{\mathrm{A}})=1$ 并且设 $p(\mathrm{A})=p$。重复随机事件 n 次，寻找在 k 次事件中观察到 A 的概率。在一个实验中，该事件的概率是 $p^k(1-p)^{n-k}$。由于事件序列无关紧要，我们必须将得到的概率乘以事件数 $\binom{N}{k}$，结果为

$$p_k=\binom{n}{k}p^k(1-p)^{n-k} \tag{6.25}$$

在 n 个事件中 A 事件 k 次观察到的平均值和方差是

$$M\{k\}=np,\quad D^2\{k\}=np(1-p) \tag{6.26}$$

2. 泊松分布

在极限 $n\to\infty$ 中，观察 k 次随机事件 A 的概率是

$$p_k=\mathrm{e}^{-a}\frac{a^k}{k!} \tag{6.27}$$

事件 A 的概率分布称为泊松分布。平均值和方差由下式给出：

$$M\{k\}=a,\quad D^2\{k\}=a \tag{6.28}$$

泊松过程的通常假设是[7]：

(1) 在任何特定的短照射时间段内，事件发生的概率大致与时间段的长度成比例。换句话说，存在速率 $\lambda>0$，使得对于具有短照射时间 Δt 的任何区间，在该区间中出现的概率大约为 $\lambda\Delta t$；

(2) 不会发生完全同步的事件；

(3) 在不相关的照射时间段内发生的事件在统计上是独立的。

3. 正态或高斯分布

这种连续分布是二项分布的连续极限，其概率密度函数是

$$f(x) = \frac{1}{\sqrt{2\pi\sigma^2}} e^{-\frac{(x-a)2}{2\sigma 2}} \tag{6.29}$$

$$M\{\xi\} = a, \quad D^2\{\xi\} = \sigma^2 \tag{6.30}$$

连续随机变量的函数也是随机变量,与任何其他随机变量一样具有均值和方差。预期在简单情况下,新随机变量的这些特征可以通过所涉及的随机变量的均值和方差(通常由矩)表示。

考虑连续和可微函数 $T(x)$。在随机变量 ξ 上应用函数 $T:\eta = T(\xi)$ 以找到 η 的统计量。随机事件 $y \leqslant \eta \leqslant y + \mathrm{d}y$ 的概率与如下关系相关:

$$y \leqslant T(x) \leqslant y + \mathrm{d}y \tag{6.31}$$

对于用 $D_{\mathrm{d}y}$ 表示的实数集,式(6.31)成立。$P\{y \leqslant \eta \leqslant y + \mathrm{d}y\}$ 可以用 η 的概率分布 $G(y)$ 表示为

$$P\{y \leqslant \eta \leqslant y + \mathrm{d}y\} = G(y + \mathrm{d}y) - G(y) \tag{6.32}$$

对于用 $D_{\mathrm{d}y}$ 标记的 x 值的集合,式(6.31)成立。则对于那些 x 值,$T(x)$ 落在 y 和 $y + \mathrm{d}y$ 之间。现在我们假设这个等式:

$$y - T(x) = 0$$

成立,当给出 y 时,只对于一个 x 成立①。然后使用反函数的导数,我们得到

$$\frac{\mathrm{d}G(y)}{\mathrm{d}y} = \frac{f(x)}{T'(x)} \tag{6.33}$$

换句话说,ξ 的概率密度分布 $f(x)$ 确定 $\eta = T(\xi)$ 的密度分布 $g(y) = \mathrm{d}G(y)\mathrm{d}y$。

通常我们对 $T(\xi)$ 的均值和方差的公式感到满意,特别是当测试不简单时,在本书中有两个应用重复出现。设 $(\xi_1, \xi_2, \cdots, \xi_n)$ 是正态分布的独立随机变量,均值为 0,方差为 1,则:

$$T(\xi_1, \xi_2, \cdots, \xi_n) = \sum_{i=1}^{n} \xi_i^2 \tag{6.34}$$

是所谓的 $\chi 2$ 分布,具有 n 个自由度,概率密度函数是

$$\chi_n(x) = \frac{1}{2^{\frac{n}{2}} \Gamma\left(\frac{n}{2}\right)} x^{\frac{n}{2}-1} e^{\frac{-x}{2}} \tag{6.35}$$

这里 $\Gamma(x)$ 是 Gamma 函数:

$$\Gamma(x) = \int_0^{\infty} t^{x-1} e^{-t} \mathrm{d}t \tag{6.36}$$

均值和方差是

$$M\{\chi^2\} = n, \quad D^2\{\chi^2\} = 2n \tag{6.37}$$

6.2.2 应用统计

工业仪表的运行基于测量,及时收集的测量值或者在不同位置的重复观测值构成了运行的基础。在统计学中,观测值构成统计样本。在核电厂中,这样的样本是堆芯内测量信号的集合:SPND 电流、热电偶电压、冷却剂流量等。在统计中,测量的量是随机量的样本。随机量 $\xi_1, \xi_2, \cdots, \xi_n$ 由联合概率分布函数 $F(x_1, x_2, \cdots, x_n)$ 表征,它是 $\xi_1 < x_1, \xi_2 < x_2, \cdots, \xi_n < x_n$

① 可以毫无困难地讨论多个根的情况,但结果更为复杂。

的概率,见式(6.19)。一般情况下,通常只有 F 的数学形式是已知的,参见泊松分布,其中涉及一些常数,测量值有助于评估常数。

为了遵循统计学中的符号,使用向量符号:随机变量是 $\boldsymbol{\xi}=(\xi_1,\xi_2,\cdots,\xi_n)$,参数是 $\boldsymbol{a}=(a_1,a_2,\cdots,a_m)$,联合概率分布函数是 $F(\boldsymbol{x},\boldsymbol{a})$,但我们改变了联合概率分布函数的符号,$L(\boldsymbol{x},\boldsymbol{a})=\dfrac{\partial^n F(\boldsymbol{x},\boldsymbol{a})}{\partial x_1 \partial x_2 \cdots \partial x_n}$。从统计样本导出的任何函数称为统计,最重要的是样本均值或平均值:

$$\bar{\xi}=\sum_{i=1}^{n}\xi_i \tag{6.38}$$

和样本方差:

$$s^2=\frac{\sum_{i=1}^{n}(\xi_i-\bar{\xi})^2}{n-1} \tag{6.39}$$

从堆芯内测量处理的角度来看,最重要的统计是参数的估计。我们写为

$$\bar{a}_k=t_k(\xi),\quad m=1,2,\cdots,n \tag{6.40}$$

上式是随机变量的函数,因此它们本身就是随机变量。当 $M\{\bar{a}_k\}=a_k$ 时,统计 $\bar{a}_k$ 被称为无偏。$\bar{a}_k$ 的偏差是

$$\delta(a_k)=M\{a_k\}-a_k \tag{6.41}$$

$\bar{a}_k$ 的方差不能任意小。$\bar{a}_k$ 用于测量 $\bar{a}_k$ 的准确性。具有最小方差的估计被称为有效的。通过解决以下极值问题获得有效估计:

$$\frac{\partial \ln L(\xi,\boldsymbol{a})}{\partial \boldsymbol{a}}=0 \tag{6.42}$$

这是一个 m 阶方程组,通常是非线性方程组。

下面我们收集了正文中使用的多变量统计[8-10]。

如果 $\xi_1,\xi_2,\cdots,\xi_n$ 是独立的,具有有限平均值 $E\{\xi_i\}$ 的实值随机变量,那么 $E\{\xi_1\xi_2\cdots\xi_n\}=E\{\xi_1\}E\{\xi_2\}\cdots E\{\xi_n\}$。

如果 $\xi_1,\xi_2,\cdots,\xi_n$ 是独立的,具有有限方差 $D^2\{\xi_i\}$ 的实值随机变量,则 $D^2\{\xi_1+\xi_2+\cdots+\xi_n\}=D^2\{\xi_1\}+D^2\{\xi_2\}+\cdots+D^2\{\xi_n\}$。

令 $\xi_1,\xi_2,\cdots,\xi_n$ 为独立的统计变量,每个统计变量由概率密度函数(PDF)$f_i(x)$ 描述,其具有平均值 m_i 和方差 s_i^2。它们的和 $\zeta_n=\sum_{i=1}^{n}\xi_i$ 也是一个随机变量,具有以下属性:

(1)期望值为 $E\{\zeta_n\}=\sum_{i=1}^{n}m_i$;

(2)它的方差由 $D^2\{\zeta_n\}=\sum_{i=1}^{n}s_i^2$ 给出;

(3)ζ_n 的概率密度函数 $h_n(z)$ 是 $f_i(x)$ 函数的卷积:

$$h_n=f_1*f_2*\cdots*f_n \tag{6.43}$$

其中:

$$h_2(z)=\int f_1(x)f_2(z-x)\mathrm{d}x \tag{6.44}$$

和递归：

$$h_n(z) = \int h_{n-1}(x) h_n(z-x) \mathrm{d}x \tag{6.45}$$

适用。

卷积是对称的：

$$\int g(x) h(z-x) \mathrm{d}x = \int g(z-x) h(x) \mathrm{d}x \tag{6.46}$$

(4)ζ_n 的概率密度函数趋于正态分布，具有相应的均值和方差。

注意，根据式(6.43)至式(6.45)，随机变量之和的方差总是随着项的数量而增长。

设 $\xi_1, \xi_2, \cdots, \xi_n$ 是独立的相同分布的实值随机变量，具有 $E\{\xi_i\} = m$ 且 $D^2\{\xi_i\} = s^2$。令 $\zeta_n = \xi_1 \xi_2 \cdots \xi_n$，则对于所有 $-\infty < a, b < +\infty$，有

$$\lim_{n\to\infty} P\left\{a \leqslant \frac{\xi_n - mn}{s\sqrt{n}} \leqslant b\right\} = \frac{1}{\sqrt{2\pi}} \int_a^b \mathrm{e}^{\frac{x^2}{2}} \mathrm{d}x \tag{6.47}$$

上述陈述可以推广到均值和方差取决于下标 i 的情况。

6.2.3 假设检验

堆芯测量值的分析应该回答以下问题：给定的测量是否可靠？功率分布是否有倾斜？主循环泵的流量是否有差异？计算分布和测量分布之间是否存在系统性差异？燃料温度的最高值是否低于给定限值？为回答上述问题而精心设计的统计工具称为假设检验。统计问题用以下列方式表述。

当我们有一个被接受或拒绝的陈述时，我们制定一个假设为 H_0 的正面陈述。典型的例子是：最大包壳温度低于 $T_{\lim}$。设 H_0 与一组特定参数相关联，比如一系列温度或压力值。另一种假设称之为 H_1，应否定 H_0。在制定 H_0 时，应定义可接受的参数集，可接受的参数集合形成了可接受范围。接受范围通常不是针对给定的随机参数（或随机矢量），而是针对某些简化参数而制定的。假设有峰值包壳温度 τ_c 的估计值，它不是直接测量的，而是通过统计推断获得的，其中涉及模型和模型参数。现在主要的一点是 τ_c 是一个随机变量，它是通过一系列模型、数值计算、工程考虑等获得的。我们用从上述模型得到的 τ_c 表示 H_0。在我们的例子中，H_0 应该由 τ_c：H_0：$\tau_c < T_{\lim}$的观察值表示。设 $F(\tau)$ 为 τ_c 的分布函数：

$$P\{\tau_c < T_{\lim}\} = \int_0^{T_{\lim}} F(\tau) \mathrm{d}\tau \tag{6.48}$$

如上所述，$F(\tau)$ 并不确切，我们根据实验和测量进行了估算。因为 $F(\tau)$ 取决于大量参数，例如燃料棒的个体富集度、主冷却剂泵的特性、堆芯中的冷却剂流量分布。应用统计的中心极限定理，$\mathrm{erf}(\tau)$ 可以用 $\mathrm{erf}(\tau)$ 函数近似：

$$F(\tau) = \frac{1}{2\pi} \int_0^{\tau} \mathrm{e}^{-\frac{y^2}{2}} \mathrm{d}y \tag{6.49}$$

$F = \mathrm{erf}(r)$ 函数曲线见图 6.1。注意，$\mathrm{erf}(\tau)$ 快速收敛到 1，在 $\tau = 2$ 时，其值为 $\mathrm{erf}(2) = 0.995\ 322$。应选择极限温度 $T_{\lim}$，使得 $\tau > T_{\lim}$ 的概率与相关法规中规定的一样低，参见第 1 章。

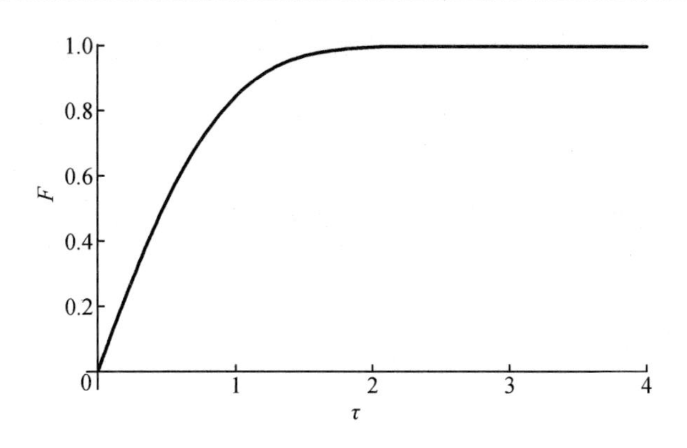

图 6.1 $F=\mathrm{erf}(\tau)$ **函数**

在统计学中,这种表述更普遍。在分布函数 F 的帮助下,我们选择小的 $\varepsilon>0$,使得概率小于 ε 的事件可以忽略。我们寻找一个 γ,使:

$$P\{\tau<\gamma=F(\gamma)-F(-\gamma)\}=1-\varepsilon \tag{6.50}$$

这里 F 是 τ 的分布函数。在2.4节中我们讨论了假设检验在特定安全分析问题中的应用。将式(6.48)的 τ 代入这里,得出以下接受条件:

$$-\gamma<\frac{\tau-T_{\mathrm{lim}}}{\sigma}<\gamma \tag{6.51}$$

或者

$$\tau-\gamma\sigma<T_{\mathrm{lim}}<\tau+\gamma\sigma \tag{6.52}$$

在统计学中,γ 称为分位数,ε 为置信水平。总之,用统计数据只能表述统计说法,其只有在给定概率下才成立,见式(6.51),可以选择 γ(测量 T_{lim} 所在的范围)或者式(6.50)的概率。

当分析中有多个参数时,置信区间变为置信椭球体。当一个随机向量 $\boldsymbol{\xi}=(\xi_1,\xi_2,\cdots,\xi_n)$,并且它的平均值是 $M\{\boldsymbol{\xi}\}=\boldsymbol{a}$ 时,多维正态分布的密度函数是

$$f(\boldsymbol{x})=c\exp\left[-\frac{1}{2}(\boldsymbol{x}-\boldsymbol{a})\boldsymbol{B}^{-1}(\boldsymbol{x}-\boldsymbol{a})\right] \tag{6.53}$$

式中,$\boldsymbol{B}$ 是协方差矩阵,且有

$$\boldsymbol{B}=M\{(\xi-\boldsymbol{a})(\xi-\boldsymbol{a})^{+}\} \tag{6.54}$$

c 是归一化因子:

$$c=\frac{1}{(2\pi)^{\frac{n}{2}}\sqrt{\det[\boldsymbol{B}]}} \tag{6.55}$$

其中,$\det[\boldsymbol{B}]$ 是矩阵 $\boldsymbol{B}$ 的行列式。正如我们所见,在方程(6.21)中,独立随机变量的协方差矩阵为零,矩阵 $\boldsymbol{B}$ 为对角线,其行列式不为零。置信椭球的一个点 x 是方程的解:

$$(\boldsymbol{x}-\boldsymbol{a})^{+}\boldsymbol{B}^{-1}(\boldsymbol{x}-\boldsymbol{a})=1 \tag{6.56}$$

可以看出,高斯分布的密度函数沿置信椭球体是恒定的。

为了确定分布函数 $f(x)$,我们需要估计分布函数中的参数,参见方程(6.53)。一般来说,我们观察到值 $\xi_1,\xi_2,\cdots,\xi_n$ 且理论模型给出:

$$M\{\xi_i\}=f(x_i,\boldsymbol{a}) \tag{6.57}$$

随机变量 ξ_i 的期望值给定为位置 x_i 处的函数 $f(x_i, a)$。$\boldsymbol{a}$ 是根据以下条件确定的参数矢量：

$$Q(\boldsymbol{a}) = \sum_{i=1}^{n} w_i [\xi_i - f(x_i, \boldsymbol{a})]^2 \tag{6.58}$$

式中，w_i 是权重，参数 $a_i, i = 1, 2, \cdots, n$ 应该使 Q 最小化。这得出以下一组非线性方程：

$$G_k(\boldsymbol{a}) = \sum_{i=1}^{n} w_i [\xi_i - f(x_i, \boldsymbol{a})] \frac{\partial f(x_i, \boldsymbol{a})}{\partial a_k} = 0, \quad k = 1, 2, \cdots, n \tag{6.59}$$

方程(6.59)通常通过迭代求解。假设已经进行了 l 次迭代，并且在步骤$(l+1)$中使用以下泰勒级数的第一项：

$$0 = \boldsymbol{G}(\boldsymbol{a}_l) + \boldsymbol{D}(\boldsymbol{a}_l)(\tilde{\boldsymbol{a}} - \boldsymbol{a}_l) \tag{6.60}$$

这里$\tilde{\boldsymbol{a}}$是 $\boldsymbol{G}(\boldsymbol{a}) = 0$ 的解。方程(6.60)得到以下迭代方案：

$$\boldsymbol{a}_{l+1} = \boldsymbol{a}_l - \boldsymbol{D}^{-1}(\boldsymbol{a}_l)(\tilde{\boldsymbol{a}}_l)\boldsymbol{G}(\tilde{\boldsymbol{a}}_l) \tag{6.61}$$

矩阵 $\boldsymbol{D}$ 由 Q 的导数组成：

$$D_{kk'} = -\frac{1}{2} \frac{\partial^2 Q(\boldsymbol{a}_l)}{\partial \boldsymbol{a}_k^2} \boldsymbol{a}_{k'} \tag{6.62}$$

这是著名的牛顿迭代的一个版本。不幸的是，迭代导致根振荡，而它应该是稳定的[11]。

需要回答的问题如下。

(1)用两种拟合方法处理给定的数据集，哪一个更好？

(2)良好(或不好)拟合的标准是什么？

(3)给定输入数据集，拟合中可接受多少参数？

(4)什么是可接受的 $Q_{\min}$？它取决于参数的数量吗？

(5)首选哪种方法，确定性还是概率性？

(6)如何估计一个给定拟合的稳定性和敏感性？

(7)输入数据的对称性在拟合中是否有作用？

(8)拓扑结构在拟合中有什么作用？

(9)如何估计拟合对噪声的敏感性？

上面提到的一些问题可以马上得到回答：例如，$Q_{\min}$ 越小，拟合越好。当使用多项式近似、傅里叶级数等时，我们获得较小的 $Q_{\min}$，但两点之间的插值，换言之，在非计量位置通常是非物理的。

良好的拟合在输入数据和模型结果之间产生合理的一致性。在拟合测量值时，统计数据有助于设置验收标准。从 $Q_{\min}$ 可以推导出 σ^2，参见6.2.1节，如果测量值和预测值之间的差值大于 3σ，则该点被视为离群值。同时，应该考虑离群值是随机分布的还是有累积趋势，这与拓扑在拟合中的作用有关，没有通用的方法。

至于参数的数量，没有一般规律。通过大量参数[12]的帮助，几乎可以描述任何事情，这是微不足道的。一个经验法则可能是将参数数量限制在数据的30%以下。

可以通过向测量值添加各种噪声来研究拟合对噪声的敏感性。当对所应用方法的稳定性存在疑问时，该方法可能有用。

我们的拟合(详见式(6.65)和式(6.66))实际上是矩阵 $\boldsymbol{M} = m_{ij}$ 的二元分解。当 $\boldsymbol{M}$ 的

秩为 1 时[①],可以无误差地重建每个测量值。通常 $\boldsymbol{M}$ 的秩是 5 或 6,尽管 $Q_{\min}$ 很大拟合是可行的。这是因为式(6.65)和式(6.66)基于一个二元组,而矩阵 $\boldsymbol{M}$ 的秩通常大于两个。

当比较测量值 $\boldsymbol{M}(\xi_i)$ 和拟合值 $f(x_i,\boldsymbol{a})$,并且两者不同时,产生偏差可能有两个原因。第一个原因可能是 $f(x_i,\boldsymbol{a})$ 是不适合于实验的物理因素,因为物理模型使用了在 x_i 或几个点处无效的假设,在这种情况下,必须有良好的模型位置。仔细分析可能会指出所涉及假设的有效性限制在哪里,而良好的拟合和差拟合的过渡可能是渐进的。另一方面,抛弃大量测量点会使我们得到一个虚假的方差。为了解决这个问题,采用统计测试。

指标如 $Q_{\min}$、学生分数本身就是随机变量。因此,它们用统计术语来描述平均值、方差、分布。

6.2.4　堆芯测量的评估

测量评估的基本问题如下。我们测量确定性物理量(如温度、压力等),但测量量是随机的。我们有一个可以使用的物理模型,比如式(6.2),可以用它来表示 y(要测量的物理量)或参数 a(直接测量无法获得的物理参数)。基于物理模型,经过长时间的计算,我们得到了所需的参数。从上一小节中,读者知道结果必须是随机变量:

$$\Phi = F(\xi_1,\xi_2,\cdots,\xi_n) \tag{6.63}$$

幸运的是,我们能够确定其期望值 $M\{\Phi\}$ 和变量 $D^2\{\Phi\}$。本小节主要介绍当 Φ 是为温度或 SPND 测量获得的燃料组件功率时,可用于推导 $M\{\Phi\}$ 和 $D^2\{\Phi\}$ 的技术。

基于测量值的功率(或 k_q)图可通过以下方式获得。当堆芯是对称的并且冷却剂流动模式是对称的,功率分布也应该是对称的。如果我们根据主循环泵的流动区域将堆芯细分为扇区,并假设不同扇区中的相同位置略有不同,则可以估计任何组件的功率,只要在至少一个中进行测量即可,该过程可以如下运行。

在堆芯中有 N_m 个测量位置,我们通过扇区指数 i 和扇区 k 中的位置来识别测量位置,因此 m_i 是位于扇区 $j(i)$ 的位置 i 处的测量值(功率、温度差或 k_q 值)。在 VVER－440 堆芯中,我们区分 6 个扇区,每个扇区有 59 个位置,因此 $1 \leqslant \mathcal{k}(i) \leqslant 59$。用扇区相关振幅 $p_{j(i)}$,$1 \leqslant j(i) \leqslant 6$ 和位置相关振幅 $s_{k(i)}$,$1 \leqslant k(i) \leqslant 59$ 的乘积近似 m_i 将扇区振幅 $p_{j(i)}$ 收集到六元组 $\boldsymbol{p}$ 中,并将位置振幅 $s_{k(i)}$ 收集到 59 元组 s 中。我们寻求以下表达式的最小值:

$$Q(\boldsymbol{p},\boldsymbol{s}) = \sum_{i=1}^{N_m} (m_i - p_{j(i)} s_{k(i)})^2 \tag{6.64}$$

其中,总和覆盖所有测量位置。Q 取决于 p_j,$j=1,2,\cdots,6$ 和 s_k,$k=1,2,\cdots,59$,所以在 Q 的最小值,p_i 和 s_k 是以下等式的解:

$$\frac{\partial Q}{\partial s_k} = \sum_{i=1}^{210} (m_i - p_{j(i)} s_{k(i)}) p_{j(i)} = 0,\quad k = 1,2,\cdots,6 \tag{6.65}$$

$$\frac{\partial Q}{\partial p_j} = \sum_{i=1}^{210} (m_i - p_{j(i)} s_{k(i)}) s_{k(i)} = 0,\quad j = 1,2,\cdots,59 \tag{6.66}$$

---

①　$\boldsymbol{M}$ 的秩(它是一组测量量)与拟合优度有关。实际上,测量值形成一个向量,我们根据堆芯几何形状将其排列成矩阵。模型(6.65)和(6.66)通过将测得的向量重新排列到矩阵中来利用堆芯几何形状,矩阵的结构(这次是矩阵的秩)用于获取矩阵信息并将其移植到向量的结构中。

每个测量位置 i 属于一个且仅一个扇区 $1\leqslant k\leqslant 6$ 和位置 $1\leqslant j\leqslant 59$。因此,对于给定的 m_i 属于 m、j 索引对。必须求解以下等式:

$$\sum_{j=1}^{6} m_{jk}p_j = (\sum_{j=1}^{6} p_j^2)s_k, \quad k = 1,2,\cdots,59 \tag{6.67}$$

$$\sum_{k=1}^{59} m_{jk}s_k = (\sum_{k=1}^{59} s_k^2)p_j, \quad j = 1,2,\cdots,6 \tag{6.68}$$

为了阐明方程(6.67)~(6.68)的结构,引入了以下符号。矩阵 $\boldsymbol{M}$ 的元素是 $\boldsymbol{M}_{jk}=m_{jk}$,即测量值。有两个参数向量 $\boldsymbol{p}=(p_1,p_2,\cdots,p_6)$ 和 $\boldsymbol{s}=(s_1,s_2,\cdots,s_{59})$,引入两个标量:

$$S(\boldsymbol{p}) = \sum_{j=1}^{6} p_j^2 \tag{6.69}$$

和

$$S(\boldsymbol{s}) = \sum_{k=1}^{59} s_k^2 \tag{6.70}$$

综合式(6.67)和式(6.68),有

$$\boldsymbol{Mp}=S(\boldsymbol{p})\boldsymbol{s} \tag{6.71}$$

和

$$\boldsymbol{M}^+\boldsymbol{s}=S(\boldsymbol{s})\boldsymbol{p} \tag{6.72}$$

这里 $\boldsymbol{M}^+$ 矩阵转换为 $\boldsymbol{M}$。$\boldsymbol{M}^+$ 从左边乘以式(6.71):

$$(\boldsymbol{M}^+\boldsymbol{M})\boldsymbol{p}=S(\boldsymbol{p})S(\boldsymbol{s})\boldsymbol{p} \tag{6.73}$$

$(\boldsymbol{M}^+\boldsymbol{M})$ 是对称矩阵,式(6.73)是特征值问题。对称矩阵具有显性特征值,且相应特征向量的元素是正的。$\boldsymbol{M}$ 从左边乘以式(6.72),我们得到第二个特征值问题:

$$\boldsymbol{MM}^+\boldsymbol{s}=S(\boldsymbol{s})S(\boldsymbol{p})\boldsymbol{s} \tag{6.74}$$

其中使用了式(6.71)。

由于测量场的元素是正的,我们使用主导特征向量。在我们的例子中,必须找到一个六元素向量,[①]见方程(6.72)和第二个特征值问题(6.74)来找到一个 59 个元素的向量 $\boldsymbol{s}$。为了恢复扇区 j 的位置 k 处的测量场,将主要特征向量的相应元素相乘:

$$\psi_{jk}=s_kp_j, \quad k=1,2,\cdots,6; \quad j=1,2,\cdots,59 \tag{6.75}$$

在任何相应位置中没有被测量的位置处以及在没有测量的扇区中得到“零”。剩下的就是一个简单的数值问题。上述方法提供的图仅依赖于测量值和数学,没有近似值,没有添加其他信息。

6.2.5 应用

6.2.5.1 参数估计

这里提出三个简单的问题来演示参数估计的应用。

在第 4 章的例 1 中,当材料是均匀的,已经看到在一个能群模型中,中子通量是 $\boldsymbol{\Phi}(x)=\cos(Bx)$,其中 B 是屈曲。当点吸收体插入均匀介质中时,也可以给出中子通量解的封闭解[3]。

---

① 在某些压水堆型中,特征向量具有 4,6 或 8 个元素,具体取决于堆芯的对称性。

让我们考虑在第四章中扩散理论中描述的单个吸收体棒在无限均匀区域中的影响。在均匀区域中,通量是

$$\Phi(x) = \cos(Bx) \tag{6.76}$$

其中屈曲 B 由截面确定。我们认为吸收棒是一种点干扰:

$$\Sigma_a = A_0\delta(x - x_0) \tag{6.77}$$

式中,A_0 是吸收体的强度。

均匀区域中的扩散方程是

$$D\Delta\Phi(x) + (v\Sigma_f - \Sigma_a)\Phi(x) = 0 \tag{6.78}$$

当细棒存在时,扩散方程变为

$$D\Delta\Phi(x) + (v\Sigma_f - \Sigma_a)\Phi(x) - A_0\delta(x - x_0) = 0 \tag{6.79}$$

点 x_0 将空间分割成两部分,通量和电流必须在 x_0 处连续,因此:

$$\left.\frac{\mathrm{d}\Phi}{\mathrm{d}x}\right|_{左} - \left.\frac{\mathrm{d}\Phi}{\mathrm{d}x}\right|_{右} = \frac{A_0}{D}\Phi(x_0) \tag{6.80}$$

解是

$$\Phi(x) = \begin{cases} C\sin[B_0(a + x)]\sin[B_0(a - x_0)], 如果\ x \leqslant x_0 \\ C\sin[B_0(a - x)]\sin[B_0(a + x_0)], 如果\ x \geqslant x_0 \end{cases} \tag{6.81}$$

由于 $\Phi(\pm a) = 0$,参数 a 用于将通量限制在有限区域。

在图6.2中,显示了不带细棒(虚线)和带细棒(实线)的通量。读者可以看到细棒效应的范围:通量几乎在整个范围内变化。注意,点状吸收体明显改变整个堆芯中的通量形状。这清楚地表明由于点状吸收棒引起的通量变形是全局的,参见方程(3.12),这使得检测动力堆堆芯功率异常成为可能。

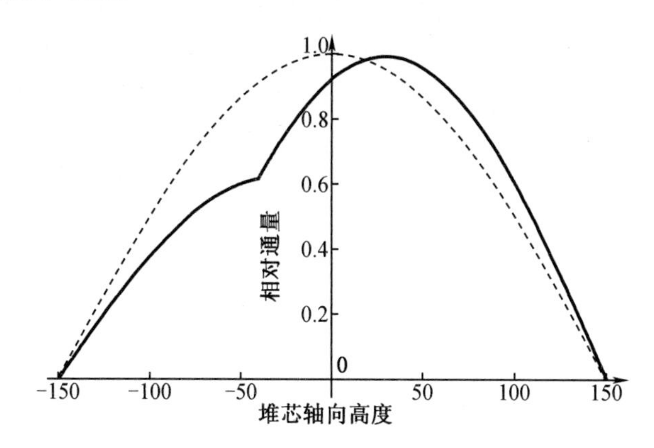

图6.2　吸收棒在 $x = -40$ cm 处引起的通量变形

当 $\Phi(x)$ 已知时,是否可以确定点吸收体的位置?由于吸收体局部减小了通量,并且其影响必须随着距棒位置的距离增加而减弱,因此在图6.3中给出曲线的差异就足够了。最小搜索可用于查找最小值。在实际情况下,测量通量并且存在使测量位置不确定的实验误差。

类似但更困难的问题是控制组件轴向位置的实验测定。

在新的堆芯中,临界值通常通过硼稀释来维持。当硼浓度为零时,通过控制棒保持临界

状态,操纵员根据测量数据估算燃料循环的结束。

另一个更复杂的例子是慢化剂温度系数(MTC)的测量,参见7.3节。

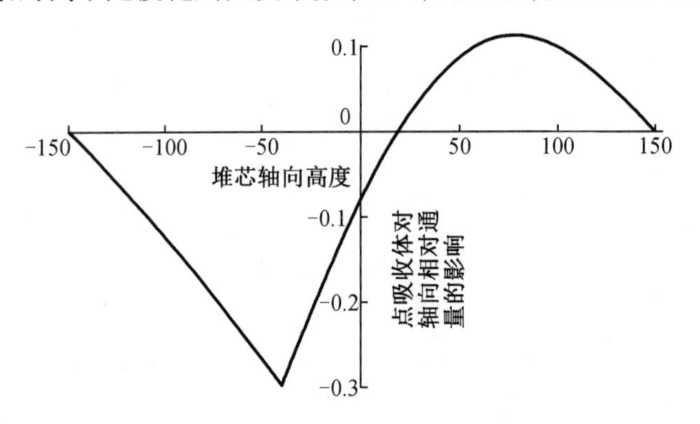

图6.3　检测吸收棒的位置

6.3　测量数据的处理

堆芯测量的分析从测量值的分析开始,此步骤通常包含在测量数据的详细说明中。测量循环时间允许将实际测量值与前一测量值进行比较。测量值应该在测量参数的给定范围内,该步骤通常构建在测量数据的电子处理中。当测量值超出可接受的范围时,测量值被抛弃。

第二个标准是与先前测量值相比的变化。在正常状态下,反应堆状态接近稳态,这意味着仅有噪声或缓慢的瞬变发生。这是为测量信号的允许变化分配参数范围的基础。

信号处理的下一步是将信号转换为物理单位。SPND信号、热电偶信号是电压,必须分别转换成功率密度和温度。转换所需的参数在校准的过程中确定,例如,温度是热功率的二次函数,见式(2.8)。功率测定更复杂,详情参见第2章。在信号处理中,经常使用以下术语:

(1)场:堆芯中物理参数的值。

(2)测量(计量)位置:实施测量的位置。

(3)场重构:一种在非计量位置提供物理场数值的方法。

(4)节点:给出物理场数值的位置。

(5)重构方法:提供缺物理场数值的方法。

(6)不确定性:合理的误差测量。

信号处理首先在测量位置产生测量值,然后进行场重构。重构方法可能取决于堆芯状态和仪器以及电子设备的状态。当运行测量的数量减少或者可以观察到持续的劣化时,应该改进信号处理,否则它将保持不变直到燃料循环结束。

反应堆堆芯仅允许有限数量的堆芯内测量,因此测量处理必须依赖于某些假设。信号处理基于以下假设。

(1)进入温度的假设:冷却剂通过管道进入反应堆堆芯,循环由主冷却剂泵驱动。每个一回路在每个环路的冷段和热段都有温度和流量测量,在燃料组件入口处既没有流量测量也没有温度测量。

(2)组件流量的假设:见前一项。

(3)控制棒位置的假设:控制棒位置可从主控制室连续监测,然而在操作室中显示的控制棒位置可能与实际位置不同。

(4)装料模式的假设:堆芯重新装料是在非常谨慎的情况下进行的,但总是可能发生错误。

(5)中子动力学+热工水力学模型:应该牢记堆芯设计是基于近似模型,正如第4章所讨论的那样。这些模型都经过仔细测试,但如果流量模式不正常,功率分布与预期的不同,则应记住模型或输入数据可能与假设的不同。

堆芯仪器的功能之一是验证上述假设。除此之外,堆芯测量给操作员指示实际堆芯状态,而计算显示由输入数据反映的假定状态下的计算状态。试验函数可以填补实际堆芯状态与计算的输入数据所代表的堆芯状态之间的差距。下面我们介绍一些其他解决方案。

6.3.1　参数调整

以下问题可能表明需要进行参数调整:

(1)当一些重构值或测量值与计算值不同时;

(2)当测量处理需要异常大量的试验函数时;

(3)当反应堆状态发生变化时,包括堆芯对称性或主冷却剂泵状态变化。

下面给出一个简化的参数调整模型,该模型包括:

(1)描述堆芯功率分布的方程;

(2)堆芯数据的一组测量值和验收值①;

(3)输入到上述方程中的一组参数。

更具体地说,我们选择具有单个参数的简单扩散理论模型:

$$\boldsymbol{D}(p)\boldsymbol{\Phi}(p)+\boldsymbol{P}(p)\boldsymbol{\Phi}(p)=0 \tag{6.82}$$

在式(6.82)中,$\boldsymbol{D}$、$\boldsymbol{P}$ 分别是耗损和产生运算符;p 是参数集[13-14]。

在堆芯边界处具有适当的均匀边界条件。我们假设位置 x_i 处的一组测量值 $M(x_i)$ 是可用的,并且希望改变 p,因此计算值应该尽可能接近地再现测量值。为简单起见,假设 $\boldsymbol{\Phi}(x_i)$ 产生测量值 $M(x_i)$②,我们寻求 p 使得[6]:

$$\sum_i\left[M(x_i)-\Phi_p(x_i)\right]^2=\min_p \tag{6.83}$$

最低条件给出:

$$\sum_i M(x_i)\frac{\partial\boldsymbol{\Phi}}{\partial p}=\sum_i\boldsymbol{\Phi}_p(x_i)\frac{\partial\boldsymbol{\Phi}_p}{\partial p} \tag{6.84}$$

这是 p 的非线性方程。通过扰动理论形式,假设 p 接近于名义值 p_0 并且使用围绕 p_0 的第一项近似,得:

$$\boldsymbol{P}(p)=\boldsymbol{P}(p_0)+\Delta\boldsymbol{P}(p-p_0) \tag{6.85}$$

---

①　如果通过不同方法测量参数并且测量值不同,则会选择一个可接受的值。

②　实际上,$M(x_i)$ 是 $\Phi_p(x_i)$ 的线性表达式。

和

$$\boldsymbol{D}(p)=\boldsymbol{D}(p_0)+\Delta\boldsymbol{D}(p-p_0) \tag{6.86}$$

这里 ΔP 和 ΔD 分别是产生算子 P 和损耗算子 D 的扰动。在式(6.82)中扰动可能会改变中子平衡。考虑到这种变化,将扰动后的式(6.82)写成

$$\boldsymbol{D}(p)\boldsymbol{\Phi}(p)+\frac{1}{\lambda(p)}\boldsymbol{P}(p)\boldsymbol{\Phi}(p)=0 \tag{6.87}$$

$\lambda(p=0)=1$。扰动后的中子通量为

$$\boldsymbol{\Phi}(p)(x)=\boldsymbol{\Phi}_0(x)+\frac{\partial\boldsymbol{\Phi}}{\partial p}(x)(p-p_0) \tag{6.88}$$

临界参数 λ 的变化为

$$\Delta\lambda(p-p_0) \tag{6.89}$$

根据式(6.89),参数变化可能导致由下式给出的反应性变化:

$$\Delta\lambda(p-p_0)=\frac{(\boldsymbol{\Phi}_0^+(x);\Delta(\boldsymbol{P}-\boldsymbol{D})\boldsymbol{\Phi}_0(x))}{(\boldsymbol{\Phi}_0^+(x)\Delta\boldsymbol{P}\boldsymbol{\Phi}_0(x))} \tag{6.90}$$

反应性变化与截面扰动和未扰动的通量 $\boldsymbol{\Phi}_0$ 和未扰动的伴随通量 $\boldsymbol{\Phi}^+$ 成正比。当截面的扰动几乎各处都不等于零时,反应性变化很小。

相反,当扰动扩展时,即使很小的扰动也可能具有全局效应。

这些扰动特征可用于参数调整。通常应保留全局平衡,并应选择要改变的参数 p,以使其在通量形状上产生所需的变化。一些可能性:

(1)改变一些反射器反照率,可能会影响靠近反射器边界的通量形状;

(2)改变给定浓缩燃料类型的截面,通量形状可以变化;

(3)可以改变单个截面,但这种运行需要小心。

原则上,可以修改单个组件的截面,但要记住,反应堆程序不使用于实际截面,而是使用在均匀化、群凝聚和插值等处理之后获得的人工数据。如果给定截面数据的无限材料给出物理通量,则截面集是物理的。最低要求是通量为正[15]。

反对将大量参数纳入评估的另一个论点如下[12]:当模型中自由参数的数量增加时,尽管其建模能力迅速增加,但是它与现实的联系正在减弱。

主成分方法是已成功用于堆芯监测[5,16]和堆芯计算[7,17-18]的数学工具之一。本节首先简要介绍该方法。本书基于统计术语,将堆芯细分为一致的扇区,每个扇区被视为一个充满随机元素的扇区的副本。请记住,我们处理的测量值通常包括随机噪声。在一个扇区中有 M_s 个值,堆芯由 N_s 个扇区组成,将这些扇区当作 N_s 个副本组成的统计样本。在确定每个位置 $1\leqslant k\leqslant N_s$ 的均值 m_k 和方差 s_k 之后,统计样本被标准化,新变量 z_{jk} 的均值为零,方差为1。从该矩阵我们创建一个 N_s 阶对称矩阵,该矩阵的特征向量是主要成分。可以证明,主要成分仅取决于扇区的几何形状。6.2 节已经介绍过测量参数拟合的方法。

6.3.2 数学方法:SVD、ROM、POD

让我们研究以下问题。有 m 个测量值 $\boldsymbol{y}=(y_1,y_2,\cdots,y_m)$,形成一个称为快照的观测矢量 $\boldsymbol{y}$。当测量重复 n 次时,获得以下快照矩阵:$\boldsymbol{Y}=(\boldsymbol{y}_1,\boldsymbol{y}_2,\cdots,\boldsymbol{y}_n)$。设矩阵的秩为 $d\leqslant\min(m,n)$,则

$$\tilde{y} = \frac{1}{n}\sum_{j=1}^{n} y_j$$

是矩阵 $\boldsymbol{Y}$ 中列的平均值。奇异值分解理论(SVD)[19]保证存在正数 $\sigma_1,\sigma_2,\cdots,\sigma_d$,正交矩阵 $\boldsymbol{P} \in \boldsymbol{R}^{n \times n}$ 与列$(\boldsymbol{p}_1,\boldsymbol{p}_2,\cdots,\boldsymbol{p}_m)$和 $\boldsymbol{F} \in \boldsymbol{R}^{n \times n}$ 与列$(\boldsymbol{f}_1,\boldsymbol{f}_2,\cdots,\boldsymbol{f}_n)$,使得

$$\boldsymbol{P}^{+}\boldsymbol{YF} = \begin{pmatrix} \boldsymbol{D} & 0 \\ 0 & 0 \end{pmatrix} \tag{6.91}$$

式中,$\boldsymbol{D}$ 是对角线矩阵,在对角线上有条目 $s_1,s_2,\cdots,s_d$。0 代表零元素的适当矩阵。矢量 $\boldsymbol{p}_i$ 和 $\boldsymbol{f}_i$ 是相关的:

$$\boldsymbol{Y}\boldsymbol{f}_i = \sigma_i\boldsymbol{p}_i,\quad \boldsymbol{Y}^{+}\boldsymbol{p}_i = \sigma_i\boldsymbol{f}_i,\quad i=1,2,\cdots,d \tag{6.92}$$

此外

$$\boldsymbol{YY}^{+}\boldsymbol{f}_i = \sigma_i^2\boldsymbol{p}_i,\quad \boldsymbol{Y}^{+}\boldsymbol{Y}\boldsymbol{p}_i = \sigma_i^2\boldsymbol{p}_i,\quad i=1,2,\cdots,d \tag{6.93}$$

向量 $p_i(d+1 \leqslant i \leqslant m$ 和 $d<m)$是矩阵 $\boldsymbol{YY}^{+}$ 的特征向量,特征值为零。当 $d<n$,则 $f_i(m \leqslant i \geqslant d+1)$是 $\boldsymbol{Y}^{+}\boldsymbol{Y}$ 的特征向量,特征值为 0。

以下表达式紧跟在式(6.91)之后:

$$\boldsymbol{Y} = \boldsymbol{P\Sigma F}^{+} \tag{6.94}$$

所以有可能用 $\boldsymbol{P}$ 的 d 个线性无关列表示矩阵 $\boldsymbol{Y}$:

$$\boldsymbol{Y} = \boldsymbol{P}^{d}\boldsymbol{D}(\boldsymbol{F}^{d})^{+} \tag{6.95}$$

其中

$$P_{ij}^{d} = P_{ij},\quad 1 \leqslant i \leqslant m;\quad 1 \leqslant j \leqslant d \tag{6.96}$$

和

$$F_{ij}^{d} = F_{ij},\quad 1 \leqslant i \leqslant n;\quad 1 \leqslant j \leqslant d \tag{6.97}$$

此外

$$\boldsymbol{y}_j = \sum_{i=1}^{d} (\boldsymbol{y}_j;\boldsymbol{p}_i)\boldsymbol{p}_i \tag{6.98}$$

是矢量 y_j 的表示①。

上述分析的可能用途如下。设 $\boldsymbol{Y}$ 代表测量值。如果堆芯是对称的,则存在使 $\boldsymbol{Y}$ 不变的变换。但是对称性也可能不是几何的。在任一种情况下,测量值矩阵 $\boldsymbol{Y}$ 可能比其维度得到的信息更少,并且这可以在测量处理中加以利用。

主成分方法(PCM)也来源于统计学[20]。最近,该方法也被称为降阶建模(ROM)[21]。我们讨论以下模型问题:堆芯中存在物理量(例如温度、功率密度或中子通量)的场。技术和其他约束限制了可实施测量的数量,因此有未测量的位置。我们正在寻找一种方法为以下问题提供答案:

(1)非计量位置的测量场的值是多少?

(2)测量值是否确认了对实际堆芯状态的假设?

(3)是否可以识别不正常的测量值?

后一项需要一些解释。评估过程从检测器开始,校准检测器电流并测量信号的电气处

---

① $(\boldsymbol{y}_j;\boldsymbol{p}_i)$是 $\boldsymbol{R}^m$ 中的点积。

理，最后得到测量值。换句话说，测量值是否符合解释测量信号时使用的模型？PCM 将 N_{as} 数据视为统计样本。将统计样本 $\Psi = (\Psi_1, \Psi_2, \cdots, \Psi_{Nas})$ 映射到自身：

(1)组件的排列；

(2)几何对称，如旋转、反射。

当转换具有至少两个元素时，可以使用以下方法将任何 Ψ 分解为线性无关分量：

(1)设转换 $T_1, T_2, \cdots, T_k (k>1)$，保持 Ψ 不变。

(2)形成 $\Psi_i = T_i \Psi, i=0,\cdots,k$。

(3)将每个 Ψ_i 分解为正交分量 $y_1, y_2, \cdots, y_r$，其中 $r \leqslant k$。获得的向量具有性质：

$$(y_i, y_j) = \delta_{ij}, \quad 1 \leqslant i, j \leqslant k$$

(4)形成矩阵 $\boldsymbol{Y} = (\boldsymbol{y}_1, \boldsymbol{y}_2, \cdots, \boldsymbol{y}_r)$。

(5)根据线性代数的奇异值分解定理，$\boldsymbol{Y}$ 可以写成

$$\boldsymbol{Y} = \boldsymbol{U\Sigma V}^+ \tag{6.99}$$

式中，$\boldsymbol{U}$ 是 $m \times m$ 矩阵，$\boldsymbol{V}$ 是 $n \times n$ 正交矩阵，$\boldsymbol{\Sigma}$ 是 $n \times m$ 矩阵，其非零对角元素包含 $\boldsymbol{Y}$ 的特征值。这使得我们可以将 $\boldsymbol{Y}$ 表示为

$$\boldsymbol{Y} = \boldsymbol{U}\begin{pmatrix} \boldsymbol{D} & 0 \\ 0 & 0 \end{pmatrix}\boldsymbol{V}^+ \tag{6.100}$$

由 Eckart - Young 定理[22]，观察到式(6.102)在 $n < m$ 时会减少测量中的信息。这种观察可用于计算近似方案[23-25]。

假设反应堆堆芯中有 N_{as}组件，让我们考虑一个计算的 N_{as}个数据的场 $\Psi = (\Psi_1, \Psi_2, \cdots, \Psi_{Nas})$。为了减少计算工作，我们在堆芯中选择了 N_s 组件组成的元素。简单的几何考虑可能有助于选择元素可以是由几何对称性确定的堆芯区域。当 $N_{as} \gg N_s$ 时，堆芯中的分布可以被视为一些元素的统计样本，我们可以说平均值、方差和其他统计术语，可以使用统计机制来表征要素的分布。我们在 6.2.4 节中使用了这种技术。PCM 的核心思想是找到一些组件，用规定的精度描述大多数元件中的场。

让我们考虑对称堆芯中计算的功率值 $\Psi_1, \Psi_2, \cdots, \Psi_{Nas}$，并且通过给定的堆芯对称性(例如旋转 60°)收集在彼此变换的位置中的值，设这些值构成矢量 $\boldsymbol{y}_i = (\Psi_{i1}, \Psi_{i2}, \cdots, \Psi_{ir})$，这里 r 是由所考虑的堆芯对称性相互转换的位置的数量，下标 i 指的是应用对称性的起始组件。假设我们知道 $\boldsymbol{Y} = (\boldsymbol{y}_1, \boldsymbol{y}_2, \cdots, \boldsymbol{y}_n)$。$\boldsymbol{Y}$ 是由元素 m 的 n 个向量组成的矩阵。根据线性代数的奇异值分解的基本定理[26]，矩阵 $\boldsymbol{Y}$ 可以写成

$$\boldsymbol{Y} = \boldsymbol{U\Sigma V}^+ \tag{6.101}$$

式中，矩阵 $\boldsymbol{U}$ 是 $m \times m$，$\boldsymbol{V}$ 是 $r \times r$ 正交矩阵，$\boldsymbol{\Sigma}$ 是 $n \times r$ 矩阵，其非零对角元素是 $\boldsymbol{Y}$ 的特征值，这使得我们可以将 $\boldsymbol{Y}$ 表示为

$$\boldsymbol{Y} = \boldsymbol{U}\begin{pmatrix} \boldsymbol{D} & 0 \\ 0 & 0 \end{pmatrix}\boldsymbol{V}^+ \tag{6.102}$$

由 Eckart - Young 定理[22]，观察到表示式(6.102)压缩测量中的信息，只要 $n < r$，分解式(6.102)称为奇异值分解(SVD)。SVD 可用于计算近似方案[23-25]。

让我们考虑以下简单的例子。在四个位置进行了四次测量，测量结果如下：

$$\left.\begin{aligned}\boldsymbol{y}_1 &= (4.27, 4.486, 4.084, 4.25)\\ \boldsymbol{y}_2 &= (4.486, 4.7144, 4.29, 4.4644)\\ \boldsymbol{y}_3 &= (4.084, 4.29, 3.9092, 4.0632)\\ \boldsymbol{y}_4 &= (4.25, 4.4644, 4.0632, 4.2316)\end{aligned}\right\}\tag{6.103}$$

观察矩阵的秩：

$$\boldsymbol{Y}=\begin{pmatrix}4.27 & 4.486 & 4.084 & 4.25\\ 4.486 & 4.7144 & 4.29 & 4.4644\\ 4.084 & 4.29 & 3.9092 & 4.0632\\ 4.25 & 4.4644 & 4.0632 & 4.2316\end{pmatrix}\tag{6.104}$$

而且 $Y_{ij}=Y_{ji}$，因此 $\boldsymbol{Y}$ 是对称矩阵。平均向量为

$$\boldsymbol{y}_{\mathrm{av}} = (1.2525, 0.8475, 1.2525, 0.6475)\tag{6.105}$$

$\boldsymbol{YY}^{+}$ 的特征值为

$$\sigma^2 = (17.1192, 0.00411689, 0.00187293, 0)\tag{6.106}$$

相应的特征向量采用矩阵形式：

$$\boldsymbol{U}=\begin{pmatrix}-0.499426 & -0.524701 & -0.477691 & -0.497066\\ -0.0545352 & -0.142846 & 0.80719 & -0.570145\\ 0.0719413 & -0.802295 & 0.244233 & 0.539905\\ -0.86164 & 0.246183 & 0.246183 & 0.369274\end{pmatrix}\tag{6.107}$$

使用式(6.102)利用矩阵 $\boldsymbol{U}$ 的列的正交性，可以将 $\boldsymbol{y}_j$ 表示为

$$\boldsymbol{y}_j = \sum_{i=1}^{3}(\boldsymbol{y}_j, \boldsymbol{U}_j)\boldsymbol{u}_j, \quad j = 1,2,\cdots,4\tag{6.108}$$

其中 $\boldsymbol{u}_j$ 是矩阵 $\boldsymbol{U}$ 的列 j。结果为

$$\begin{pmatrix}1.25 & 1.32 & 1.21 & 1.23\\ 0.85 & 0.86 & 0.81 & 0.87\\ 1.25 & 1.32 & 1.21 & 1.23\\ 0.65 & 0.7 & 0.57 & 0.67\end{pmatrix}\tag{6.109}$$

正如我们所看到的，该方法使用的矢量减少了25%，因此效率更高。

在矩阵 $\boldsymbol{U}$、$\boldsymbol{\Sigma}$ 和 $\boldsymbol{V}$ 的帮助下，本小节开头提到的三个问题的答案如下：

(1)在式(6.102)中矩阵 $\boldsymbol{D}$ 具有与给定 y_i 中的计量位置的数量一样多的非零元素，这表明缺失的元素降低了重构功率图的精度。

(2)通过分析 y_i，可以将假设的堆芯属性(如最大功率的位置和数值)与极限值进行比较。

(3)上一项已回答了这个问题。

数学家通常以下列方式表述 PCM[19,21,27]。假设我们必须处理以矩形数组排序的大数据集。设 $\boldsymbol{Y}=(y_{ij}, i=1,2,\cdots,m;\ j=1,2,\cdots,n)$ 为矩形矩阵，其行写为向量 $\boldsymbol{y}_i, i=1,2,\cdots,n$。设 $d=\min(m,n)$ 是矩阵 $\boldsymbol{Y}$ 的维数中较小的一个。奇异值分解保证存在 $m\times m$ 阶的正交矩阵 $\boldsymbol{P}$ 和阶数 $n\times n$ 的 $\boldsymbol{F}$，使得

$$\boldsymbol{P}^{+}\boldsymbol{YF}=\begin{pmatrix}\boldsymbol{D} & 0\\ 0 & 0\end{pmatrix}\tag{6.110}$$

式中　$\boldsymbol{D}$——d 阶的对角矩阵；

　　0——零矩阵。

矩阵 $\boldsymbol{D}$ 的阶数为 d，右侧矩阵的阶数为 $\max(m,n)$。令矩阵 $\boldsymbol{P}$ 的行为 $\boldsymbol{p}_1,\boldsymbol{p}_2,\cdots,\boldsymbol{p}_m$，矩阵 $\boldsymbol{F}$ 的行为 $\boldsymbol{f}_1,\boldsymbol{f}_2,\cdots,\boldsymbol{f}_n$。可以证明，向量 $\boldsymbol{p}_i$ 和 $\boldsymbol{f}_i$ 是 $\boldsymbol{YY}^+$（n 阶）和 $\boldsymbol{Y}^+\boldsymbol{Y}$（$m$ 阶）的特征向量：

$$(\boldsymbol{YY}^+)\boldsymbol{p}_i = \lambda_i \boldsymbol{p}_i,\quad i=1,2,\cdots,n \tag{6.111}$$

和

$$(\boldsymbol{Y}^+\boldsymbol{Y})\boldsymbol{f}_i = \lambda_i' \boldsymbol{f}_i,\quad i=1,2,\cdots,m \tag{6.112}$$

上述扩展方法称为适当的正交分解方法，附录 F.2 给出了简短描述。

6.3.3　反应堆物理中的主成分法

考虑以下问题。给定一个由 N_{as} 个组件组成的反应堆堆芯 V，寻求以下方法：

(1) 根据 $N_{\rm meas}$ 个测量值重构场 $\boldsymbol{\Phi}=(\Phi_i, i=1,2,\cdots,N_{as})$；

(2) 尽可能简明地存储 $\boldsymbol{\Phi}$ 值；

(3) 估计根据给定的一组测量值重构的场的误差；

(4) 决定是否以方程的形式给出模型：

$$\boldsymbol{T\Phi}=\boldsymbol{Q} \tag{6.113}$$

式中　$\boldsymbol{T}$——给定的矩阵(算子)；

　　$\boldsymbol{Q}$——给定的对称源，符合测量的 Φ_i 集合①。

可能的答案取决于 V、$N_{\rm meas}$ 和算子 $\boldsymbol{T}$。通过研究，我们假设场 Φ_i 和模型(6.113)是兼容的：当 $\boldsymbol{PT}=\boldsymbol{T}$ 时，$\boldsymbol{P\Psi}=\Psi$。由于源 Q 是对称的，所以 $\boldsymbol{P}Q=Q$。

在这里，讨论问题的特殊解。首先，我们通过元素 $\mathscr{E}$ 的副本来平铺 $\boldsymbol{V}$，平铺可能重叠。在参考文献[16]中，已经使用了 7 个六边形的元素，并且通过重叠的六边形将堆芯平铺。重叠位置处的组件功率可用于估计重构值的误差。

令元素 $\mathscr{E}$ 成为 N_E 点。然后，场 $\Phi_i(i=1,{\rm i}=2,\cdots,N_{\rm as})$ 可由矢量 $\boldsymbol{\Phi}=(\Phi_1,\Phi_2,\cdots,\Phi_{N_{\rm as}})$ 给出：

$$\boldsymbol{X}=\begin{pmatrix} x_{11} & x_{12} & \cdots & x_{1N_E} \\ x_{21} & x_{22} & \cdots & x_{2N_E} \\ \vdots & \vdots & & \vdots \\ x_{N1} & x_{N2} & \cdots & x_{NN_E} \end{pmatrix} \tag{6.114}$$

式中，N 是用于平铺 V 个元素 $\mathscr{E}$ 的 N 个副本的平铺数。

迄今为止，元素 $\mathscr{E}$ 以及在平铺中使用的元素的数量是任意的，唯一的条件是 $N_E N \geqslant N_{\rm as}$ 并且矩阵 $\boldsymbol{X}$ 的每个元素是向量 $\boldsymbol{\Phi}$ 的元素，即我们在至少一个区块中使用每个 Φ_i。当 $N \gg 1$ 时，平铺可以被认为是向量或 N_E 元组的统计样本。有统计工具来分析样本，我们引入平均值：

$$m_k = \frac{1}{N}\sum_{j=1}^{N} x_{jk},\quad k = 1,2,\cdots,N_E \tag{6.115}$$

方差：

---

① 在这里，“符合”是用数学术语松散地确定的，可以这样表示：在测量位置，式(6.113)的解与测量的 Φ_i 之差很小。

$$s_k^2 = \frac{1}{N}(x_{jk} - m_k)^2, \quad k = 1,2,\cdots,N_E \tag{6.116}$$

就引入的新变量而言,标准化的样本元素是

$$z_{jk} = \frac{1}{N}\sum_{j=1}^{N}\frac{(x_{jk} - m_k)}{s_k}, \quad j = 1,2,\cdots,N; \quad k = 1,2,\cdots,N_E \tag{6.117}$$

新引入的变量具有以下属性:

$$\sum_{j=1}^{N} z_{jk} = 0, \quad k = 1,2,\cdots,N_E \tag{6.118}$$

和

$$\sum_{j=1}^{N} z_{jk}^2 = 1, \quad k = 1,2,\cdots,N_E \tag{6.119}$$

$$\boldsymbol{Z}^+\boldsymbol{Z} = \begin{pmatrix} c_{11} & c_{12} & \cdots & c_{1N_E} \\ c_{21} & c_{22} & \cdots & c_{2N_E} \\ \vdots & \vdots & \ddots & \vdots \\ c_{N_E1} & c_{N_E2} & \cdots & c_{N_EN_E} \end{pmatrix} \tag{6.120}$$

经验相关矩阵为

$$\boldsymbol{C} = \frac{1}{N}\boldsymbol{Z}^+\boldsymbol{Z} = \begin{pmatrix} 1 & c_{12} & \cdots & c_{1N_E} \\ c_{21} & 1 & \cdots & c_{2N_E} \\ \vdots & \vdots & & \vdots \\ c_{N_E1} & c_{N_E2} & \cdots & 1 \end{pmatrix} \tag{6.121}$$

$$\boldsymbol{Y} = \boldsymbol{Z}\boldsymbol{V} \tag{6.122}$$

其中

$$\boldsymbol{Y} = \begin{pmatrix} y_{11} & y_{12} & \cdots & y_{1N_E} \\ y_{21} & y_{22} & \cdots & y_{2N_E} \\ \vdots & \vdots & & \vdots \\ y_{N1} & y_{N2} & \cdots & y_{NN_E} \end{pmatrix} \tag{6.123}$$

矩阵 $\boldsymbol{V}$ 由相关矩阵 $\boldsymbol{C}$ 的特征向量 $\boldsymbol{V}_k$ 构成,它是 N_E 行和列的方阵,矩阵 $\boldsymbol{Y}$ 具有 N 行和 N_E 列。

$$\boldsymbol{C}\boldsymbol{V}_k = \lambda_k \boldsymbol{V}_k, \quad k = 1,2,\cdots,N_E \tag{6.124}$$

因为

$$\frac{1}{N}\boldsymbol{Y}_i^+\boldsymbol{Y}_k = \delta_{ik}\lambda_k, \quad k = 1,2,\cdots,N_E \tag{6.125}$$

当 $k \neq j$ 时,主成分 $\boldsymbol{V}_k$ 和 $\boldsymbol{V}_j$ 的协方差矩阵为零,主成分是不相关的[①]。

注意,上面提出的形式使主成分 Y_k 的长度和数量不确定。主成分的数量由 N_E(元素中的维度或空间点数)限制。矩阵 $\boldsymbol{Y}$ 由对称矩阵 $\boldsymbol{C}$ 的特征向量构成,因此向量 $\boldsymbol{Y}_k$ 彼此正交。

最后,我们必须讨论主成分的含义。观测值矩阵(6.114)是 PCM 的基石,仅包含测量

① 在介绍的概念中,这里介绍的“数学”仅是统计的类似物。

值。这证明了将值 x_{jk} 视为随机值是正确的,参见式(6.115)~式(6.117)。式(6.121)中的相关矩阵 $\boldsymbol{C}$ 是从测量值导出的。特征向量 V_k 见式(6.124),是从测量值导出的。它们是净化过的观测值,那么它们包含有关体积 V 几何形状的信息?主成分 V_i 和 V 之间的关系是什么?毕竟 PCM 可以看作由两个步骤组成的数值方法,在第一步中我们从测量中提取主成分,在第二步中恢复缺失的测量值。换句话说,主成分是体积 V 的具体特征吗?可以证明,如果存在一组矩阵 S 使得 $CS=SC$,则特征向量 Y_i 与 V 的几何形状无关。在参考文献[28]中已经提到了 PCM 的这种特征作为 PCM 的缺点,即主成分可以独立于域。

6.4 统计分析

在核反应堆中,理论和测量(或实践)是相辅相成的。一个称为验证和确认(缩写为 V&V)的程序用于使理论和测量相符合,有法规[29]建议验证和确认的指南。问题的根源如下。科学提供了描述反应堆的模型,但模型有其局限性。当模型应用于反应堆且反应堆符合模型的限制时,用正确方法从模型得出的结果是正确的,否则应该修改模型。在一个非常简化的公式中,我们测量并比较测量值与模型的预测值。比较两个不确定的事情,如理论预测值和测量值,统计是一种合适的工具。在 6.2.2 节中,我们总结了将在 V&V 过程中应用的统计工具。下面将它们应用于实际问题。

假设有一个计算的温度场和在某些位置的测量值。测量和计算是指同一个堆芯吗?如果不是,我们能否找出可能导致差异的堆芯参数?设 m_i 表示位置 i 处的测量温升为 ΔT,而 C_i 表示位置 i 处的计算值,得出以下统计假设:令 $\boldsymbol{m}=(m_1,m_2,\cdots,m_N)$,$\boldsymbol{C}$ 为测量值和计算值的矢量,H_0 是 $\boldsymbol{m}=\boldsymbol{C}$ 的假设。

当 H_0 为真时,可以选择数字 c,使得以下表达式的最小值:

$$Q(c)=(\boldsymbol{m}-c\boldsymbol{C})^2 \tag{6.126}$$

是零。最小值在:

$$c=\frac{\boldsymbol{mC}}{\boldsymbol{CC}} \tag{6.127}$$

c 是归一化常数。根据式(2.32)和(2.59),方差是

$$\sigma^2=\frac{Q_{\min}}{N-1} \tag{6.128}$$

全局拟合优度是局部差除以 σ:

$$\tau_i=\frac{m_i-cC_i}{\sqrt{\dfrac{Q_{\min}}{n-m}}} \tag{6.129}$$

其称为学生分数,是拟合数的局部优度。无论是 $Q_{\min}$ 还是 $\tau_i(i=1,2,\cdots,N)$ 都没有提出任何关于拟合错误的原因。一些原因可能是:测量误差,计算模型的输入数据不是指测量的堆芯,τ_i 图的性质可能有助于找出差异的原因。通常,测量误差集中在单个点或者由测量技术的某些共同部分(例如,冷点、电子处理)连接的一组测量值。

让我们研究测试 SBESZ1 的数据。在 SBESZ3 测试的 210 个测量位置处测量的 ΔT 值的集合显示在图 6.4 中,该测试显示出强烈不对称的堆芯状态。偏离计划的堆芯状态,例如冷

却剂流量偏差、未计划的控制棒位置,都可能导致这种异常。我们在图6.4中看到的是与对称功率分布的强烈偏离。原则上,燃料装载必须是对称的,主回路的主循环泵的流量不显示任何异常。在位置(-11,4)处,93号组件的ΔT_{max}为34.6 ℃。坐标(13,-7),编号310的组件中的最低值为5.65 ℃。在得出结论之前,在不增加任何信息的情况下,估计未测量组件的温度是合理的,除非它源于测量。这次我们使用6.2.4节中讨论的技术,式(6.65)和式(6.66)中的迭代快速收敛,但此时由Q_{min}指示的拟合质量清楚地表明分离成扇区幅度和位置相关部分不是一个好主意。学生分数可以进一步提供关于错误拟合的性质的信息。从拟合获得的扇区幅度为

$$s_1 = 0.982\,2,\quad s_2 = 1.149,\quad s_3 = 1.197\,1,\quad s_4 = 1.143\,1,$$
$$s_5 = 0.896\,1,\quad s_6 = 0.632\,498 \tag{6.130}$$

编号从东北扇区开始,逆时针方向排列。扇区幅度表明堆芯具有异常高的各向异性。扇区分布的最大值位于扇区位置11。

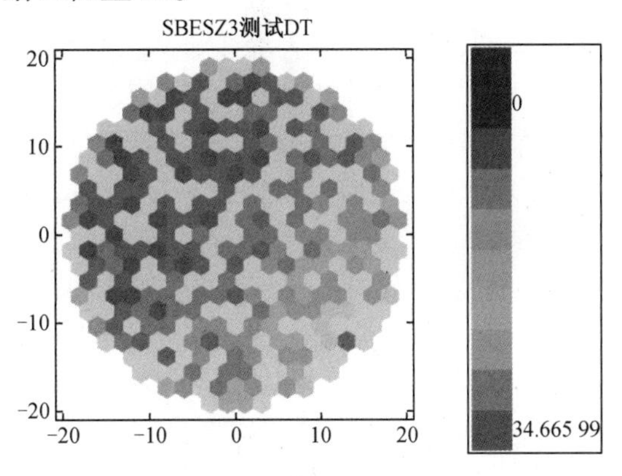

图6.4 SBESZ3测试测得的ΔT值

更有用的信息是测量值与拟合值或学生分数之间的逐点差异。不幸的是,偏差仅在测量位置才有意义。

学生分数图可以在图6.5中看到。在(-16,-2)位置的206号组件,$\tau_{206}=-185.8$,(-13,-2)位置的207号组件,$\tau_{207}=-37.1$,任一个都是异常值,210个元素中两个异常值的概率高于90%,因此没有理由将它们从分析中排除。为了检查偶极效应存在与否,我们比较了西北和东南扇区组件中的几个测量温度,参见表6.2,其中列出了西南和东北扇区中的相应组件。所选西北组件群的中心分别为93号组件和293号组件;每一个都是控制组件。从表6.2可以清楚地看出,东南扇区的相应组件中的温度大于西北扇区中的相应组件的温度,这是偶极效应的强烈迹象。因此,堆芯必然存在不对称性。所研究扇区中的不对称温度一定由错误的燃料富集度或不同于标称值的控制棒位置引起。观察位于(12,-6)处的第293号组件(是一个控制组件)的相邻组件中的温升,我们找到了不对称的原因:第293号控制棒组件的实际轴向位置一定远低于其名义位置[①]。

① 控制棒在293号组件中的实际位置恰好为250 cm。

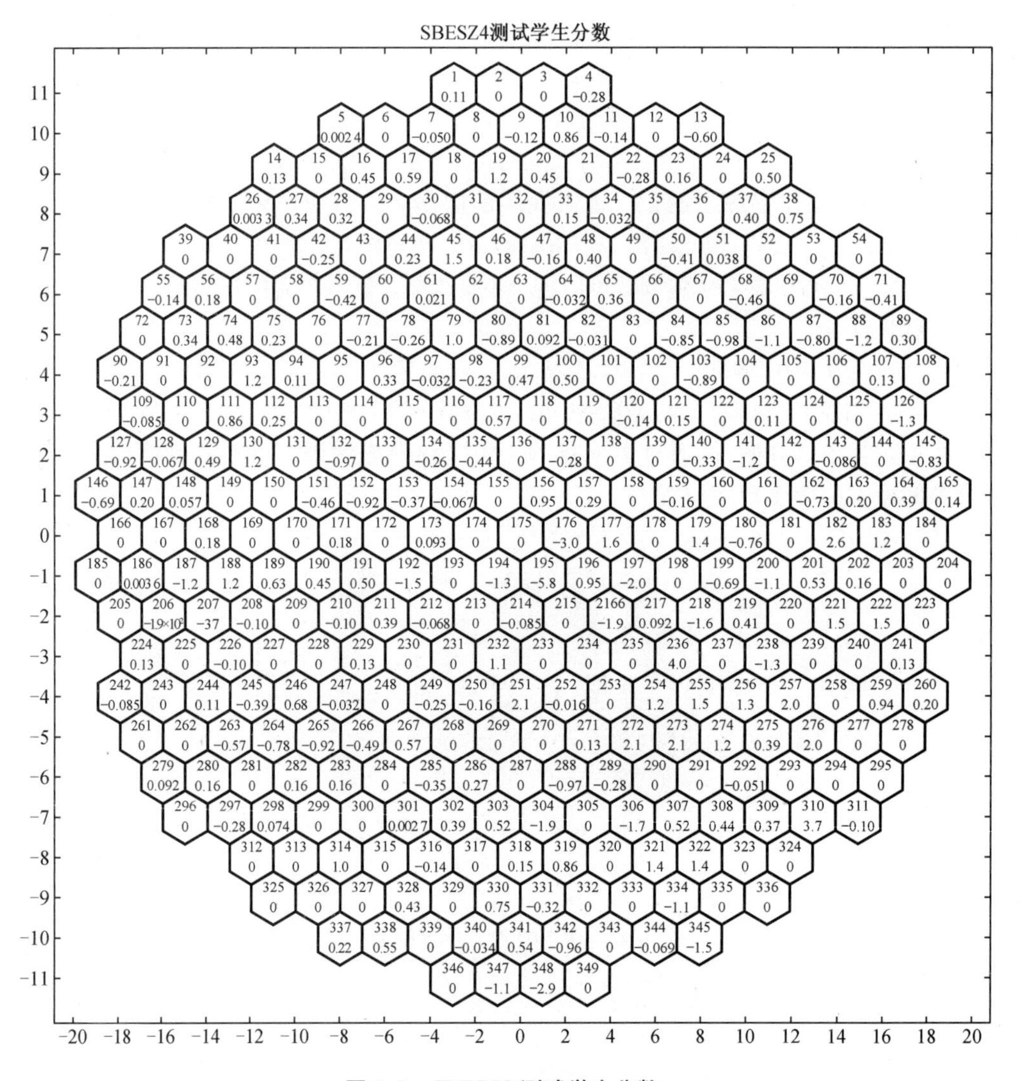

图 6.5　SBESZ3 测试学生分数

表 6.2　西北和东南扇区的一些组件中 ΔT 值的比较

西北扇区中的组件号	ΔT/℃	东南扇区中的组件号	ΔT/℃
91	—	275	8.53
92	—	276	9.52
111	28.7	292	8.26
129	28.2	309	8.01
128	23.9	310	5.65
109	28.5	294	—

6.4.1　按功能逼近

正如我们所看到的，在反应堆物理中，我们只能使用一些数据来重构连续函数。尽管反应堆调节需要证明最高冷却剂温度、功率密度、燃料温度在给定的安全范围内,但并没有在任何地方都有测量值。在正常工况下,调节中涉及的物理参数是连续函数,正如我们在第 4 章中所示,我们有一个很好的理论来确定这些函数。

此外,还有一个严格的程序,称为验证和验证,以确定测量过程和计算的误差。所有提到的不确定性都已在反应堆运行所在国法律所确定的安全范围内。国际原子能机构发布了指南,总结了适用于反应堆运行的基本原则和技术。

当我们确定轴向功率分布时,冷却剂温度和其他有限参数通过插值确定。插值是数学的一部分[30]。本小节简要概述了反应堆物理中最常用的插值技术。

在第 2 章使用样条插值来确定轴向功率分布,因为三次样条反映了轴向功率分布的基本属性:

(1)内插值返回测量位置的测量值;

(2)插值曲线平滑、连续,其一阶和二阶导数也是连续的;

(3)插值技术快速且易于使用。

尽管有其他多项式,如勒让德[38]、切比雪夫[31],拉格朗日多项式也具有优势,可用于各种数值方法。

假设用多项式 $p_i(x)$ 近似 $f(x)$。这里只讨论两个重要问题:

(1)当多项式的阶数增加时,近似是否更精确?

(2)多项式是否以递增阶逼近函数?

我们在区间 $[a,b]$ 中考虑给定的光滑函数 $f(x)$。这组插值点由集合 $n=\{x_0,x_1,\cdots,x_n\}$ 组成,我们假设 $f(x_i)$ 对于 $i=0,1,\cdots,n$ 是已知的。最简单的插值问题如下。

给定 $\varphi_i(x)$, $i=0,1,\cdots,n$,并且我们寻求系数 a_i, $i=0,1,\cdots,n$,使得

$$\boldsymbol{\Phi}(x)=\sum_{i=0}^{n}a_i\varphi_i(x) \tag{6.131}$$

并根据以下条件确定 a_i:

$$f(x_i)=\boldsymbol{\Phi}(x_i),\quad i=0,1,\cdots,x_n \tag{6.132}$$

这是在第 2 章中对于轴向功率分布使用的插值,但修正了附加条件以获得平滑的插值。

近似值(6.131)与各种 $\varphi_i(x)$ 试验函数一起使用,但是式(6.132)对于任何 $\varphi_i(x)$ 函数集都是不可解的。条件是:矩阵在

$$f(x_i)=\sum_{j=1}^{n}a_j\varphi_j(x_i),\quad i=1,2,\cdots,n \tag{6.133}$$

应该是可逆的。我们需要多项式

$$\omega_n(x)=\prod_{j=0}^{n}(x-x_j) \tag{6.134}$$

用于拉格朗日插值。使

$$l_i(x)=\frac{\omega_n(x)}{(x-x_i)\omega_n'(x)} \tag{6.135}$$

著名的拉格朗日插值写成

$$L_n(x)=\sum_{i=0}^{n}f(x_i)l_i(x) \tag{6.136}$$

和 $L_n(x_i)=f(x_i)$。插值的误差取决于点 x_i,最佳离散化是当 x_i 点是切比雪夫多项式的根时,并且如果 $L_n(x)$ 在 $[a,b]$ 上至少是 $n+1$ 倍可微分,那么存在一个点 ξ_x 在 $[a,b]$ 中指向:

$$f(x)-L_n(x)=\frac{f^{n+1}(\xi_x)}{(n+1)!}\omega_n(x),\quad x\in[a,b] \tag{6.137}$$

对于光滑函数,插值误差很小。如果给出插值点的数量 n,即它是 n 阶多项式,则 $f(x)=L_n(x)$。

我们在这里指出,上面讨论的近似和参数拟合是类似的。当给定函数 $f(x)$ 由函数族近似时,$\varphi(k,x)$ 和参数 k 用于表示基函数,我们假设:

$$f(x)\simeq\sum_k c_k\varphi(k,x) \tag{6.138}$$

对于任何 x,或者对于给定的一组 x_i 值。为了衡量拟合优度,数学提供了几种方法:最大绝对差值,差值的平均值,等等。实际上,当随机函数由确定性函数的线性组合近似时,这是相同的。在后一种情况下,我们认识到随机函数和确定性函数之间的本质区别。但是确定性函数之间也可能存在相同的差异。没有人试图通过多项式而不是三角函数来近似周期函数。插值和要插值的函数之间的逐点差异是一种“噪声”,但它描述了逐点差异。湍流是一个区域,其中确定性微分方程(Navier - Stokes 方程)的解更倾向于用概率方法而不是确定性方法来描述。

6.4.2 嘈杂的观察

当表达式(6.1)涉及单个随机变量时,涉及该变量的任何函数都应被视为随机变量。

给定一个场 $m=(m_i,i=1,2,\cdots,N)\in\mathbb{R}^N$,测量值包括一个随机误差 β,给定一个分布图 $A:\mathbb{R}^N\to\mathbb{R}^N$,一个线性算子,问题是:$Am=m$ 成立吗?

当我们的假设成立时,我们寻求以下函数的最小值:

$$Q(c)=[\boldsymbol{A}(\boldsymbol{m}+\mu)-c(\boldsymbol{m}+\mu)]^2 \tag{6.139}$$

$$\frac{\mathrm{d}Q}{\mathrm{d}c}=2[\boldsymbol{A}(\boldsymbol{m}+\mu)-c(\boldsymbol{m}+\mu)](\boldsymbol{m}+\mu)=0 \tag{6.140}$$

$$c=\frac{(\boldsymbol{m}+\mu)\boldsymbol{A}(\boldsymbol{m}+\mu)}{(\boldsymbol{m}+\mu)^2} \tag{6.141}$$

$c=\|A\|$ 并且如果测量 m,则其具有确定性部分 m_0 和可以从拟合估计的随机噪声分量 μ。在这种情况下,$Q(c)$ 是随机的,我们使用符号 γ 表示随机变量 c。从式(6.141)可以清楚地看出,对于某些函数 f,$\gamma=f(\mu)$。当 f 已知时,γ 的矩可以从 μ 的矩导出。我们能够明确地给出 f:

$$\gamma=f(\mu)=\frac{(\mu+\boldsymbol{m})\boldsymbol{A}(\boldsymbol{m}+\mu)}{(\boldsymbol{m}+\mu)(\boldsymbol{m}+\mu)} \tag{6.142}$$

式中,$\boldsymbol{A}$ 是线性运算符,可以用矩阵表示。我们写出 $\boldsymbol{A}$ 的特征值问题:

$$\boldsymbol{A}\boldsymbol{a}_i=s_i\boldsymbol{a}_i,\quad i=1,2,\cdots,N \tag{6.143}$$

对下标 i 进行编号,使得 $i=1$ 与最大特征值相关联。特征向量 $\boldsymbol{a}_i$ 构成了 $\mathbb{R}^N$ 的完整基础。注意,$\boldsymbol{A}$ 是确定性的,因此其特征值和特征向量也是确定性的。我们将噪声 μ 展开为

$$\mu=\sum_{i=1}^{N}\pi_i\boldsymbol{a}_i \tag{6.144}$$

由于μ是随机变量,因此每个π_i是随机变量。现在我们可以在式(6.142)中给出函数$f(\mu)$。为此扩展式(6.141):

$$f(\mu) = \frac{\mu A m + m A m + m A \mu + \mu A \mu}{m^2 + 2m\mu + \mu^2} \tag{6.145}$$

现在使用式(6.144),以及归一化特征向量$\boldsymbol{a}_i$的正交性:

$$f(\mu) = \frac{\sum_{i=1}^{N} \{\pi_i \boldsymbol{a}_i [\boldsymbol{m}(1 + s_i) + \boldsymbol{a}_i \pi_i s_i]\}}{\boldsymbol{m}^2 + 2\boldsymbol{m} \sum_i \pi_i \boldsymbol{a}_i + \sum_i \pi_i^2} \tag{6.146}$$

分母的第二项远小于第一项,因此:

$$f(\mu) = \frac{\sum_{i=1}^{N} \{\pi_i \boldsymbol{a}_i [\boldsymbol{m}(1 + s_i) + \boldsymbol{a}_i \pi_i s_i]\}}{\boldsymbol{m}^2} \left(1 - \frac{2\boldsymbol{m} \sum_i \pi_i \boldsymbol{a}_i + \sum_i \pi_i^2}{\boldsymbol{m}^2} + \cdots\right) \tag{6.147}$$

只有前两项被保留在级数中:

$$\frac{1}{1+\varepsilon} = 1 - \varepsilon + \cdots$$

与信号相比,噪声通常很小,所以对于所有$i>1$,可以假设$\pi_i \ll 1$,因此在式(6.142)中可以忽略μ^2。$Q(c)$是确定性项和随机项之和。当$E\{\mu\}=0$时,从式(6.144)开始,对于所有i,$E\{\pi_i\}=0$,并且$E\{\gamma\}=E\{f(\mu)\}$中的前导项为

$$\frac{\boldsymbol{mAm}}{\boldsymbol{m}^2} \tag{6.148}$$

为了研究堆芯分布的对称性,需要使堆芯几何不变的变换。对于 VVER-440 压水堆,以下变换可能有用。在列表中,组件由六边形坐标标识,堆芯中心的坐标为(0,0)。每个变换由2×2矩阵表示。

1. 旋转 60°:

$$\begin{pmatrix} \frac{1}{2} & \frac{3}{2} \\ \frac{1}{2} & \frac{-1}{2} \end{pmatrix} \tag{6.149}$$

2. 通过轴x的反射:

$$\begin{pmatrix} 1 & 0 \\ 0 & -1 \end{pmatrix} \tag{6.150}$$

3. 通过 60°对称轴反射:

$$\begin{pmatrix} \frac{1}{2} & \frac{3}{2} \\ \frac{1}{2} & \frac{-1}{2} \end{pmatrix} \tag{6.151}$$

读者可以从上面给出的变换构建六边形堆芯的所有对称变换。

由方形组件[1]构成的堆芯的对称性可以很容易地阐述：

- 旋转 90°：

$$\begin{pmatrix} 0 & 1 \\ -1 & 0 \end{pmatrix} \tag{6.152}$$

- 通过 x 轴反射：

$$\begin{pmatrix} 1 & 0 \\ 0 & -1 \end{pmatrix} \tag{6.153}$$

- 通过 y 轴反射：

$$\begin{pmatrix} -1 & 0 \\ 0 & 1 \end{pmatrix} \tag{6.154}$$

- 通过 $x=y$ 线反射：

$$\begin{pmatrix} 0 & 1 \\ 1 & 0 \end{pmatrix} \tag{6.155}$$

这里我们给出一个例子，向 Loviisa kq 添加振幅为 1% 的噪声，参见图 6.6，并找出噪声 kq 分布是否相对于通过 x 轴的镜像是对称的。镜像通过 x 轴后，学生分数为

$$\tau_i = \frac{kq_i - kq_{i'}}{\sqrt{349-1}} \tag{6.156}$$

其中，kq_i 是组件 i 的镜像中的 kq 值，如图 6.7 所示。首先，注意频率图接近正态分布，但在 −4 以下和 +4 以上有一些异常值。不要忘记，在 210 个点中，概率为 1% 的事件可能发生 2～4 次，概率很高。

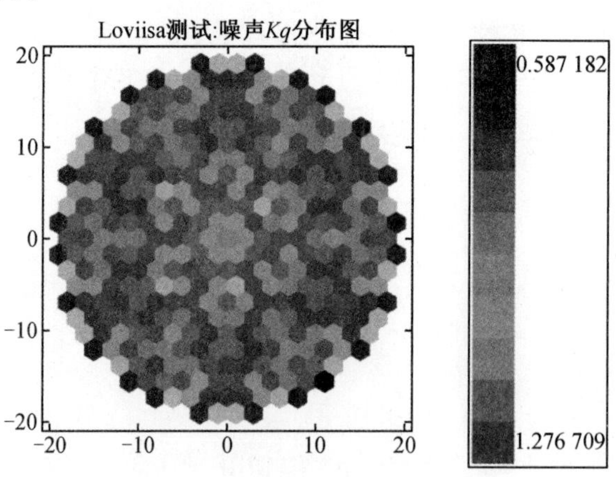

图 6.6　Loviisa 测试(1%的噪声)

学生分数的范围在区间(−5.057 18,5.083 27)，349 个数据中有 11 个点超出[−3,+3]区间。这些数据可被视为异常值。测试清楚地表明，一小部分数据可能是异常的而没有显示任何矛盾。出现异常值是因为统计学的本质，因此丢弃异常点是错误的。在图 6.8 中，显示了 Loviisa 测试用例的学生分数的频率图以及相应的正态分布，曲线显示了良好的一致性。

---

① 压水堆系列使用该堆芯。

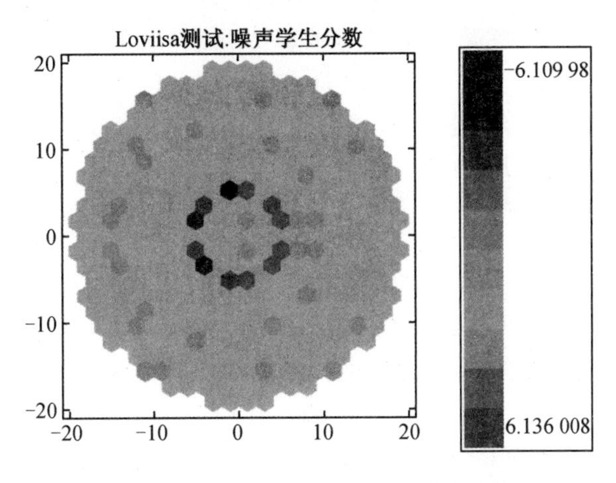

图 6.7　镜像后的嘈杂 Loviisa 学生分数

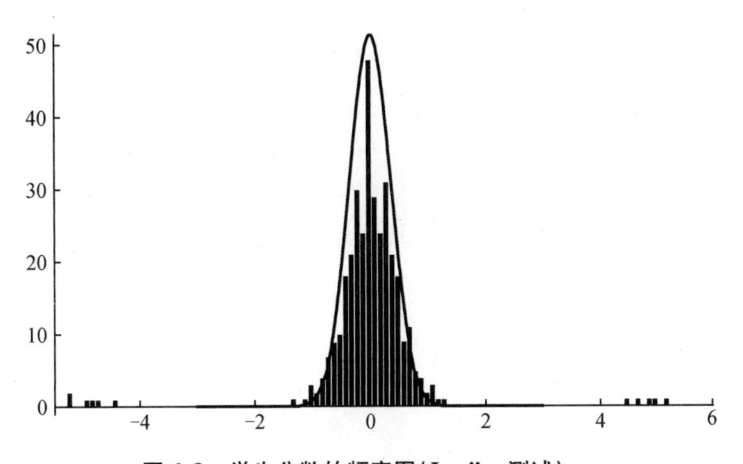

图 6.8　学生分数的频率图(Loviisa 测试)

6.5　对称性的利用

在反应堆中只能进行有限数量的测量,因此必须利用每一条信息来交叉检查测量数据。大多数反应堆堆芯是对称的,可用于处理测量数据。

设 $f(x)$,$x \in \mathbf{Z}$ 是反应堆中已知的函数。如果有将 $x \in \mathbf{Z}$ 映射到 $x' \in \mathbf{Z}$ 的变换,则 Z 是区域的非重叠部分 z_i 的并集,使得

$$Pz_i = z_j \tag{6.157}$$

这样 $z_j \in \mathbf{Z}$,上述变换是 $\mathbf{Z}$ 的对称。换句话说,$\mathbf{Z}$ 的对称性分别将 $\mathbf{Z}$ 的内部点和边界点映射为内部点;将边界点映射为边界点。

在这种情况下,存在部分 $\mathbf{Z}_0 \subset \mathbf{Z}$,使得在 $\mathbf{Z}$ 的对称性应用到 $\mathbf{Z}_0$ 上,得到整个 $\mathbf{Z}$。让我们把 $\mathbf{Z}_0$ 称为地面。

让我们理解对称 $\mathscr{S}$在函数 $f(x)$ 上的应用,如下面的 x 变换:

$$\mathscr{S}f(x) = f(\mathscr{S}^{1}x), \quad x \in \mathscr{Z} \tag{6.158}$$

数学为我们提供了一个将矩阵 $\boldsymbol{M}$ 对应到每个对称 $\mathscr{P}$ 的配方：

$$\mathscr{P}^{-1}x = \boldsymbol{M}x \tag{6.159}$$

此外，$\mathscr{Z}$ 的对称性确定投射组合 $\mathscr{P}_1, \mathscr{P}_2, \cdots, \mathscr{P}_M$。

(1)投射给出正交函数，即

$$\int_Z \mathscr{P}_i f(x) \mathscr{P}_j f(x)\,\mathrm{d}x = 0 \tag{6.160}$$

(2)$\mathscr{P}_i f(x)$完全由它在地面上的值决定。

(3)从地面上的 x 到任何 $x' \in \boldsymbol{Z}$ 都有一个简单的变换。

由于正交函数是线性无关的，因此任何 $f(x)$ 都可以简单地分解为线性独立的分量

$$f(x) = \Sigma \mathscr{P}_i f(x) \tag{6.161}$$

图 6.9 显示了 1 000 MWth 金属燃料堆芯[32]的径向堆芯，堆芯具有以下对称性：

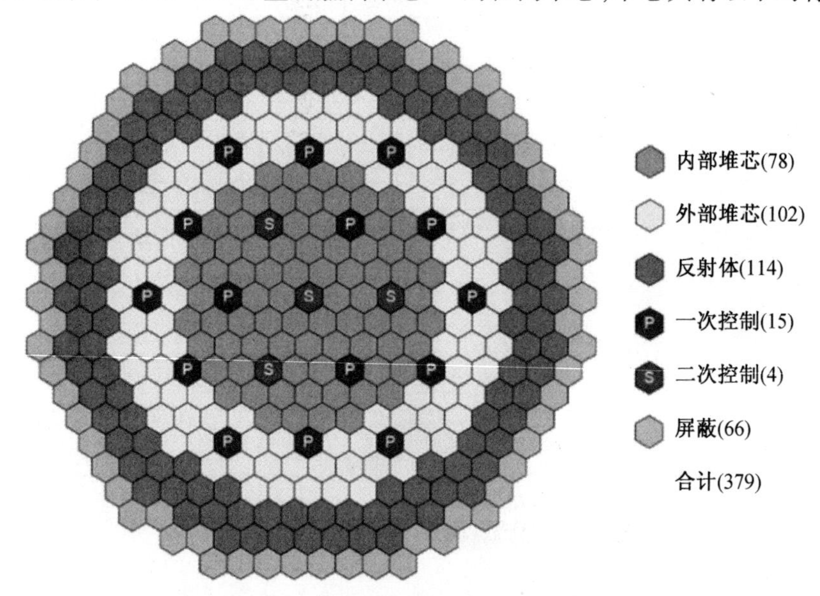

图 6.9　1 000 MWth 金属反应堆燃料堆芯的堆芯[32]

(1)通过 x 轴反射；

(2)通过 y 轴反射；

(3)通过穿过中心组件面中心的三个平面反射；

(4)通过穿过中心组件角落的三个平面反射；

(5)绕中心组件中心旋转 60°和 120°；

(6)反转；

(7)不变或恒等变换。

让我们选择地面作为堆芯东北扇区的下 30°部分。

在手册中，可以查找与所考虑的堆芯相关的 12 个分量向量集，可能的选择是

$$e_1=(1,1,1,1,1,1,1,1,1,1,1,1) \tag{6.162}$$

$$e_2=(1,-1,1,-1,1,-1,1,-1,1,-1,1,-1) \tag{6.163}$$

$$e_3=(1,-1,-1,1,1,-1,-1,1,1,-1,-1,1) \tag{6.164}$$

$$e_4=(2,0,1,0,0,0,-2,0,0,0,1,0) \tag{6.165}$$

$$e_5=(2,0,-1,0,0,0,2,0,0,0,-1,0) \tag{6.166}$$

$$e_6=(0,2,0,1,0,0,0,-2,0,0,0,1) \tag{6.167}$$

$$e_7=(1,0,2,0,1,0,0,0,-2,0,0,0) \tag{6.168}$$

$$e_8=(0,1,0,2,0,1,0,0,0,-2,0,0) \tag{6.169}$$

$$e_9=(-2,0,0,0,1,0,2,0,1,0,0,0) \tag{6.170}$$

$$e_{10}=(-1,0,0,0,2,0,0,0,-1,0,2,0) \tag{6.171}$$

$$e_{11}=(0,2,0,-1,0,0,0,2,0,0,0,-1) \tag{6.172}$$

$$e_{12}=(0,-1,0,0,0,2,0,0,0,-1,0,2) \tag{6.173}$$

在计算线中,也可以利用所考虑问题的不变性。一个众所周知的技术是通过将计算限制在反应堆堆芯的一部分来减少计算工作,但可能性远不止于此。下面总结一些上述观察的有用结果。

堆芯仪表的信号在电子设备或其他部件发生故障时变化很快,那些变化很容易识别。揭示污垢沉积、过热引起的热阻缓慢变化等渐进变化更为困难,后一种类型的变化通常通过扰动来描述。设

$$\boldsymbol{A}_0\boldsymbol{u}_0(r)=\lambda_0\boldsymbol{u}_0(r) \tag{6.174}$$

式中,$\boldsymbol{A}_0$ 是描述堆芯状态的线性算子,$\boldsymbol{u}_0(r)$是堆芯中的通量,λ_0 是特征值。扰动由 $\boldsymbol{A}_0\rightarrow\boldsymbol{A}_0+\varepsilon\boldsymbol{A}_1$ 描述,$\boldsymbol{A}_1$ 是变化的物理描述,假设 $\varepsilon\ll 1$。在扰动状态(6.174)采用通常扰动的形式:

$$(\boldsymbol{A}_0+\varepsilon\boldsymbol{A}_1)[u_0(r)+u_1(r)]=(\boldsymbol{\lambda}_0+\boldsymbol{\lambda}_1)[u_0(r)+u_1(r)] \tag{6.175}$$

特征值的变化取决于 ε:

$$\boldsymbol{\lambda}_1=\sum_{i=1}^{\infty}\varepsilon^i\alpha_i \tag{6.176}$$

并且特征函数的扰动是

$$u_1(r)=\sum_{i=1}^{\infty}\varepsilon^i\varphi_i(r) \tag{6.177}$$

在替换式(6.177)和式(6.176)之后,我们通过等价 ε^i 的幂系数来获得一组方程。第一个方程是

$$\boldsymbol{A}_0u_0(r)=\boldsymbol{\lambda}_1u_0(r) \tag{6.178}$$

$$(\boldsymbol{A}_0-\boldsymbol{\lambda}_0)\varphi_1(r)=\boldsymbol{A}_1u_0(r)+\alpha_1u_0(x) \tag{6.179}$$

$$(\boldsymbol{A}_0-\boldsymbol{\lambda}_0)\varphi_2(r)=\boldsymbol{A}_1\varphi_1(r)+\alpha_1\varphi_1(r)+\alpha_2\varphi_0(r) \tag{6.180}$$

如果源项与齐次方程的解是正交的,则方程(6.179)和(6.180)是可解的,因此:

$$\alpha_1=\frac{(u_0;\boldsymbol{A}_1u_0)}{(u_0;u_0)} \tag{6.181}$$

$$\alpha_2=\frac{(u_0;\boldsymbol{A}_1u_1)+\alpha_1(u_0,\varphi_1)}{(u_0;\varphi_2)} \tag{6.182}$$

为了找到特征函数的扰动,必须求解式(6.179)。为此,应该知道 $u_0(r)$ 和 α_1。我们在表达式(6.181)中找到了堆芯上的积分,并且只有完全对称的单位表示给出了非零的贡献。两个一阶项的乘积在式(6.179)中,该乘积总是具有非零部分。考虑干扰 A_1 引起的扰动,我们发现:

(1)当且仅当 $\boldsymbol{A}_1$ 具有变换为单位表示的分量时,扰动 $\boldsymbol{A}_1$ 对一阶扰动理论中特征值的扰动有贡献。

(2)当 $\boldsymbol{A}_1$ 可以被认为是扰动并且高阶项可以忽略时,扰动问题的解就像 $\boldsymbol{A}_1$ 一样变换。

(3)当已知 $\boldsymbol{A}_1$ 除了乘法常数并且扰动解正常变换时,则扰动足够弱可以忽略解中的二阶和更高阶项。

(4)不考虑 $\boldsymbol{A}_1$ 的对称性质,解的二阶项总是包含非奇异的对称分量。无论 $\boldsymbol{A}_1$ 的对称性如何,在特征值中总是存在二阶项。

在算法中,要确定的函数通常由多项式近似。为了研究在节点的自同构下多项式的变换性质,多项式应该根据它们的对称性质进行分解。例如,函数 $f(x,y)=1$ 在正方形的自同构下保持不变,$f(x,y)=y$ 在 x 中是偶数但在 y 中是奇数。下面我们给出 x,y 中最多四阶多项式的对称分量。对称分量通常由正方形中的 8 个分量的矢量和 q 正六边形中的 12 个分量的矢量来表征,并且矢量的通常符号是 $\boldsymbol{e}_i$。表 6.3 为在正方形中变换为 $\boldsymbol{e}_i$ 的组件。

表 6.3　正方形中空间多项式的不可约向量

向量	多项式
$\boldsymbol{e}_1$	$1,(x^2+y^2),(x^4+y^4),x^2y^2$
$\boldsymbol{e}_2$	(x^3y-xy^3)
$\boldsymbol{e}_3$	$(x^2-y^2),(x^4-y^4)$
$\boldsymbol{e}_4$	$xy,(x^3y+y^3x)$
$\boldsymbol{e}_5$	x,x^3
$\boldsymbol{e}_6$	xy^2
$\boldsymbol{e}_7$	x^2y
$\boldsymbol{e}_8$	y,y^3

在 20 世纪 80 年代,Henry 的小组[33]已经证明,对于实际计算,在六边形或方形节点的边界处使用二阶多项式就足够了。表 6.4 为沿着正方形边界的最多二次函数。沿着正方形边界的最多二次多项式被分解为表 6.4 中的 8 个 $\boldsymbol{e}_i$ 向量。通常在节点内使用高阶多项式来减少节点中反应速率的误差。多达四阶的多项式被分解为在表 6.5 中的 $\boldsymbol{e}_i$ 向量处变换的部分。

表 6.4　正方形边界上的空间矩的不可约向量

向量	矩	面上的值
$\boldsymbol{e}_1$	0,2	(1,1,1,1)
$\boldsymbol{e}_2$	1	(1,1,1,1)
$\boldsymbol{e}_3$	0,2	(1,−1,1,1)
$\boldsymbol{e}_4$	1	(1,−1,1,−1)

表 6.4(续)

向量	矩	面上的值
$\boldsymbol{e}_5$	0,2	(0,1,0,-1)
$\boldsymbol{e}_6$	1	(1,0,0,-1)
$\boldsymbol{e}_7$	1	(0,1,0,-1)
$\boldsymbol{e}_8$	0,2	(1,0,-1,0)

让我们考虑最多四阶多项式。迭代通过连续性和平滑性条件连接相邻节点。因此,有效的数值算法应该包括相同数量的自由度,其由扩展中的系数的数量,节点的表面和节点内部表示。由于子空间是线性无关的,我们通过子空间考虑系数的数量。对于正方形节点表 6.4,给出方形节点边界上的系数的数量,见表 6.5(在节点内部)。

表 6.5　以多项式递增阶在正方形内的不可约向量

向量	0	1	2	3	4
$\boldsymbol{e}_1$	1	1	$1,(x^2+y^2)$	$1,(x^2+y^2)$	$1,(x^2+y^2),(x^4+y^4),x^2y^2$
$\boldsymbol{e}_2$	…	…	…	…	(x^3y-xy^3)
$\boldsymbol{e}_3$	…	…	(x^2-y^2)	(x^2-y^2)	(x^2-y^2)
$\boldsymbol{e}_4$	…	…	xy	xy	$xy,(x^3y+y^3x)$
$\boldsymbol{e}_5$	…	x	x	x,x^3	x,x^3
$\boldsymbol{e}_6$	…	…	…	xy^2	xy^2
$\boldsymbol{e}_7$	…	…	…	x^2y	x^2y
$\boldsymbol{e}_8$	…	y	y	y,y^3	y,y^3

需要至少四阶多项式来提供内部的每个对称分量,而线性函数能够提供边界上的每个对称分量。对于六边形节点,节点内部的系数数量在表 6.6 中给出,并且内部的近似值应至少为六阶以提供分量 $\boldsymbol{e}_2$。实际上,实践表明低阶近似无法收敛[3,34]。另一方面,可以预先确保边界条件的顺序与空间相关通量的顺序的兼容性。

表 6.6　正六边形内插多项式的不可约矢量

向量	0	1	2	3	4
$\boldsymbol{e}_1$	1	…	(x^2+y^2)	…	$(x^2+y^2)^2$
$\boldsymbol{e}_2$	…	…	…	…	…
$\boldsymbol{e}_3$	…	…	…	$y(y^2-3x^2)$	…
$\boldsymbol{e}_4$	…	…	…	$x(x^2-3y^2)$	…
$\boldsymbol{e}_5$	…	x,y	…	$x(x^2+y^2)$	…
$\boldsymbol{e}_6$	…	x,y	…	$y(x^2+y^2)$	…

表6.6(续)

向量	0	1	2	3	4
$\boldsymbol{e}_7$	…	x,y	…	…	…
$\boldsymbol{e}_8$	…	x,y	…	…	…
$\boldsymbol{e}_9$	…	…	(x^2-y^2)	…	$(5x^4-6x^2y^2-3y^2),y^3y$
$\boldsymbol{e}_{10}$	…	…	xy	…	…
$\boldsymbol{e}_{11}$	…	…	$(x^2-y^2),xy$	…	$(-x^4+6x^2y^2-y^4)$
$\boldsymbol{e}_{12}$	…	…	$(x^2-y^2),xy$	…	…

如果节点是对称的,并且它与迭代的矩阵交换,我们能够将解向量分解为线性无关的分量立的组件。这些分量不会被响应矩阵所混合。这种情况相当普遍:响应矩阵与节点的对称性通信。所提出的技术可总结如下。迭代努力求解具有矩阵 $\boldsymbol{A}$ 的线性方程组。假设给出对称矩阵 $\boldsymbol{M}$ 并且 $\boldsymbol{M}$ 与 $\boldsymbol{A}$ 通勤。我们可以使用 $\boldsymbol{M}$ 的 $\boldsymbol{e}_i$ 本征向量来跨越解空间。线性迭代不会混合特征向量 $\boldsymbol{e}_i$,因此迭代分别针对每个特征向量进行。如果边界条件具有与 $\boldsymbol{e}_i$ 成正比的分量,但是节点内没有解,则迭代不会收敛。在这种情况下,误差将减小,直到该分量占主导[3,34]。另一方面,可以设计导致收敛算法的多项式阶数。

参考文献

[1] On-line monitoring for improving performance of nuclear power plants. Part 2, Process and component condition monitoring and diagnostics. International Atomic Energy Agency, Vienna(2008)(IAEA nuclear energy series, No. NP-T-1.2)

[2] On-line monitoring for improving performance of nuclear power plants. Part 1, Instrument channel monitoring. International Atomic Energy Agency, Vienna(2008)

[3] Carrico, C. B., Lewis, E. E., Palmiotti, G.: Matrix rank in variational nodal approximations. Trans. Am. Nucl. Soc. 70, 162(1994)

[4] Gadó, J., Gyenes, Gy., Kereszturi, A., Makai M., Maróti, L., Trosztel, I.: Calculational model KARATE for VVER-1000. In: Proceedings of XVIIth Symposium of TIC, Varna (1988)

[5] Makai, M., Temesvári, E.: Verification of the PRINCE-w principal components method for WWERs. In: Proceedings of Reactor Physics and Reactor Computations, Negev Press, ANS/ENS, Tel Aviv, p 789(1994)

[6] Makai, M., Temesvári, E.: Evaluation of in-core measurements by means of principal components method. In: Proceedings of The 1st AER Symposium, R eˇz, p. 158(1991)

[7] Handbook of Parameter Estimation for Probbailistic Risk Assessment: NUREG/CR-6823. US Nuclear Regulatory Commission, Office of Nuclear Regulatory Research, Washington, DC 20555 – 0001(2003)

[8] Evans, L. C.: An Introduction to Stochastic Differential Equations. American Mathematical

Society(2014)

[9] Rényi, A.: Probability, in Hungarian, Tankönyvkiadó, Budapest, p. 181 (1968) (in Hungarian)

[10] Pál, L.: Fundamentals of probability and statistics. Akadémiai Kiadó, Budapest(1995). in Hungarian

[11] Szatmáry, Z.: The VVER experiments: low enriched uranium—light water regular and perturbed hexagonal lattices (LEU-COMP-THERM-016). In: OECD NEA International Handbook of Evaluated Criticality Safety Benchmark Experiments, vol IV(1990)

[12] Beck-Bornholdt, H. P., Dubben, H. H.: Der Hund, der Eier legt. Rowohlt, München (1999)(in German)

[13] Bonalumi, R. A.: Rigorous homogenized diffusion theory parameters for neutrons. Nucl. Sci. Eng. 77, 219 - 229(1981)

[14] Lelek, V.: Correction of equation based on experiments, Final Report of TIC, vol. 2, pp. 326 - 332. Akadémiai Kiadó, Budapest, Theoretical Investigations on the Physical Properties of WWER. Type Uranium Water Lattices(1994)

[15] Tota, á., Makai, M.: Spatial homogenization method based on the inverse problem. Ann. Nucl. Energy 77, 436 - 443(2015)

[16] Makai, M., Temesvári, E.: Evaluation of in-core temperature measurements by the principal components method. Nucl. Sci. Eng. 112, 78(1992)

[17] Makai, M., Arkuszewski, J.: A hexagonal coarse-mesh program baswed on symmetry considerations. Trans. Am. Nucl. Soc. 38, 347(1981)

[18] Arkuszewski, J.: SIXTUS-2: a two-dimensional multigroup diffusion code. Hexag. Geometr. Prog. Nucl. Energy 18, 123 - 136(1986)

[19] Volkwein, S.: Proper Orthogonal Decomposition: Theory and Reduced Order Modelling. University of Constanz, Department of Mathematics and Statistics(2013)

[20] Mardia, K. V., Kent, J. T., Bibby, J. M.: Multivariate Analysis. Academic Press, London (1979)

[21] Lucia, D. J., Beran, P. S., Silva, W. A.: Reduced order modeling: new approaches for computational physics. Prog. Aerosp. Sci. 40, 51 - 117(2004)

[22] Falcó, A., Nouy, A.: A proper generalized decomposition for the solution of elliptic problems in abstract form by using a functional Eckart-Young approach. J. Math. Anal. Appl. 376, 469 - 480(2011)

[23] Lucia, D. J., Beran, P. S., Silva, W. A.: Reduced order modeling: new approaches for computational physics. Prog. Aerosp. Sci. 40, 51 - 117(2004)

[24] Holmes, P., Lumley, J. L., Berkooz, G., Rowley, C. W.: Turbulence, coherent structures, dynamical systems and symmetry(2012)

[25] Volkwein, S.: Proper Orthogonal Decomposition: Theory and Reduced Order Modelling. University of Constanz. Department of Mathematics and Statistics(2013)

[26] Forsyth, G. E., Moler, C. B.: Computer Solution of Linear Algebraic Systems. Englewood

Cliffs, New Jersey, Prentice Hall(1967)

[27] Holmes, P., Lumley, J. L., Berkooz, G., Rowley, C. W.: Turbulence, coherent structures, dynamical systems and symmetry(2012)

[28] Richman, M. B.: Rotation of principal components. J. Climatol. 6, 293 – 335(1986)

[29] Guidelines for the verificationand validation of scientific and engineering computer programs for the nuclear industry, an American National Standard, ANSI/ANS-10.4 – 1987

[30] Aleksandrov, A. D., Kolmogorov, A. N., Lavrent'ev, M. A.: Mathematics, its Content, Methods and Meaning. Dover, Mineola(NY)(1999)(Chapter XII)

[31] Maeder, C.: A nodal diffusion method with legendre polynomials. In: Proceedings of Mtg. Advances in Reactor Physics, Gatlinburg, Tennessee, April 10.12, p 121(1978)

[32] Bernnat, W., et al.: Benchmark for neutronic analysis of sodium-cooled fast reactor cores with various fuel types and core sizes. Report NEA/NSC/R(2015)9(2016)

[33] Smith, K., Greenman, G., Henry, A. F.: Recent advances in an analytic nodal method for static and transient reactor analysis. In: Proceedings of ANS Meeting on Computational Methods in Nuclear Engineering, Williamsburgh, April 1979, vol. 1, pp. 3 – 49(1979)

[34] Palmiotti, G., et al.: VARIANT, Report ANL-95/40. Argonne National Laboratory, IL (1995)

[35] Henshaw, J., McGurk, J. C., Sims, H. E., Tuson, A., Dickinson, S., Deshon, J.: A model of cheminstry and thermal hydraulics in PWR fuel crud deposit. J. Nucl. Mater. 353, 1 – 11 (2006)

[36] Nuclear Fuel Behaviour in Loss-of-coolant Accident(LOCA) Conditions, State-of-the-art Report, OECD, NEA No. 6846(2009)

[37] Status Report on Spent Fuel Pools under Loss-of-Cooling and Loss-of-Coolant Accident Conditions, NEA/CSNI/R(2015)2. http://www.oecd-nea.org

[38] Bussac, J., Reuss, P.: Traitéde neutronique, Hermann, Paris(1985)

第7章　扰动和异常的检测

摘要

反应堆操纵员必须判断反应堆的状态。在控制室中,操纵员观察显示反应堆状态数据的面板,并决定安全、经济运行所要采取的操作。反应堆监督系统非常复杂,可能会遇到错误、失效或故障。本章讨论如何发现扰动和异常,以及它们可能引起的后果,研究重点是通常难以检测的早期异常。由于它们的安全含义,我们讨论冷却剂流动异常、流动模式的微小变化、技术方面可能的错误,如错误的跟随富集度数据或错误测量。我们的研究基于前几章所讨论的技术。当研究已知异常的后果来表征反应堆时,可能会利用扰动。

7.1　不确定性估计

反应堆安全运行对一些设备参数设置了限制。更重要的是,受限制的设备参数不明确,因此限值必须包括储备。这可能会造成经济损失,并可能妨碍有效运行。下面要讨论的考虑因素与核反应堆有关,但也具有某些一般特征。

在核反应堆中,进行堆芯和堆外测量以报告反应堆的实际状态。反应堆设计基于一套计算反应堆中发生的物理过程的程序。在设计状态下,安全性是一个重要因素,因此在验证和确认(V&V)过程中要仔细分析所使用的程序。

必须满足计算和测量中的模型。然而,模型引入了错误,因此评估使用模型的后果是有意义的。本节的目标是估计任意点的通量(或功率)不确定性,所考虑设备的信息分为运行测量和堆芯跟随计算。两者都具有不确定性。在下面给出的方法中,解释了两个信息源。在研究扰动和异常之前,必须分清噪声、波动和真实扰动或异常。

术语"不确定性"会在下文中使用。在设备模型的框架中,将通量或功率视为确定性量:一个给定模型与一个且仅一个通量相关联。这意味着我们忽略了从核反应的随机性产生的所谓零噪声。由于在动力堆或研究堆中,零噪声引起的波动与中子密度的平方根成反比,这种近似不是真正的限制。使模型具有随机性是技术的不确定性:燃料组件的几何形状、流量分布、材料成分和模型的许多其他细节因地而异,所有这些都被简化的近似几何结构替代。但考虑到模型的随机性,必须列出那些被认为是随机的参数。为了保持一般性,我们将上述所有量视为参数向量 $\boldsymbol{p}$ 加上一些随机扰动 $\boldsymbol{\pi}$。尽管如此,必须记住随机参数 $\boldsymbol{\pi}$ 导致推导的通量具有独特的随机性,一个未被 $\boldsymbol{\pi}$ 反映的物理过程也不出现在推导的通量中。

应将测量值与实验误差一并考虑。假设测量的评估涉及一个步骤,其中已经确定实验误差并将其降低到合理的水平。稍后我们将介绍在特定情况下确定实验误差的实例。总而言之,本书所倡导的方法在上述限制条件下估算了堆芯中任意点通量的不确定性。

7.1.1 模型

本小节致力于评估在不确定性估计中所依赖的模型,讨论计算模型,然后讨论测量模型,最后讨论不确定性模型。

7.1.1.1 计算

对给定设备进行计算的分析人员,首先面临着为模型编译输入数据的问题。当然,堆芯被描述为一些规则形状(例如,单个球体、一组正方形或六边形形状的柱)。内部和外部边界被视为规则(即直线或圆弧)形式。当分析人员确定具体数据时,必须使用包含一些误差的测量数据。人们在 V&V 过程中遇到了这个问题,其中有两种选择:针对实验结果进行测试,其中实验是在明确定义的情况下进行的;或者在实验环境不明确的情况下进行运行测试。在后一种情况下,可能难以找出要在计算模型中应用的输入数据。

7.1.1.2 测量

我们对通量或功率场的不确定性感兴趣。中子通量和功率密度都不能直接测量,测量基于中子和探测器材料之间的核反应。这种反应通常伴随着带电粒子的释放而产生电流。处理该电流并在几个步骤中转换为某个物理单位,步骤包括:

(1)确定比例因子的校准;

(2)辐射背景、寄生反应、死区时间等的修正;

(3)处理电流、噪声滤波和放大是这里的特征步骤。

每个步骤都可能有其误差来源,这些误差的一个共同特征是它们与信号的物理内容无关。重要的是要强调,除非提出一个存在所有可能误差源的详细的信号处理模型,否则不可能通过计算来模拟这些误差。

7.1.1.3 不确定性模型

然而,人们可以通过考虑计算模型本身所涉及的简化的影响来模拟不确定性。在计算中,将模型视为设计的忠实反映,但是在施工阶段会出现细微误差:管道不直,其横截面不完全是圆盘等。通常在设计中规定一个公差等级,在公差范围内的现实模型是可以接受的。

材料成分和材料特性也是如此,最后两个是具有给定不确定性的测量结果。为排除重大差异并确认实际参数,我们使用 V&V 程序。在该过程中,我们通过使模型的具体参数与测量值符合来消除大部分实验误差,并且我们将计算用作插值方案。构成不确定性的因素:物理现象的偶然性、从评估过程中获得的核数据、技术和其他知识的缺乏。

(1)核反应的本质决定了核过程是随机的,产生的波动被称为零噪声[1]。

(2)技术噪声:计算模型基于通常简化的假设。这种假设是堆芯冷却剂的混合以及由此产生的燃料组件的流量和入口温度。通常测量冷却剂环路的冷段和热段温度,但在模型中需要组件入口温度。实际流量可随时间变化,因为组件的流动阻力可能随时间变化。实际上,对于操纵员来说,识别由介绍不多的结垢引起的流量异常是一个挑战。

(3)有可能以另一种方式来表述这个问题。如果模型参数中存在不确定性,我们将其视为随机变量,看看它们对通量分布的影响。Z. Szatmary at Cadarache[2]详细阐述了这种方法。他假设扰动很小,因此线性扰动理论是适用的,并且存在扰动通量的自相关函数。关于不确定性的来源,假设概率分布是已知的。在 Szatmary 的分析中,已经考虑了以下误差

来源：

(1)燃料密度的变化；

(2)燃料棒的弯曲；

(3)栅格间距的局部扰动。

7.1.1.4 通量不确定度的估算

实际设备的参数分两步确定。第一步，确定参数的标称值。将标称参数值称为设定点，设定点被视为一组确定值，是在设备给定的具体条件下，根据可能的参数最符合测量值的条件来确定的。第二步，参数的随机部分保持不确定，并且它们的随机性被认为是实际反应堆的特定参数随机性的主要原因。随机部分可能包括诸如燃料棒的实际密度和弯曲、实际流速、冷却剂的实际入口温度之类的参数。其中一些参数是永久性的，如燃料密度、单个燃料棒中燃料的实际长度，但这些参数很少被测量，因此仍然未知。其他的，例如燃料棒的实际弯曲、子通道中的流速、实际入口温度分布可随位置和时间的变化而变化，这些参数是测量值随机性的原因。

7.1.1.5 设定点确定

在本节中，寻找给定模型中的参数集，以便尽可能地接近测量值。我们选择的模型是特征值问题。我们在设备中寻找通量分布 $F(\boldsymbol{p})$，并且确定通量的数学运算被收集到运算符 $\boldsymbol{A}(\boldsymbol{p})$ 中，其中 $\boldsymbol{p}=(\boldsymbol{p}_1,\boldsymbol{p}_2,\cdots,\boldsymbol{p}_m)$：

$$\boldsymbol{A}(\boldsymbol{p})F(\boldsymbol{p})=\lambda(\boldsymbol{p})F(\boldsymbol{p}) \tag{7.1}$$

式中，$\boldsymbol{p}$ 是参数集。假设测量值是 F_M，并且测量值是由线性算子 M 从状态变量 $F(\boldsymbol{p})$ 获得的。问题是找到参数集 $\boldsymbol{p}$ 使得

$$[F_M-\boldsymbol{M}F(\boldsymbol{p})]^2=\min \boldsymbol{p} \tag{7.2}$$

搜索非线性方程组的根：

$$G_k(\boldsymbol{p})=[F_M-\boldsymbol{M}F(\boldsymbol{p})]\boldsymbol{M}\frac{\partial F}{\partial p_k}=0 \quad k=1,2,\cdots,m \tag{7.3}$$

引入以下矢量符号：

$$\boldsymbol{G}(\boldsymbol{p})=[G_1(\boldsymbol{p}),G_2(\boldsymbol{p}),\cdots,G_m(\boldsymbol{p})] \tag{7.4}$$

方程 $\boldsymbol{G}(\boldsymbol{p}^*)=0$ 的系统的根导致迭代：

$$\boldsymbol{p}_{j+1}=\boldsymbol{p}_j-\left[\frac{\partial \boldsymbol{G}(\boldsymbol{p}_j)}{\partial \boldsymbol{p}_j}\right]^{-1}\boldsymbol{G}(\boldsymbol{p}_j) \quad j=1,2,\cdots \tag{7.5}$$

迭代的核心是估计梯度 $\partial F/\partial \boldsymbol{p}(\boldsymbol{p}_j)$，可以使用一般扰动理论[3]来确定。让我们围绕标称参数值 $\boldsymbol{p}_0$ 在式(7.1)中的每个项中建立参数相关性：

$$[\boldsymbol{A}(\boldsymbol{p}_0)+\boldsymbol{B}(\boldsymbol{p}_0)\Delta][F(\boldsymbol{p}_0)+\Delta F'(\boldsymbol{p}_0)]=[\lambda(\boldsymbol{p}_0)+\Delta\lambda'(\boldsymbol{p}_0)][F(\boldsymbol{p}_0)+\Delta F'(\boldsymbol{p}_0)] \tag{7.6}$$

式中，$\boldsymbol{B}=\partial \boldsymbol{A}/\partial \boldsymbol{p}$，$\Delta$ 很小故而 Δ^2 被忽略，有

$$[\boldsymbol{A}(\boldsymbol{p}_0)-\lambda(\boldsymbol{p}_0)]F'(\boldsymbol{p}_0)=\lambda'(\boldsymbol{p}_0)F(\boldsymbol{p}_0)F(\boldsymbol{p}_0)-\boldsymbol{B}(\boldsymbol{p}_0)F(\boldsymbol{p}_0) \tag{7.7}$$

这是一个源问题，只有当源项与齐次方程的解是正交时才可解，这就固定了特征值的导数：

$$\lambda'(\boldsymbol{p}_0)=\frac{\boldsymbol{B}(\boldsymbol{p}_0)F(\boldsymbol{p}_0)F^+(\boldsymbol{p}_0)}{F(\boldsymbol{p}_0)F^+(\boldsymbol{p}_0)} \tag{7.8}$$

这里上标“+”用于伴随。源问题(7.7)的解得到(7.5)中所需的导数。

源问题的解需要特别注意,因为式(7.7)左侧的算子有一个非平凡解。下面我们按照Neumann 和 Z. Szatmáry 的建议给出源问题的可能解。

通常中子平衡具有损耗部分 d 和产生 $\boldsymbol{P}$:$\boldsymbol{A}=\boldsymbol{P}-d$。为求解问题:

$$(\boldsymbol{P}-d)F=-S \tag{7.9}$$

式中,S 源是给定的,可以采用以下迭代。首先求解:

$$dF_0=S$$

则对于 $\lambda=1,2,\cdots$求解:

$$dF_\lambda=\boldsymbol{P}F_{\lambda-1}$$

得

$$F=\sum_{\lambda=0}^{\infty}F_\lambda$$

这是对式(7.9)的解。

7.1.1.6 随机参数

在上一节中,确定了最符合实际设备测量值的设定值。由于对随机参数的性质了解不多,建议用统计学对其进行处理。这个方法是众所周知的:将随机参数视为随机变量,将计算模型的因变量(即通量、功率密度、温度)确定为随机变量的函数,并推导出它们的平均值、方差、相关性和其他主要统计特征的公式。在本小节中,我们使用一种表示法,明确表示模型方程的解可能取决于位置 r 和能量 E。

在本小节中,我们改变了符号。设 p_0 代表设定值,相应的特征值问题为

$$\boldsymbol{A}_0F_0=\lambda_0F_0 \tag{7.10}$$

参数的任意变化被表示为任意 π 的变化,因此我们寻求以下方程的解:

$$(\boldsymbol{A}_0+\delta\boldsymbol{A})(F_0+\delta F)=(\lambda_0+\delta\lambda)(F_0+\delta F) \tag{7.11}$$

对于与任意 π 相关的项的符号将 δ 作为第一个字母,因此 $\delta\boldsymbol{A}=\delta\boldsymbol{A}(\pi)$,$\delta F=\delta F(\pi)$,$\delta\lambda=\delta\lambda(\pi)$。首先,我们引用[60]随机过程 ξ 和 η 之间的以下关系。

定理 7.1.1 设 $\xi(r,E)$ 和 $\eta(r',E')$ 为随机函数(随机过程),$R_{\xi\eta}(t_1,t_2)=[\xi\eta]$ 为它们的相关函数,设 $\boldsymbol{A}$ 为线性运算符,作用于变量 r、E,则:

$$\langle\xi(t_1)\boldsymbol{A}\eta(r,E)\rangle=\boldsymbol{A}R_{\xi\eta}(r,E,r',E') \tag{7.12}$$

这里 < > 代表期望值。因为模型方程(7.11)仅涉及积分和求导,即可得到

$$\langle\xi(r',t')(\boldsymbol{A}_0+\delta\boldsymbol{A})\eta(r,t)\rangle=(\boldsymbol{A}_0+\delta\boldsymbol{A})R_{\xi\eta}(r',t',r,t) \tag{7.13}$$

假设方程式(7.11)中运算符的随机部分要小,因此线性扰动理论适用:

$$-\lambda_0\delta F+\boldsymbol{A}_0\delta F=-\delta\boldsymbol{A}F_0+\delta\lambda F_0 \tag{7.14}$$

我们注意到运算符 $\boldsymbol{A}$ 作用于变量 r、E,当需要相同的运算符作用于变量 r'、E'时,我们应用符号 $\boldsymbol{A}'$。右边的第一项是由于运算符 $\boldsymbol{A}$ 的变化导致的任意扰动,对于该项引入了表示法:

$$\varphi=\delta\boldsymbol{A}F_0 \tag{7.15}$$

将方程(7.14)乘以 δF 并求平均,得到相关系数之间的关系:

$$\boldsymbol{A}_0R_{\delta F\delta F}=-R_{\varphi\delta F}+R_{\delta\lambda\delta F}F_0 \tag{7.16}$$

这是一个源问题,具有和以前相同的运算符 $\boldsymbol{A}_0$。用变量 r'、E'写下方程(7.14)为

$$A_0'\delta F' = -\varphi' + \delta\lambda F_0' \tag{7.17}$$

将式(7.17)乘以 φ 并取期望值,得到相关函数中的第二个方程:

$$A_0' R_{\delta F\varphi} = -R_{\varphi\varphi} + R_{\delta\lambda\varphi} F_0 \tag{7.18}$$

最后,回到方程(7.14)的可解性条件:

$$\delta\lambda = \frac{(F_0^+, \delta A F_0)}{(F_0^+, F_0)} \tag{7.19}$$

将式(7.19)乘以 φ 并取期望值:

$$R_{\delta\lambda\varphi} = \frac{(F_0^+, R_{\varphi\varphi} F_0)}{(F_0^+, F_0)} \tag{7.20}$$

再式(7.19)乘以 δF 并取期望值:

$$R_{\delta\lambda\delta F} = \frac{(F_0^+, R_{\delta F\varphi} F_0)}{(F_0^+, F_0)} \tag{7.21}$$

最后,将式(7.19)乘以 $\delta\lambda$ 并取预期值:

$$R_{\delta\lambda\delta\lambda} = \frac{(F_0^+, R_{\delta\lambda\varphi} F_0)}{(F_0^+, F_0)} \tag{7.22}$$

现在当 π 的分布函数已知时,我们也知道 $R_{\varphi\varphi}$,并且对于相关系数我们有一个封闭系统,式(7.16)~(7.22)有可能确定它们。

我们注意到,相关性遵循一组方程,这类方程类似于输运方程(或其适当的近似)。因此,不需要新技术来确定它们,只需要在左侧有算子 $\boldsymbol{A}$ 的一个源问题的解。

7.1.1.7　测量值的一致性

测量值是一系列变换的结果,该系列的主要步骤包括:

(1)探测器信号的电子处理(例如噪声滤波、放大);

(2)物理过程的修正(例如背景校正、死区时间校正);

(3)校准;

(4)将电信号转换为物理单位。

在温度测量中,热电偶的功率是待测温度和参考温度(冷点)之间温差的结果,参考温度的任何扰动似乎是待测温度的扰动。在核电厂中需要过滤掉(如果可能的话需要修正)上述误差。我们重新审视了在第 2 章中研究过的问题,在本节中展示了统计技术来消除一些可能的测量误差。为此,分析了由 VVER－440 区域中的冷却剂温度确定的组件功率的长期记录,并比较了应指示相同[①]测量值的位置信号。在 VVER－440 堆芯中,大多数位置具有 6 个对称部分,并且平均 3 个或 4 个具有温度测量值。我们确定记录信号的预期值和方差。如果方差大于预期值,则测量在特定环境中,这通常表明存在误差,见图 2.18。温度测量的估计不确定度(1σ)为 0.5 ℃,我们看到较大值的位置需要特别注意。下面将展示两个信号,如图 7.1 所示,我们看到正常的噪声信号,而在图 7.2 中可以看到电子功能障碍:一个不稳定的位触发器。在图 7.3 所示的记录中可以观察到另一种误差。在这里,堆芯的下部会出现较大的差异,并且热电偶组共享一个冷点,一些技术错误(可能是冷点温度的蠕动)

① 在许多情况下,只要知道温度的比例在时间上应该恒定即可。

可能是导致更大差异的原因。

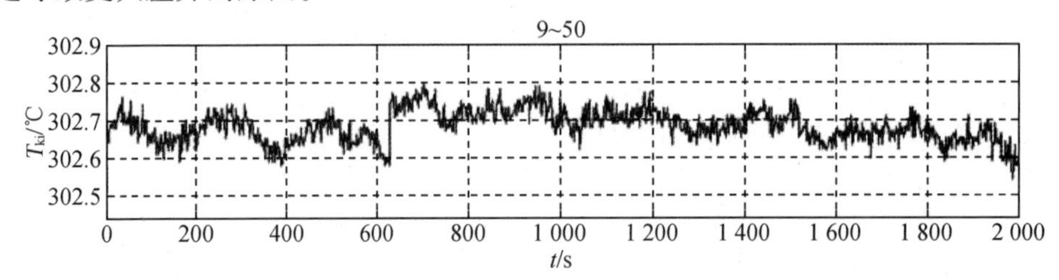

图 7.1　组件 9 ~ 50 中热电偶的信号

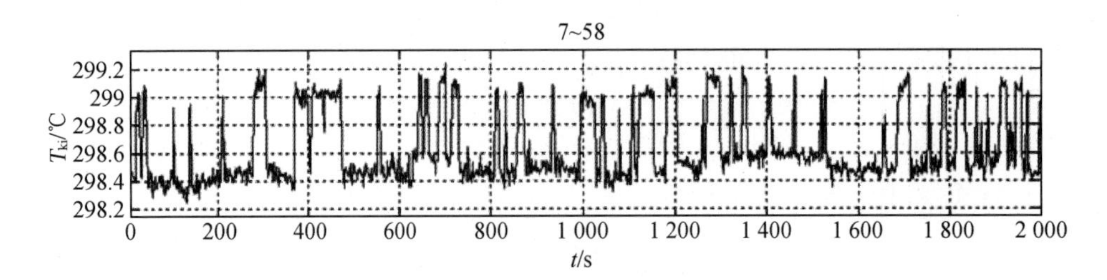

图 7.2　组件 7 ~ 58 中热电偶的信号

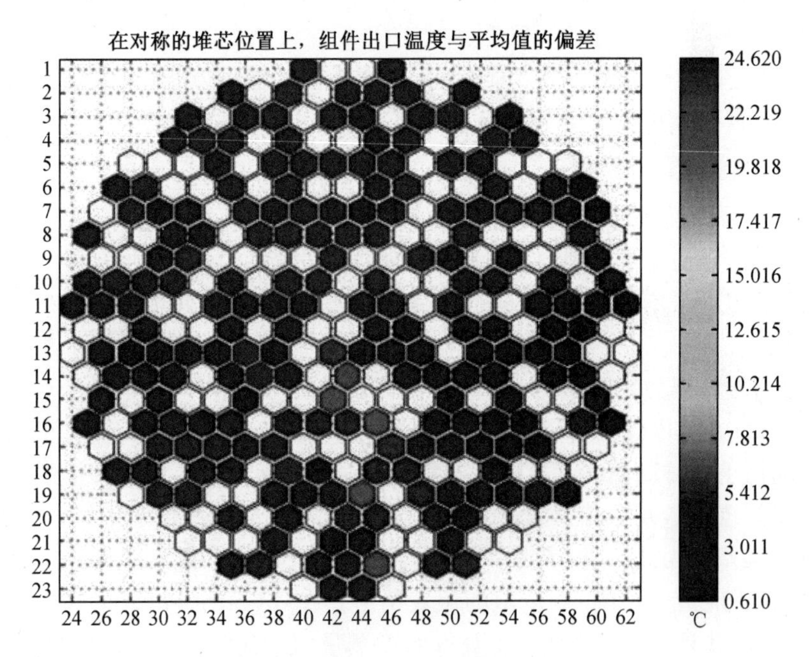

图 7.3　温度中的冷点错误指示

7.1.2　基于测量的不确定度估计

在本小节中，我们提出并回答了这个问题：是否有可能将不确定性估计完全基于测量值？答案是肯定的，我们给出了一个程序来确定通量估算的主要特征。这里介绍的研究涉及 VVER－440 反应堆堆芯，堆芯有 349 个六角形燃料组件位于堆芯，装载模式具有 60°对称性。

体积 V 将映射 V 变换到自身,这些变换称为 V 的对称群。假设运算符 $\boldsymbol{A}$ 与对称性相通[①]。这里要提到通过系统方程通过的变换的存在以同样的方式被利用。因为我们通常会利用 Hermitian 算子通勤的存在。通勤运算符具有共同的特征值集,因此我们可以根据给定 Hermitian 运算符的特征向量扩展系统方程的解,细节在参考文献[4-5]中给出。从现在开始,使用那里介绍的术语。因此,G 表示 V 的对称群,$\|G\|$是群 G 中的对称性数量,并且跨越群 G 下不变的子空间的正交群称为不可约表示或不可逆。地面是体积 V 的一部分。如果 G 的元素应用于它,则变换覆盖 V。为了引入该技术,当 V 由全等节点组成且分布由每个节点的一个值表征时,我们研究对称体积 V 中分布的最简洁存储。

技术原因限制了堆芯测量的数量,尽管不应在任何组件上超越限制。因此,必须查看给定的测量值模式是否允许在非计量组件处重构"测量"值。

定理 7.1.2　(收缩定理)令函数 $F(x)$ 由 V 中每个节点的一个值给出。如果 $F(x)$ 具有小于$\|G\|$的不可约分量,则 $F(x)$ 的最简洁存储是当每个不可约组件的每个节点存储在地面中时,还存储不可约分量的索引。

收缩定理设定了可以在不丢失信息的情况下重构的通量(或功率)分布的限制。但是,必须记住,实际堆芯总是存在许多扰动。我们对扰动知之甚少,因此有必要了解它们对测量的通量或功率场的影响。

定理 7.1.3　(扰动定理) 让我们考虑扰动 δA 引起的扰动,见方程(7.11),则

(1)δA 有助于一阶扰动理论中特征值的变化,当且仅当 δA 具有变换为单位表示的分量时。

(2)如果扰动 δA 可以被认为是扰动而二阶和更高阶项可以忽略,则扰动问题的解就像 δA 一样变换。

(3)如果除了乘法常数之外已知 δA,并且扰动解如同扰动解一样变换,则扰动足够弱,可以忽略解中的二阶和更高阶项。

(4)不考虑 δA 的对称性,解的二阶项总是包含一个非奇异的对称分量。无论 δA 的对称性如何,在特征值中总是存在二阶项。

下面研究测试实例 SDIN1。通过应用主成分方法,获得每个组件的 ΔT 的几个最大估计值。首先,得到了图 7.4 所示的图。考虑估计的统计样本,可以确定平均值和方差。尽管观察到的差异大于 5 ℃,但是温度测量值的预估误差为 0.5 ℃,这表明测量值之间存在差异。为了找出哪些测量值可能导致大的方差,通过从评估中排除一些测量值来研究方差。在排除的测量值中使用"专家试验",可以获得新的地图变体。方差的最大减少是因子 2,并且图中没有突出的大方差。通过排除第 256 号组件中的 134 号热电偶获得最大的方差减小。测试 SDIN1 中的堆芯是非对称的,而在学习阶段,确定主要成分的可能对称分量,假设是对称堆芯。这解释了比温度测量精度(0.5 ℃)更大的方差(2.2 ℃)。后来很明显,单次测量(位置(-10,-7)处 256 号组件中的热电偶)是造成方差过大的原因。

---

① 堆芯图对称时就是这种情况。由于对称性提供了对测量值的额外检查,通常该图是对称的。

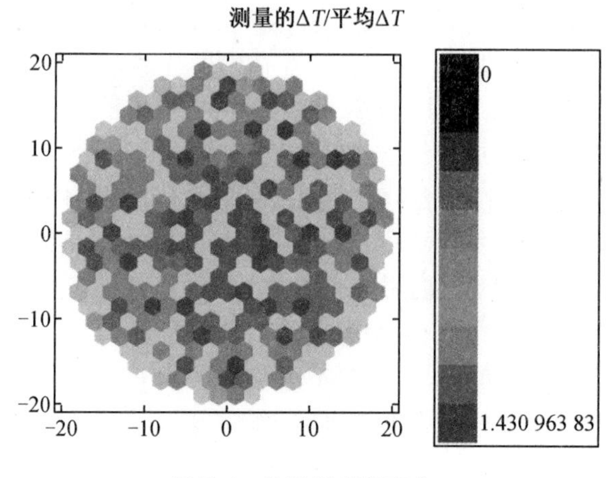

图 7.4 估计温度的变化

7.2 结　　垢

核电厂的一回路和二回路都有接触热水的大金属表面。如果这个大表面释放出薄至几微米的金属氧化物,并且该材料的一部分溶解在堆芯中,则冷却剂的流量可能会偏离正常,因为燃料棒、反应堆容器和管道的总表面积可能达到 200 m^2。适当的水化学有助于防止冷却剂中的物质沉淀。此外,一些放射性同位素,主要是 Fe、Cr、Co、Ni、Mn 和 Co 同位素,可能在沉淀物中积累[6-8]。

从我们的观点来看,运行流动问题可能是由稳定乳状液体的形成(通常称为结垢)引起的。可能发生传热[9],通过传热可能发生沸腾并且水可能流过多孔沉积物,导致径向和轴向的功率分布与设计的运行相比产生变形,这具有安全和经济意义。

堆芯仪表能够在早期阶段发现堆芯中的流动异常。在 Paks 核电厂 3 号机组第 17 个循环的早期阶段,一回路的压降表明存在结垢。研究了受影响的燃料组件的热工水力特性,并卸载了一些燃料组件,以防止燃料组件可能的损坏。注意,最初的报警来自一回路,因为堆芯没有用于测量燃料组件压降的仪表。在第 17 个燃料循环期间,当环路流量减小时,压差的趋势略微减小。图 7.5 显示了归一化的组件 ΔT 值,这样平均值是 1,$\Delta T>1$ 是大于平均 ΔT 值,$\Delta T<1$ 是小于平均 ΔT 值,该图显示了去除污垢后最后一个燃料循环开始时的温度分布。很难注意到图 7.5 中的任何趋势。无法观察到偶极型分布(3.12)。在西北扇区,低功率在第 44,45,56,74,75,77,78,79,94,97 号组件。在西南扇区:低功率是在第 187,188,189,207,210,211,244,245,264,265 号组件。在东北扇区:低功率是在第 4,13,22,51,88,100,103,140,159,162,163,165 号组件。在东南扇区:低功率是在第 260,271,288,289,292,331,344 号组件。进一步的详细研究并未指出 3 号机组堆芯中存在任何流动异常。

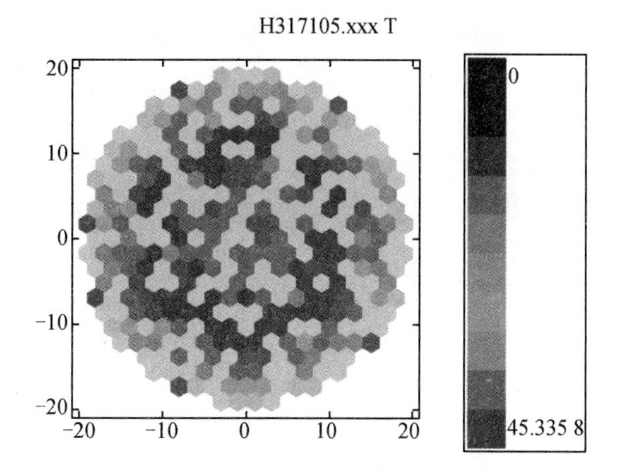

图 7.5　PAKS 的 3 号机组,第 17 个循环的 ΔT 图

工作人员松了一口气:结垢造成的异常结束了。核电厂要求 FRAMATOM – SIEMENS 财团设计和制造一个可以去除污物的容器。然而,结垢产生了令人难以置信的后果[10]:

2003 年 4 月 10 日,在匈牙利 Paks 核电厂 2 号机组换料停运期间,30 个乏燃料组件正在乏燃料水池燃料操作坑的一个特殊容器中清洗。清洗过程完成后,燃料被留在容器中,冷却减少,导致后来包壳严重氧化和燃料损坏。尽管此事件不能被视为典型的 SFP 事故,但它提供的见解可用于理解与 SFP 失去冷却/失水事故相关的现象,这也促进了对此类事故的研究。该事件类似于以下方面的 SFP 失去冷却/失水事故:

(1)换料后发生的事件;

(2)乏燃料组件有低衰变热;

(3)燃料棒在蒸汽环境中氧化数小时;

(4)在燃料加热期间发生了包壳管鼓胀和爆裂;

(5)导致脆性失效的 FAs 最终再淹没。

另一方面,事故不同于 SFP 失去冷却/失水事故,因为:

(1)它发生在深水柱下的封闭水箱内;

(2)氧化产生的氢气积聚在清洗槽内;

(3)释放的活性大部分被 SFP 水吸收;

(4)即使在事故的后期,空气也无法进入燃料组件。

在更换 Paks(VVER – 400)核电厂中的蒸汽发生器给水分配器之前进行的去污活动,导致在 1,2,3 号反应堆中的内部构件和燃料组件上产生磁铁矿沉积物。由这些沉积物引起的水力阻力增加导致水力不对称。为了减少这些问题,决定年度停运或换料停运后返回反应堆的每个燃料组件,都应进行化学清洗。

清洗系统包括一个安装在坑中的容器,其通过锁连接到乏燃料水池,内容连接管线、互联管线、热交换器和过滤设备,见图 7.10①。除了位于反应堆台上或旁边的热交换器和过滤器外,这个工艺系统形成几乎完全浸没在水中的内部闭合回路。容器一次接收 30 个组件进

① 由于清洗过程的详细信息不在我们的讨论范围之内,因此未包含图 7.10。

行清洗,清洗过程通过循环进行约 35 ~ 40 h。在 Paks 核电厂 2 号机组年度停运期间,共安排了 210 个燃料组件(即 7 个容器容纳的组件)进行清洗。

装载到清洗槽中的第六批燃料组件的清洗程序于 4 月 10 日 16:55 完成。由于起重机忙于其他任务,燃料没有立即从清洗槽中取出。冷却剂通过潜水泵循环,质量流量比清洗过程中使用的低得多,见图 7.10[3]。签约专家持续维持清洗槽的冷却在 37℃。在该日 21:53,通过安装在清洗回路中的氪测量系统检测到活性,同时,反应堆大厅中的惰性气体活性浓度监测器达到了“警报”水平,然后安装在通风烟囱中的运行剂量测定系统指示惰性气体活性突然增加①(最大 0.2×10^{13} Bq/10 min)。核电厂主管命令终止在反应堆建筑物中进行的工作并离开该区域,随后召集了一个特别维护委员会,以评估事件并采取必要的行动。首先打开清洗槽进行目视检查,如果可能的话,将分离泄漏的燃料组件并分析水质。

核电厂遭受了重大损失,仅在清理期间,2 号机组长达 2 年无法运行造成的损害就相当严重。

7.3 慢化剂温度系数的测量

在4.4.1 节中我们已经看到反应性 ρ 取决于几个参数,参见方程式(4.26),包括慢化剂温度 T_m,燃料温度 T_f,硼浓度 c_B 和控制棒位置 H_{cr}。为了找到稳定的堆芯状态,必须求解式(4.21)。式(4.26)中的截面是宏观截面表达为

$$\Sigma = \sigma N \tag{7.23}$$

式中,N 是单位体积的原子核数,σ 是微观截面。因此,N 取决于温度,温度取决于释放的能量。这就是稳态问题也应该迭代求解的原因,在能量守恒式(A.1)中,裂变产生的热量可以从式(4.26)的裂变项确定,其中宏观截面取决于温度,见 3.2 节。

在确定堆芯中的功率分布和温度分布时,重要的是使用局部 T_m、T_f 和 ρ,这是通过在迭代中使用参数化库来完成的。相反,在式(4.26)中,T_f 和 T_m 是反应堆燃料和慢化剂的平均温度。

慢化剂温度系数(MTC)用点动力学术语定义。MTC 定义为堆芯慢化剂平均温度变化 1℃所引起的反应性变化。在反应性偏移的情况下,MTC 应为负值以确保负反应性反馈。MTC 的绝对值随着燃料循环的进行而增加,因此期望大约燃料循环末期时检查 MTC。如果 MTC 太大且为负值,则在反应堆停堆后可能会因为燃料损坏返回临界状态。大多数压水堆规范要求在循环结束时进行监督试验以确定测量的 MTC 值。

MTC 的测量已经研究了很长时间,参见参考文献[11 - 15,57]。美国核学会提出了建议[16],可以区分两种主要类型的测量:噪声分析技术[15]和反应性补偿技术。

这里描述了一种在运行的 VVER - 440 机组上确定 MTC 的技术,测量需要在机组运行条件下收集大量数据。在 Paks 核电厂可使用这个技术,VERONA 系统[10]能够提供所需的数据。

已经提出了几种方法来测量燃料循环末期的 MTC[17]。重点是应该保持临界,这可以通过使用测量的棒价值进行交换或使用预测的棒价值进行棒交换来实现,已从存档数据中选

① 关于活性,请参阅附录。

择两个固定时间间隔。

7.3.1　测量

MTC评估基于Pars核电站3号机组第21个燃料循环(2006年)中收集的大量数据,记录的数据具有静态和噪声分量,都可用于评估MTC。本节描述如何根据信号的静态部分进行评估,参考文献[10]中描述了噪声分析。

记录的数据包括两个部分。第一个部分包含VERONA系统的测量结果,第二个部分包含处理的结果,部分测量由C-PORCA程序计算,C-PORCA计算基于VERONA记录的输入。由于C-PORCA程序的扩展确认和验证程序,其结果的不确定性是已知的。我们希望在此指出,VERONA数据和C-PORCA数据都是部分测量部分计算的。

反应性系数的测量基于以下考虑。设记录的数据反映反应堆的两个状态,分别用下标1和2表示。在给定的反应堆上进行测量,仅下列参数可能变化:相对功率 W_{rel}、控制棒组的位置 H_6、燃料平均温度 T_f 和慢化剂平均温度 T_m。假设这两个状态是稳定的,状态1和2之间有以下关系:

$$\Delta\rho = \frac{\partial\rho}{\partial T_f}\Delta T_f + \frac{\partial\rho}{\partial T_m}\Delta T_m + \frac{\partial\rho}{\partial T_6}\Delta H_6 \tag{7.24}$$

如果其他两个反应性系数已知,则获得MTC的估计值。由于在正常运行中反应堆是临界的,并且安全性要求对与控制棒位置有关的反应性进行公平估计,因此我们只需要可从C-PORCA计算得到的多普勒系数。从V&V过程可以知道反应性不确定性,从而得到MTC及其误差。

测量的组织方式是通过改变二回路的技术,使进口温度改变2 ℃。图7.6显示了控制棒位置,图7.7显示了慢化剂平均温度,通过C-PORCA计算的反应性可以在图7.8中看到,测量功率如图7.9所示。

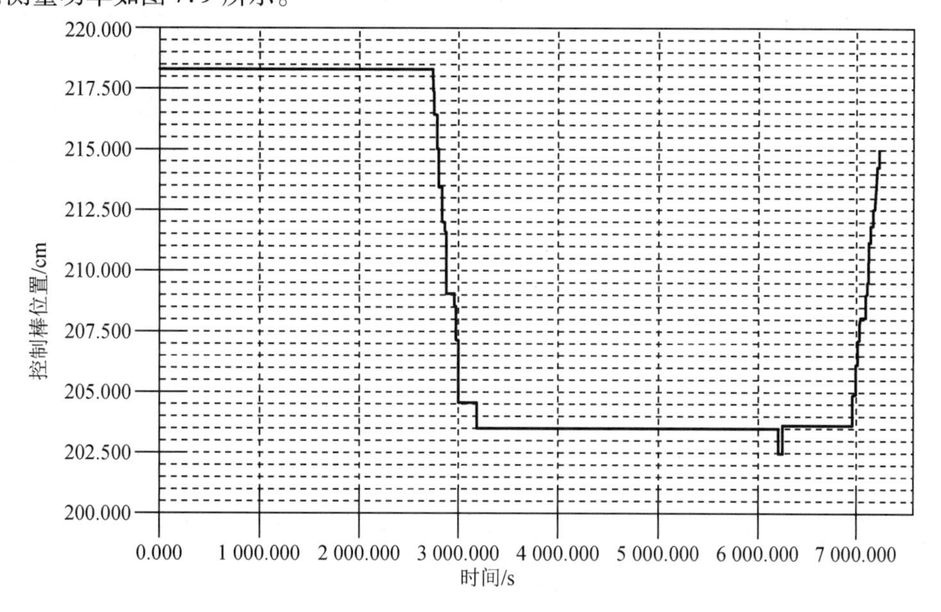

图7.6　控制棒位置

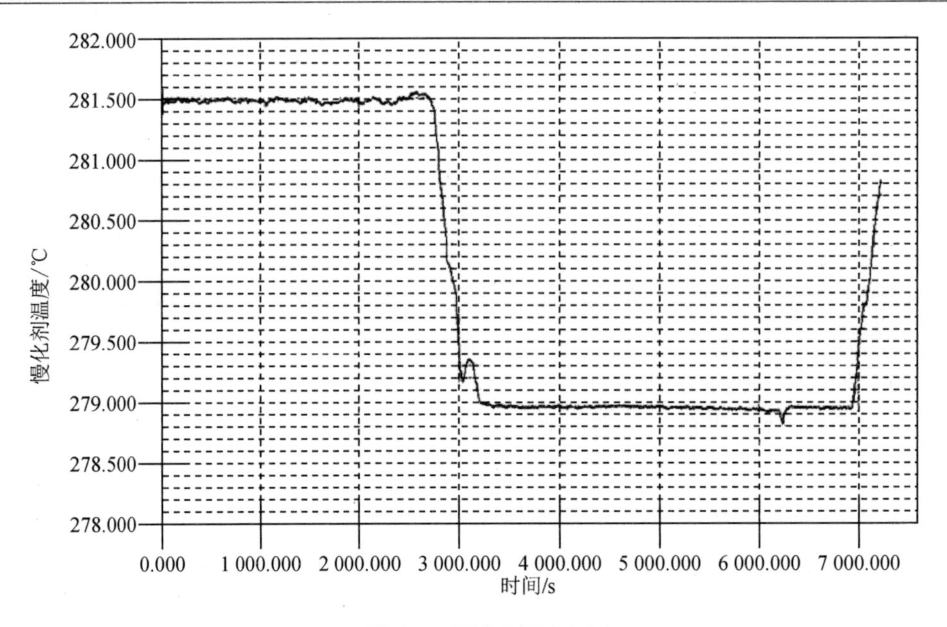

图 7.7　慢化剂平均温度

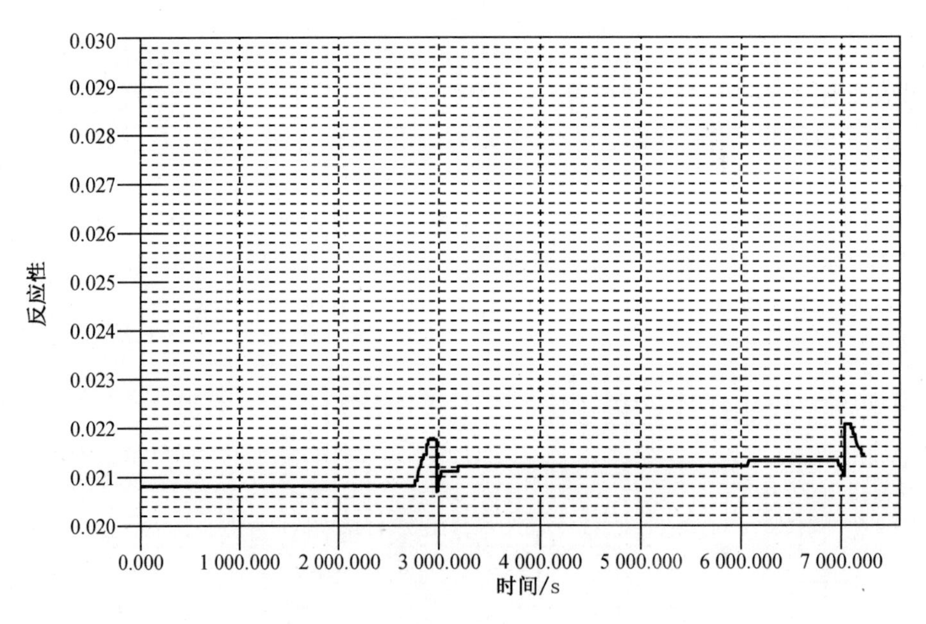

图 7.8　通过 C－PORCA 计算的反应性

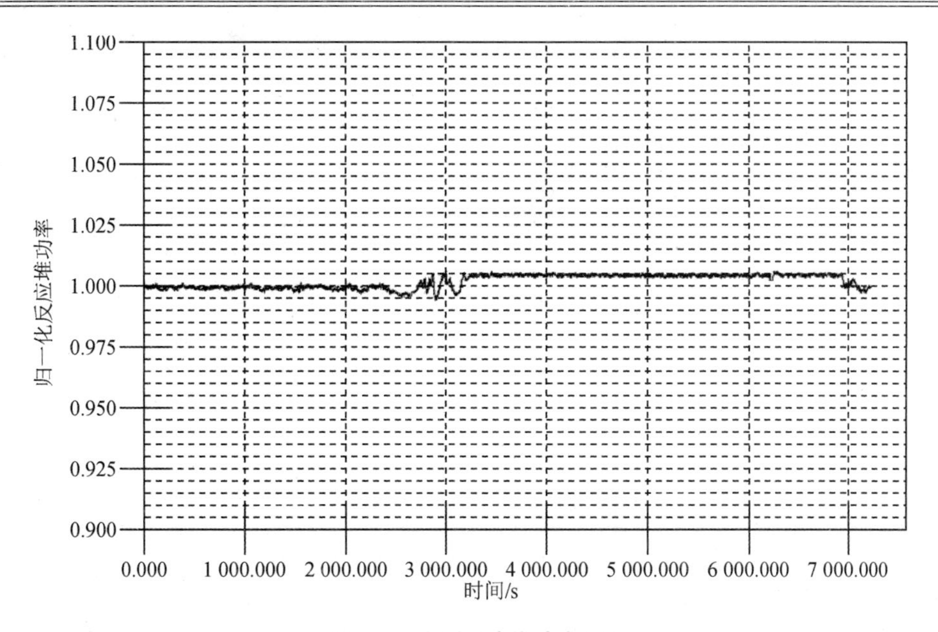

图 7.9　实测反应堆功率 $W(t)$

两个稳态在记录上很好地分开，评估是可行的，数据以 2 秒的间隔读出。表 7.1 总结了两种稳态的平均值和方差。

表 7.1　两个稳态间隔的均值和方差

状态编号	$W_{rel} \pm \sigma_w$	$H_6 \pm \sigma_{H6}$	$T_f \pm \sigma_{T_f}$	$T_m \pm \sigma_{T_m}$
1	30.032 6 ±0.019	218.329 ±0	530.950 ±0.029	281.479 ±0.000 3
2	30.038 ±0.016	203.485 ±0	528.547 ±0.001 6	278.955 ±0.000 3

从表 7.1 中可以得出：$\Delta H_6 = 203.486\ \text{cm} - 218.329\ \text{cm} = -14.843\ \text{cm}$，$\Delta T_f = 528.547\ ℃ - 530.951\ ℃ = -2.404\ ℃$，$T_m = 278.955\ ℃ - 281.479\ ℃ = -2.524\ ℃$。反应性差异是平衡氙浓度的结果。使用单元管理算法（图 7.10），有

$$\rho_{Xe} = \frac{-2 \times 10^{-6} W}{2.070 \times 10^{-7} W} \tag{7.25}$$

由该式得到

$$\Delta\rho = -1.190\ 53 \times 10^{-4} \tag{7.26}$$

由 C－PORCA 计算的多普勒系数是

$$\frac{\partial \rho}{\partial T_f} = -4.376\ 54\ \text{pcm} \tag{7.27}$$

最后，MTC 是

$$\frac{\partial \rho}{\partial T_m} = \frac{\Delta\rho - \frac{\partial \rho}{\partial T_f}\Delta T_f - \frac{\partial \rho}{\partial T_6}\Delta H_6}{\Delta T_m} = -39.106 \times 10^{-5} \tag{7.28}$$

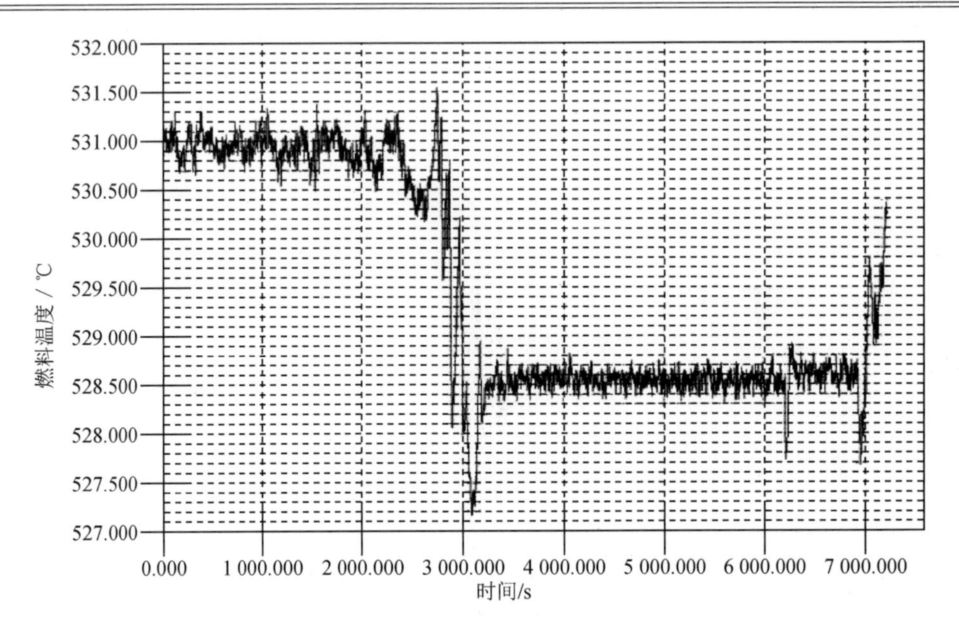

图 7.10　通过 C－PORCA 计算的平均燃料温度

记录的数据质量良好，两个真正静态的状态是可区分的。对于误差估计，必须考虑 MTC 评估（基于平均燃料和慢化剂温度）。输入数据部分来自 VERONA 评估和 C－PORCA 计算。在评估过程中，我们依赖以下假设。

（1）在每个组件中，在 20 个轴向高度处给出慢化剂温度。这些值是根据 VERONA 数据由 C－PORCA 计算的。

（2）在每个组件中 20 个轴向高度处给出燃料温度。这些值是根据 VERONA 数据由 C－PORCA计算的。

（3）多普勒系数也由 C－PORCA 程序根据实际 VERONA 数据计算。

（4）由控制棒位置改变引起的反应性变化也由 C－PORCA 程序根据实际的 VERONA 数据计算。

在上述近似之后，人们会问：输入数据代表什么？它们是我们打算解释的测量量，还是反映了 C－PORCA 堆芯管理程序中的模型？在回答上述问题之前，先对评估的以下特征进行评定。

（1）C－PORCA 是一个官方的、合格的和得到认可的堆芯管理程序，用于堆芯重载计算和堆芯监督。C－PORCA 已通过与运行堆芯状态下的测量值的大量比较得到验证。

（2）每次 C－PORCA 计算都是在实际堆芯状态下进行的，因为 VERONA 记录反映该状态。

（3）评估 MTC 的应用方法不是使用瞬时堆芯状态，而是使用这些状态的长期平均值。

首先评估时间平均量的方差。平均值的误差是

$$\sigma_x = \frac{\sigma}{\sqrt{N}} \tag{7.29}$$

式中，σ 是量 x 的方差，N 是记录中元素的数量。方差见表 7.1（这些只是统计误差），且 $N >$ 1 000。在给定的反应堆状态，有

(1)棒位精度为2.5 cm,参见参考文献[17]。当两个棒位相减时,这个误差可能抵消;

(2)慢化剂平均温度的精度有两个主要组成部分:统计误差和校准误差[18]。由于校准意味着一个附加项,假设这项贡献在评估中抵消,因此:

$$\sigma_{T_a} \approx \frac{\sigma}{222} = \frac{0.51}{14.899} \approx 0.034 \tag{7.30}$$

近似等号表示在评估中回路(热段和冷段)温度以及210个出口温度的多次使用。

(3)燃料平均温度的不确定性是未知的。

C-PORCA 通过以下表达式计算当地燃料温度:

$$T_f = T_m + b(B)w + a(B)w^2 \tag{7.31}$$

式中 T_m——局部慢化剂温度;

w——局部功率密度;

B——局部燃耗。

使用上述不确定性,得到 MTC 的以下区间:

$$-42.6297 \leqslant \frac{\partial \rho}{\partial T_m} \leqslant -33.6951 \tag{7.32}$$

由 C-PORCA 计算的 MTC 值为 -44.5 pcm/℃。基于噪声分析的 MTC 评估也已进行[14,19],但统计误差需要进一步研究。需要注意的是,测量是在在线运行过程中进行的,数据由 VERONA 系统记录,并在 VERONA 监测系统与核电厂的经过验证的计算模型 C-PORCA[20]的帮助下离线解释。

7.4 异常检测

堆芯仪表为操纵员提供安全、经济的管理反应堆的信息。在嘈杂的工业环境中,工作的巨大设备不可能完美运行。仔细分析测量结果可能会发现测量系统中的故障。法规规定了操纵员在检测到故障时要采取的措施。本节讨论通过分析测量值检测到的一些问题,应用的技术在参考文献[21-24]中描述。

7.4.1 流动模式扰动

在压水堆中,堆芯中产生的能量将被冷却剂带走。当出现危及安全和经济运行的异常迹象时,早期发现至关重要。本小节讨论三种具有流动异常的堆芯状态,研究了三种情况:SDIN1、SDIN2 和 SDIN3。在每种情况下都存在与正常流动模式的偏差。

测量数据由在 PAKS 核电厂机组运行的 VERONA 堆芯监测系统[10]收集。

差异的方差大于差异中任何一个项的方差,见式(6.43)~式(6.45)。

测得的 ΔT 场如图7.11所示,其中减去了平均 ΔT。由于 ΔT 的范围在 -7.19 ℃和 +4.38 ℃之间,色标区分十个等级,所以在图7.11中没有任何异常,只包含测量数据①。在研究6个60°扇区的总和时,我们得到

$$(-8.18075, 3.45978, 6.41325, 15.0367, -15.5132, 1.21579) \tag{7.33}$$

① 未计量的组件为浅色。

由于每个扇区包含约53个测量值,具体取决于运行和合理测量值的数量,这表明平均误差为0.1~0.2 ℃,这在测量误差范围内。扇区平均值约是53个测量值的总和,正如在6.2.2节中看到的那样,随机变量之和的方差随着项的数量的增长而增长。正态分布的随机变量之和是一个卷积,其均值是所涉及项的均值之和,方差是所涉及项的方差之和[40]。由于式(7.34)中的扇区方向是从左到右:东、东北、西北、西、西南、东南;差异表明有轻微的流动异常,尽管最大差异在30 ℃以上。流速似乎沿着东南—西北方向减小:相等的功率和较小的流速导致了较高的温度。

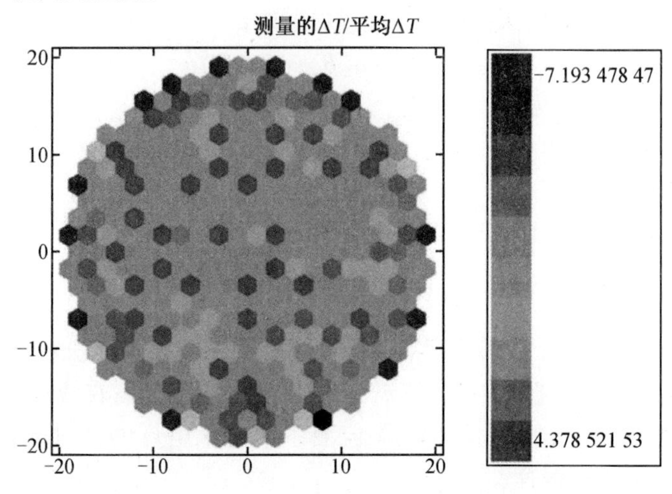

图7.11　与平均ΔT的偏差(SDIN1数据)

继续使用测量数据SDIN2,并在分析中遵循上面使用的步骤。测得的ΔT场如图7.12所示,其中减去了平均$\Delta T=25.9$ ℃。由于ΔT的范围为$-9.5\sim+5.88$ ℃,并且色标可以区分10个等级,因此在图7.12中看不到任何异常,该图仅包含测量数据。① 在调查6个60°扇区的总和时,我们得到

$$(5.053\,34, 2.275\,38, -21.121\,7, 5.122\,3, -9.658\,62, 18.329\,3) \tag{7.34}$$

式(7.34)中的扇区方向与之前相同。差异有所增加,最大差异为39.4 ℃。差异表明南北向和东西向流动同时异常。

我们将测量数据传递给SDIN3,并在分析中遵循上述步骤。测量的ΔT场如图7.13所示。其中减去了平均ΔT27.8 ℃。由于ΔT的范围在$-10.4\sim6.8$ ℃,色标区分了10个等级,在图中没有什么异常,图7.13仅包含测量数据。当研究6个60°扇形的总形时,我们得到

$$(23.647\,7, 5.975\,92, -28.700\,3, 23.690\,5, -40.469\,1, 15.855\,3) \tag{7.35}$$

式(7.35)中的扇区方向与之前相同,差异显著增加,最大差异为65 ℃。差异表明主要的东西向流动异常。

① 未计量的组件为浅色。

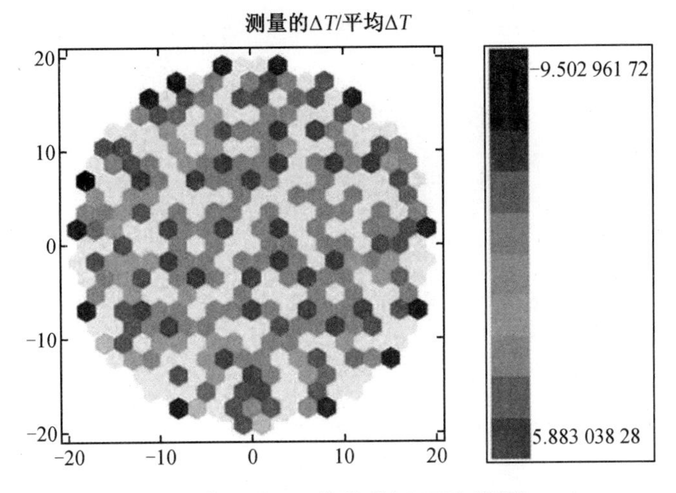

图7.12 与平均 ΔT 的偏差(SDIN2 数据)

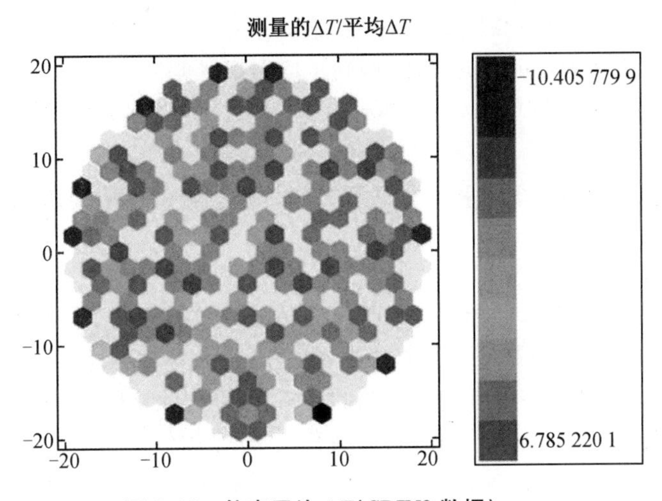

图7.13 偏离平均 ΔT(SDIN3 数据)

7.4.2 误装载燃料组件的检测

有人可能会认为,核电厂对燃料制造和堆芯装载过程的严格质量控制,使得燃料组件不可能误装载。作者掌握了两个这种案例的信息。第一个发生在2001年4月的法国[25],第二个发生在Paks核电站,简要报告如下。

3号机组,第18个燃料循环:在15~50位置(控制棒)中,随动富集度可能是3.6%而不是1.6%,如燃料证明书中所示。流量测量:测量的冷却剂流速保持在误差极限内。

ΔT 图如图7.14所示,其中已减去平均值以区分较高和较低的值,在预筛选中丢弃了4个组件的温度。乍一看,图7.14中没有任何异常。

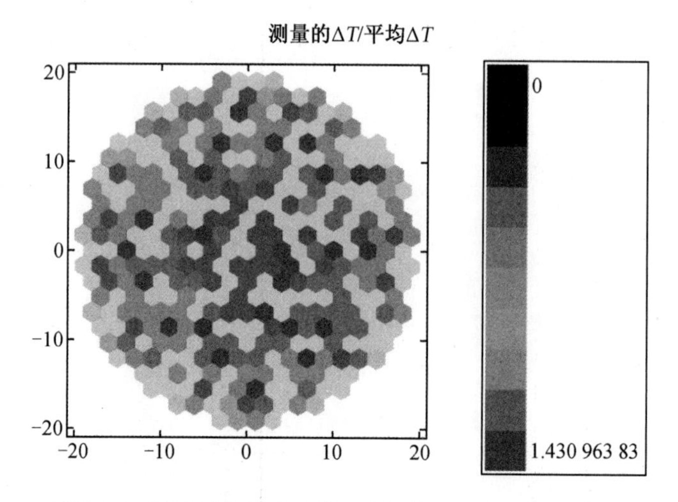

图 7.14 测试 H318003 中的 ΔT 值(H318003. xxx 数据)

下一步是减少没有测量 ΔT 值的组件数量。分析不应使用除测量值外的任何信息。应用由式(6.65)和式(6.66)定义的迭代,得到了以下扇区幅度:

$$s_1 = 1.075\ 85, s_2 = 0.980\ 656, s_3 = 0.860\ 43, s_4 = 1.096\ 54, s_5 = 1.034\ 87, s_6 = 0.951\ 771 \tag{7.36}$$

其中一个差异表明:在 3 号和 6 号扇区之间可以看到偶极型失真,参见式(3.12):

$$\frac{s_6}{s_3} = 1.106$$

虽然两个扇区的功率都低于平均水平。为了研究这种现象,下面展示了 Paks 核电厂 3 号机组在第 18 个燃料循环中的第 3 个满功率在扇区 6 中一部分组件的 $\Delta T - E\{\Delta T\}$ 值[①]。

为了发现第 235 号组件附近的功率图的异常,注意到第 235 号组件周围的 15 个组件中有 11 个测量的组件,温度低于平均值[②],而在其余 10 个组件中,各自的温度高于平均值。进一步研究指出,第 235 号组件是一个控制组件,在燃料证明书中,以下部分的富集度标记为 1.5%,而实际富集度为 3.6%。

7.4.3 错误测量

当堆芯是对称的,有一些测量位于对称位置。在第 4 章中看到,在正常状态下,反应堆运行由线性方程描述。因此,在对称堆芯中,在对称位置,如果没有误差,则测量值将是相同的。

第一步是检查反应堆是否对称,可能的检查是分析原始场和旋转场之间的差异。

让我们使用对称性检查来确认堆芯对称性,下一步是研究测量值。我们在第 6 章中看到,两个随机变量的差异是方差增加的随机变量,见式(6.43)~式(6.45)。当它们是正态分布时,平均值是各分量平均值的总和,方差也加起来。分布接近正态分布,如图 7.15 中的曲线。旋转 120°后得到图 7.15。峰值降低了,分布明显扩大,但没有看到任何重大变化。

---

①$E\{\Delta T\}$ 是测量组件的平均 ΔT;

②平均值是零,在位置 218 处只有一个数字是负值。

在图7.15中,精确的正态分布以曲线绘制。因此,原始和两个旋转分布应该是强相关的,见表7.2。学生分数也可以表示统计波动,尽管图 7.16 中的学生分数图仅显示轻微的异常,异常的大小在噪声范围内。

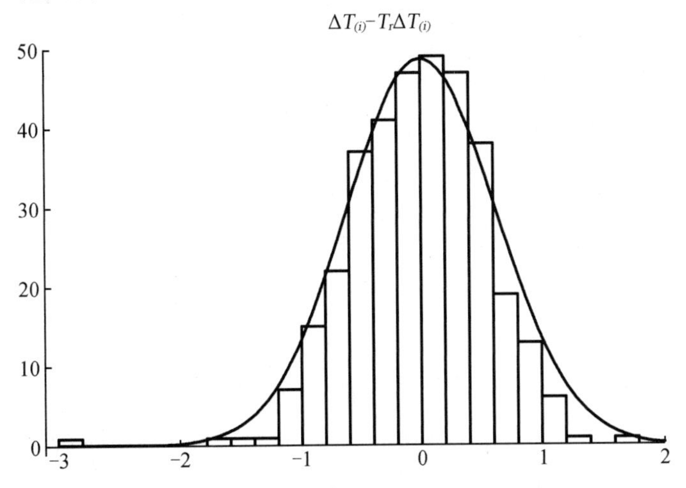

图 7.15　原始负旋转 SDIN1 温度场的直方图

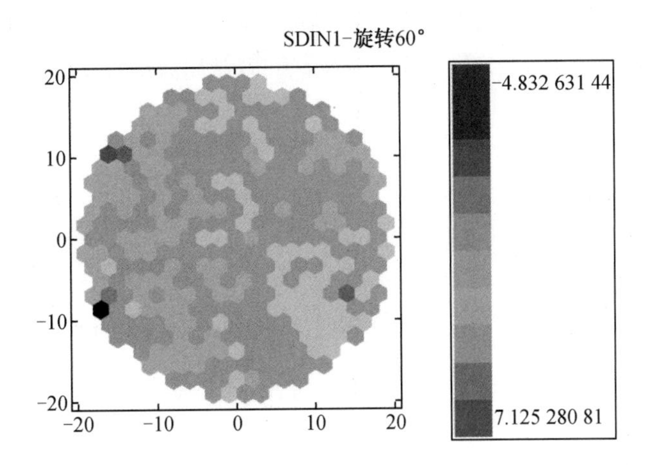

图 7.16　旋转后学生分数 SDIN1 温度场

表 7.2　SDIN1 图旋转 0°、60°、120°的相关矩阵元素

旋转	0°	60°	120°
0°	1.000	0.977	0.969
60°	0.977	1.000	0.977
120°	0.969	0.977	1.000

表 7.3　轨道(65,77,161,189,273,285)上的期望值、最大值和最小值

轨道	期望值	最大值	最小值	测量值
65	295.4	295.7	295.3	295.3
77	296.1	296.3	296.0	296.1
161	296.0	296.3	295.6	—
189	296.3	296.5	296.0	296.4
273	296.1	296.2	296.1	296.2
285	295.9	296.0	295.8	295.9

一个微型扇区由 7 个六边形组成,1 个在中心,环绕着 6 个。研究微观扇区,有可能发现短期异常[9,22,26]。控制组件没有测量值,因此表 7.4 中遗漏了组件 175。由于在 WWER-440 堆芯中有 210 个温度测量,在微型扇区中平均有两个位置未测量。给定的组件可能涉及最多7 个微型扇区,因为微型扇区可能部分重叠,并且对于缺失 ΔT 值可以获得最多7 个估计,这允许确定估计的平均值和方差(见图 7.17)。

典型情况见表 7.3,其中 6 个组件的 ΔT 值(65,77,161,189,273,285)在称为轨道的旋转对称位置。从涉及给定组件的微观扇区估计缺失值①。注意最大值和最小值之间的差异约为 0.3 ℃。给定组件的估计 ΔT 取决于所涉及的微观扇区中的测量值。单个测量误差可以增加最大估计值和最小估计值之间的差异。在表 7.4 中,155 和 194 位置的最大值和最小值之间的差值至少为 1 ℃。这表明热电偶的温度过高。实际上,194 号组件中的 7 号热电偶显示了过高的值。

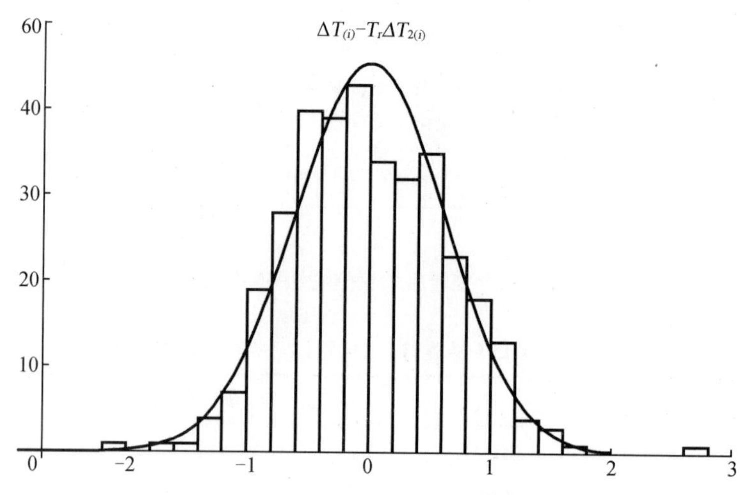

图 7.17　原始负旋转 SBESZ0 温度场的直方图

①65 号组件包含 7 个微扇区,也有 1 个测量值,其最大值、最小值以及测量值在表 7.3 中给出。

表 7.4　微观扇区中的期望值,最大值和最小值(155,156,174,176,194,195)

轨道	期望值	最大值	最小值	测量值
155	297.7	298.3	297.3	—
156	297.0	297.7	296.8	296.8
174	297.7	298.5	297.1	—
176	298.0	298.2	297.6	298.1
194	297.9	298.4	297.3	297.9
195	297.9	298.3	297.4	298.1

7.4.4　强烈异常

流动模式异常不如具有错误富集度的组件或当控制棒位置从根本上改变时严重。原因是控制棒用于紧急停堆,因此它们的反应性应该很大,控制棒的反应性可以证明如下。

考虑一个均匀的一维反应堆,堆芯通量分布是 $\Phi(z) = \cos(2z/H)$,余弦曲线的最大值在 $z=0$ 处。当插入控制棒时,它首先在低通量位置穿过堆芯,控制棒朝轴向中点 $z=0$ 推进时,其有效性最大。

控制棒附近的通量随指数中的平均自由程呈指数下降。根据扩散理论,在均质材料中,通量作为距离 x 的函数按以下列方式变化:

$$\Phi(x) = \Phi(\infty)(1 - e^{\frac{-x}{\lambda}}) \tag{7.37}$$

这里 $\Phi(\infty)$ 是远离强吸收体的通量。在大能量下 λ 比热容能大,因此控制棒运动的影响范围很大①。

尽管如此,在 6.2.5.1 节中已经看到,单个吸收棒可以使任何地方的通量变形,见图 6.2。这与前面提到的偶极通量变形一起,表明通过远程测量检测异常控制棒位置的可能性。

在下面要讨论的情况中,在位置 293 处的控制组件完全插入,因此其轴向位置为零②。分析从正常控制棒位置开始,图 7.18 显示了测量位置处的测量温差。堆芯是对称的,堆芯的温度分布是正常的。图 6.4 所示为位置 293 处降低控制组件后的 ΔT 图,这里用图 7.19 重复表示,非测量位置用灰色填充。在图 7.19 中,完全插入的控制棒的位置是(12, -6)。扇区平均温度的偏差已在式(6.130)中显示,为方便读者,我们在此重复:

$$s_1 = 0.982\,2, s_2 = 1.149, s_3 = 1.197\,1, s_4 = 1.143\,1, s_5 = 0.896\,1, s_6 = 0.632\,498$$

在两个完全相反的扇区中,最大与最小的比率接近 2,表明偶极子类型异常,参见式(3.12)。当然,在 293 号组件没有温度测量,但在 5 个相邻的组件中有测量温度,见表 7.5。表 7.5 很好地说明了反应堆堆芯中的远程相互作用。见图 6.2:尽管组件中的平均自由程在几厘米的范围内,但由控制棒引起的异常明显体现在测量的相邻组件中。

①要看控制棒在堆芯的位置,记住大约 30 个控制棒能够中止整个堆芯产生能量。

②反应堆操纵员从底部测量控制棒的位置。

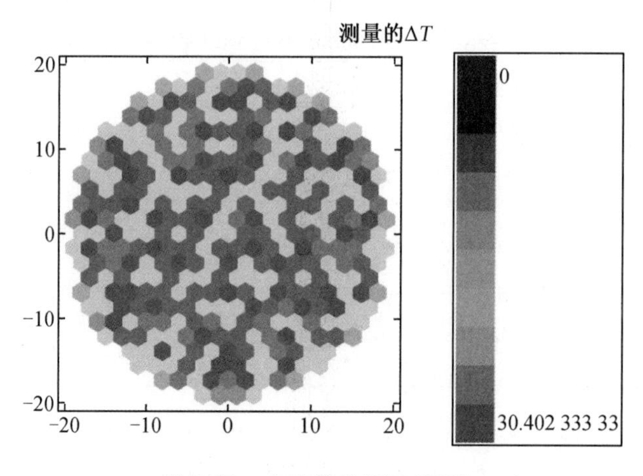

图 7.18　启动堆芯(SBESZ0)

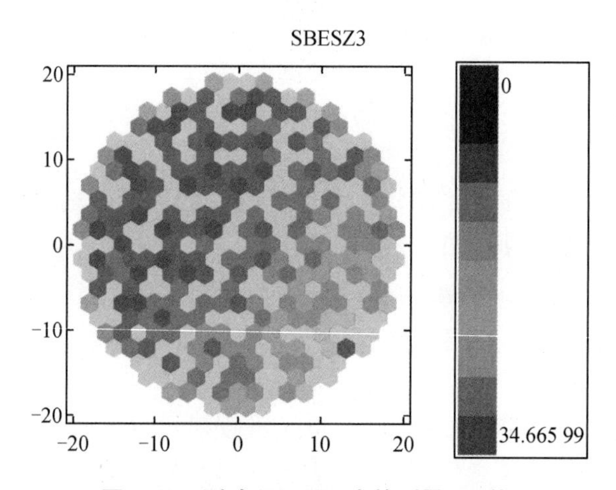

图 7.19　测试 SBESZ3 中的测量 ΔT 值

表 7.5　与 293 号组件相邻组件中的测量 ΔT 值

组件	275	292	309	310	294	276
测量的 ΔT	8.53	8.26	8.01	5.65	—	9.52

参考文献

[1]　Williams, M. M. R. : Random Processes in Nuclear Reactors. Pergamon, Oxford(1974)

[2]　Szatmáry, Z. : Les incertitudes d'origine technologique et les mesures neutroniques, Note 41, Cadarache(1993)

[3]　Gandini, A. : Equivalent generalized perturbation theory(EGPT). Ann. Nucl. Energy 13, 109 – 114(1986)

[4]　Makai, M. , Orechwa, Y. : Field reconstruction from measured values in symmetric volumes. Nuclear Eng. Des. 199, 289 – 301(2000)

[5] Makai, M. : Group theory applied to boundary value problems with applications to reactor physics. Nova Science, New York(2011)

[6] Henshaw, J. , McGurk, J. C. , Sims, H. E. , Tuson, A. , Dickinson, S. , Deshon, J. : A model of cheminstry and thermal hydraulics in 压水堆 fuel crud deposit. J. Nucl. Mater. 353, 1 – 11 (2006)

[7] Nuclear Fuel Behaviour in Loss-of-coolant Accident (LOCA) Conditions, State-of-the-art Report, OECD, NEA No. 6846(2009)

[8] Status Report on Spent Fuel Pools under Loss-of-Cooling and Loss-of-Coolant Accident Conditions, NEA/CSNI/R(2015)2. http://www. oecd-nea. org

[9] Makai, M. , Temesvári, E. , Orechwa, Y. : Field reconstruction from measured values using symmetries, mathematics and computation 2001. Salt Lake City, Utah, USA, September (2001)

[10] Végh, J. , Pós, I. , Horváth, Cs. , Kálya, Z. , Parkó, T. , Ignits, M. : VERONA V6. 22 An enhanced reactor analysis tool applied for continuous core parameter monitoring at Paks NPP. Nucl. Eng. Design, 292, 261 – 276(2015)

[11] Kerr, R. A. , Freeman, T. R. , Lucoff, D. M. : A method of measuring and evaluating the temperature coefficient in the at-power condition. Trans. Am. Nucl. Soc. 30, 713(1978)

[12] Aira, M. : Ringhals 4-Mätning av Moderatortemperaturkoefficient vid 100% Reaktoreffekt, Ringhals Vattenfall report 0670/99 (in Swedish). Ringhals Vattenfall AB, Vöär backa, Sweden(1999)

[13] Carlson, M. : Ringhals 2-4-Metod för utvärdering av MTK-Mätning vid MOC, Ringhals Vattenfall report 1605463 (in Swedish). Ringhals Vattenfall AB, Väröbacka, Sweden (2000)

[14] Makai, M. , Pór, G. : Estimation of the moderator temperature coefficient dρ/dT in a VVER-440 PWR Unit. In: 17th Pacific Basin Nuclear Conference Cancún, Q. R. , Mexico, October 24 – 30(2010)

[15] Demaziere, Ch. , Pázsit, I. : Theoretical investigation of the MTC noise estimate in 1-D homogeneous systems. Ann. Nuclear Energy 29, 75(2002)

[16] ANS: Calculation and Measurement of the Moderator Temperature Coefficient of Reactivity for Water Moderated Power Reactors, an American National Standard, American Nuclear Society, ANSI/ANS-19. 11 – 1997(1997)

[17] Borland, X. X. : Nucl. Sci. Eng. 121, 162 – 171(1995)

[18] Demaziere, Ch. , Pázsit, I. , Pór, G. : Evaluation of the boron dilution method for moderator temperature measurement. Nucl. Technol. 140, 147(2002)

[19] Makai, M. , Kálya, Z. , Nemes, I. , Pos, I. , Pór G. : Evaluating new methods for direct measurement of the Moderator Temperature Coefficient in nuclear power plants during normal operation. In: Proceedings of seventeenth Symposium of AER, p. 963 – 982, Yalta, Ukraine, 23 – 29 September(2007)

[20] Pós, I. : C-PORCA 4. 0 Version description and validation procedure. In: Sixth AER

Symposium on VVER Reactor Physics and Reactor Safety. Kirkkonummi, Finland(1996)

[21] Szatmáry, Z. : User's Manual of Program RFIT, Reports KFKI-1991-13/G, KFKI-1991-14/G, KFKI-1991-15/G, KFKI-1991-16/G

[22] Temesvári, E. , Makai, M. : Verification of the PRINCE(w) Principal Component Program for WWERs. In: Proceedings of International Conference on Reactor Physics and Reactor Computations, Israel, January(1994)

[23] Makai, M. , Temesvári, E. : Evaluation of in-core temperature measurements by means of principal component methods. Nuclear Sci. Eng. 112, 66(1992)

[24] MakaiM. , Temesvári, E. : Evaluation of in-core measurements by means of principal component methods. In: Proceedings of Conference In-Core Instrumentation and In-Situ Measurement in Connection with Fuel Behaviour, Petten, Holland, October(1992)

[25] Ortiz de Echevarria Diez, I. et al. : Criticality Assessment for PWR with a Mistake on the Fuel Reloading Sequence, Integrating Criticality, Safety into the Resurgence of Nuclear Power, September 19 – 22, 2005, American Nuclear Society, LaGrange Park, IL(2005)

[26] Makai, M. , Orechwa, Y. : Field reconstruction from measured values in symmetric volumes. Nucl. Eng. Des. 199, 289 – 301(2000)

附录 A　对第 4 章的补充

附录 A 是基于 Bentham Science 出版的 *Global Reactor Calculations* 一书，见附录 A 中参考文献［49］。作者感谢 Bentham Publisher 的支持。

A.1　热工水力模型

摘要

在本节中，假设冷却剂的密度和成分、部件的特性以及燃料的能量释放都是已知的，我们寻求计算工具来确定燃料和冷却剂中的温度分布。

反应堆运行的目标是建立堆芯温度分布，不仅防止包壳过热，而且防止冷却剂和燃料过热的堆芯状态。从技术上讲，不可能在燃料棒或组件内部实现温度测量，因此，通过谨慎的限制和正确的计算模型，可以从测量的物理参数推断出这些限制没有被违反。

为了说明反应堆堆芯的传热，需要求解质量、动量和能量平衡方程，见 2.3.8.2 节。首先，讨论传统方法的简化版本，然后评估两种现代方法：起源于现代多物理方法的计算流体动力学（CFD）方法和格子玻尔兹曼方法（LBM），后者目前看来是一种更有前途的研究工具，但不是工程应用的实用方法。热工水力学分析可以基于守恒方程式（2.78）、式（2.80）和式（2.81）。

热工水力方程是双曲型的，因此需要一种不同于椭圆形方程的求解方法。这里提出三种主要的求解方法。虽然有限差分法或有限元法也适用于热工水力方程的求解，解的稳定性将在讨论中得到证明，但方程的非线性以及解的稳定性需要单独讨论。

A.1.1　传统方法

通过假设压力固定可以简化能量守恒方程①，材料的热容量由 c_pT 给出，其中 c_p 为定压比热容，T 为温度[23]：

$$\rho c_{\mathrm{p}}\left(\frac{\partial T}{\partial t}+\boldsymbol{v}\nabla T\right)=-\nabla\boldsymbol{q}''+q'''+\beta T\left(\frac{\partial p}{\partial t}+\boldsymbol{v}\nabla p\right)+\Phi \tag{A.1}$$

假设速度 $\boldsymbol{v}(\boldsymbol{r},t)$、压力 $p(\boldsymbol{r},t)$、释热率 $q'''(\boldsymbol{r},t)$ 已知，我们希望确定温度分布 $T(\boldsymbol{r},t)$。流体材料用其密度 $\rho(p,T)$、比热容 $c_{\mathrm{p}}(p,T)$、热导率 $\beta(T)$ 和耗散能 $\Phi(\rho,v,T)$ 表征。热流 $\boldsymbol{q}''(\rho,v,T)$ 和 $\Phi(\rho,v,T)$ 需要进一步的表达式。要将问题简化为易处理的形式，可以采用以下四种近似方法。

（1）压力项可以忽略不计，材料被认为是不可压缩的。

---

① 在热工水力系统中，传统上将符号 ρ 用于密度。在反应堆物理学中 ρ 用于反应性。

(2)假设材料属性与温度和压力无关。

(3)忽略辐射传热。

(4)耗散能完全由黏度引起,并且与黏度 μ 成正比。

注意这些假设在强迫对流分析中是可以接受的。在规定的假设下热通量可以写成:

$$\nabla q'' = -\nabla k \nabla T \tag{A.2}$$

则能量平衡简化为

$$\rho c_p \left(\frac{\partial T}{\partial t} + \boldsymbol{v} \nabla T \right) = k \nabla^2 T + \mu \varphi \tag{A.3}$$

式中,k 是热导率系数,并且根据第 4 个假设,$\Phi = \mu\varphi$。

物理方程分析的第一步是量纲分析[23-24,40],以确定独立物理量的数量。为了强调尺度不变性,所考虑的方程通常根据无量纲因变量重新表述。为此,引入了无量纲参数:

$$\boldsymbol{v}^* = \frac{\boldsymbol{v}}{V} \tag{A.4}$$

$$x^* = \frac{x}{D_e} \tag{A.5}$$

$$t^* = \frac{tV}{D_e} \tag{A.6}$$

$$T^* = \frac{(T - T_0)}{(T_1 - T_0)} \tag{A.7}$$

式中,V、D_e 和$(T_1 - T_0)$是合适的特征速度、长度和温差。将新变量引入式(A.3),得到以下表达式:

$$\frac{\partial T^*}{\partial t^*} + \boldsymbol{v}^* \nabla^* T^* = \frac{1}{RePr} \varphi^* \tag{A.8}$$

这里∇^*表示关于 x^* 的微分,我们引入三个无量纲表达式:

$$Re = \frac{\rho V D_e}{\mu} \tag{A.9}$$

$$Pr = \frac{\mu c_p}{k} \tag{A.10}$$

$$Br = \frac{\mu V^2}{k(T_1 - T_0)} \tag{A.11}$$

黏度抑制速度差$(\mu V D_e^{-2})$,而湍流由 $\boldsymbol{v} \nabla \boldsymbol{v}$(正比于$\left(\frac{V^2 \rho}{D_e}\right)$)供给。雷诺数 Re 是这两项的比率,普朗特数 Pr 是分子动量扩散率与流体中热量的比率,布林克曼数 Br 是黏性耗散产生的热量与传热的比率。通常使用两个无量纲比率:

埃克特数 Ec:

$$Ec = \frac{\frac{V^2}{c_p}}{T_1 - T_0} = \frac{Br}{Pr} \tag{A.12}$$

以及努塞尔数 Nu:

$$Nu = \frac{hD_H}{k} \tag{A.13}$$

式中 D_H 是适当的长度或横向尺寸，k 是导热系数①，h 是传热系数②。

我们将讨论限制在由充满气体的间隙围绕的圆柱形反应堆燃料元件中的传热问题。在稳定的状态[23]，体积热源 q'''由中子物理计算得到，稳态由下式给出：

$$\nabla \boldsymbol{q}''(\boldsymbol{r},T) = q'''(\boldsymbol{r}) \tag{A.14}$$

使用式(A.2)，并将拉普拉斯算子的显式形式代入圆柱坐标中，得到

$$\frac{1}{r}\frac{\mathrm{d}}{\mathrm{d}r}\left(k_{\mathrm{f}} r \frac{\mathrm{d}T}{\mathrm{d}r}\right) = q'''(r) \tag{A.15}$$

式中，下标 f 指的是燃料，导热率取决于温度。在进行微分后，我们得到

$$k_{\mathrm{f}}(T) r \frac{\mathrm{d}T}{\mathrm{d}r} = -\frac{r^2}{2} q'''(r) \tag{A.16}$$

设燃料外半径 r_0 处的温度为 T_0，中心线温度为 T_F，并在燃料表面上积分(A.16)。同时，我们通过对式(A.16)左侧进行温度积分实现近似空间积分，可以得到(A.16)的左侧：

$$\int_{T_0}^{T_F} k_{\mathrm{f}}(T)\,\mathrm{d}T = \bar{k}_{\mathrm{f}}(T_{\mathrm{F}} - T_0)$$

并将(A.16)的右侧从 $r=0$ 积分到 $r=r_0$

$$\frac{r_0^2}{4\bar{k}_{\mathrm{f}}} q'''$$

式中，$\bar{k}_{\mathrm{f}}$ 是燃料中的平均热导率。燃料中的温度梯度近似为

$$\Delta T_{\mathrm{fuel}} \equiv T_0 - T_{\mathrm{F}} = \frac{r_0^2}{\bar{k}_{\mathrm{f}}} q''' = \frac{q'}{\pi r_0^2 q'''} \tag{A.17}$$

这里 q'是线性功率密度。总之：燃料中裂变释放的热量传向燃料边界。

燃料被位于区域 $r_0 < r < r_c$ 的气隙包围，其中 r_c 是包壳的内半径。热量从燃料传递到气隙，那里没有体积发热。气隙被金属包壳包围，由于那里也没有发热，在这个气隙中，有

$$k_{\mathrm{G}} r \frac{\mathrm{d}T}{\mathrm{d}r} = \text{constant} \tag{A.18}$$

式中，k_G 是气隙的热导率。积分这个方程，得到燃料的热量流：

$$k_{\mathrm{G}} r \frac{\mathrm{d}T}{\mathrm{d}r}\bigg|_{r=r_0} = \frac{q'}{2\pi r_0} \tag{A.19}$$

气隙中的温度梯度估计为

$$k_{\mathrm{G}} \Delta T_{\mathrm{G}} = k_{\mathrm{G}}(T_F - T_{\mathrm{C}}) \tag{A.20}$$

式中，T_C 是包壳温度。通过积分式(A.19)，得到

$$k_{\mathrm{G}} \Delta T_{\mathrm{G}} = \frac{q'}{2\pi k_{\mathrm{G}}} \ln\left(\frac{r_{\mathrm{c}}}{r_0}\right) \tag{A.21}$$

由于气隙很薄，因此 $r_c = r_0 + d_G$ 且 $\frac{d_G}{r_0} \ll 1$，有

$$\Delta T_{\mathrm{G}} = \frac{q'}{2\pi k_{\mathrm{F}}}\left(\frac{d_{\mathrm{G}}}{k_{\mathrm{G}}}\right) \tag{A.22}$$

① k 的量纲是 W/m/K。

② h 的量纲是 $W/m^2/K$。

气隙与包壳接触(由下标 C 表示),这是传热链的下一步。在包壳中没有热源,因此

$$k_C \Delta T_C = k_C (T_C - T_c) = \frac{q'}{2\pi} \ln\left(\frac{r_0 + d_G + d_C}{r_0 + d_G}\right) \tag{A.23}$$

式中,T_c 是包壳另一侧的冷却剂温度。同样,$d_C \ll 1$,因此

$$\Delta T_C = \frac{q'}{2\pi(r_f + d_G)}\left(\frac{d_G + d_C}{k_C}\right) \tag{A.24}$$

传热链的最后一个环节是包壳和冷却剂之间的热传递,来自包壳的热通量加热了冷却剂:

$$q'' = k_c (T_c - T_{cb}) \tag{A.25}$$

式中,T_{cb}是冷却剂的整体温度。因此,燃料外边界温度与冷却剂整体温度之间的温差:

$$T_0 - T_{cb} = \frac{q'}{2\pi}\left(\frac{1}{2\bar{k}_f} + \frac{1}{k_G r_f} + \frac{d_G + d_C}{k_C(r_f + d_G)} + \frac{1}{k_c(r_f + d_G + d_C)}\right) \tag{A.26}$$

该表达式显示了燃料－冷却剂温度差对几何参数 r_0,d_G、d_C、材料特性 k_f、k_G、k_C、k_c 的相关性。

选择的简单模型有一个缺点:功率分布不是一维的,也有轴向变化。轴向功率曲线近似为

$$q''' = q_{max} \cos\left(\frac{\pi z}{H}\right) \tag{A.27}$$

式中,H 是活性堆芯的标称高度。燃料元件中的热平衡由冷却剂带走的热量 $wc_p \mathrm{d}T_c$ 计算,其中 w 是流速,c_p 是冷却剂的比热容。在稳定状态下,该热量等于燃料中产生的热量 $q''' A_f \mathrm{d}z$,其中 A_f 是燃料的面积,这种平衡适用于每个无穷小的轴向元素 dz。所提出的考虑因素仅允许进行估算,因为基本假设需要改进。因此,可以通过数值方法获得最大燃料温度的近似值。

当无量纲参数用于热工水力问题时,需要注意一些事项。注意,“特征距离”和其他工程参数没有明确定义。在诸如圆柱形管的这种简单几何形状中,特征距离可以是管的直径或长度,这取决于所研究的问题。此外,热工水力学分析的通常是一个复杂的问题,其中在各个区域可以给出不同的特征距离、速度等。下面我们列出了核工程中经常遇到的热工水力分析的问题。大多数问题都与核电厂的技术有关:

(1)堆芯传热模型;

(2)没有 SCRAM① 的预期瞬态;

(3)安全壳瞬态分析;

(4)汽轮机瞬态,例如汽轮机跳闸;

(5)蒸汽发生器瞬态;

(6)给水丧失瞬态;

(7)失去厂外电源;

(8)堆芯建模;

(9)耦合堆芯和冷却剂系统;

---

① SCRAM—system control rod automatic motion,紧急停堆。

(10)瞬态分析;
(11)设备分析;
(12)安全分析;
(13)严重事故分析;
(14)失水事故(LOCA)分析。

在考虑反应堆堆芯的热工水力时,我们遇到了以下问题:

(1)两相流;
(2)传热;
(3)相变;
(4)冷却剂动力学;
(5)子通道分析。

已经开发了用于解决上述问题的系统程序,这里仅提到一些常用的系统程序:ATHLET、CATHARE、COBRA、MEL CORE、RELAP。这些程序已在大型研究中心开发,并经过仔细测试。CATHAR 专为严重事故建模而设计,RELAP 是分析轻水堆系统中瞬态和假定事件的最佳估算程序,COBRA 已经被开发用于瞬态分析、失水事故(LOCA)分析,MELCOR 是一种严重的事故分析程序。

A.1.2　格子玻尔兹曼方法(LBM)

LBM 的起点是粒子的分布,比如水分子。相空间由自变量$(\boldsymbol{r},\boldsymbol{v},t)$构成。根据文献[25],Boltzmann 方程[3]描述了一个由相同粒子组成的统计系统。假设系统的状态由于粒子的二元碰撞而改变,因此,玻尔兹曼方程是一个动力学方程。设$f(\boldsymbol{r},\boldsymbol{v},t)$表示$\boldsymbol{r}=(x,y,z)$处的粒子数,在时间$t$处具有速度$\boldsymbol{v}$。假设碰撞是弹性的,并且粒子的数量、能量和冲量都是守恒的,粒子被认为是质点,碰撞粒子的分布在统计上是独立的。这种系统中的粒子分布用 Boltzmann 方程描述:

$$\left(\frac{\partial}{\partial t}+\boldsymbol{v}\frac{\partial}{\partial \boldsymbol{r}}+\frac{\boldsymbol{F}}{m}\frac{\partial}{\partial v}\right)f(\boldsymbol{r},\boldsymbol{v},t)=\int d^3\boldsymbol{v}_2\int \mathrm{d}\Omega\sigma(\Omega)\left|\boldsymbol{v}_1-\boldsymbol{v}_2\right|(f'_1f'_2-f_1f_2) \tag{A.28}$$

这里$f'_1\equiv f(\boldsymbol{r},\boldsymbol{v}'_1,t)$,$f'_2\equiv f(\boldsymbol{r},\boldsymbol{v}'_2,t)$,$f_1\equiv f(\boldsymbol{r},\boldsymbol{v}_1,t)$,$f_2\equiv f(\boldsymbol{r},\boldsymbol{v}_2,t)$。玻尔兹曼方程(A.28)的右侧称为碰撞积分。玻尔兹曼方程是非线性的,其求解是一项艰巨的任务。已经考虑了几种假设来简化方程。一个简单但有效的近似是找到渐近解的修正,如果系统处于热力学平衡状态,则在大量碰撞后的大系统中有效,则近似解是已知的,它只取决于粒子的速度v:

$$f_0(\boldsymbol{v})=\rho\left(\frac{m}{2\pi kT}\right)^{\frac{3}{2}}\exp\left[\frac{-m(\boldsymbol{v}-\boldsymbol{v}_0)^2}{2kT}\right] \tag{A.29}$$

式中,ρ是系统中的宏观平均粒子密度,T是系统的均匀温度,k是玻尔兹曼常数,m是粒子的质量,v_0是整个系统的速度。

在渐近分布中,参数与$\boldsymbol{v}$无关,但可能取决于$(\boldsymbol{r})$和时间t。

其中一个近似值对近似解进行了相加校正。让

$$f(\boldsymbol{r},\boldsymbol{v},t)=f_0(\boldsymbol{r},\boldsymbol{v},t)+g(\boldsymbol{r},\boldsymbol{v},t) \tag{A.30}$$

其中,g是对近似分布的修正。碰撞积分由$-g/\tau=-(f-f_0)/\tau$替换,Boltzmann 方程简化为

$$\partial_t f(\boldsymbol{r},\boldsymbol{v},t) + v\nabla f = -\frac{1}{\tau}[f(\boldsymbol{r},\boldsymbol{v},t) - f_0] \tag{A.31}$$

假设近似解的参数作为分布矩 $f(r,v,t)$ 导出如下：

$$\rho(\boldsymbol{r},t) = \int f(\boldsymbol{r},\boldsymbol{v},t)\,\mathrm{d}v\mathrm{d}^3v = \int f_0(\boldsymbol{r},\boldsymbol{v},t)\,\mathrm{d}\boldsymbol{v}\mathrm{d}^3v \tag{A.32}$$

$$\rho\boldsymbol{v}_0(\boldsymbol{r},t) = \int \boldsymbol{v}f(\boldsymbol{r},\boldsymbol{v},t)\,\mathrm{d}^3v = \int \boldsymbol{v}f_0(\boldsymbol{r},\boldsymbol{v},t)\,\mathrm{d}\boldsymbol{v}\mathrm{d}^3v \tag{A.33}$$

$$\rho\varepsilon = \frac{1}{2}\int(\boldsymbol{v}-\boldsymbol{v}_0)^2 f(\boldsymbol{r},\boldsymbol{v},t)\,\mathrm{d}^3v = \frac{1}{2}\int(\boldsymbol{v}-\boldsymbol{v}_0)^2 f_0(\boldsymbol{r},\boldsymbol{v},t)\,\mathrm{d}^3v \tag{A.34}$$

在推导中，我们假设碰撞不变，使得 Chapman – Enskog 假设成立的：

$$\int \mathrm{d}^3v h(\boldsymbol{v}) f(\boldsymbol{r},\boldsymbol{v},t) = \int \mathrm{d}^3v h(\boldsymbol{v}) f_0(\boldsymbol{r},\boldsymbol{v},t) \tag{A.35}$$

式中，$h(\boldsymbol{v})$ 是 v 的二次函数。

式(A.31)的类型是一阶微分方程：

$$f_t + af = f_0 \tag{A.36}$$

其一般解是

$$f(t) = \mathrm{e}^{at} - \int_0^t \mathrm{e}^{a(t-t')f_0(t')}\,\mathrm{d}t' \tag{A.37}$$

这使我们能够在时间步长 δ_t 上正式积分式(A.31)：

$$f(\boldsymbol{r}+\boldsymbol{v}\delta_t,\boldsymbol{v},t+\delta_t) = \frac{1}{\tau}\mathrm{e}^{\frac{-\delta_t}{\tau}}\int_0^{\delta_t}\mathrm{e}^{\frac{t'}{\tau}} f_0(\boldsymbol{r}+\boldsymbol{v}t',\boldsymbol{v},t+t')\,\mathrm{d}t' + \mathrm{e}^{\frac{-\delta_t}{\tau}} f(\boldsymbol{r},\boldsymbol{v},t) \tag{A.38}$$

假设 δ_t 很小，则

$$f(\boldsymbol{r}+\boldsymbol{v}\delta_t,\boldsymbol{v},t+\delta_t) = -\frac{1}{\tau'}[f(\boldsymbol{r},\boldsymbol{v},t) - f_0(\boldsymbol{r},\boldsymbol{v},t)] \tag{A.39}$$

式中，$\tau = \tau/\delta t$ 是无量纲弛豫时间。

等式(A.39)精确到 δt 中的一阶。我们记得 f_0 不是明确地取决于时间，而是仅通过参数 $\boldsymbol{v}_0$、T 和 ρ。因此，ρ、$\boldsymbol{v}_0$ 和 T 的计算成为离散 Boltzmann 方程的最关键步骤之一。

为了在数值上评估流体动力矩，必须在速度空间 $\boldsymbol{v}$ 中完成适当的离散化。通过适当的离散化，我们得到

$$\int \Psi(\boldsymbol{v}) f_0(\boldsymbol{r},\boldsymbol{v},t)\,\mathrm{d}v = \sum_\alpha W_\alpha \Psi(\boldsymbol{v}_\alpha) f_0(\boldsymbol{r},\boldsymbol{v}_\alpha,t) \tag{A.40}$$

式中，$\psi(\boldsymbol{v})$ 是多项式。因此，流体动力矩计算为

$$\rho = \sum_\alpha f_\alpha = \sum_\alpha f_{0\alpha} \tag{A.41}$$

$$\rho\boldsymbol{v}_0 = \sum_\alpha f_\alpha \boldsymbol{v}_\alpha = \sum_\alpha \boldsymbol{v}_\alpha f_{0\alpha} \tag{A.42}$$

$$\rho\varepsilon = \frac{1}{2}\sum_\alpha(\boldsymbol{v}_\alpha - \boldsymbol{v}_0)^2 f_\alpha = \sum_\alpha(\boldsymbol{v}_\alpha - \boldsymbol{v}_0)^2 f_{0\alpha} \tag{A.43}$$

其中

$$f_\alpha \equiv f_\alpha(\boldsymbol{r},t) \equiv W_\alpha f(\boldsymbol{r},\boldsymbol{v}_\alpha,t) \tag{A.44}$$

$$f_{0\alpha} \equiv f_{0\alpha}(\boldsymbol{r},t) \equiv W_\alpha f_0(\boldsymbol{r},\boldsymbol{v}_\alpha,t) \tag{A.45}$$

还应注意，f_α 和 $f_{0\alpha}$ 具有 $f\mathrm{d}\boldsymbol{v}$ 的单位。

格子 Boltzmann 方程具有以下成分。

(1)具有离散时间和速度空间的演化方程(A.39)具有网格结构。速度空间减少到一小组离散动量。

(2)方程(A.41)~(A.43)形式的守恒约束。

(3)适当的平衡分布函数f_0,它导致 Navier - Stokes 方程。

在格子 Boltzmann 方程中,通过假设 $\boldsymbol{v}_0 \ll \boldsymbol{v}$(低马赫数近似)得到平衡分布:

$$f_0(\boldsymbol{r},\boldsymbol{v},t)=\rho\left(\frac{m}{2\pi kT}\right)^{\frac{3}{2}}\exp\left(\frac{-m\boldsymbol{v}^2}{2kT}\right)\left(1+\frac{\boldsymbol{v}\boldsymbol{v}_0}{kT}+\frac{\boldsymbol{v}\boldsymbol{v}_0^2}{kT}\right)+O(\boldsymbol{v}_0^3) \tag{A.46}$$

比较方程(A.39)和(A.46)表明我们只需要对速度空间进行离散化。方便起见,我们使用小速度截断来表示近似分布:

$$f^{\mathrm{eq}}(\boldsymbol{r},\boldsymbol{v},t)=\rho\left(\frac{m}{2\pi kT}\right)^{\frac{3}{2}}\exp\left(\frac{-m\boldsymbol{v}^2}{2kT}\right)\left(1+\frac{\boldsymbol{v}\boldsymbol{v}_0}{kT}+\frac{\boldsymbol{v}\boldsymbol{v}_0^2}{kT}\right) \tag{A.47}$$

在从玻尔兹曼方程导出 Navier - Stokes 方程时,到二阶的时刻应该是精确的。因此,为了准确得到ρ,我们保持以下矩:1,v_i 和 v_iv_j,$1\leqslant i,j\leqslant 3$。为了保持平均速度,我们保持矩 v_i、v_iv_j、$v_iv_jv_k$。最后,为了保持动能(或温度),我们保持矩 v_iv_j、$v_iv_jv_k$、$v_iv_jv_kv_l$。这里下标是指笛卡儿坐标,我们假设粒子是点。因此,为了得到精确的 Navier - Stokes 方程,需要精确的矩 $1,2,\cdots,v^6$,权重函数 $\exp[v^2/(2kT)]$。当格子 Boltzmann 模型局限于等温情况时(正如我们的讨论中所述)它足以准确地保留 $1,2,\cdots,v^5$。最后,得出的结论是,必须保留以下积分:

$$I=\int\Psi(\boldsymbol{v})f^{eq}(\boldsymbol{v})\,\mathrm{d}^3v \tag{A.48}$$

式中,$\Psi(\boldsymbol{v})$是多项式。He 和 Luo[25]提出了一个三角形格子。我们在速度空间中引入极坐标(v,θ),并使用$\zeta=v/(kT)$。设:

$$\psi_{mn}(\boldsymbol{v})=(\sqrt{2kT})^{m+n}\zeta^{m+n}\cos^m\theta\sin^n\theta \tag{A.49}$$

积分(A.48)变为

$$\begin{aligned}\int\psi_{mn}(\boldsymbol{v})f^{eq}\mathrm{d}v &= \frac{\rho}{\pi}(\sqrt{2kT})^{m+n}\int_0^{2\pi}\int_0^{\infty}\mathrm{e}^{-\zeta^2}\zeta^{m+n}\cos^m\theta\sin^n\theta\,\cdot\\ &\quad\left[1+\frac{2\zeta(\boldsymbol{e}\boldsymbol{v}_0)}{\sqrt{2kT}}+\frac{\zeta^2(\boldsymbol{e}_\alpha\boldsymbol{v}_0)^2}{kT}-\frac{\boldsymbol{v}_0^2}{2kT}\right]\mathrm{d}\theta\mathrm{d}\zeta\end{aligned} \tag{A.50}$$

这里 $\boldsymbol{e}=(\cos\theta,\sin\theta)$。当角度变量$\theta$在点$\theta_\alpha=(\alpha-1)\pi/3$的区间$[0,2\pi)$中均匀离散时,我们在三角晶格空间上得到七点格子 Boltzmann 方程。在这种离散化中,我们得到了

$$\int_0^{2\pi}\cos^m\theta\sin^n\theta\mathrm{d}\theta=\begin{cases}\dfrac{\pi}{3}\displaystyle\sum_{\alpha=1}^{6}\cos^m\theta_\alpha\sin^n\theta_\alpha & \text{当}(m+n)\text{是偶数时}\\ 0 & \text{当}(m+n)\text{是奇数时}\end{cases} \tag{A.51}$$

对于$(m+n)\leqslant 5$。使用上述结果,得到:

当$(m+n)$为偶数时:

$$I=\frac{\rho}{3}(\sqrt{2kT})^{m+n}\sum_{\alpha=1}^{6}\cos^m\theta_\alpha\sin^n\theta_\alpha\left[\left(1-\frac{\boldsymbol{v}_0^2}{2kT}\right)I_{m+n}+\frac{(\boldsymbol{e}_\alpha\boldsymbol{v}_0)^2}{kT}I_{m+n+2}\right]$$

当$(m+n)$为奇数时:

$$I = \frac{\rho}{3}(\sqrt{2kT})^{m+n}\sum_{\alpha=1}^{6}\cos^m\theta_\alpha\sin^n\theta_\alpha \frac{2\boldsymbol{e}_\alpha\boldsymbol{v}_0}{\sqrt{2kT}}I_{m+n+1} \tag{A.52}$$

这里ρ是密度,我们使用了符号:

$$I_m = \int_0^\infty (\zeta e^{-\zeta^2})\zeta^m d\zeta \tag{A.53}$$

在七点格子 Boltzmann 模型中使用两种速度,其中一种固定在$\zeta=0$,另一种是在圆上均匀分布的六个点的半径,见上面的θ_α。由此得出,在式(A.53)中使用的数值积分应该使用两个点的正交:$\zeta_0=0$ 并且 $\zeta_1=\gamma-1,\gamma>0$ 是固定的。使用 Gauss① 公式的一般数值积分记作

$$I_m = \omega_0\zeta_0^m + \sum_{j=1}^{n}\omega_j\zeta_j^m \tag{A.54}$$

$n=1$ 时,我们需要在(A.52)中评估I_0、I_2、I_4。由于I_0、I_2、I_4可从(A.53)获得,我们可以修正式(A.54)中出现的系数:

$$I_0=\omega_0+\omega_1=\frac{1}{2}\quad I_2=\omega_1\gamma^{-2}=\frac{1}{2}\quad I_4=\omega_1\gamma^{-4}=1 \tag{A.55}$$

解是

$$\omega_0=\frac{1}{4}\quad \omega_1=\frac{1}{4}\quad \gamma=\frac{1}{\sqrt{2}} \tag{A.56}$$

有了这些,我们有

$$I_m=\frac{1}{4}(\zeta_0^m+\zeta_1^m),\quad m=0,2,4 \tag{A.57}$$

记住,I_m 对于 $m=0,2,4$ 是精确的。因此,如果我们在积分式(A.52)的数值计算中使用上面确定的ω_0、ω_1 和 γ_1,得到准确的结果:

$$\begin{aligned} I &= \frac{\rho}{12}(\sqrt{2kT})^{m+n}\sum_{\alpha=1}^{6}\cos^m\theta_\alpha\sin^n\theta_\alpha \cdot \\ &\quad \left[\left(1-\frac{\boldsymbol{v}_0^2}{2kT}\right)(\xi_0^{m+n}+\xi_1^{m+n}) + \frac{2(\boldsymbol{e}_\alpha\boldsymbol{v}_0)^2}{\sqrt{2kT}}(\xi_0^{m+n+1}+\xi_1^{m+n+1})\right] \\ &= \frac{\rho}{2}\psi_{mn}(\xi_0)\left(1-\frac{\boldsymbol{v}_0^2}{2kT}\right)+\frac{\rho}{12}\sum_{\alpha=1}^{6}\psi_{mn}(\xi_\alpha)\left[1+\frac{\xi(\boldsymbol{v}_0)}{\sqrt{kT}}+\frac{\xi^2(\boldsymbol{v}_0)^2}{2(kT)^2}-\frac{\boldsymbol{v}_0^2}{2kT}\right] \end{aligned} \tag{A.58}$$

这里$\|\xi_0\|=\sqrt{2kT}\zeta_0=0$ 且 $\xi_\alpha=\sqrt{2kT}\zeta_1 e_\alpha=2\sqrt{kT}e_\alpha$。最后,在 7 点模型中,均衡分布函数是

$$f_\alpha^{(eq)}=w_\alpha\rho\left[1+\frac{4(\boldsymbol{e}_\alpha\boldsymbol{v}_0)}{c^2}+\frac{8(\boldsymbol{e}_\alpha\boldsymbol{v}_0)^2}{c^4}-\frac{\boldsymbol{v}_0^2}{c^2}\right] \tag{A.59}$$

式中,$1\leqslant\alpha\leqslant6$ 且 $c=\delta_x\delta_t$,并且通常设定为 1,且

$$\boldsymbol{e}_\alpha=(\cos\theta_\alpha,\sin\theta_\alpha)c,\quad 1\leqslant\alpha\leqslant6 \tag{A.60}$$

并且 $e_0=(0,0)$。权重是

$$w_\alpha=\frac{1}{12},\quad 1\leqslant\alpha\leqslant6 \tag{A.61}$$

① 在参考文献[25]中使用了术语 Radau - Gauss 公式。

且 $w_0 = 1/2$。

A.1.3　计算流体动力学

传热问题是一种非平衡现象,研究它的合适方法可以借鉴统计物理学。我们在 A.1.2 一节中提出的方法是一种典型的工程方法。它侧重于问题的主要现象(即热传递),其他方面被认为是可以以简单近似形式考虑的副作用,通常称为相关性①。主要观点是传热问题涉及材料参数(热容、热导、密度、黏度等),这些参数可能取决于当地的温度等。此外,一些参数(例如热传导)取决于流动的性质(因为冷却剂的速度是我们必须确定的量之一)。因此,问题变得非线性。非线性方程的解比线性方程更丰富,出现了解的混沌、不稳定性,解的分岔等新现象。本节基于参考文献[26],但仅是 CFX 程序基本特征的简要概述。

当一个像反应堆堆芯一样复杂的物理系统处于不平衡状态时,它的描述基于守恒原理,这是最普遍的物理原理。保留了五个物理量:质量、动量的三个分量和能量。平衡方程是针对一个部件给出的,假设没有外力。$\boldsymbol{r} = (x, y, z) \equiv (x_1, x_2, x_3)$ 是空间变量。请注意,对于任何标量 a,有

$$\rho \frac{\mathrm{d}a}{\mathrm{d}t} = \frac{\partial(a\rho)}{\partial t} + \nabla a\rho\boldsymbol{v} \tag{A.62}$$

质量平衡为

$$\frac{\partial\rho}{\partial t} + \nabla(\rho\boldsymbol{v}) = 0 \tag{A.63}$$

流体的运动方程由动量守恒导出。由于作用在流体的无穷小元素上的外力会导致动量变化。为简单起见,我们假设没有外力,但即便如此,由于压力张量 P 中收集的短程相互作用,也存在力。

$$\frac{\mathrm{d}\rho\boldsymbol{v}}{\mathrm{d}t} = -\mathrm{div}P \tag{A.64}$$

张量散度为

$$\mathrm{div}P = \frac{\partial P}{\partial \boldsymbol{r}} \tag{A.65}$$

使用式(A.62),将式(A.64)重写为

$$\frac{\partial\rho\boldsymbol{v}}{\partial t} = -\mathrm{div}(\rho\boldsymbol{v}\boldsymbol{v}^{+} + P) \tag{A.66}$$

这里 P 是压力或应力张量。假设压力张量是对称的:

$$P_{ij} = P_{ji}, \quad i, j = 1, 2, 3 \tag{A.67}$$

这种假设通常在流体动力学中使用。我们可以将压力张量分成标量静压部分 P 和张量 Π:

$$P = PE + \Pi \tag{A.68}$$

式中,E 是单位张量。压力梯度可以张量形式表示为

$$\nabla P = \sum_k \delta_{ik} \frac{\partial P}{\partial x_k} \tag{A.69}$$

---

① 它与“相关性”的概念无关,因为“相关性”正使用在统计学中。

方程式(A.64)的右侧是

$$\mathrm{div}P = \sum_k \frac{\partial(v_i v_k)}{\partial x_k} \tag{A.70}$$

使用上面介绍的术语,将加速度写为

$$\frac{\partial \rho \boldsymbol{v}}{\partial t} = -\sum_k \frac{\partial \Pi_{ik}}{\partial x_k} \tag{A.71}$$

式(A.71)的右侧为动量流。请注意,即使在没有外力的情况下,无穷小燃料元件的动量也会发生变化。在平衡方程中,变化表示动量流由下式决定:

$$\Pi_{ik} = P\delta_{ik} + \rho v_i v_k \tag{A.72}$$

动能平衡:

$$\frac{\mathrm{d}\rho \dfrac{\boldsymbol{v}^2}{2}}{\mathrm{d}t} = -\nabla(P\boldsymbol{v}) + P \cdot \nabla v \tag{A.73}$$

此外,考虑到内部能量的变化,我们使用热力学第一定律:

$$\mathrm{d}h = T\mathrm{d}s + \frac{1}{\rho}\mathrm{d}P \tag{A.74}$$

式中,比焓为 $h = h(s,P)$。从这个表达式,用熵 s 和焓 h 的梯度表示压力梯度:

$$\nabla P = \rho \nabla h + \rho T \nabla s \tag{A.75}$$

使用该表达式,获得能量平衡:

$$\frac{\partial\left(\dfrac{\rho v^2}{2}\right)}{\partial t} = -\frac{v^2}{2}\nabla(\rho\boldsymbol{v}) - \rho\boldsymbol{v}\nabla\left(h + \frac{v^2}{2}\right) + \rho T\boldsymbol{v}\nabla s - (\rho\boldsymbol{v})(\boldsymbol{v}\nabla)\boldsymbol{v} \tag{A.76}$$

材料质量决定了压力 p、温度 T 和密度 ρ 之间的关系,这种关系称为状态方程:

$$\rho = \rho(p,T) \tag{A.77}$$

主要材料质量类型:不可压缩液体、理想气体、真实气体、液化气体和固体①。

平衡方程适用于描述以下现象:

(1)气体和液体的流动;

(2)粒子流;

(3)辐射问题;

(4)等离子体问题;

(5)燃烧、爆炸。

在最后一个问题中,化学反应起着重要作用。

正如我们所看到的,在流体动力学中,相似性规则允许通过无量纲数来表征所考虑的问题。其中之一,雷诺数用于量化流动的湍流。Tennekes 和 Lumley [27] 写道:“湍流总是在高雷诺数下发生。如果雷诺数变得太大,湍流通常起源于层流的不稳定性。不稳定性与运动方程中黏性项和非线性惯性项的相互作用有关。这种相互作用非常复杂:非线性偏微分方程的数学尚未发展到可以给出一般解的层次。随机性和非线性相结合,使湍流方程几乎难

① 在 ANSYS CFX 程序包中,已实现以下真实气体模型:van der Waals, Redlich Kwong, Yamada 和 Gunn, Peng Robinson,以及用于亚稳液体的 IAPS 库。

以处理；湍流理论缺乏足够完备的数学方法。”在热工水力学中，湍流最显著的特征是传热系数的增加。但是不规则的流动会对燃料棒和组件施加不规则的力，这种影响可能导致振动和堆芯损坏。湍流表现为漩涡的出现；涡流由剪切流保持，并且涡流不断地失去能量以降低涡流。流动组成粒子之间的相互作用设定了涡流的大小和能量传递速度的下限。在该极限处，流动的动能消散为热量。由于波长和频率的范围很广，通常通过统计方法使用相关性和概率描述湍流。当观察比湍流波动的时间尺度大得多的时间尺度时，湍流可以说具有平均特征，并具有额外的时变波动分量，例如，速度分量可以分为平均分量和时变分量。在湍流描述中，读者会遇到以下模型之一。

1. 大涡模拟(LES)

波动的特征距离覆盖范围很广。通过合适的滤波器，可以消除小尺度现象，只需考虑平均值并研究流动的长尺度行为。[28] 大涡模拟技术背后的理念是大尺度和小尺度之间的分离。通过对物理空间中时间相关的 Navier - Stokes 方程进行滤波来获得 LES 的控制方程。滤波过程有效地滤除了尺度小于计算中使用的滤波器宽度或网格间距的涡流，由此产生的方程式控制了大涡旋的动力学。

2. 雷诺平均 Navier - Stokes(RANS)方程

如前所述，速度 $\boldsymbol{v}$ 可分为平均速度分量和波动的分量，平均分量为

$$\boldsymbol{V} = \frac{1}{T}\int_0^T \boldsymbol{v}(t)\,\mathrm{d}t \tag{A.78}$$

式中，T 与波动相比较大。对于可压缩流动，速度 $\boldsymbol{v}$ 由局部密度加权。对于瞬态流动可以由方程(A.71)进行平均，得到的方程称为雷诺平均 Navier - Stokes 方程。

3. 分离涡流模拟(DES)

为了改善高度分离区域中湍流模型的预测能力，Spalart 提出了一种混合方法，它将经典 RANS 公式的特征与大涡模拟[28](LES)方法的元素相结合。该概念被称为分离涡模拟(DES)，基于通过 RANS 模型覆盖边界层，以及在分离区域中将模型切换到 LES 模式的想法。理想情况下，DES 将根据 RANS 模型来预测分离线，但通过解析发展中的湍流结构捕捉分离剪切层的非定常动力学。与经典的 LES 方法相比，DES 为高雷诺数流动节省了几个数量级的计算耗费。虽然这是由于边界层区域中 RANS 模型的成本适中，但 DES 仍然在分离区域中提供了 LES 方法的一些优势。

这里只提到，在式(A.71)中出现外力的情况。如果存在浮力，则该力应包括在源项中。某些稳定性问题也是如此[29]。

真正的流体动力学问题只能通过数值模型来解决，见本章下面的内容。在 ANSYS CFX 程序中，应用了有限元方法(FEM)的一种形式。将要建模的体积细分为大量元素，该步骤称为离散化。在计算表面积分中，体积积分是通过数值计算得到的。在应用纳布拉运算符 ∇ 时需要特别小心。散度、梯度和旋度算子计算的数值误差应符合矢量分析的相互关系[30]。例如，无旋转流动与有旋转流动在性质上不同。

作为离散化的结果，要求解的方程取决于有限数量的未知数。它们是通过迭代过程确定的。离散化和求解方法都影响所得结果的准确性，更多细节可参见参考文献[26]。

ANSYS CFX 程序有一个准备输入的辅助功能和后处理器，以及显示结果的图形用户界面。

A.2 中子学数值模型

摘要

设计、运行和控制需要大量的计算工作。无论考虑问题的哪一部分,通常都会使用数值模型。本节简要介绍常用的数值方法,旨在指出常用数值工具的适用性和局限性。

通常,即使是最完整的问题也可以写成微分方程或积分方程,并借助数学技巧将其转化为一组线性方程。物理问题在此未提及,因为给定的数值方法可以应用于解决燃料行为、热工水力学或反应堆物理问题。

我们前面提到数值方法是基于对能量 E、空间变量 r 和角度相关性的简化处理。连续能量相关通常被能量区间的平均值取代,并取决于我们所说的少群或多群近似的区间数。使用平均通量或反应速率代替位置依赖的通量。关于角度相关性,Ω 依赖的角通量根据一组合适的 Ω 多项式(球面谐波)进行扩展。

裂变产生的中子具有 $0 \leqslant E \leqslant 10$ MeV 的能量。该区间被划分为

$$E_G = 0 < E_{G-1} < \cdots < E_2 < E_1 < E_0 = 10\ \text{MeV} \tag{A.79}$$

能量 $E_g \leqslant E \leqslant E_{g-1}$ 的中子属于能群 g。群通量是

$$\Phi_g(\boldsymbol{r}) = \int_{E_{g-1}}^{E_g} \Phi(\boldsymbol{r},E)\,\mathrm{d}E \tag{A.80}$$

当谈到截面 $\Sigma(E)$ 的核反应,我们将它分解成能群之和:

$$\int_0^\infty \Sigma(E)\Phi_g(\boldsymbol{r},E)\,\mathrm{d}E = \sum_{g=1}^{G}\int_{E_{g-1}}^{E_g} \Sigma(E)\Phi(\boldsymbol{r},E)\,\mathrm{d}E = \sum_{g=1}^{G}\Sigma_g\Phi_g(\boldsymbol{r}) \tag{A.81}$$

式中:

$$\Sigma_g = \frac{\int_{E_{g-1}}^{E_g} \Sigma(E)\Phi(\boldsymbol{r},E)\,\mathrm{d}E}{\Phi_g(\boldsymbol{r})} \tag{A.82}$$

其他截面(扩散常数、散射截面)均取平均值:

$$\Sigma_{g'\to g} = \frac{\int_{E_{g-1}}^{E_g} \Sigma_{E'\to E}\Phi(\boldsymbol{r},E')\,\mathrm{d}E'}{\Phi_{g'}(\boldsymbol{r})} \tag{A.83}$$

在各向同性材料中,扩散常数由下式给出[①]:

$$D_g = \frac{\int_{E_g}^{E_{g-1}} D(\boldsymbol{r},E)\,\dfrac{\partial\Phi(\boldsymbol{r},E)}{\partial x}\,\mathrm{d}E}{\int_{E_g}^{E_{g-1}} \dfrac{\partial\Phi(\boldsymbol{r},E)}{\partial x}\,\mathrm{d}E} \tag{A.84}$$

裂变谱 $f(E)$ 的离散形式是

$$f_g = \int_{E_{g-1}}^{E_g} f(E)\,\mathrm{d}E \tag{A.85}$$

① 当通量 $\Phi(\boldsymbol{r},E) = F_1(\boldsymbol{r})F_2(E)$ 时,D 可以由 $F_2(E)$ 加权。

在多群形式中,中子平衡方程在能群 g 中采用以下形式:

$$\frac{1}{v_g}\frac{\partial \Phi_g(\boldsymbol{r},t)}{\partial t}=\nabla[D_g(r)\nabla\Phi_g(\boldsymbol{r},t)]-\Sigma_{t,g}\Phi_g(\boldsymbol{r},t)+S_g(\boldsymbol{r},t) \tag{A.86}$$

其中,群源 $S_g(\boldsymbol{r},t)$ 为

$$S_g(\boldsymbol{r},t)=\sum_{g'=1}^{G}\Sigma_{s,g'\to g}\Phi_{g'}(\boldsymbol{r},t)+f_g\sum_{g'=1}^{G}\Sigma_{in,g'\to g}\Phi_{g'}(\boldsymbol{r},t)+Q_g(\boldsymbol{r},t) \tag{A.87}$$

这里,$\Sigma_{t,g}$是群 g 的总横截面,$\Sigma_{in,g\to g}$是从 g'群到 g 的非弹性散射,Q_g 是外部中子源。

能群的数量 G 取决于问题。对于堆芯装载设计计算,$G=2$ 或 $G=4$ 给出了准确的结果①。

如果对于我们寻求解的体积 V 中的每个位置 $\boldsymbol{r}$ 给出初始条件 $\Phi_g(r,t_0)$ 并且对于每个 $r_b\in\partial V$ 边界点,边界条件 $\Phi_g(r_b,t)=F_g(r_b,t)$,则式(A.87)的解是唯一的。经常使用以下边界条件。

(1)外推边界处的零通量,即

$$\Phi_g[\boldsymbol{r}_b(1+\boldsymbol{n}_b\boldsymbol{\lambda}_{\text{ext}})]=0 \tag{A.88}$$

式中,$\boldsymbol{n}_b$ 是 $\boldsymbol{r}_b$ 处边界的向外法线,$\boldsymbol{\lambda}_{\text{ext}}$是外推距离。

(2)反射(或白色)边界条件通常在边界的一部分上规定:

$$\frac{\partial \Phi_g(\boldsymbol{r}_b)}{\partial \boldsymbol{n}_b}=0 \tag{A.89}$$

式中,$\boldsymbol{n}_b$ 是点 $\boldsymbol{r}_b$ 处的向外法线。该边界通常应用于对称线或平面的点。

(3)黑色边界条件用于没有中子返回的边界。

当截面在能群之间显著变化时,外推边界可能引起问题,因为在这种情况下,群的外推边界可能是完全不同的。边界条件通常由部分电流形成。净电流 J 是流入向外法线方向 I^+ 的部分电流与相反的部分电流 I^- 的差值:

$$I=I^+-I^-$$

在运输理论中,通过方程式(4.1),边界条件也取决于 Ω。可用的边界条件包括:

(4)Marshak 边界条件:奇数半范围角通量矩需要为零:

$$\int_{Y_{lm}^*(\Omega)n_b<0}\Psi(\boldsymbol{r},E,\Omega,t)\,\mathrm{d}\Omega=0 \tag{A.90}$$

对于奇数 l 和 $m<L$,这里 L 是保持在角矩中的最大球谐波阶数。对于所有 m,提供 $l<L$,可以满足该边界条件。

(5)在平面几何中,Marshak 边界条件将角通量设置为对于某些进入方向 μ_e 为零,其为(L_1)阶勒让德多项式的正根。

(6)混合边界条件是一种更为一般的边界条件,借助于标量通量表示为

$$\Phi(\boldsymbol{r}_b)+\alpha\frac{\partial \Phi(\boldsymbol{r}_b)}{\partial \boldsymbol{n}_b}=0 \tag{A.91}$$

---

① 这是一个奇怪的现象。在测试计算中,k_{eff}的误差约为 10^{-4}或 10^{-5}。当必须在运行的反应堆中确定循环长度时,误差会明显增加,表明准确输入数据的重要性。在 ANL 基准手册中查找六角反应堆的 17 组基准,请参见参考文献[41]。

在 $r_b \in \partial V$ 处。

(7)周期性边界条件适合用于周期性结构,如周期性晶格或宏单元的单元性结构。

(8)反照率边界条件用于根据边界处出射部分电流 $I^+(r_b)$ 确定的部分电流 $I^-(r_b)$ 为

$$I^-(\boldsymbol{r}_b) = \alpha I^+(\boldsymbol{r}_b) \tag{A.92}$$

表达式(A.92)是反照率的最简单形式,因为离开的中子和进入的中子在位置 $\boldsymbol{r}_b$ 和给定能量下成比例。一般形式是

$$I^-(\boldsymbol{r},E) = \int_{r'} \in \partial V \int_{E'} \alpha(E' \to E, \boldsymbol{r}' \to \boldsymbol{r}) I^+(\boldsymbol{r}',E') \mathrm{d}E' \mathrm{d}\boldsymbol{r}' \tag{A.93}$$

可能需要广义反照率来呈现在边界边缘附近进行耦合,经常会遇到能群之间的耦合[21]。

对照式(A.88),边界条件式(A.92)对应于外推距离。

A.2.1 有限差分法

让我们研究扩散方程(A.86)的解。为简单起见,只考虑静态问题,并用适当的符号将源 S_g 包含在删除项中的适当符号中,且截面与位置无关。此外,设在某种意义上考虑的体积更大。则有

$$\nabla^2 \boldsymbol{\Phi}_g(\boldsymbol{r}) = \frac{\Sigma_{t,g}}{D_g} \boldsymbol{\Phi}_g(\boldsymbol{r}) \tag{A.94}$$

并将截面收集到矩阵 $\boldsymbol{M}$ 中,研究了以下问题:

$$\nabla^2 \underline{F}(\boldsymbol{r}) = \boldsymbol{M} \underline{F} \tag{A.95}$$

式中,$\underline{F} = (\boldsymbol{\Phi}_1(r), \boldsymbol{\Phi}_2(r), \cdots, \boldsymbol{\Phi}_G(r))$。当矩阵 $\boldsymbol{M}$ 没有退化时,它具有 G 个特征值和特征向量。设特征值问题为

$$\boldsymbol{M} \underline{m} = \lambda^2 \underline{m} \tag{A.96}$$

式中,$\underline{m} = (m_1, m_2, \cdots, m_G)$。$\underline{F}$ 可以表示为

$$\underline{F} = \sum_{i=1}^{G} c_i \underline{m_i} \tag{A.97}$$

由于 m_i 是线性独立的,所以将式(A.97)代入方程(A.95)我们可以得到

$$m_i e^{-\lambda_i er} \tag{A.98}$$

其中,$|\boldsymbol{e}| = 1$ 是式(A.95)的解。因此,$\boldsymbol{\lambda}_i$ 是位置相关的 $\boldsymbol{\Phi}_g(r)$ 通量的弛豫距离。放松的距离是

$$\sqrt{\frac{D_g}{\Sigma_{t,g}}} \tag{A.99}$$

因此,求解简化方程(A.94)的数值方法应考虑解的可变性。网格距离应与特征距离相当,详见参考文献[31]①。

在这里介绍了平面几何中扩散方程的有限差分(FD)解。第一步是离散化:将区域 $\boldsymbol{V}$ 细分为矩形网格,见图 A.1。为了推导 FD 方程,我们对单群的扩散方程为

① 像大多数数值方法一样,随着可变网格尺寸的离散化,有限差分被广泛使用。在这种情况下,应将局部网格尺寸与局部特征距离进行比较。

$$-\nabla D\nabla \Phi(\boldsymbol{r}) + \Sigma(\boldsymbol{r})\Phi(\boldsymbol{r}) = Q(\boldsymbol{r})$$
$$J(\boldsymbol{r}) = -D(\boldsymbol{r})\nabla \Phi(\boldsymbol{r}) \tag{A.100}$$

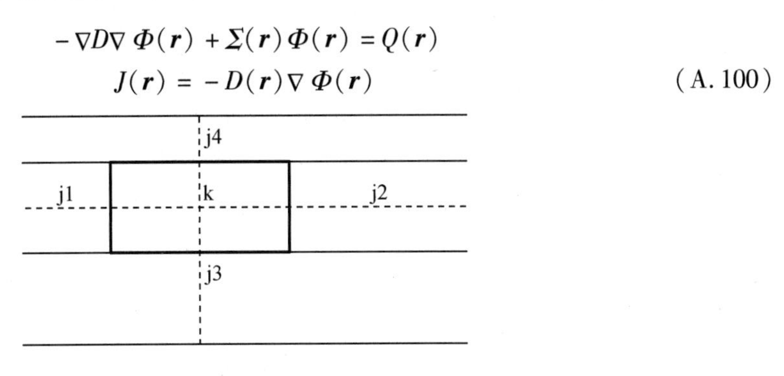

图 A.1　二维几何中的网格点

在网格体积 V_k 上(图 A.1)。第一项给出了:

$$\int_{V_k} -\nabla D \nabla \Phi(\boldsymbol{r})\mathrm{d}^2\boldsymbol{r} = \int_{\partial V_k} -D\frac{\partial \Phi(\boldsymbol{r})}{\partial \boldsymbol{n}}\mathrm{d}S = \sum_{j=1}^{4} J_{kj}\Delta S_{kj} \tag{A.101}$$

这里 ∂V_k 是体积 V_k 的边界,这次涉及四个 $\Delta S_{kj}, j=1,4$。在 V_k 中,通量取恒定 Φ_k,即 V_k 中心的值。所以离散化的平衡方程是

$$\sum_{j=1}^{4} J_{kj} + \Sigma_k \Phi_k \Delta V_k = Q_k V_k \tag{A.102}$$

记住,假设 Φ、Q_k 和 Σ 在 V_k 中是恒定的。对于来自两个相邻节点的边界电流 J_{kj}有两个表达式。在边界 j 处的边界通量 Φ_{kj}也有两个表达式。在 V_k 的边界 j 处,边界通量在网格中心 k 和 j_k 处的通量 Φ_k 和 Φ_{jk}中必须是线性的。由于中心 k 和 ji 的距离($i=1,2,\cdots,4$)可能不同,我们引入无量纲参数。令 $\Delta_{k,ji} = x_k - x_{ji}$($i=1,2,\cdots,4$)表示图 A.1 中 4 个相邻网格中心之间的距离。首先是无量纲但与方向相关的扩散系数 dx:

$$d_{kj_m} = \frac{D_k}{\Delta_{k,j_m}}, \quad m=1,2,\cdots,4 \tag{A.103}$$

边界 m 处的 Φ_{k,j_m}通量为

$$\Phi_{k,j_m} = \frac{d_{k,j_m}\Phi_k + d_{j_m}\Phi_{j_m}}{d_k d_{j_m}} \tag{A.104}$$

且

$$d_{k,j_m} = \frac{2d_k d_{j_m}}{d_k + d_{j_m}} \tag{A.105}$$

边界电流是

$$J_{k,j_m} = d_{k,j_m}(\Phi_k - \Phi_{j_m}) \tag{A.106}$$

使用上面引入的新术语,平衡方程采用以下形式:

$$\sum_{m=1}^{4} d_{k,j_m}(\Phi_k - \Phi_{j_m}) + \Sigma_k \Phi_k V_k = Q_k V_k \tag{A.107}$$

在边界处假设区域,应该确定 d_{kr}和 Φ_r。这里 r 指的是假设区域。当边界条件转换为以下形式时,有[19]

$$J_{kr} = \frac{1}{2}\Phi_r \frac{(1-a)}{(1+a)} - \frac{2I_{\mathrm{ext}}}{1+a} \tag{A.108}$$

其中

$$\Phi_{kr} = \frac{d_{kr}\Phi_k + d_r\Phi_r}{d_k d_r} \tag{A.109}$$

而 I_{ext} 是边界处规定的进入电流；缺少的边界参数是

$$d_r = \frac{1}{4}\frac{(1-a)}{(1+a)} \tag{A.110}$$

和

$$\Phi_r = \frac{4I_{\text{ext}}}{1-a} \tag{A.111}$$

当 $a=1$ 时,只允许 $\Phi_r = \Phi_k$。

有限差分形式可用于许多几何形状,包括圆柱形、六边形等。不幸的是,很难查找它们,因为它们很少在报告中被介绍。

最后,我们在这里只提到上面讨论的有限差分形式是以网格为中心的版本,其中 Φ_k 是网格中心的通量。另一种选择是以表面为中心的差异形式[19]。

A.2.2 有限元法

求解边界条件问题的可能方法如下。设 $\boldsymbol{A}$ 代表线性和自伴运算符,在以下方程中寻找具有给定源 $Q(x)$ 的解 $\Phi(x)$:

$$\boldsymbol{A}\Phi(x) = Q(x) \tag{A.112}$$

通过研究问题的物理特性,可以选择一组函数 $\Psi_1(x),\Psi_2(x),\cdots$ 它形成了一个正交基础,代表了解最重要的特性。我们根据这个正交基 $\Phi(x)$:

$$\Phi(x) = \sum_j \alpha_j \psi_j(x) \tag{A.113}$$

并保留足够多的项来表示 $\Phi(x)$ 的特征。也可以根据这个正交基展开源 $Q(x)$:

$$Q(x) = \sum_j q_j \psi_j(x) \tag{A.114}$$

基于 $\Psi_j(x), j=1,2,\cdots$(A.112)成为线性代数方程组。为此,根据运算符 $\boldsymbol{A}$ 形成以下矩阵:

$$L_{ij} = [\psi_i(x);\boldsymbol{A}\psi_j(x)] \tag{A.115}$$

这是对称的:$L_{ij} = L_{ji}$。应用式(A.113)、式(A.114)和式(A.115)将原始问题转化为一组线性方程:

$$\boldsymbol{L\alpha} = \boldsymbol{q} \tag{A.116}$$

式中,$\boldsymbol{\alpha} = (\alpha_1,\alpha_2,\cdots)$ 和 $\boldsymbol{q} = (q_1,q_2,\cdots)$,这是有限元方法的基本思想。

正如 FD 方法所示,仔细的离散化能够提高数值方法的效率。计算基函数是很自然的,基函数只在其中一个元素中(如元素 k),见图 A.1。如果基函数是给定元素内的正交多项式,我们就得到了正交基。

在离散化中,第一步是细分体积 V,在其中解被分为子体积①,所以设

$$V = \cup_{i=1}^{N} V_i;\quad V_i \cap V_j = \phi\quad (\text{如果 } i \neq j) \tag{A.117}$$

① 术语“元素”用于 FEM 中的子体积。

有限元表示分为两类。

(1)拉格朗日族:V_i 中的解近似为

$$\Phi_i(x) = \sum_j c_{ij}\psi_j(x) \tag{A.118}$$

当 $x \in V_i$ 且在 V_i 和 V_j 的边界处,对于 V_i 和 V_j 的任何公共边界点 x_b,有

$$\Phi_j(x_b) = \Phi_i(x_b) \tag{A.119}$$

拉格朗日族的试验函数在内部边界是连续的。

(2) Hermite 家族,这里也使用式(A.118),但边界处的连续性条件是

$$\Phi_j(x_b) = \Phi_i(x_b), \quad \partial_n\Phi_j(x_b) = \partial_n\Phi_i(x_b) \tag{A.120}$$

这里 ∂_n 是边界处的法向导数,即法向梯度在边界处是连续的。

在离散化的 V 中,点 $\boldsymbol{r} \in V$ 可以由一个全局坐标 $\boldsymbol{r}$ 识别,即在 V 中使用一个原点,该坐标相当笨拙。另一种方法是在每个元素中引入局部坐标。后者允许在几何相同(一致)的 V_is① 中使用相同的多项式。

近似值是局部变量 x 中的多项式。基函数 Φ_i 在局部坐标中是相同的。将 V_i 映射到参考体积 V_{ref} 中,那个映射是仿射的②。

多项式通常是从特定点处解的未知值推导出来的。这很有用,因为在这种情况下,(A.118)中的系数 c_{ij} 将是所述值的线性表达式。例如,在矩形平面区域中,四个角点处的值适合于确定最多二次项 $1, x, y, xy$ 的系数。

在 NEPTUNE 程序[7]中可以使用 FEM 来解决扩散方程,其他应用包括传输理论[8]和热工水力学[9]问题。我们指出,在中子学程序中,由燃料包壳和慢化剂组成的非均质栅元不同于热工水力计算的控制体积。在后者中,几个控制体积构成了中子学模型的慢化剂。

A.2.3　节点法

这种称为节点方法的技术旨在仅确定 V_i 中的体积积分反应速率,但该方法给出了在节点边界处连接解的边界电流的良好表示。在第一节点程序中,通量由低阶多项式近似。后来 A. F. Henry 将扩散方程积分在两个独立的空间变量上,并在一个变量中得到了一个常微分方程(ODE),并给出了精确的解。但是,这种方法有两个问题。首先,必须通过多项式来近似积分泄漏项,即交叉泄漏,并且需要沿空间方向进行额外迭代。到 1980 年,很明显可以推导出一种分析函数,它不仅满足节点每个点的三维扩散方程,而且还包括可用于满足各种边界条件的常数[10]。很快,算法的六边形版本被编程[11]。在此之后,只剩下一个限制:边界条件的准确性,但实践证明,在大型燃料组件中,如压水堆或 VVER - 1000 组件,它足以在燃料组件的表面通过二阶多项式在燃料组件表面上近似边界电流。

A.2.3.1　扩散理论

我们用以下形式写出多群扩散方程:

$$\boldsymbol{D}\,\nabla^2\boldsymbol{\Phi}(\boldsymbol{r}) + \boldsymbol{\Sigma}\boldsymbol{\Phi}(\boldsymbol{r}) = 0 \tag{A.121}$$

---

①　在反应堆中,通常会重复给定的几何形状(方形单元或组件,六角形单元或组件)。

②　如果地图 $x \to y$ 保持共线性(即,变换后最初位于线上的所有点仍然位于直线上)和距离之比(例如,线段的中点仍为变换后的中点),则仿射图是仿射的。

式中 $\boldsymbol{D}$ 是由群扩散系数形成的对角矩阵,$\boldsymbol{\Sigma}$ 是涉及群分转移过程(例如散射、裂变)的 XS 矩阵。式(A.121)的形式解是

$$\boldsymbol{\Phi}(\boldsymbol{r}) = \sum_{k=1}^{G} \boldsymbol{t}_k \int_{4\pi} w_k(\alpha) \mathrm{e}^{\mathrm{i}(\lambda_k \alpha)} \boldsymbol{r} \mathrm{d}\alpha \tag{A.122}$$

式中:

$$\boldsymbol{D}^{-1}\boldsymbol{\Sigma}\boldsymbol{t}_k = \lambda_k^2 \boldsymbol{t}_k \tag{A.123}$$

即,矢量 $\boldsymbol{t}_k$ 和 $\boldsymbol{\lambda}_k^2$ 是矩阵 $\boldsymbol{D}^{-1}\boldsymbol{\Sigma}$ 的特征向量和特征值。

在式(A.122)中,$w_k(\boldsymbol{\alpha})$是取决于单位矢量 $\boldsymbol{\alpha}$ 的正权重函数。将式(A.122)代入式(A.121)并使用式(A.123),可以检查式(A.122)是具有任意 $w(\boldsymbol{\alpha})$ 的(A.121)的解。所提出的解对于实际计算来说太复杂,需要简化。当电流以三个点给出时,边界条件对于节点计算足够准确。在这种情况下,我们能够确定沿所考虑的子体积面上的平均值、一阶矩和二阶矩。为此,我们将单位球体细分为对应于节点的 n_F 面的 n_F 个不相交的片段,并且在每个片段中,我们选择仅在三个方向上与零不同的权重函数。让所提到的方向为 $\alpha_{nk}(n=1,n_F,m=0,1,2)$。则解析解采用以下形式:

$$\boldsymbol{\Phi}(\boldsymbol{r}) = \sum_{n=1}^{n_F} \sum_{m=0}^{2} \sum_{k=1}^{G} \boldsymbol{t}_k w_{knm} \mathrm{e}^{\mathrm{i}(\lambda_k \alpha_{nk})\boldsymbol{r}} \tag{A.124}$$

其中未知的 w_{knm} 权重将由节点的 n_F 面处的边界条件的矩确定。最终,我们从边界条件确定 w_{knm} 常数。这里给出的形式是参考文献[12]。

在节点边界处,可以使用部分电流 I^+ 和 I^-,或者使用通量 $\boldsymbol{\Phi}$ 和净电流 J。响应矩阵 R 连接出口电流 I^+ 和进入电流 I^-:

$$I^+ = RI^- \tag{A.125}$$

式中,I^+ 和 I^- 包括 G 能量组中 N_f 面处的相应边界电流。标量通量 $\boldsymbol{\Phi}_b$ 用部分电流表示为

$$\boldsymbol{\Phi}_b = 2(I^+ + I^-) \tag{A.126}$$

和 J_b 边界电流为

$$J_b = I^+ - I^- \tag{A.127}$$

边界通量和净电流相关:

$$J_b = \frac{1}{2} \frac{R-E}{R+E} \boldsymbol{\Phi}_b \tag{A.128}$$

这里 $\boldsymbol{E}$ 是 $\boldsymbol{N_F G}$ 单位矩阵。

在扩散理论中,通量是方程的解:

$$\boldsymbol{D}\Delta\boldsymbol{\Phi}(\boldsymbol{r}) + \boldsymbol{\Sigma}\boldsymbol{\Phi}(\boldsymbol{r}) = 0 \tag{A.129}$$

式中,D 是对角线 $G \times G$ 扩散矩阵;Σ 是体积 V 中均质材料的 $G \times G$ 横截面矩阵;$\boldsymbol{\Phi}(r)$是 $r \in V$ 处的中子通量$(\boldsymbol{\Phi}_1, \boldsymbol{\Phi}_2, \cdots, \boldsymbol{\Phi}_G)$。

在二维中,为了得到通量的解析公式,我们必须求解特征值问题:

$$\boldsymbol{D}^{-1}\boldsymbol{\Sigma}\boldsymbol{t}_k = \lambda_k^2 \boldsymbol{t}_k, \quad k = 1, 2, \cdots, G \tag{A.130}$$

这里 $t_k = (t_{k1}, t_{k2}, \cdots, t_{kG})$。空间相关通量是

$$\boldsymbol{\Phi}_g(\boldsymbol{r}) = \sum_{k=1}^{G} T_{kg} \int w_k(\alpha) \sum_{m=1}^{K} \omega_{im}(\alpha) \mathrm{e}^{\lambda_k \boldsymbol{B}_m(\alpha) \boldsymbol{r}} \tag{A.131}$$

这里 $B_m = (\cos\alpha, \sin\alpha)$,矩阵 $\boldsymbol{T}$ 由矢量 $\boldsymbol{t}_k$ 组成。有了解析解(A.131),我们能够推导

出任何边界积分表达式的闭合公式。为了缩短符号,设:

$$\psi(\boldsymbol{r}) = \boldsymbol{T}\langle F(\boldsymbol{r})\rangle \boldsymbol{c} \tag{A.132}$$

式中,<... >是对角矩阵。面平均边界电流给出为

$$\boldsymbol{J} = -\langle D\rangle \boldsymbol{T}\langle g\rangle \boldsymbol{c} \tag{A.133}$$

平均通量为

$$\boldsymbol{\Phi} = \boldsymbol{T}\langle F_0\rangle \boldsymbol{c} \tag{A.134}$$

体积平均通量 $\overline{\boldsymbol{\Phi}}$ 是从边界通量得到的:

$$\overline{\boldsymbol{\Phi}} = \boldsymbol{T}\left\langle \frac{F_0}{f}\right\rangle \boldsymbol{\Phi} \tag{A.135}$$

使用上面给出的公式,当我们使用部分电流作为边界条件时,算法按以下方式进行:

(1)在所考虑的节点中,我们从进入电流是相邻节点的出口电流的条件收集 n_F 边界处的进入电流矩。

(2)根据已知的进入电流,我们使用式(A.124)确定通量。

(3)根据通量,我们确定 n_F 边界处的出口电流的时刻。

(4)根据通量,我们确定所考虑的节点中的反应速率。

请注意,所有能量组分都是同时处理的;节点没有单独的内部迭代,能量组分没有外部迭代。此外,上述迭代适用于计算节点的响应,参见本章的 A.2.5.1 部分。

A.2.3.2　输运理论

我们提出了两种形式来解决中子输运方程。第一种是基于角通量的奇偶分解,第二种是响应矩阵方法的特殊应用。

首先考虑奇偶校验传输方程[13]。对于 P_n 近似没有通用算法,因此为了达到预定的精度,我们必须求助于不同的近似。在 A.2.5.2 节中,我们讨论了 S_n 方法,这里我们用处理角通量的奇偶校验表示。当角通量的 $\boldsymbol{P}_1$ 分解不令人满意时,需要比标量通量更多的信息来描述角通量。该要求导致角通量的奇偶校验分解,分别引入偶数和奇数角通量:

$$\psi_+(\boldsymbol{r},E,\boldsymbol{\Omega}) = \frac{1}{2}[\Phi(\boldsymbol{r},E,\boldsymbol{\Omega}) + \Phi(\boldsymbol{r},E,-\boldsymbol{\Omega})] \tag{A.136}$$

和

$$\psi_-(\boldsymbol{r},E,\boldsymbol{\Omega}) = \frac{1}{2}[\Phi(\boldsymbol{r},E,\boldsymbol{\Omega}) - \Phi(\boldsymbol{r},E,-\boldsymbol{\Omega})] \tag{A.137}$$

假设源是各向同性的,有

$$Q(\boldsymbol{r},E,\boldsymbol{\Omega}) = \frac{1}{4\pi}Q_0(\boldsymbol{r},E) \tag{A.138}$$

鉴于以下简化形式的运输方程(A.28):

$$\boldsymbol{\Omega}\nabla\Phi(\boldsymbol{r},E,\boldsymbol{\Omega}) + \Sigma(\boldsymbol{r},E)\Phi(\boldsymbol{r},E,\boldsymbol{\Omega}) = Q(\boldsymbol{r},E) \tag{A.139}$$

并且对于参数 $-\Omega$:

$$-\boldsymbol{\Omega}\nabla\Phi(\boldsymbol{r},E,-\boldsymbol{\Omega}) + \Sigma(\boldsymbol{r},E)\Phi(\boldsymbol{r},E,-\boldsymbol{\Omega}) = Q(\boldsymbol{r},E) \tag{A.140}$$

加上式(A.139)和式(A.140),我们发现偶数和奇数奇偶角通量之间的关系:

$$\boldsymbol{\Omega}\nabla\psi_-(\boldsymbol{r},E,\boldsymbol{\Omega}) + \Sigma(\boldsymbol{r},E)\psi_+(\boldsymbol{r},E,\boldsymbol{\Omega}) = Q(\boldsymbol{r},E) \tag{A.141}$$

从式(A.138)中减去式(A.140),我们得到

$$\boldsymbol{\Omega}\nabla\psi_{+}(\boldsymbol{r},E,\boldsymbol{\Omega})+\Sigma(\boldsymbol{r},E)\psi_{-}(\boldsymbol{r},E,\boldsymbol{\Omega})=0 \tag{A.142}$$

偶数和奇数奇偶通量形成耦合方程组。为了消除奇数项,使用从式(A.142)得到的 Ψ_{+} 和 Ψ_{-} 之间的以下关系:

$$\psi_{-}(\boldsymbol{r},E,\boldsymbol{\Omega})=\frac{-\boldsymbol{\Omega}\nabla\psi_{+}(\boldsymbol{r},E,\boldsymbol{\Omega})}{\Sigma(\boldsymbol{r},E)} \tag{A.143}$$

在继续推导之前,我们注意到两个关系。标量通量用偶数奇偶校验分量表示为

$$\Phi(\boldsymbol{r},E)=\int_{4\pi}\psi_{+}(\boldsymbol{r},E,\boldsymbol{\Omega})\mathrm{d}\boldsymbol{\Omega} \tag{A.144}$$

和奇数分量的净电流为

$$\boldsymbol{J}(\boldsymbol{r},E)=\int_{4\pi}\boldsymbol{\Omega}\Phi(\boldsymbol{r},E,\boldsymbol{\Omega})\mathrm{d}\boldsymbol{\Omega}=\int_{4\pi}\boldsymbol{\Omega}\psi_{-}(\boldsymbol{r},E,\boldsymbol{\Omega})\mathrm{d}\boldsymbol{\Omega} \tag{A.145}$$

此处使用式(A.143),我们发现净电流和偶校验角通量之间存在以下关系:

$$\boldsymbol{J}(\boldsymbol{r},E)=\frac{1}{\Sigma(\boldsymbol{r},E)}\int_{4\pi}\boldsymbol{\Omega}(\boldsymbol{\Omega}\nabla)\psi_{+}(\boldsymbol{r},E,\boldsymbol{\Omega})\mathrm{d}\boldsymbol{\Omega} \tag{A.146}$$

偶数和奇数奇偶校验通量的真空边界条件是[14]

$$\psi_{+}(\boldsymbol{r}_b,E,\boldsymbol{\Omega})=\pm\psi_{-}(\boldsymbol{r}_b,E,\boldsymbol{\Omega}) \tag{A.147}$$

其中,“+”和“-”符号分别适用于 $n\Omega>0$ 和 $n\Omega<0$。

等式(A.145)表示奇校验角通量是中子电流的推广。类似地,式(A.144)表明偶数奇偶角通量是标量通量的推广。等式(A.143)是奇偶角通量之间的关系。

下面简要提一下变分方法的理论,找出奇偶角通量[15]。为了简化推导,在多组近似中考虑连续能量变量。然后式(A.141)和(A.142)表示组分 g 中的中子平衡,这是纯正式的,并且因为我们总是处理组 g 中的平衡,所以可以丢弃组分索引。源项 Q 提供能量组之间的连接。

变分法是数值方法的基础[14]。首先,必须找到表征传输方程的变量 q。在奇偶校验中,形式 q 具有两个分量,因为解是由 Ψ_{+} 和 Ψ_{-} 确定的。第二个,也是非常简单的步骤,即找到拉格朗日函数 L,使得欧拉-拉格朗日方程(A.141)和(A.142)成立。在给出 L 函数之前,利用物理方法来解决边界值问题,即体积 V 被细分为子体积,并且假设 XS 在子体积中是恒定的。我们规定了相邻子体积之间界面的连续性条件。现在 L 函数是子体积的总和:

$$L[\psi_{+},\psi_{-}]=\sum_{i=1}^{I}L_i[\psi_{i+},\psi_{i-}] \tag{A.148}$$

确定偶数奇偶校验通量的公式为

$$(\boldsymbol{\Omega}\nabla)\frac{\boldsymbol{\Omega}\nabla}{\Sigma_g}\psi_{g-}(\boldsymbol{r},\boldsymbol{\Omega})+\Sigma_g\psi_{g+}(\boldsymbol{r},\boldsymbol{\Omega})=Q_g \tag{A.149}$$

$$\boldsymbol{\Omega}\nabla\psi_{g+}(\boldsymbol{r},\boldsymbol{\Omega})+\Sigma_g\psi_{g-}(\boldsymbol{r},\boldsymbol{\Omega})=0 \tag{A.150}$$

注意,在源项中隐含地包括来自其他能量组的各向同性减慢贡献。在这种情况下,形式在每个能源组分中是相同的,源项自动耦合能源组。从现在开始,我们考虑给定能量组分中的计算和组指数被抑制。VARIANT 代码的算法在子体积 V_i 中使用以下 L_i 函数:

$$L_i[\psi_{+},\psi_{-}]=\int_{V_1}\left\{\int_{4\pi}\left[\frac{(\boldsymbol{\Omega}\nabla\psi_{i+})^2}{\boldsymbol{\Sigma}_i}+\Sigma_i\psi_{i+}^2\right]\mathrm{d}\boldsymbol{\Omega}-\boldsymbol{\Sigma}_{si}\boldsymbol{\Omega}_i^2-2\boldsymbol{\Phi}_iQ_i\right\}\mathrm{d}^3\boldsymbol{r}+$$
$$2\int_{\partial V_i}\int\boldsymbol{\Omega}\boldsymbol{n}_i\psi_{i+}\psi_{i-}\mathrm{d}\boldsymbol{\Omega}\mathrm{d}S_i \tag{A.151}$$

注意,在函数 L_i 中我们找到标量通量 Φ_i,奇偶通量 Φ_{i+}、Φ_{i-}。n_i 是边界上的向外法向量 ∂V_i,dS_i是 ∂V_i上的无穷小表面元素,ΣS_i是 V_i 中的散射 XS。

我们寻求线性方程组来最小化 $L[\Psi_+,\Psi_i]$。首先,我们证明条件 $\delta L[\Psi_+,\Psi_i]=0$ 等价于等式(A.141)和(A.142)。为此,我们考虑当 $\Psi_+\to\Psi_++\delta\Psi_+$ 和 $\Psi_-\to\Psi_-+\delta\Psi_-$ 时 L 的变化。保持得到的等式中的一阶项,我们得到

$$\delta L[\psi_+,\psi_-] = \int_{V_1}\int_{4\pi}\int_{4\pi}\left[\frac{\Omega\nabla\delta\psi\Omega\nabla\psi_+}{\Sigma}\psi_+\delta\psi_+\right]d\Omega - \delta\Phi(\Sigma_s\Phi+Q) + 2\int_{\partial V}\int\Omega n(\psi_-\delta\psi_+\psi_+\delta\psi_-) \tag{A.152}$$

在这里我们引入

$$\delta\Phi = \int_{4\pi}\delta\psi_+\,d\boldsymbol{\Omega} \tag{A.153}$$

V_i 中的 $\delta\Phi=\delta\Phi(r)$。我们使用恒等式将第一个积分转换为散度:

$$\nabla\left[\boldsymbol{\Omega}\delta\psi_+\frac{\boldsymbol{\Omega}\nabla\psi_+}{\Sigma}\right]=\frac{\boldsymbol{\Omega}\nabla\delta\psi_+}{\Sigma}\boldsymbol{\Omega}\nabla\psi_++\delta\psi_+\boldsymbol{\Omega}\nabla\left(\frac{\boldsymbol{\Omega}\nabla\psi_+}{\Sigma}\right) \tag{A.154}$$

并使用散度定理:

$$\int_V\int_{4\pi}\boldsymbol{\Omega}\nabla(\delta\psi_+\boldsymbol{\Omega}\nabla\psi_+)\,d\boldsymbol{\Omega}d^3r = \oint\int_{4\pi}\boldsymbol{\Omega n}\delta\psi_+\boldsymbol{\Omega}\nabla\psi_+\,d\boldsymbol{\Omega}dS \tag{A.155}$$

得到的等式是

$$\delta L[\psi_+,\psi_-] = 2\int_{V_1}\int_{4\pi}\delta\psi_+\left(-\boldsymbol{\Omega}\nabla\frac{\boldsymbol{\Omega}\nabla\psi_+}{\Sigma}+\Sigma\psi_+-\Sigma_s\Phi_Q\right)d\boldsymbol{\Omega}d^3r + 2\int_{\partial V}\int_{4\pi}\boldsymbol{\Omega n}\delta\psi_+\left(\frac{\boldsymbol{\Omega}\nabla\psi_+}{\Sigma}+\psi_-\right)dS + 2\int_{\partial V}\int_{4\pi}\boldsymbol{\Omega n}\psi_+\,d\boldsymbol{\Omega}dS \tag{A.156}$$

当 $\delta\Psi_+$、$\delta\Psi_-$ 的系数在式(A.156)中变成零时,第一个变化是平稳的,这些条件就是式(A.141)和式(A.142)。

在内部界面,两个相邻的子体积对式(A.156)中的表面积分有贡献,但请注意法线矢量具有相反的符号。式(A.156)中的两个表面积分仅在偶数奇偶校验通量连续(第二个积分)和奇数奇偶校验通量连续(第一个积分)时才取消。

下一步是选择一个基,根据该基偶、奇角通量,并根据变分原理确定展开系数。试验函数应取决于给定能群中的空间和角度,这使得程序更加复杂。根据参考文献[15],我们通过基函数 $U_{ij}(r,\Omega)$ 的线性表达式来近似 Ψ_+:

$$\Psi_+(\boldsymbol{r},\boldsymbol{\Omega}) = \sum_{i,j}p_{ij}U_{ij}(\boldsymbol{r},\boldsymbol{\Omega}) \tag{A.157}$$

式中:

$$U_{ij}(\boldsymbol{r},\boldsymbol{\Omega})=f_i(\boldsymbol{r})g_i(\boldsymbol{\Omega}) \tag{A.158}$$

和函数 $f_i(r)$ 是正交的:

$$\int_V f_i(\boldsymbol{r})f_{i'}(\boldsymbol{r})\,d^3\boldsymbol{r} = \delta_{ii'} \tag{A.159}$$

以及函数 $g_j(\Omega)$:

$$\int_{4\pi}g_j(\boldsymbol{\Omega})g_{j'}(\boldsymbol{\Omega}')\,d\boldsymbol{\Omega} = \delta_{jj'} \tag{A.160}$$

此外,将奇分量展开为

$$\psi_{-}(\boldsymbol{r},\boldsymbol{\Omega}) = \sum_{i,j,k} q_{ijk} V_{ijk}(\boldsymbol{r},\boldsymbol{\Omega}) \tag{A.161}$$

式中:

$$V_{ijk}(\boldsymbol{r},\boldsymbol{\Omega}) = h_{jk}(\boldsymbol{r}) u_{jk}(\boldsymbol{\Omega}) \tag{A.162}$$

函数 $u_{jk}(\Omega)$ 是奇数阶球谐函数,对于 V 中的任何内部边界 b,$h_{jk}(r)$ 在以下情况下是正交的:

$$\int_b h_{jk}(\boldsymbol{r}) h_{j'k}(\boldsymbol{r}) \mathrm{d}S_b = \delta_{jj'} \tag{A.163}$$

源项也按 $f_i(r)$ 分解:

$$Q(\boldsymbol{r}) = \sum_i s_i f_i(\boldsymbol{r}) \tag{A.164}$$

在式(A.156)中我们也得到标量通量,它被分解为

$$\boldsymbol{\Phi}(\boldsymbol{r}) \approx \sum_i \sum_j p_{ij} \delta_{0j} \tag{A.165}$$

对于 V 中的任何内部接口 b。V_{ijk} 函数是正交的:

$$\int_b V_{ijk}(\boldsymbol{r},\boldsymbol{\Omega}) V_{i'j'k}(\boldsymbol{r},\boldsymbol{\Omega}) \mathrm{d}S = \delta_{jj'} \tag{A.166}$$

替换式(A.157)、式(A.161)和式(A.164)、式(A.165)之后,使用正交关系式(A.159)、式(A.163)和式(A.166),我们得到以下表达式:

$$L[p,q] = \boldsymbol{p}^{\mathrm{T}}\boldsymbol{A}\boldsymbol{p} - 2\boldsymbol{q}^{\mathrm{T}}\boldsymbol{s} + 2\sum_{b\in V} \boldsymbol{p}^{\mathrm{T}}\boldsymbol{M}\boldsymbol{q} \tag{A.167}$$

其中,基函数的积分收集在 $\boldsymbol{A}$ 和 $\boldsymbol{M}$ 中收集。如果下式成立,其表达式在 $\boldsymbol{p}$ 中是固定的:

$$\boldsymbol{p} = \boldsymbol{A}^{-1}\boldsymbol{s} + \boldsymbol{A}^{-1}\boldsymbol{M}\boldsymbol{q} \tag{A.168}$$

等式(A.168)将子体积界面上的偶校验通量(更准确地说,是系数 p)与子体积内的源矩 $\boldsymbol{s}$ 和子体积界面上的奇偶校验通量矩 $\boldsymbol{q}$ 相关联。$\boldsymbol{q}$ 的变化导致内部界面的连续性:

$$\boldsymbol{P}_b = \boldsymbol{M}_b^{\mathrm{T}}\boldsymbol{p}, \quad b \in V \tag{A.169}$$

变分方法的最后是一组线性方程,可以通过本章讨论的方法求解。

第二个主题是输运理论中的响应矩阵迭代。我们现在使用响应矩阵技术来解决输运理论框架中确定周期性栅格中角通量的问题[16-17]。在理论上,利用栅元的几何对称性,并且假设材料分布在栅元中是对称的。该假设要求栅元必须比通量的梯度小,否则功率和温度梯度将出现在栅元中。我们还假设使用线性输运方程就足够了,即反馈效应可以忽略。

假设栅元及其周围环境是大型临界栅格的一部分。因此,栅元及其周围环境是次临界的。如果在研究区域的边界上没有进入电流,则静态输运方程的唯一解是零。在规定条件下,我们用多群近似求输运方程的解,给定沿着栅元边界的进入电流。首先考虑单个对称方形栅元中的角通量。正方形在反射和旋转下是不变的,它有八个对称性[32],形成 C_{4v} 组。令进入电流 $I_i(r_b)$,$r_b \in \partial V$ 以下列方式在 C_{4v} 组的元素下变换:

$$\mathscr{P}_h I_i(\boldsymbol{r}_b) = I_i(\boldsymbol{P}_h^{-1}\boldsymbol{r}_b) \tag{A.170}$$

式中,h 是组 C_{4v} 的元素;$\mathscr{P}_h$ 是描述函数上对称性 h 的动作的运算符 $\mathscr{P}_h$ 是描述 h 对空间坐标 r 的作用的矩阵[33]。任何函数都可分解为由 $\alpha, k(k=1,2,\cdots,\ell_\alpha)$ 标记的不可约分量,其中 ℓ_α 被称为不可约子空间 α 的维数。group 元素将给定的不可约子空间的元素相互转换。可以

在字符表中查找不可约子空间。

下面我们总结了不可约分量的性质。

(1)任何函数都可以分解为给定有限群的不可约分量。

(2)函数的不可约分量由下式确定：

$$f_i^\alpha(\boldsymbol{r}) = \frac{n_\alpha}{|H|}\sum_{h\in H} D_{ii}^\alpha(h)\mathscr{P}_h f(\boldsymbol{r}) \tag{A.171}$$

这里 $|H|$ 是对称数。

(3)不可约分量是正交的：

$$\int_V f_i^\alpha(\boldsymbol{r}) f_i^\beta(\boldsymbol{r})\mathrm{d}^3\boldsymbol{r} = 0,\quad \text{如果 } i \neq j \tag{A.172}$$

(4)有一个不可约表示，即单位表示，它在 H 群的元素下是不变的。

设 $\mathscr{O}$ 是与群 H 的元素对易的运算符。则 $\mathscr{O}f^{\alpha,k}$ 属于相同的不可约表示，如 $f_k^\alpha(r)$。以下物理量属于相同的不可约表示：标量通量、净中子流的法向分量、出射和入射中子流、角中子流。

在次临界 V 中，V 的角通量与边界上规定的边界值属于同一非临界区。通过在 V_0 上应用正方形的对称性，总是可以从正方形的子集 $V_0 \subset V$ 获得平方 V。例如，通过两个正交对角线，我们将正方形划分为四个全等三角形①。只要知道其中一个三角形 V_0 的解就够了，将 $h \in H$ 应用于 V_0 中的解，就可以在整个正方形上重构解。对于方形栅元 V 的面积为 $4V_0$。类似的表述适用于边界 ∂V，它是四个面的并集。

假设边界条件转换为不可约表示 AFI(希腊字母)、k。然后，在 $r \in V_0$ 上给出输运方程的解 $\psi(r)$ 就足够了，因为 V 上的解作为 $\psi(r)Ph\psi(r) = \psi(Phr)$，$h \in H$ 的变换给出，可以看出，重建完全取决于以下四元组之一：

$$\boldsymbol{e}_1 = (1,1,1,1);\quad \boldsymbol{e}_2 = (1,-1,1,-1);\quad \boldsymbol{e}_3 = (1,0,-1,0);\quad \boldsymbol{e}_4 = (0,1,0,-1) \tag{A.173}$$

因此，通过给出 $\boldsymbol{e}_i$ 向量的下标 i 来完全确定边界条件，根据该向量，边界值在正方形的对称性下变换。类似地，它可以给出其中一个三角形的解，并根据 V 中的解变换给出向量。

设边界条件为能群 g 中的 $I_{ig}(r_b)e_i$。我们将能群 g' 中输运方程的解写为 $\psi_{igg'}(r)$。四个模型边值问题将描述 V 中的中子分布：$\psi_{igg'}(r,\Omega)$，$i = 1,2,\cdots,4$。

对于模型边界条件，沿四个边有四种可能的边界条件：$N_{ig}(r_b)$，$i = 1,2,\cdots,4$。

$$\begin{pmatrix} N_{1g}\\ N_{2g}\\ N_{3g}\\ N_{4g}\end{pmatrix} = \frac{N_{1g}+N_{2g}+N_{3g}+N_{4g}}{4}\begin{pmatrix}1\\1\\1\\1\end{pmatrix} + \frac{N_{1g}-N_{2g}+N_{3g}-N_{4g}}{4}\begin{pmatrix}1\\-1\\1\\-1\end{pmatrix} + \frac{N_{1g}-N_{3g}}{2}\begin{pmatrix}1\\0\\-1\\0\end{pmatrix} + \frac{N_{2g}-N_{4g}}{2}\begin{pmatrix}0\\1\\0\\-1\end{pmatrix} \tag{A.174}$$

① 也可以将正方形细分为 8 个相等的三角形。

并且边界条件的不可约表示是

$$I_{1g} = \frac{N_{1g} + N_{2g} + N_{3g} + N_{4g}}{4} \tag{A.175}$$

$$I_{2g} = \frac{N_{1g} - N_{2g} + N_{3g} - N_{4g}}{4} \tag{A.176}$$

$$I_{3g} = \frac{N_{1g} - N_{3g}}{2} \tag{A.177}$$

$$I_{4g} = \frac{N_{2g} - N_{4g}}{2} \tag{A.178}$$

V 中的角通量 $\Phi_g(r,\Omega)$ 由下式给出：

$$\boldsymbol{\Phi}_g(\boldsymbol{r},\boldsymbol{\Omega}) = \sum_{i=1}^{4}\sum_{g'=1}^{G} I_{ig'}\psi_{igg'}(\boldsymbol{r},\boldsymbol{\Omega}) \tag{A.179}$$

我们需要在栅元边界上确定两个量：面平均通量和面平均净中子流的法向分量。前者的符号是

$$F_{i,g} = \int_{\partial V_i}\int_{4\pi}\boldsymbol{\Phi}_g(\boldsymbol{r},\boldsymbol{\Omega})\,\mathrm{d}\Omega\mathrm{d}S, \quad i = 1,2,\cdots,4 \tag{A.180}$$

后者的符号是

$$C_{i,g} = \int_{\partial V_i}\int_{4\pi}\boldsymbol{\Omega n}\boldsymbol{\Phi}_g(\boldsymbol{r},\boldsymbol{\Omega})\,\mathrm{d}\Omega\mathrm{d}S, \quad i = 1,2,\cdots,4 \tag{A.181}$$

角通量 $\Phi_g(r,\Omega)$ 在不可约表示 $I_{ig'}$ 中是线性的，参见式(A.179)，因此在不可约表示 $I_{ig'}$ 中边界通量和中子流的不可约表示也是线性的。鉴于此，有

$$F_{i,g} = \sum_{g'=1}^{G} R^i_{gg'}I_{ig}, \quad i = 1,2,\cdots,4 \tag{A.182}$$

因为不可约表示是线性无关的。类似地，中子流的不可约表示由下式给出：

$$C_{ig} = \sum_{g'=1}^{G} T^i_{gg'}I_{ig}, \quad i = 1,2,\cdots,4 \tag{A.183}$$

为了简化符号，我们将 4 个不可约表示到一个向量中并写作：

$$C_g = \sum_{g'=1}^{G} T_{gg'}I_{g'} \tag{A.184}$$

其中

$$T_{gg'} = \mathrm{diag}(T^1_{gg'}, T^2_{gg'}, T^3_{gg'}, T^4_{gg'}) \tag{A.185}$$

使用式(A.175)~式(A.178)在栅元的 4 个面的值表达给定栅元中的不可约表示：

$$F_{ig} = \sum_{i'=1}^{4} I_{i'g}e_{i'in} \tag{A.186}$$

其中，向量 e_i 在(A.173)中给出。类似地，4 个栅元面上的 4 个边界中子流给出为

$$C_{ig} = \sum_{g'=1}^{G}\sum_{i'=1}^{4} T^{i'}_{gg'}I_{i'g} \tag{A.187}$$

现在也能包含相邻栅元之间的界面连接。为此，必须确定节点编号，见图 A.2。节点索引被添加为左上标，例如 ${}^0\mathrm{I}_1$ 代表 0 号栅元中的对称边界值。我们的目标是导出边界条件中对称 I_1 振幅的方程，参见式(A.170)。

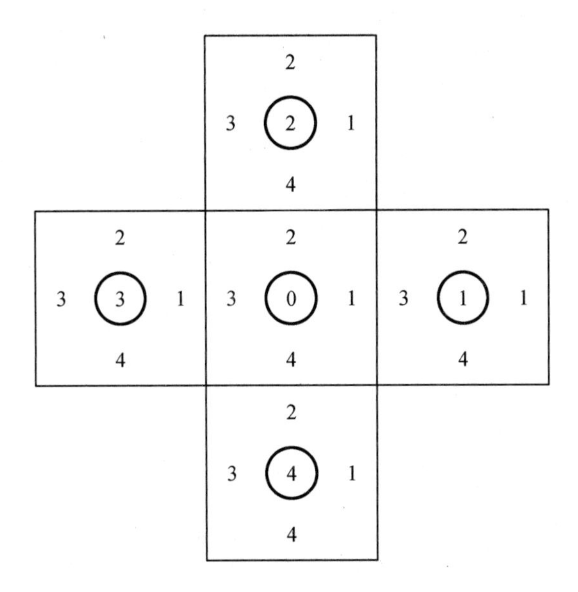

图A.2　方格中的单元格和面编号

回到求解多群形式下静态输运方程的数值方法：

$$\Omega \nabla \Phi_g(r,\Omega) + \Sigma_g \Phi_g(r,\Omega) = \sum_{g'=1}^{G} \Sigma_s(g' \to g, \Omega' \to \Omega) + \frac{f_g}{4\pi}\sum_{g'=1}^{G} v\Sigma_{fg'} \int_{4\pi} \Phi_{g'}(r,\Omega')\mathrm{d}\Omega', g = 1,2,\cdots,G \quad (\mathrm{A}.188)$$

简单起见，我们假设各向同性散射：

$$\Sigma_s(g'\to g,\Omega'\to\Omega)\to\Sigma_s(g'\to g)$$

将变分方法应用于由 $N\gg1$ 个相同栅元组成的体积 V，V 上的解被写为 $\Psi_g, g=1,2,\cdots,G$，它是使泛函平稳的函数：

$$L[\psi_g] = \int_V\int_{4\pi} (\Omega \nabla \psi_g)^2 + \Sigma_g\psi_g^2 - 2Q_g\psi_g \mathrm{d}^3\boldsymbol{r}\mathrm{d}\Omega + \int_{\partial V}\int_{4\pi} \Omega\boldsymbol{n}\psi^2 \mathrm{d}S\mathrm{d}\Omega \quad (\mathrm{A}.189)$$

这里 Q_g 是组能量源的总和。函数 L 的变化是

$$\partial L = \int_V\int_{4\pi} (\Omega \nabla \psi + \Sigma_g\psi_g - Q_g)\delta\psi_g \mathrm{d}^3\boldsymbol{r}\mathrm{d}\Omega + \int_{\partial V}\int_{4\pi} \Omega\boldsymbol{n}\psi_g\delta\psi_g \quad (\mathrm{A}.190)$$

当 Ψ 是式(A.188)在 V 内的解并且 $n\Omega\Psi$ 在边界上是连续的时，对于任意 $\delta\Psi$，我们将通过自由参数的适当选择对于近似解继续最小化泛函(A.189)。在这样做时，将积分分解为单个栅元上的积分之和：

$$L[\psi_g] = \sum_{n=1}^{N} L_n[\psi_{n,g}] \quad (\mathrm{A}.191)$$

在栅元 n 中：

$$L_n[\psi_{n,g}] = \int_{V_n} (\Omega \nabla \psi_g)^2 + \Sigma_g\psi_g^2 - 2Q_g\psi_g \mathrm{d}^3\boldsymbol{r}\mathrm{d}\Omega + \int_{\partial V_n}\int_{4\pi} \Omega\boldsymbol{n}\psi^2(\boldsymbol{r}_b,\Omega)\mathrm{d}S\mathrm{d}\Omega \quad (\mathrm{A}.192)$$

在表面积分的评估中，必须记住，对于给定的内部栅元边界，我们从两个相邻栅元获得两个贡献，并且正态 n 的方向在两侧相反。因此最后项：

$$\int_{\partial V_n}\int_{4\pi}\boldsymbol{\Omega n}[\psi_{g,n}(\boldsymbol{r}_b,\Omega)-\psi_{g,n'}(\boldsymbol{r}_b,\Omega)]\delta\psi_g\mathrm{d}S\mathrm{d}\Omega \tag{A.193}$$

在边界点 r_b 处，角通量乘以 Ωn 是连续的。

建立近似方法的第一步是选择表示近似解的基函数，这里我们依靠边界条件的对称性。方形栅元边界处的边界条件分为四类，根据式(A.173)中给出的四个向量之一进行变换。如果不是这种情况，边界条件可通过式(A.174)分解为这些分量。当栅元很小时，我们可能会丢弃一侧的空间相关性。然而，一般而言，可能需要沿给定面的多项式逼近。为此，我们引入局部坐标 $-a\leqslant\xi\leqslant+a$ 并且沿着面 i 展开位置相关的标量通量：

$$\Phi_i(\xi)=\sum_{m=0}^{M}b_mP_m(\xi) \tag{A.194}$$

不幸的是，多项式的对称性质不同。例如，即使在 ξ 中多项式的对称性和奇数多项式的性质不同①。简单起见，我们假设角通量沿着栅元的面是恒定的。

众所周知，外部边界处的角通量决定了体积内的解[38]。因此，通过边界上的角通量的适当分解，输运方程的相应解就形成完整的系统，该观察结果是下面给出的近似解[16-17]的基础。

由于栅元边界处边界条件的对称性决定了栅元内部输运方程解的对称性，因此根据边界条件的对称性对试验函数进行分类。变化的残差取决于内部边界处角矩的连续性，参见式(A.193)，因此我们选择净中子流的法向分量作为边界条件。根据4个面之间的转换规则对边界中子流进行分类，区分为4类。此外，假设使用面平均边界条件，则栅元边界处的净中子流的分量与 e_1,e_2,e_3 和 e_4 成正比。栅元内的角通量由边界净中子流唯一确定，因此我们使用以下映射，参见表A.1。请注意，第一个不可约表示 I_{1g} 是四个面上净中子流的平均值。由于第3和第4个不可约表示之间没有本质区别，因此转换算子对它们是相同的(Schur引理)，见参考文献[32]。我们的近似忽略了在边界处可能出现更高的角矩，并且中子流的空间形状可能沿着面变化。在下面的讨论中，将仅使用标量通量，因此表A.1中的矩阵 $\boldsymbol{E}$、$\boldsymbol{F}$ 和 $\boldsymbol{H}$ 表示标量通量。

表A.1　第 i 个单元中的角通量和边界净中子流

Irrep	BC	角通量
1	$e_1I_{1g}^i$	$\sum_{g'=1}^{G}E_{gg'}I_{1g'}^i$
2	$e_2I_{2g}^i$	$\sum_{g'=1}^{G}F_{gg'}I_{2g'}^i$
3	$e_3I_{3g}^i$	$\sum_{g'=1}^{G}H_{gg'}I_{3g'}^i$
4	$e_4I_{4g}^i$	$\sum_{g'=1}^{G}H_{gg'}I_{4g'}^i$

我们证明了栅元中的平均通量满足扩散方程式。首先，需要在由相同栅元填充的体积中进行系统的节点编号，见图A.2。在相邻栅元的联合边界处，两个栅元中确定的通量应该是相同的，但是净中子流具有不同的符号，因为在栅元中法线方向不同。中心栅元中的对称分量是

① 奇角矩转换也不同于角矩，详见参考文献[32]。

$$I_{1g}^{0}=\frac{1}{4}(J_{1g}^{0}+J_{2g}^{0}+J_{3g}^{0}+J_{4g}^{0}) \tag{A.195}$$

并且栅元边界的连续性条件是

$$J_{1g}^{0}=-J_{3g}^{1};\quad J_{2g}^{0}=-J_{4g}^{2};\quad J_{3g}^{0}=-J_{1g}^{3};\quad J_{4g}^{0}=-J_{2g}^{4} \tag{A.196}$$

栅元 m 的边界 k 处的净中子流可以用不可约表示为

$$J_{kg}^{m}=I_{1g}^{m}e_{1k}+I_{2g}^{m}e_{2k}+I_{3g}^{m}e_{3k}+I_{4g}^{m}e_{4k},\quad k=1,2,\cdots,4 \tag{A.197}$$

将式(A.197)代入式(A.196)的右侧，得到了相邻栅元的不可约表示之间的关系：

$$I_{1g}^{0}=-\frac{1}{4}\sum_{k=1}^{4}I_{1g}^{k}e_{1k}+I_{2g}^{k}e_{2k}+I_{3g}^{k}e_{3k}+I_{4g}^{k}e_{4k} \tag{A.198}$$

然后写出边界通量的连续性。我们从表 A.1 获得式(A.195)两侧的边界通量。进一步简化，假设矩阵 $\boldsymbol{H}$ 对于每个栅元是相同的，而矩阵 $\boldsymbol{E}$ 可以通过上标来区分：

$$E_{g}^{0}I_{1g}^{0}=-\frac{1}{4}\sum_{k=1}^{4}E_{g}^{k}I_{1g}^{k}e_{1k}+F_{g}^{k}I_{2g}^{k}e_{2k}+H_{g}(I_{3g}^{k}e_{3k}+I_{4g}^{k}e_{4k}) \tag{A.199}$$

用 H_{g}^{k} 乘以式(A.195)，并在 H_{g}^{k} 中去掉 k 上标得到

$$(E_{g}^{0}+H_{g})I_{1g}^{0}=-\frac{1}{4}\sum_{k=1}^{4}(E_{g}^{k}-H_{g})I_{1g}^{k}+(H_{g}-F_{g}^{k})I_{2g}^{k}e_{2k} \tag{A.200}$$

这是栅元边界上不可约法向分量的差分方程。在差分格式中，仅涉及相邻栅元。注意，对称的不可约表示发生在所有 $k=0,1,\cdots,4$ 下标中。Laletin [16]通过引入下式简化了上述表达式：

$$\Phi_{k}=(E_{g}^{k}-H_{g})I_{1g}^{k} \tag{A.201}$$

和

$$\Lambda_{1}\Phi_{0}=\frac{1}{a^{2}}(\sum_{k=1}^{4}\Phi_{k}-\Phi_{0}) \tag{A.202}$$

然后得出以下等式：

$$\Lambda_{1}\Phi_{0}-\kappa_{0}^{2}\Phi_{0}+\frac{1}{a^{2}}(H_{g}-F_{g}^{k})I_{2g}^{k}e_{2k}=0 \tag{A.203}$$

当我们在一个栅元上中子平衡时，得到了体积平均通量和对称中子流不可约表示之间的关系：

$$\frac{1}{S}I_{1g}^{k}+\frac{1}{V}\overline{\Sigma}\Phi=0 \tag{A.204}$$

表明边界处的对称中子流与平均通量成正比。

A.2.4　蒙特卡洛法

我们的计算方法背后的数学理论可以简要概述如下：如上所述并通过实例表明，该过程是随机流和确定流的组合。用更专业的术语来说，它类似马尔科夫链中矩阵的重复应用以及完全指定的变换，例如由 Hamilton 微分方程给出的相空间变换[5]。

A.2.4.1　随机游动

中子通量是在中子和主核之间的一系列碰撞中建立的，单次碰撞的结果本身就是一个随机过程，因此，随机模拟是反应堆中的中子气体的自然模型。即使在动力反应堆中，中子气也是稀释的，因为 $\Phi_{th}=10^{15}\mathrm{n/cm^2/s}$ 热通量对应于大约 $10^{9}\mathrm{n/cm^2}$。因此，中子密度足

够大,可以忽略与 $1/\sqrt{10^9}$ 成比例的波动。自由中子要么在核反应后从原子核释放要么从外部扩散到堆芯中。这很少发生,因为中子密度在堆芯边缘迅速减小,只有一小部分中子重新进入堆芯。一旦中子位于堆芯,它就会自由移动直到发生碰撞。在碰撞中,中子可能经历核反应,可以是散射、俘获或裂变。给定中子的历史在它被俘获时结束,但在裂变中,新的中子历史可能开始。因此,中子历史是相空间 Γ 中的随机游动,其中点是 $P=(r,v)$ 或 $P=(r,E,\Omega)$。历史由碰撞序列 $P_1,P_2,\cdots,P_n$ 给出,历史的最后一个元素始终是俘获。请注意,中子历史是一个称为树的分支过程,因为在裂变中后代的数量可能超过一个。当源自给定的中子的树的分支终止时,我们说该中子的历史终止或树已经灭绝,灭绝概率取决于 XSs 和堆芯的几何形状。

随机游动是一个随机过程,它是由以下概率密度函数构建的:

(1)概率密度函数 $f(P)$ 用于表示第一次碰撞在 Γ 中发生的点,而 $f(P)\mathrm{d}P$ 是第一次碰撞发生在 P 周围相空间元素 $\mathrm{d}P$ 中的概率。它被归一化为

$$\int_\Gamma f(P)\,\mathrm{d}P = 1 \tag{A.205}$$

(2)条件概率密度函数 $V(P_{i+1}|P_i)$ 给出历史的第 $i+1$ 个状态在 P_{i+1} 处的概率密度,假设历史未在 P_i 处结束。它被归一化为

$$\int_\Gamma V(P|P')\,\mathrm{d}P = 1 \tag{A.206}$$

适用于任何 $P'\in\Gamma$。

(3)终止概率 $p(P)$ 是针对每个 $P\in\Gamma$ 定义的,并给出历史以 P 状态(终止概率)结束的概率。概率 $q(P)=1-p(P)$ 是生存概率。

$f(P)$、$V(P\mid P')$、$p(P)$ 唯一地定义随机游动过程。请注意,随机游动的下一个元素仅取决于最后的元素;前面的元素可能只影响随机游动树的结构,这种过程称为马尔可夫过程。密度函数定义随机过程 $W_k=(P_1,P_2,\cdots,P_k)$ 给定分支的概率。概率密度函数 $f_k(P_1,P_2,\cdots,P_k)$ 定义如下。$f_k(P_1,P_2,\cdots,P_k)\mathrm{d}P_1\mathrm{d}P_2...\ \mathrm{d}P_k$ 是 P_1 周围 $\mathrm{d}P_1$ 中第一次碰撞的概率,这样中子不被吸收,然后在 P_2 周围的 $\mathrm{d}P_2$ 中进入第二次碰撞,不被吸收,以此类推。使用上面定义的条件概率,我们发现:

$$f_k(P_1,P_2,\cdots,P_k)\mathrm{d}P_1\mathrm{d}P_2\cdots\mathrm{d}P_k = f_k(P_1)\left[\Pi_{i=2}^{k}V(P_{i+1}|P_i)\right]p(P_k)\mathrm{d}P_1\mathrm{d}P_2\cdots\mathrm{d}P_k \tag{A.207}$$

使用概率密度函数,我们能够给出给定历史将属于给定集合 $S\in\Gamma$ 的概率 P_S:

$$P_S = \int_S f_k(P_1,P_2,\cdots,P_k)\mathrm{d}P_1\mathrm{d}P_2\cdots\mathrm{d}P_k \tag{A.208}$$

随机游动的这一特征特别适合于输运事件。我们在这里只提到输运方程的积分形式:

$$\Psi(P) = S(P) + \int_\Gamma K(P'\to P)\Psi(P')\,\mathrm{d}P' \tag{A.209}$$

式中,$\Psi(P)$ 是 $P\in\Gamma$ 处的碰撞密度;$K(P'\to P)$ 是一个转移密度,它给出了由于粒子在 P' 处进入碰撞而在 P 处出现的中子数。内核 K 是两个项的乘积:

$$K(P'\to P) = C(P'\to P)M(P'\to P) \tag{A.210}$$

其中,M 与空间坐标变化相关的迁移是 r,而碰撞项 C 涉及能量和方向变化。

输运方程的积分形式是指平均值。因此,平均值可以从大量历史数据中估计出来。为

此,我们必须追溯历史。但请注意,我们可能需要知道分布,因此必须将 Γ 空间细分为大量栅元以获得详细的中子谱或空间分布。为了记录对给定事件的贡献,必须确定该贡献的计数。如果计数很高,则蒙特卡洛计算的运行时间将很长。

A.2.4.2　蒙特卡洛技术

实际上,生成随机数并不容易[1-2,4],只有量子过程才是真正随机的,在数值计算过程中,必须依赖于生成伪随机数的算法。然而,都柏林三一学院的计算机科学与统计学院运行了一个随机发生器,随机数生成的问题是 CERN 网站上的一个持续主题①。三一学院的随机数生成器使用大气噪声来获得真正的随机数,大多数计算机算法都必须忍受伪随机生成器。这样的算法产生随机数,但是随机数有一个循环,并且仅在给定循环中产生的数字才能被认为是真正随机的。循环长度约为 10^9,大多数符号操作程序如 MAPLE、MATHEMATICA 或 MATLAB,均提供均匀分布随机数的生成器。

用于生成伪随机数的著名方法是线性随机数生成器[2],例如:

$$x_{n+1} = \mathrm{mod}(ax_n + c, 2^{32}) \tag{A.211}$$

式中,a 是“魔术”乘数,c 是普通奇数。

比拉杰建议:

$$a = 663\ 608\ 941 \quad \text{或者} \quad a = 69\ 069$$

算法的循环长度为 2^{32},但使用 64 位数字时,循环长度增加到 2^{64}。

Marsaglia 指出,由一种随机发生器产生的伪随机数倾向于聚类[1]。

定理 A.2.1　如果 $c_1, c_2, \cdots, c_n$ 是任意整数,那么

$$c_1 + c_2 k + c_3 k^2 + \cdots + c_n k^{n-1} \equiv 0 (\text{以 } n \text{ 为模}) \tag{A.212}$$

那么所有的点 $\pi_1, \pi_2, \cdots$ 都将位于由以下方程定义的并行超平面集合中:

$$c_1 x_1 + c_2 x_2 + \cdots + c_n = 0, \pm 1, \pm 2, \cdots \tag{A.213}$$

最多有

$$|c_1| + |c_2| + \cdots + |c_n|$$

这些与单位 n 立方相交的超平面中,并且总是选择 $c_1, c_2, \cdots, c_n$,使得所有点落入小于 $(n!\ m)1/n$ 个超平面。

参考文献[1]中给出了证明。

有一个随机数 $\xi \in [0,1]$,我们可以从任何给定的概率分布生成随机数,最简单的情况是当我们有事件 $E_1, E_2, \cdots, E_n$ 使得 $p(E_1) + p(E_2) + ... + p(E_n) = 1$,我们必须从 $E_1, E_2, \cdots, E_n$ 中生成随机事件(离散概率分布)。由于事件 E_i 形成一个完整的集合,对于给定的 ξ 随机数,我们选择:

$$\sum_{i'=1}^{j} p_{i'} < \xi < \sum_{i'=1}^{j+1} p_{i'} \tag{A.214}$$

并将事件 E_j 指定给 ξ。

当我们需要来自连续分布函数 $f(x)$ 的随机样本时,我们使用该关系:

$$P\{F(\xi) \leqslant x\} = 1 \tag{A.215}$$

① https://www.cern.ch.

其中，F 是随机变量 $\xi \in [a,b]$ 的累积分布函数：

$$F(x) = \int_a^x f(\xi)\,\mathrm{d}\xi \tag{A.216}$$

是均匀分布。从式(A.216)得到函数 F 和 f 之间的以下关系：

$$\mathrm{d}F = \frac{\mathrm{d}F}{\mathrm{d}x}\mathrm{d}x = f(x)\,\mathrm{d}x \tag{A.217}$$

适用于任何 x。但是在分布函数之间存在以下关系：

$$P\{F(\xi)\}\,\mathrm{d}F(\xi) = f(\xi)\,\mathrm{d}\xi = \mathrm{d}F(\xi) \tag{A.218}$$

使用式(A.217)，我们发现：

$$P\{F(\xi)\} = 1 \tag{A.219}$$

因此，从均匀随机数 ξ 产生的随机数 x 是

$$x = F^{-1}(\xi) \tag{A.220}$$

这个关系用于确定下一次碰撞的位置。下一次碰撞在 $\mathrm{d}x(x)$ 处的概率 $f(x)$ 是

$$f(x)\,\mathrm{d}x = \Sigma_t \exp[-(\Sigma_t x)]\,\mathrm{d}x \tag{A.221}$$

我们将式(A.221)积分得到累积分布：

$$F(x) = 1 - \exp(-\Sigma_t x) \tag{A.222}$$

因此具有均匀分布的 $\xi \in [0,1]$ 随机数，到碰撞的样本距离是

$$x = -\frac{\ln \xi}{\Sigma_t} \tag{A.223}$$

借助上述方法，可以生成历史记录，但实际上需要从历史中估算反应速率，为此，必须说明如何计算结果。在开始讨论之前，请考虑以下简单的静态情况。

设有一个静态源每秒发射 Q 个中子。我们想要确定有限相空间体积 V 中的积分碰撞率，静态输运方程的解将给出相同的积分反应速率。这个是蒙特卡洛模拟的情况，反应速率会有所不同。在有限 Q 的情况下，反应速率将围绕平均值波动。如果我们减小源强 Q，则波动的幅度变大，因为中子数量减少并且波动占主导地位。这是因为在小中子群中碰撞的随机性质更强。当 Q 很大时，波动会增加，但反应速率除以 Q 趋于恒定值。这些波动与碰撞的随机性无关，而是统计噪声引起的，我们可以通过考虑更多的中子历史来减少波动。

注意，从统计建模的角度来看，从源发射更多中子或者跟随更多历史记录是相同的过程。蒙特卡洛算法的主要目标是估计反应速率。我们能够将概率归因于给定的随机游动，因此有必要指定估计反应速率的方法。下面提到三种这样的方法。

1. 碰撞类型估算器

为了确定反应速率，我们简单地计算反应速率。在历史的点 P，我们使用估计量(或得分 S)：

$$S(P) = \begin{cases} 1, & P\text{ 在 }U\text{ 中} \\ 0, & \text{其他} \end{cases} \tag{A.224}$$

设 $P_1P_2\cdots P_k$ 为历史，并将随机变量关联起来：

$$\xi(P_1P_2\cdots P_k) = \sum_{i=1}^{K} S(P_i) \tag{A.225}$$

计算导致 V 中反应速率的碰撞。显然 ξ 是可加的；因此，将各种历史的贡献加起来。方程式(A.225)是 V 中反应速率的无偏估计，因为在大量历史中，它倾向于反应速率的精确

值。等式(A.225)称为碰撞型估计器。

2. 跟踪长度估算器

在薄层中,碰撞的可能性相当小。如果我们使用前一项的估计量 S,则不从这样的层收集信息。由于通量是给定体积中的中子总路径的长度,因此通过小体积的中子路径长度的总和提供了没有碰撞的通量信息。从技术上讲,我们可以通过定义虚拟 XS 来记录"轨道长度"(例如,$\Sigma_{fict}=1$ 或 $\Sigma_{fict}=1/\Sigma_t$,后者乘以碰撞密度)。主要问题在于计算工作。为了找到轨道长度,必须找到 Ω 指向线和所考虑的体积边界的两个交点。后者通常是坐标的二次或三次函数。因此,根的数量可以在 0(无交叉)和 6(两个交叉点,以及每个交叉点的三个根候选)之间变化。应选择实际的、物理上有意义的坐标。在实际计算中,大部分时间用于生成粒子历史。

3. 表面交叉估算器

轨道长度估计器和碰撞估计器都不能用于获得表面相关量(中子流或部分中子流)。对于这些,需要一个估算器在中子穿过表面时给出统一性。假设我们希望估计积分:

$$I=\int_S \Phi(P_s)g(P_s)\,\mathrm{d}P_s \tag{A.226}$$

具有一些给定的 $g(Ps)$ 响应函数。积分 I 的无偏估计是

$$\xi_S(P_1P_2\cdots P_k)=\sum_{i=1}^{K}|\boldsymbol{n}_i\boldsymbol{\Omega}_i|^{-1}g(P_{si}) \tag{A.227}$$

式中,总和在所考虑的层面的所有交叉点上延伸,并且 n 是在点 S_i 处的表面的向外法线。

蒙特卡洛方法也可以应用于求解微分方程。下面我们讨论简单边值问题的解决方案,考虑这个等式:

$$\nabla^2 u(\boldsymbol{r})=0,\quad \boldsymbol{r}\in V \tag{A.228}$$

与边界值:

$$u(\boldsymbol{r}_b)=f(\boldsymbol{r}_b),\quad \boldsymbol{r}_b\in\partial V \tag{A.229}$$

在常规网格上寻找问题的有限差分公式,因此通过一些适当步长 h 的规则网格来近似体积 V。如果网格点仅在一个坐标上不同,其他坐标相等,则称为相邻网格点。生成的网格将包含内部点,其相邻点也在 V 中,边界点在边界 ∂V 上具有至少一个相邻点。离散化的体积仅是 V 和 ∂V 的近似值,但是当步骤 h 很小时,误差也很小。设 P 表示网格上的内部点,Q 表示离散边界上的一个点。式(A.227)中的衍生物取代了适当的差异:

$$u(P)=\frac{1}{4}[u(P_1)+u(P_2)+u(P_3)+u(P_4)] \tag{A.230}$$

边界条件被替换为

$$u(Q)=f(Q) \tag{A.231}$$

通过这种方式,边界值问题式(A.227)~式(A.229)由一组线性方程代替。这是典型的数值方法(见第 6 章),其中讨论了确定性求解方法。然而,在蒙特卡洛方法中,我们已经制定了概率模型。

从点 P 开始随机游动。在一步中,随机游动可以到达任一可能的相邻点。相邻点的数量取决于尺寸:在一维中有 2 个,在二维中有 4 个,在三维中有 6 个。为简单起见,我们处理一个二维问题。假设以相同的概率选择每个步进方向。问题是确定从点 P 开始的随机游动在边界点 Q 处结束的 $u(P,Q)$ 概率。可以示出随机游动在概率为 1 的边界点处结束。

$u(P,Q)$概率是从 P 到邻域 P_i 之一以及从 P_i 到 Q 的概率之和。因此：

$$u(P,Q) = \frac{1}{4}\sum_{i=1}^{4} u(P_i,Q) \tag{A.232}$$

这是概率的有限差分方程。我们补充(A.232)每个随机游动在边界点结束的条件：

$$u(Q,Q) = 1, \quad u(Q',Q) = 0, \quad Q' \neq Q, \quad Q' \in \partial V \tag{A.233}$$

众所周知，式(A.231)只有一种解决方案。

在蒙特卡洛算法中，我们从 P 开始 N 个随机游动并记录以 Q 结尾的随机游动的数量 L 我们获得估计：

$$u(P,Q) \approx \frac{L}{N} \tag{A.234}$$

为了考虑边界条件(A.231)，我们计算可能的 f 从 P 开始的随机游动的 Q_i 值。平均值仅取决于起始位置 P 并且是

$$w(P) = \sum_i f(Q_i) u(P,Q_i) \tag{A.235}$$

求和覆盖了边界上的所有点 Q_i。因为式(A.232)，所以有

$$w(P) = \frac{1}{4}\sum_{i=1}^{4} w(P_i) \tag{A.236}$$

因此，$w(P)$是有限差分方程的解，并且 $w(Q) = f(Q)$，因此也满足边界条件。

上面给出的算法只是通过蒙特卡洛方法求解边值问题的演示。方差与 $1/\sqrt{N}$ 成正比，蒙特卡洛方法在 0.997 置信水平下的 δ 误差为

$$\delta \leqslant \frac{3\sigma}{\sqrt{N}} \tag{A.237}$$

式中，σ 是 $w(P)$的标准偏差。

A.2.4.3 统计误差

蒙特卡洛计算的结果收集在统计样本中，该统计样本包含中子历史和物理参数的估计值。从该统计样本中，我们确定期望值或平均值以及方差、标准偏差。期望值构成蒙特卡洛计算的主要结果，其中方差给出了关于结果准确性的信息。让我们考虑一下(A.226)给出的估计。设 $E_N(I)$是 N 个历史的平均值。中心极限定理给出了$|E_\infty(I) - E_N(I)|$之间的关系：

$$P\{|E_\infty - E_N| < \varepsilon\} \to \left(\frac{2}{\pi}\right)^{\frac{1}{2}} \int_0^{\varepsilon\sqrt{N}} \mathrm{e}^{\frac{-t^2}{2}} \mathrm{d}t \tag{A.238}$$

从 N 个元素样本获得的平均值的误差减小为 $1/\sqrt{N}$。(A.238)的右侧称为置信水平 p。N 个元素的样本平均值 $E_N(I)$给出估计值：

$$P\{|E_\infty - E_N| < \varepsilon\} = p \tag{A.239}$$

通常的置信水平为 $p = 0.95$ 或 $p = 0.99$。误差限制是

$$\varepsilon^2 \cong \frac{1}{N-1}\left\{\frac{E_N(I^2)}{E[(E_N)^2]} - 1\right\} \tag{A.240}$$

观察到误差取决于要估计量的方差，如果可以减小方差，则可以减少统计误差。为此，已经提出了各种减少误差的技术[18]。

我们简要提一下俄罗斯轮盘赌法，通过不遵循低重量中子的历史来提高效率。当中子的重量减小到 $w_0<1$ 时，我们绘制一个随机数，并且放弃中子的概率为 $1-w_0$，即其权重设置为零并且历史结束。在概率为 w_0 的同时，权重增加到1并且历史继续。

分裂是另一种方差减少方法，我们为每个区域分配积极的重要因素。当中子从区域 i 到达区域 $i+1$ 时，它被分裂成 $\frac{I_{i+1}}{I_i}$ 个子粒子，并跟踪每个子粒子。通过在中子进入更重要的区域时将其分裂，我们期望对这些区域进行更好的采样。

A.2.5　输运理论中的数值方法

在独立变量中具有中子速度方向的输运问题是特定的。在扩散理论中，保持角通量的第零和第一矩就足够了，并且使用菲克定律可以消除后者，在运输问题中通量的角度变化起着关键作用。

如第4.3节所述，中子气体由角通量 $\Psi(\boldsymbol{r},\boldsymbol{v},t)$ 或 $\Psi(\boldsymbol{r},E,\boldsymbol{\Omega},t)$ 描述，两种情况下的自变量数均为7。我们需要仔细阐述并建立一个可用于实际问题的有效算法的数值技术。中子气体的空间相关性由构成反应堆堆芯的原子核的截面决定。横截面取决于中子能量，为了表征角通量的空间变化我们使用平均自由路径 λ。当 φ 的角度相关性不那么重要时，一种有希望的方法是简化角度相关性。这是在 P_n 和 S_n 方法中完成的。第一种扩展了一个低阶 Ω 多项式的角度相关性。第二个使用离散方向 Ω_i，从而简化了问题。第三种方法是基于从区域 i 开始并首先受到影响的中子碰撞概率 P_{ij} 的计算区域 j 的碰撞。

问题是找到输运方程(4.1)的解 $\Psi(\boldsymbol{r},E,\boldsymbol{\Omega},t)$。

$$\frac{1}{v}\frac{\partial\Psi(\boldsymbol{r},E,\boldsymbol{\Omega},t)}{\partial t}=-\Omega\nabla\Psi(\boldsymbol{r},E,\boldsymbol{\Omega},t)-\Sigma(\boldsymbol{r},E)\Psi(\boldsymbol{r},E,\boldsymbol{\Omega},t)+\frac{\chi(\boldsymbol{r},E)}{4\pi}\int v\,\Sigma_f(\boldsymbol{r},E')\Phi(\boldsymbol{r},E',t)\mathrm{d}E'+Q(\boldsymbol{r},E,\boldsymbol{\Omega},t) \tag{A.241}$$

其中

$$\Phi(\boldsymbol{r},E,t)=\int\Psi(\boldsymbol{r},E,\boldsymbol{\Omega},t)\mathrm{d}\boldsymbol{\Omega} \tag{A.242}$$

是标量通量，假设从裂变中出现的中子的角分布是各向同性的，$Q(\boldsymbol{r},E,\boldsymbol{\Omega},t)$ 是外部中子源。在堆芯的边界处给出边界条件：

$$\Psi(\boldsymbol{r}_b,E,\boldsymbol{\Omega},t)=0 \tag{A.243}$$

对于堆芯边界点 $\boldsymbol{r}_b$ 处的输出 $\boldsymbol{\Omega}$ 方向。

在临界计算中使用替代公式，其中问题被认为是同质的。然后我们寻求与时间无关的解，没有外部源，并且裂变项除以数 k 以使同质方程可解：

$$\boldsymbol{\Omega}\nabla\Psi(\boldsymbol{r},E,\boldsymbol{\Omega},t)+\Sigma(\boldsymbol{r},E)\Phi(\boldsymbol{r},E,t)=\frac{1}{k}\frac{\chi(\boldsymbol{r},E)}{4\pi}\int v\Sigma_f(\boldsymbol{r},E')\Phi(\boldsymbol{r},E',t)\mathrm{d}E' \tag{A.244}$$

在式(A.241)和式(A.244)，只有 $\boldsymbol{r}$ 在堆芯容积内。

在许多情况下，使用A.2.5.1中讨论的扩散近似就足够了。

A.2.5.1　P_n 方法，球面谐波

在传输方程中，我们遇到散射算子中的角度依赖性和角通量，中子散射对于围绕连接中

子和原子核的线的旋转是不变的。因此，很自然地采用数值方法，根据旋转变换的本征函数展开每个 Ω 相关函数。

我们研究了旋转下角变量 Ω 的变换特性，显然，围绕 x、y 和 z 轴有三个独立的旋转。使用 Ω 的坐标作为

$$\boldsymbol{\Omega e}_z = \cos\ \theta$$

$$\boldsymbol{\Omega e}_x = \cos\ \varphi$$

$$\boldsymbol{\Omega e}_y = \sin\ \theta \sin\ \varphi$$

这里 $\boldsymbol{e}_x$、$\boldsymbol{e}_y$、$\boldsymbol{e}_z$ 是单位向量。绕坐标轴周围的旋转由以下运算符给出：

$$\boldsymbol{L}_x = -i(y\partial_z - z\partial_y) \quad (\text{A}.245)$$

$$\boldsymbol{L}_y = -i(z\partial_x - x\partial_z) \quad (\text{A}.246)$$

$$\boldsymbol{L}_z = -i(x\partial_y - y\partial_x) \quad (\text{A}.247)$$

不是寻求算子 $\boldsymbol{L}_x$、$\boldsymbol{L}_y$ 和 $\boldsymbol{L}_z$ 的本征函数，而是找到两个算子的本征函数就足够了。我们引入：

$$\boldsymbol{L}^2 = \boldsymbol{L}_x^2 + \boldsymbol{L}_y^2 + \boldsymbol{L}_z^2 \quad (\text{A}.248)$$

其与 $\boldsymbol{L}_x$、$\boldsymbol{L}_y$、$\boldsymbol{L}_z$ 对易，为

$$\boldsymbol{L}^2\boldsymbol{L}_z - \boldsymbol{L}_z\boldsymbol{L}^2 = [\boldsymbol{L}^2\boldsymbol{L}_z] = 0 \quad (\text{A}.249)$$

和

$$[\boldsymbol{L}^2\boldsymbol{L}_y - \boldsymbol{L}_y\boldsymbol{L}^2] = [\boldsymbol{L}^2\boldsymbol{L}_x - \boldsymbol{L}_x\boldsymbol{L}^2] = 0 \quad (\text{A}.250)$$

旋转算子的本征函数 $f_{\lambda m}(\Omega)$ 可以用两个整数 λ、m 标记。运算符 L_z 留下不变的 $f_m(\Omega)$：

$$\boldsymbol{L}_z f_{\lambda m} = m f_{\lambda m}, \quad m = 0,1,2,\cdots \quad (\text{A}.251)$$

其特征值是整数。L^2 的特征值是

$$\boldsymbol{L}^2 f_{\lambda m} = (\lambda + 1)\lambda f_{\lambda m} \quad (\text{A}.252)$$

Ω 矢量给定为角度 θ 和 φ 的函数，并且本征函数作为 θ 和 φ 的函数：

$$Y_{\lambda m}(\theta,\varphi) = \left[\frac{(\lambda - m)!}{(\lambda + m)!}\right]^{\frac{1}{2}} P_\lambda^m \left[\frac{2\lambda + 1}{4\pi}\frac{(\lambda - |m|)!}{(\lambda + |m|)!}\cos\ \theta\right] e^{im\varphi} \quad (\text{A}.253)$$

这里 $P_m(x)$ 是关联勒让德多项式。当 λ、m 是整数时，$0 \leqslant m \leqslant \lambda P_m(x)$ 函数在 $[-1,1]$ 上是非奇异的。我们从勒让德多项式获得关联勒让德多项式：

$$P_\lambda^m(x) = (-1)^m (1 - x^2)^{\frac{m}{2}} \frac{d^m}{dx^m} P_\lambda(x) \quad (\text{A}.254)$$

球谐函数遵循以下加法属性，这允许我们用球谐函数表示点积的多项式：

$$P_\lambda(\boldsymbol{\Omega} \cdot \boldsymbol{\Omega}') = \sum_{m=-\lambda}^{+\lambda} \frac{4\pi}{2\lambda + 1} Y_{\lambda m}^*(\boldsymbol{\Omega}) Y_{\lambda m}(\boldsymbol{\Omega}') \quad (\text{A}.255)$$

勒让德多项式 $P_n(x)$ 是勒让德微分方程的解：

$$\frac{d}{dx}\left[(1 - x^2)\frac{dP_n(x)}{dx}\right] + n(n+1)P_n(x) = 0, \quad |x| < 1 \quad (\text{A}.256)$$

它们是递归获得的：

$$P_0(x) = 1; \quad P_1(x) = x \quad (\text{A}.257)$$

使用规则：

$$(n+1)P_{n+1}(x)=(2n+1)xP_n(x)-nP_{n-1}(x) \tag{A.258}$$

球谐函数是正交的：

$$\int_{4\pi} Y_{\lambda m}^*(\boldsymbol{\Omega})Y_{\lambda' m'}(\boldsymbol{\Omega}')\,\mathrm{d}\boldsymbol{\Omega}=\delta_{\lambda\lambda'}\delta_{mm'} \tag{A.259}$$

使用式(A.259)，可以将 Ω 的任何函数展开为球谐函数的线性组合。

现在讨论 P_n 方程。利用球谐函数的正交性和完整性，将角通量展开为

$$\Phi(\boldsymbol{r},E,\boldsymbol{\Omega})=\sum_{\lambda=0}^{\infty}\sum_{m=-\lambda}^{+\lambda}\left(\frac{2\lambda+1}{4\pi}\right)^{\frac{1}{2}}\varphi_{\lambda m}(\boldsymbol{r},E)Y_{\lambda m}(\boldsymbol{\Omega}) \tag{A.260}$$

散射算子中的积分涉及散射 XS，其参数为 $\Omega\Omega'$。使用式(A.255)我们用球谐函数展开它：

$$\begin{aligned}\Sigma_s(E'\to E,\boldsymbol{\Omega}'\boldsymbol{\Omega})&=\sum_{\lambda=0}^{L}\sum_{m=-\lambda}^{+\lambda}\Sigma_{\lambda}(E'\to E)P_{\lambda}(\boldsymbol{\Omega}'\boldsymbol{\Omega})\\&=\sum_{\lambda=0}^{L}\sum_{m=-\lambda}^{+\lambda}\Sigma_{\lambda}(E'\to E)Y_{\lambda m}^*(\boldsymbol{\Omega}')Y_{\lambda m}(\boldsymbol{\Omega})\end{aligned} \tag{A.261}$$

使用正交性(A.259)，输运方程(A.28)中的散射项变为

$$\int_0^{\infty}\int_{4\pi}\Sigma_s(E'\to E,\boldsymbol{\Omega}'\boldsymbol{\Omega})\Phi(\boldsymbol{r},E',\boldsymbol{\Omega}')\,\mathrm{d}\boldsymbol{\Omega}'\mathrm{d}E=\sum_{\lambda=0}^{L}\sum_{m=-\lambda}^{+\lambda}Y_{\lambda m}(\boldsymbol{\Omega})\int_0^{\infty}\Sigma_{\lambda}(E'\to E)\varphi_{\lambda m}(\boldsymbol{r},E')\,\mathrm{d}E' \tag{A.262}$$

在式(A.28)中的其他项中直接使用(A.260)，除了泄漏项，我们必须评估积分：

$$\int_{4\pi}Y_{\lambda m}(\boldsymbol{\Omega})\boldsymbol{\Omega}\Phi(\boldsymbol{r},E,\boldsymbol{\Omega})\,\mathrm{d}\boldsymbol{\Omega} \tag{A.263}$$

这使 P_n 方程复杂化。结果是

$$\begin{aligned}&\left[\frac{(\lambda+2+m)(\lambda+1+n)}{(2\lambda+3)^2}\right]^{\frac{1}{2}}\left(-\frac{1}{2}\frac{\partial\varphi_{\lambda+1,m+1}}{\partial x}-\frac{i}{2}\frac{\partial\varphi_{\lambda+1,m+1}}{\partial y}\right)+\\&\left[\frac{(\lambda+2-m)(\lambda+1-m)}{(2\lambda+3)^2}\right]^{\frac{1}{2}}\left(\frac{1}{2}\frac{\partial\varphi_{\lambda+1,m-1}}{\partial x}-\frac{i}{2}\frac{\partial\varphi_{\lambda+1,m-1}}{\partial y}\right)+\\&\left[\frac{(\lambda-m-1)(\lambda-m)}{(2\lambda+1)^2}\right]^{\frac{1}{2}}\left(\frac{1}{2}\frac{\partial\varphi_{\lambda-1,m+1}}{\partial x}-\frac{i}{2}\frac{\partial\varphi_{\lambda-1,m+1}}{\partial y}\right)+\\&\left[\frac{(\lambda+m-1)(\lambda+m)}{(2\lambda-1)^2}\right]^{\frac{1}{2}}\left(-\frac{1}{2}\frac{\partial\varphi_{\lambda-1,m-1}}{\partial x}-\frac{i}{2}\frac{\partial\varphi_{\lambda-1,m-1}}{\partial y}\right)+\\&\left[\frac{(\lambda+m+1)(\lambda+1-m)}{(2\lambda+3)^2}\right]^{\frac{1}{2}}\frac{\partial\varphi_{\lambda+1,m}}{\partial z}+\left[\frac{(\lambda+m)(\lambda-m)}{(2\lambda-1)^2}\right]^{\frac{1}{2}}\frac{\partial\varphi_{\lambda-1,m}}{\partial z}+\Sigma_t\varphi_{\lambda m}\\&=\int_0^{\infty}\Sigma_{\lambda}(E'\to E)\varphi_{\lambda m}(\boldsymbol{r},E')\,\mathrm{d}E'+S_{\lambda m}\end{aligned} \tag{A.264}$$

式中，$S\lambda_m$ 是外部源 S 的 λ、m 分量，其在空间上是恒定的。λ、m 分量的导数包含在第一个下标中，包含 $\lambda-1$ 和 $\lambda+1$ 的导数，以及在第二个下标中 $m+1$ 和 $m-1$ 的导数。此外，涉及所有空间坐标的偏导数。这就是为什么不存在通用的 P_n 程序。

公式(A.264)不仅在一维上相当简单，而且更加透明。在一维上，通量是 $\varphi(x,\mu)$ 并且用一组完整的勒让德多项式 $P_l(\mu)$ 展开为

$$\varphi(x,\mu) = \sum_{n=0}^{\infty}\left(\frac{2l+1}{4\pi}\right)\varphi_l(x)P_l(\mu) \tag{A.265}$$

$S(x,\nu)$源可以类似地展开：

$$S(x,\mu) = \sum_{n=0}^{\infty}\left(\frac{2l+1}{4\pi}\right)s_l(x)P_l(\mu) \tag{A.266}$$

在一维情况下，对于 $l=0,1,2,\cdots$，式(A.264)减少到

$$\left(\frac{l+1}{2l+1}\right)\frac{\mathrm{d}\varphi_{l+1}}{\mathrm{d}x}+\left(\frac{l}{2l+1}\right)\frac{\mathrm{d}\varphi_{l-1}}{\mathrm{d}x}+(\Sigma_t-\Sigma_{sl})\varphi_l(x)=s_l(x) \tag{A.267}$$

对于 $\varphi_{\lambda m}$ 的每个方程仅通过散射算子包含来自其自己的 $\varphi_{\lambda m}$ 的贡献，而方程(A.243)的前4项耦合不同分量，属于泄漏算子。因此，当通量在空间中恒定时，$\varphi_{\lambda m}$ 分量在能量上独立地演变，并且在时间相关的问题中随时间演变。改变中子速度方向有两个过程：散射和裂变。裂变通常被认为是各向同性的，因此在这方面可以忽略不计。式(A.264)中散射XS的第 λ 阶勒尔雷德矩仅在具有相同 λ 的 $\varphi_{\lambda m}$ 的等式中出现。

方程(A.264)实际上是一个无限方程组。通常对于一些 L 以下面假设结束：

$$\frac{\partial\varphi_{L+1,m\pm1}}{\partial x}=\frac{\partial\varphi_{L+1,m\pm1}}{\partial y}=\frac{\partial\varphi_{L+1,m\pm1}}{\partial z}=0 \tag{A.268}$$

以这种方式获得的有限方程组称为 P_L 近似。P_1 近似称为扩散理论，已在第4章中讨论它。

关于内部边界条件，我们已经看到，在内部边界处沿界面方向上的角通量可能是不连续的。因此，可以不规定所有 $\varphi_{\lambda m}$ 分量的连续性。

标量通量和中子流的法向分量应始终保持连续。Laletin 提出[34]导出的中子流不是标量通量的梯度，而是来自角通量的第二角度矩：

$$J_i(E,\boldsymbol{r}) = -\frac{1}{3\Sigma_{tr}}\sum_{j=1}^{3}\frac{\partial}{\partial x_j}L_{ij}(E,\boldsymbol{r}),\quad i=1,2,3 \tag{A.269}$$

式中：

$$L_{ij}(E,\boldsymbol{r}) = 3\int_{4\pi}\Omega_i\Omega_j\Phi(\boldsymbol{r},E,\boldsymbol{\Omega})\mathrm{d}\boldsymbol{\Omega} \tag{A.270}$$

是水平张量。对角线项是

$$L_{ii}(\boldsymbol{r},E)=\Phi(\boldsymbol{r},E)+2\Phi_{2i}(\boldsymbol{r},E) \tag{A.271}$$

和

$$\Phi_{2i}(\boldsymbol{r},E) = \int_{4\pi}P_2(\Omega_i)\Phi(\boldsymbol{r},E,\boldsymbol{\Omega})\mathrm{d}\boldsymbol{\Omega} \tag{A.272}$$

是角度通量的水平，第二角度矩。

现在利用解析解更详细地讨论平面几何中的边界条件问题：

$$\Phi(x,\mu) = A_+M_{0+}(\mu)\mathrm{e}^{\frac{-x}{\kappa}}+A_-M_{0-}(\mu)\mathrm{e}^{\frac{x}{\kappa}}+\int_{-1}^{+1}A(\kappa)M_\kappa(\mu)\mathrm{e}^{\frac{-x}{\kappa}}\mathrm{d}\kappa \tag{A.273}$$

现在我们用球谐函数展开解的角相关部分，更确切地说，由于平面几何形状，变成了 μ 的勒让尔多项式。Case 的方法以空间相关函数 $\mathrm{e}^{x/\kappa}$ 乘以角度相关函数 $M_k(\mu)$ 的和的形式推导出输运方程的解析解。下面将解明确表达为

$$\Phi(x,\mu) = \sum_{n=0}^{N}\frac{2n+1}{4\pi}P_n(\mu)\Psi_n(x) \tag{A.274}$$

得到 $\Psi_n(x)$ 的方程。然后在将式(A.274)代入式(A.272)之后，乘以 $P_n(\mu)$ 并使用正交性在 μ 上积分：

$$\int_{-1}^{+1} P_n(\mu) P_m(\xi) \mathrm{d}\mu = \delta_{nm} \frac{2}{2n+1} \tag{A.275}$$

和递归关系：

$$\xi P_n(\xi) = \frac{n}{2n+1} P_{n-1}(\xi) + \frac{n+1}{2n+1} P_{n+1}(\mu) \tag{A.276}$$

通过这种方式，得到解的空间相关部分的以下递归规则：

$$(n+1)\psi'_{n+1}(x) + n\psi_{n-1}(x) + (2n+1)(1-c\delta_{n0})\psi_n(x) = 0 \tag{A.277}$$

对于 $n=0,1,\cdots,N$ 成立，质数表示对于 x 的微分，假设：

$$\psi'_{N+1}(x) = 0$$

使方程(A.277)闭合。方程(A.277)在 ψ_i 中是线性的，因此，只有当行列式为零时才存在非平凡的解。运用：

$$\psi_n(x) = g_n \mathrm{e}^{\frac{x}{\kappa}} \tag{A.278}$$

形式，我们得到以下 g_n 的齐次方程组：

$$\kappa[(2n+1) - c\delta_{0n}] g_n + [(n+1)g_{n+1} + ng_{n-1}] = 0 \tag{A.279}$$

该方程组的行列式是 κ 中的 N 阶多项式，行列式的零点取决于 c。

现在可以研究解在无限远处的极限。为此，考虑上半部空间。行列式的零点 κ 出现在正负对中。当通量在 $x=\infty$ 时为零，$\Psi_n(x)$ 函数中包含 $\exp \kappa x$ 的那些系数必须为零。

当平面是有限的时，考虑它在 $x=0$ 处的自由表面，确切的边界条件是

$$\Phi(0,\mu) = 0 \tag{A.280}$$

对于 $\mu > 0$ 成立。在 P_n 近似中，只有一个有限多自由度的解。当 N 是奇数时，可以满足 $(N+1)/2$ 条件。正如戴维森所指出的[37]可以通过以下三种方式之一将边界条件简化为 $(N+1)/2$ 条件：

(1)选择 $(N+1)/2$ 个正方向并满足这些点的边界条件；

(2)选择在 $[0,1]$ 上定义的 $(N+1)/2$ 个正交函数，并选择 $\Phi(0,\mu)$ 与它们正交；

(3)用完全黑色的材料替换 $x<0$ 的部分，边界条件是角度矩的连续性(除了平行于边界的角度)。

马克表明，后者的条件相当于第一个条件即选择方向 μ_j 作为下式的根：

$$P_{N+1}(\mu_j) = 0 \tag{A.281}$$

这些被称为马克边界条件。通过奇数勒让德函数形成完整集合可以实现第二种方法。在边界条件的作用下，入射中子的总数是最重要的，因为它影响所考虑的体积内中子的平衡。条件(A.281)达到：

$$\int_0^1 \Phi(0,\mu)\mu \mathrm{d}\mu = 0 \tag{A.282}$$

因此，Marshak 提出了边界条件：

$$\int_0^1 \Phi(0,\mu) P_{2j-1}(\mu) \mathrm{d}\mu = 0, \quad j = 1,2,\cdots,\frac{(N+1)}{2} \tag{A.283}$$

来保证式(A.281)。

材料界面处的角通量在平行于界面的方向上可能是不连续的这一事实,表明可以将两个分量分解为 P_n 分量,每个分量对应一个由界面方向分隔的范围,该近似称为 DP_n 方法或双 P_n 方法。

将角通量展开为

$$\Phi(x,\mu) = \sum_{\lambda=0}^{\infty} \frac{2\lambda+1}{4\pi}[\varphi_\lambda^+(x)P_\lambda^+(\mu) + \varphi_\lambda^-(x)P_\lambda^-(\mu)] \tag{A.284}$$

其中

$$P_\lambda^+(\mu) = \begin{cases} P_\lambda(2\mu-1), & 0 \leqslant \mu \leqslant 1 \\ 0, & -1 \leqslant \mu < 0 \end{cases} \tag{A.285}$$

$$P_\lambda^-(\mu) = \begin{cases} 0, & 0 \leqslant \mu \leqslant 1 \\ P_\lambda(2\mu+1), & -1 \leqslant \mu < 0 \end{cases} \tag{A.286}$$

与空间相关的分量被确定为

$$\varphi_\lambda^+(x) = \int_0^1 \Phi(x,\mu)P_\lambda^+(\mu)\mathrm{d}\mu \tag{A.287}$$

和

$$\varphi_\lambda^-(x) = \int_{-1}^0 \Phi(x,\mu)P_\lambda^-(\mu)\mathrm{d}\mu \tag{A.288}$$

在将上述展开代入输运方程并利用正交性后,得到 DP_n 方程:

$$2\lambda\frac{\mathrm{d}\varphi_{\lambda-1}^{\pm}}{\mathrm{d}x} \pm (2\lambda+1)\frac{\mathrm{d}\varphi_{\lambda+1}^{\pm}}{\mathrm{d}x} + 2(2\lambda+1)\Sigma_t\varphi_\lambda^{\pm}(x) = \Sigma_s(\varphi_0^+ + \varphi_0^-) + 2Q_0\delta_{\lambda 0} \tag{A.289}$$

B_n 方法借助给定几何中的拉普拉斯算子的本征函数来分离角通量的空间相关部分。远离边界,中子通量的空间相关性是可分离的:

$$\boldsymbol{\Phi}(\boldsymbol{r},E,\boldsymbol{\Omega}) = F_1(\boldsymbol{r})F_2(E,\boldsymbol{\Omega}) \tag{A.290}$$

假设通量和源项的空间相关性为

$$F_1(\boldsymbol{r}) = \mathrm{e}^{\mathrm{i}Br} \tag{A.291}$$

我们得到 $F_2(E,\Omega)$ 函数的方程:

$$(\boldsymbol{\Omega}B + \Sigma_t)F_2(E,\boldsymbol{\Omega}) = \int_0^\infty \int_{4\pi} \Sigma_s(E' \to E,\boldsymbol{\Omega}'\boldsymbol{\Omega})F_2(E',\boldsymbol{\Omega}')\mathrm{d}E'\mathrm{d}\boldsymbol{\Omega}' + Q(E,\boldsymbol{\Omega}) \tag{A.292}$$

对 $F_2(E,\Omega)$ 求解等式(A.292),使得角度相关性仅在散射核中展开为低阶,而在 $F_2(E,\Omega)$ 中使用更好的近似。通过 B_1 方法获得的中子光谱优于 P_1 解。

A.2.5.2 S_n 方法

与 P_n 方法相比,存在一般的 S_n 方法,其中具有不同 n 的所有 P_n 方程是不同的,并且没有通用的 P_n 算法。我们从多群静态形式的输运方程出发讨论近似求解方法:

$$\boldsymbol{\Omega}\nabla\Phi_g(\boldsymbol{r},\boldsymbol{\Omega}) + \Sigma_{tg}\Phi_g(\boldsymbol{r},\boldsymbol{\Omega}) = \sum_{g'=1}^{G}\Sigma_s(\boldsymbol{r},g',\boldsymbol{\Omega}' \to g,\boldsymbol{\Omega})\Phi_{g'}(\boldsymbol{r},\boldsymbol{\Omega}') + \frac{1}{k}\frac{f_g}{4\pi}\sum_{g'=1}^{G}\Sigma_{fg'}(\boldsymbol{r})\int_{4\pi}\Phi_{g'}(\boldsymbol{r},\boldsymbol{\Omega}')\mathrm{d}\boldsymbol{\Omega}' \tag{A.293}$$

其中,假设从裂变产生的中子的角分布是各向同性的。裂变谱 f_g 可能取决于位置,因为可裂变同位素的密度可能随位置而变化并具有不同的裂变谱。除了在燃耗计算中,通常我们忽略它们,参见第4章4.6节。我们还没有指定散射模型。在A.2.5.1节中讨论了 P_n 近似,其中散射核已经用一组有限的勒让德多项式展开。这一次,角相关用球函数表示,散射项写成

$$\sum_{g'=1}^{G}\boldsymbol{\Sigma}_s(\boldsymbol{r},g',\boldsymbol{\Omega}'\to g,\boldsymbol{\Omega})\Phi_{g'}(\boldsymbol{r},\boldsymbol{\Omega}') = \sum_{g'=1}^{G}\sum_{l=0}^{L}\sum_{m=-l}^{+l}Y_{lm}(\boldsymbol{\Omega})\boldsymbol{\Sigma}_s(\boldsymbol{r},l,g'\to g)\cdot \int_{4\pi}Y_{lm}^{*}(\boldsymbol{\Omega}')\Phi_{g'}(\boldsymbol{\Omega}')\mathrm{d}\boldsymbol{\Omega}' \tag{A.294}$$

现在考虑角变量。如我们所见,所有 Ω 相关项可以在合适的基础(球函数 Y_{lm})。在本节中,考虑角离散化的另一种方法。我们的想法是用有限数量的离散方向 $\Omega_m,m=1,2,\cdots,M$ 替换连续 Ω 变量。在讨论细节之前,先研究方程(A.293)的结构。在 g 群中求解时,其他组中的通量可以被认为是已知函数和给定源。因此,求解过程分解为一系列步骤。在给定的步骤中,找到特定群中的通量以及解对源有贡献的下一群。裂变源的性质与散射源没有区别,它只是源中的能量集成组件。但请注意,在源中发现角通量的角积分表达式,在设计角离散时必须考虑这一点。在实际群 g 中,必须求解下面给出的方程:

$$\boldsymbol{\Omega}\nabla\Phi_g(\boldsymbol{r},\boldsymbol{\Omega})+\boldsymbol{\Sigma}_{tg}\Phi_g(\boldsymbol{r},\boldsymbol{\Omega}) = \sum_{l=0}^{L}\sum_{m=-l}^{+l}Y_{lm}(\boldsymbol{\Omega})\boldsymbol{\Sigma}_s(\boldsymbol{r},l,g'\to g)\cdot \int_{4\pi}Y_{lm}^{*}(\boldsymbol{\Omega}')\Phi_{g'}(\boldsymbol{\Omega}')\mathrm{d}\boldsymbol{\Omega}'+Q(\boldsymbol{r},\boldsymbol{\Omega}) \tag{A.295}$$

这是通过离散坐标法求解的输运问题的基本形式。第一步是选择一组离散方向 Ω_m,$m=1,2,\cdots,M$,称为射线。因为在方程(A.295)我们需要积分,将权重 w_m 分配给 Ω_m,以便计算角度上的积分。去掉群指数,在每个群中,必须在每个 Ω_m 离散方向评估方程(A.295):

$$\boldsymbol{\Omega}_m\nabla\Phi(\boldsymbol{r},\boldsymbol{\Omega}_m)+\boldsymbol{\Sigma}_t\Phi(\boldsymbol{r},\boldsymbol{\Omega}_m) = \sum_{l=0}^{L}\sum_{m=-l}^{+l}Y_{\lambda n}(\boldsymbol{\Omega}_m)\Sigma_{sl}\int_{4\pi}Y_{\lambda n}^{*}(\boldsymbol{\Omega}')\Phi(\boldsymbol{r},\boldsymbol{\Omega}')\mathrm{d}\boldsymbol{\Omega}' + Q(\boldsymbol{r},\boldsymbol{\Omega}_m),\quad m=1,2,\cdots,M \tag{A.296}$$

权重用于以下面给出的方式计算积分。为了找到角通量 $\Phi(r,\Omega)$ 的角矩 φ_n,必须计算积分:

$$\varphi_{\lambda n}(\boldsymbol{r})\equiv\int Y_{\lambda n}^{*}(\boldsymbol{\Omega})\Phi(\boldsymbol{r},\boldsymbol{\Omega})\mathrm{d}\boldsymbol{\Omega}\cong\sum_{m=1}^{M}w_mY_{\lambda n}^{*}(\boldsymbol{\Omega}_m)\Phi(\boldsymbol{r},\boldsymbol{\Omega}_m) \tag{A.297}$$

已经通过加权和来近似。

还将空间变量离散化,离散化方案取决于几何形状。在离散网格上,式(A.297)通过合适的数值方法(有限差分、有限元或节点)求解。离散方程的结构是

$$\boldsymbol{R}\,\underline{F}=\boldsymbol{S}\,\underline{F}+\underline{Q} \tag{A.298}$$

式中,$\boldsymbol{R}$ 是(A.295)左侧的离散化算子(即矩阵),矩阵 $\boldsymbol{S}$ 是散射项,$\underline{Q}$ 是源项。$\underline{F}$ 是离散的角度和空间点处的离散角通量,矢量 $\underline{\boldsymbol{F}}$ 的长度等于角方向的数量乘以空间点的数量。

方程(A.298)通过迭代方法求解, 见第6章。

现在谈谈 S_n 方法中的方向和权重。假设没有可用的解的先验知识,那么,Ω_m 的选择应基于一般考虑因素。分别通过相对于坐标轴 x、y、z 的方向余弦(μ_x,μ_y,μ_z)来描述射线 Ω_m,证明了一个方向余弦 α_1 的规范唯一地确定了满足平凡不变原理的所有方向余弦。

如果几何是通用的,则3个轴 x,y,z 是等效的,因为可以任意标记它们。类似地,沿给定轴,正方向和负方向是相等的。因此,角方向集应在任意旋转90°的整数倍时是不变的。

因此，承载方向的单位球体的每个八分圆都应该是等价的。旋转和反射使单位球体不变，并将方向余弦的坐标相互映射。因此，允许的 μ_x、μ_y、μ_z 应取自同一集合，即 $\mu_i=\alpha_1,\alpha_2,\cdots,\alpha_M$，$i=x$、$y$、$z$。此外，因为单位球体相对于反射是对称的，所以有序集合 $\alpha_1,\alpha_2,\cdots,\alpha_M$ 其中 $\alpha_1<\alpha_2<...<\alpha_M$ 应该相对于 $\alpha=0$ 对称，该集合的独立元素是 $\alpha_1,\alpha_2,\cdots,\alpha_{M/2}$。不变性要求离散的 Ω_m 矢量位于常数 μ_x、μ_y 或 μ_z 的轨迹上（即纬度上）。

方向余弦是单位向量，因此它们满足：

$$\mu_x^2+\mu_y^2+\mu_z^2=1$$

关系，每个坐标必须等于有序集合 $\alpha_1,\alpha_2,\cdots,\alpha_M$ 的一个元素，设这些元素是

$$(\alpha_{xi},\alpha_{yj},\alpha_{zk})$$

因为它们位于单位球上，所以指数必须满足：

$$xi+yj+zk=\frac{M}{2}+2 \tag{A.299}$$

考虑方向 $\Omega_1=(\alpha_{xi},\alpha_{yj},\alpha_{zk})$ 并沿着增加的 μ_y 纬度移动到下一个点 Ω_2。通过这种方式，我们得到 $\mu_{x,i},\mu_{y,j+1}$，相邻点的第三个坐标必须是 $\mu_{z,k-1}$（因为当经过一个相邻点时，如果一个坐标增加，另一个坐标必须减小，而第三个纬度保持不变）。因此，相邻点是 $\Omega_2=(\mu_{xi},\mu_{y,j+1},\mu_{z,k-1})$。使用 Ω_1 和 Ω_2 是单位向量，得到

$$\mu_{x,i}^2+\mu_{y,j}^2+\mu_{z,k}^2=1=\mu_{x,i}^2+\mu_{y,j+1}^2+\mu_{z,k-1}^2$$

或

$$\mu_{y,j}^2-\mu_{y,j+1}^2=\mu_{z,k-1}^2-\mu_{z,k}^2 \tag{A.300}$$

式中，j、k 是任意的。方向余弦取自同一集合，因此 α_i 数是这样的：

$$\alpha_i^2=\alpha_{i-1}^2+c,\quad 对于所有\ i \tag{A.301}$$

和

$$\alpha_i^2=\alpha_1^2+c(i-1) \tag{A.302}$$

如果沿每个轴有 M 个方向余弦，则 $\alpha_i>0$ 有 $M/2$ 个点，并且有一个点有坐标（$\alpha_1,\alpha_1,\alpha_M$）。因此：

$$c=\frac{2(1-3\alpha_1^2)}{M-2} \tag{A.303}$$

因此，α_1 确定所有 α_i，$i=2,3,\cdots,M/2$。当 $\alpha_1>1/\sqrt{3}$时，点倾向于聚集接近 $\alpha=0$，而当 α 较小时，点聚集在极点附近。

当已知几何形状时，可以相应地选择方向，这是平面或球面几何形状的情况。当一个角度坐标确定单位球面上某点的位置时，式（A.297）中的积分可以简化。在平面几何中，由于旋转不变性，φ 上的积分减少到乘以 2π。于是

$$\int_{4\pi}P_l(\boldsymbol{\Omega})\Phi(\boldsymbol{\Omega})\mathrm{d}\boldsymbol{\Omega}=2\pi\int_{-1}^{+1}P_l(\mu)\Phi(\mu)\mathrm{d}\mu\cong\sum_{m=1}^{N}w_mP_l(\mu_m)\Phi(\mu_m) \tag{A.304}$$

应选择权重，使它们是投影不变的，通过适当选择上述方向来确保这一点。此外，近似积分应该具有较小误差。M 点高斯－正交集精确积分了 $2M-1$ 次多项式，并且是投影不变的。当角通量处处为正时，它也给出正标量通量。当角通量恒定时，净中子流必须为零。因此权重应该服从：

$$\sum_{m=1}^{M} w_m \boldsymbol{\Omega}_m = 0 \tag{A.305}$$

或通过分量：

$$\sum_{m=1}^{M} w_m \mu_{xm} = \sum_{m=1}^{M} w_m \mu_{ym} = \sum_{m=1}^{M} w_m \mu_{zm} = 0 \tag{A.306}$$

对于奇数 M 成立。基于 P_1 近似，从角通量得到以下关系：

$$\sum_{m=1}^{M} w_m \mu_{xm}^2 = \sum_{m=1}^{M} w_m \mu_{ym}^2 = \sum_{m=1}^{M} w_m \mu_{zm}^2 = \frac{1}{3} \tag{A.307}$$

通常，偶矩条件确定了这种关系：

$$\sum_{m=1}^{M} w_m \mu_{xm}^n = \frac{1}{n+1} \tag{A.308}$$

在八分圆的 120°旋转下，一个八分圆中的方向排列和权重必须是不变的。120°旋转使一个轴进入另一个轴，这表明当近似的阶数从 M 增加到 $M+1$ 时，必须在每个八分圆中添加 $M/2$ 个新方向。如果每个八分圆的方向数是 M，则八个八分圆中的方向数是

$$3D\text{ 中}:M(M+2);\quad 2D\text{ 中}:\frac{1}{2}M(M+2);\quad 1D\text{ 中}:M \tag{A.309}$$

每个近似模型都试图用更简单的模型来代替复杂问题，为此付出的代价是更简单模型的有限适用性。S_n 方法取代了中子可以通过一组离散射线移动的连续方向。当所考虑的体积填充类似的材料，并且源或多或少均匀分布时，如通常的堆芯计算中那样，这种近似不会产生问题。

当用户放弃标准结构并转向更独特的结构时，他可能会惊讶于通常表现良好的方法表现不佳。如果在 S_n 程序中只有一些离散方向且源分布不均匀，则中子可能永远不会进入体积的某些部分并产生完全错误的结果或出现意外的大误差。当中子可以向任意方向移动时，它们产生的通量在球体表面上是恒定的。如果中子仅在几个方向上移动，它们的通量在某些方向上会异常低。

第一个问题是如何探索误差以及如何提高准确性。基准测试是一种可能的解决方案，存在明确的问题。通过 S_n 程序解决问题，我们可以将近似解与参考解进行比较，从而找出程序的准确性。有一些简单的问题[22]具有精确解，也有更多现实问题[41]和反应堆特定基准[36,42]测试。

为了减小使用离散方向引起的误差，可以增加方向的数量。这将减少误差并增加算法的运行时间。$S_n \to P_{n-1}$ 转换也可以减少误差，但是当 n 很大时，更高阶的 P_n 算法可能需要大量的工作。

A.2.6　边界条件

零进入角通量或自由表面边界条件是

$$\boldsymbol{\Phi}_g(\boldsymbol{r}_b, \boldsymbol{\Omega}_m) = 0,\quad \boldsymbol{\Omega}_m \boldsymbol{n}(\boldsymbol{r}_b) < 0 \tag{A.310}$$

在使用高斯求积的平面几何中，该边界条件等同于 Mark 边界条件，见式(A.281)。因此，仅当在 P_n 方法中使用 Mark 边界条件时，平面几何中的 $P_n - S_n$ 等价才成立。注意，式(A.310)可以通过用完全吸收介质包围 V 来实现。

通过镜面反射实现反射边界条件,在直角坐标中,$r_b=(x_b,y_b)$处的边界:

$$\Phi(x_b,y,\Omega_{mx},\Omega_{my})=\Phi(x_b,y,-\Omega_{mx},\Omega_{my}) \quad (A.311)$$

和

$$\Phi(x,y_b,\Omega_{mx},\Omega_{my})=\Phi(x,y_b,\Omega_{mx},-\Omega_{my}) \quad (A.312)$$

在白反射的情况下,首先计算出射中子流:

$$J_+(\boldsymbol{r}_b)=\sum_{m=1}^{M}w_m\boldsymbol{\Omega}_m\boldsymbol{n}(\boldsymbol{r}_b)\Phi(\boldsymbol{r}_b,\boldsymbol{\Omega}_m),\quad \boldsymbol{\Omega}_m\boldsymbol{n}(\boldsymbol{r}_b)<0 \quad (A.313)$$

重入中子流必须相同:

$$J_-(\boldsymbol{r}_b)=\sum_{m=1}^{M}w_m\boldsymbol{\Omega}_m\boldsymbol{n}(\boldsymbol{r}_b)\Phi(\boldsymbol{r}_b,\boldsymbol{\Omega}_m),\quad \boldsymbol{\Omega}_m\boldsymbol{n}(\boldsymbol{r}_b)>0=J_+(\boldsymbol{r}_b) \quad (A.314)$$

在边界上的 P_1 近似中,角通量在 Ω 中是线性的并且与下标 m 无关,因此很容易从(A.314)确定。

可以简化反照率边界条件,一般的反照率矩阵对于实际计算来说太复杂了,因此引入了以下简化:

$$\Phi(\boldsymbol{r}_b,\boldsymbol{\Omega})=\frac{\Gamma\sum_{m=1}^{M}w_m\boldsymbol{\Omega}_m\boldsymbol{n}(\boldsymbol{r}_b)\Phi(\boldsymbol{r}_b,\boldsymbol{\Omega}')+\frac{j_{ext}}{4\pi}}{\sum_{m=1}^{M}w_m\boldsymbol{\Omega}_m\boldsymbol{n}(\boldsymbol{r}_b)} \quad (A.315)$$

在 Ω'中,与外表面垂直的分量的符号已经反转,而j_{ext}是外部电流。

下面证明具有高斯求积的 S_n 方程与具有 Mark 边界条件的 P_{n-1} 方程的等价性。证明遵循参考文献[38]给出的思路,将讨论局限于平面几何。然后角度变量减小到μ,即 Ω 和 x 轴之间的角度余弦,可以使用勒让德多项式$P_1(\mu)$。角通量为 $\Phi(x,\mu)$,代替球谐函数,角通量的离散纵坐标矩$\tilde{\varphi}_n(x)$由下式给出:

$$\tilde{\varphi}_n(x)=2\pi\sum_{m=1}^{M}w_mP_n(\mu_m)\Phi(x,\mu_m),\quad n=1,2,\cdots,N \quad (A.316)$$

源 $Q(x,\mu)$的角离散坐标矩$\tilde{q}_l(x)$是

$$\tilde{q}_l(x)=2\pi\sum_{m=1}^{N}w_mP_l(\mu_m)Q(x,\mu_m),\quad n=1,2,\cdots,N \quad (A.317)$$

角通量的球谐函数矩 $\varphi_l(x)$是

$$\varphi_l(x)=2\pi\int_{-1}^{+1}P_l(\mu)\Phi(x,\mu)\mathrm{d}\mu,\quad l=1,2,\cdots,L \quad (A.318)$$

并且源的球谐函数矩 $q_l(x)$是

$$q_l(x)=2\pi\int_{-1}^{+1}P_l(\mu)Q(x,\mu)\mathrm{d}\mu,\quad l=1,2,\cdots,L \quad (A.319)$$

离散纵坐标形式的输运方程是

$$\mu_n\frac{\mathrm{d}\tilde{\varphi}_n}{\mathrm{d}x}+\Sigma_t\tilde{\varphi}_n(x)=\sum_{l'=1}^{L}\frac{2l'+1}{4\pi}\Sigma_{sl'}\tilde{\varphi}_{l'}(x)P_{l'}(\mu_n)+q_n,\quad n=1,\cdots,N \quad (A.320)$$

我们的目标是从离散纵坐标方法的$\tilde{\varphi}(x)$推导出球谐函数方法的 $\varphi(x)$。

为此,将式(A.320)乘以 $2\pi P_l(\mu_m)$并对 m 求和:

$$2\pi\sum_{m=1}^{N}w_mP_l(\mu_m)\mu_m\frac{\mathrm{d}\varphi_m}{\mathrm{d}x}+2\pi\Sigma_t\sum_{m=1}^{N}w_mP_l(\mu_m)\varphi(x,\mu_m)$$

$$=2\pi\sum_{l'=0}^{L}\frac{2l'+1}{4\pi}\Sigma_{sl'}\tilde{\varphi}_{l'}(x)\sum_{m=1}^{N}w_mP_l(\mu_m)P_{l'}(\mu_m)+2\pi\sum_{m=1}^{N}w_mP_l(\mu_m)q(x,\mu_m)\quad(\text{A}.321)$$

使用$\tilde{\varphi}_l(x)$的定义和等式(A.258),得到式(A.321)的以下形式:

$$\frac{l+1}{2l+1}\frac{\mathrm{d}\tilde{\varphi}_{l+1}}{\mathrm{d}x}+\frac{l}{2l+1}\frac{\mathrm{d}\tilde{\varphi}_{l-1}}{\mathrm{d}x}+\Sigma_t\tilde{\varphi}_l(x)$$

$$=2\pi\sum_{l'=0}^{L}\frac{2l'+1}{4\pi}\Sigma_{sl'}\tilde{\varphi}_{l'}(x)\sum_{m=1}^{M}w_mP_l(\mu_m)P_{l'}(\mu_m)+\tilde{q}_l\quad(\text{A}.322)$$

等式(A.322)适用于 $l=0,1,\cdots,N-1$。N 点高斯求积对于 $2N-1$ 阶多项式是精确的。因此,如果各向异性 L 的阶数不大于 N,则式(A.322)中的和等于积分:

$$\sum_{m=1}^{N}w_mP_l(\mu_m)P_{l'}(\mu_m)=\int_{-1}^{+1}P_l(\mu)P_{l'}(\mu)\mathrm{d}\mu=\frac{2}{2l+1}\delta_{ll'}\quad(\text{A}.323)$$

因此式(A.323)与 P_n 方程(A.267)相同。

在 P_n 方法中:

$$\frac{\mathrm{d}\tilde{\varphi}_N}{\mathrm{d}x}=0$$

关闭 P_n 方程组。为了达到这个条件,必须在 S_n 方法中选择离散方向 μ_m,以便 P_N 组分服从:

$$\tilde{\varphi}_N(x)=2\pi\sum_{m=1}^{N}w_mP_N(\mu_m)\varphi(x,\mu_m)=0\quad(\text{A}.324)$$

换句话说,μ_m 方向必须是 $P_N(\mu)$的根,这只是高斯求积的定义。当定义 $\varphi(x,\mu)$时,$\mu\neq\mu_m$ 为

$$\varphi(x,\mu)=\sum_{l=0}^{N}\frac{2l+1}{4\pi}\tilde{\varphi}_l(x)P_l(\mu)\quad(\text{A}.325)$$

我们得到 S_N 解和 P_{N-1}解满足相同的方程。

A.2.7　FD 和节点方案

在空间变量的研究中,通过假设各向同性散射而非空间相关的横截面来简化问题的角相关部分。对于离散方向 Ω_m,$m=1,2,\cdots,M$,有

$$\boldsymbol{\Omega}_m\nabla\boldsymbol{\Phi}(\boldsymbol{r},\boldsymbol{\Omega}_m)+\Sigma_s(\boldsymbol{r})\boldsymbol{\Phi}(\boldsymbol{r},\boldsymbol{\Omega}_m)=\frac{\Sigma_s(\boldsymbol{r})}{4\pi}\sum_{n=1}^{M}w_n\boldsymbol{\Phi}(\boldsymbol{r},\boldsymbol{\Omega}_m)+Q(\boldsymbol{r},\boldsymbol{\Omega}_m)\quad(\text{A}.326)$$

首先考虑一个简单的一维情况,则式(A.296)在平面几何中可以写成

$$\mu\frac{\partial\Phi(x,\mu)}{\partial x}+\Sigma_t\Phi(x,\mu)=\frac{1}{2}\Sigma_s(x)\int_{-1}^{+1}\Phi(x,\mu')\mathrm{d}\mu'+Q(x,\mu)\quad(\text{A}.327)$$

离散纵坐标方程对于 $m=1,2,\cdots,M$,有

$$\mu_m\frac{\mathrm{d}}{\mathrm{d}x}\Phi(x,\mu_m)+\Sigma_t(x)\Phi(x,\mu_m)=\frac{1}{2}\sum_{n=1}^{M}w_n\Phi(x,\mu_n)+Q(x,\mu_m)\quad(\text{A}.328)$$

通过有限差分法求解(A.328)并引入空间网格 $x_1,x_2,\cdots,x_I$,它们是 I 区间的中点。假

设 XSs 在给定区间内是常数,并且间隔 i 和 $i+1$ 之间的边界由 $x_{i+1/2}$ 表示。通过将式(A.328)在 $x_{i-\frac{1}{2}} \leqslant x \leqslant x_{i+\frac{1}{2}}$ 上积分来获得离散方程,假设:

$$\int_{x_{i-\frac{1}{2}}}^{x_{i+\frac{1}{2}}} \Phi(x)\Sigma(x)\,\mathrm{d}x \cong \Phi(x_i)\Sigma(x_i)(x_{i+\frac{1}{2}} - x_{i-\frac{1}{2}}) \tag{A.329}$$

则微分方程(A.328)变成以下差分方程:

$$\mu_m\left[\frac{\Phi(x_{i+\frac{1}{2}},\mu_m) - \Phi(x_{i-\frac{1}{2}},\mu_m)}{x_{i+\frac{1}{2}} - x_{i-\frac{1}{2}}}\right] + \Sigma_t(x_i)\Phi(x_i,\mu_m)$$
$$= \frac{1}{2}\Sigma_s(x_i)\sum_{n=1}^{M} w_n\Phi(x_i,\mu_n) + Q(x_i,\mu_m) \tag{A.330}$$

未知数的数量等于 $\Phi(x_i,\mu_m)$ 的数量 $+\Phi(x_{i\pm\frac{1}{2}},\mu_m)$ 量的数量(其为 $(2I+1)M$)。等式(A.330)是线性的,等式的数量是 $I*M$。为了使问题易于处理,必须将未知数减少到方程数。如果通量在区间 $x_{i-\frac{1}{2}} \leqslant x \leqslant x_{i+\frac{1}{2}}$ 是线性的,就有

$$\Phi(x_i,m) = \frac{\Phi(x_{i+\frac{1}{2}},m) + \Phi(x_{i-\frac{1}{2}},m)}{2} \tag{A.331}$$

和方程(A.330)减少到

$$\mu_m F_i + \Sigma_t(x_i)F_i = q_i \tag{A.332}$$

其中

$$F_i = \frac{\Phi(x_{i+\frac{1}{2}},m) - \Phi(x_{i-\frac{1}{2}},m)}{\Delta x_i} \tag{A.333}$$

和

$$q_i = \frac{1}{2}\Sigma_s(x_i)\sum_{n=1}^{M} w_n\Phi(x_i,n) + Q(x_i,m) \tag{A.334}$$

方程(A.331)是所谓菱形差分格式的一维版本。

现在有 $(I+1)M$ 个未知数,但是必须消除 M 个未知数才能使问题可解,这是通过将边界条件固定在最左边区间和最右边区间的外边界来完成的。当 $M/2$ 进入角通量固定在边界处时,问题就唯一确定了。也可以实现其他边界条件,例如真空边界条件,指定进入方向上的角通量,反射或反照率边界条件。第 6 章讨论了所得方程组的求解方法。

现在转到 S_n 方法的 $2D$ 公式。简单起见,假设各向同性散射,所考虑的体积 V 被细分为矩形节点 V_{ij}。我们考虑由 i、j 标记的节点,其体积为 V_{ij},由 $x_{i-\frac{1}{2}} \leqslant x \leqslant x_{i+\frac{1}{2}}$ 和 $y_{j-\frac{1}{2}} \leqslant y \leqslant y_{j+\frac{1}{2}}$ 表征,散射 XS 是 Σ_s^{ij},外部源是 Q_{ij}。

收集对中子平衡方程的贡献。中子通过边界 $A_{i+1/2}$,$A_{i-1/2}$ 和边界 $B_{j+1/2}$,$B_{j-1/2}$ 离开 V_{ij},穿过 4 个边界的损失是

$$\mu_m w_m(A_{i+\frac{1}{2}}\varphi_m^{i+\frac{1}{2},j} - A_{i-\frac{1}{2}}\varphi_m^{i-\frac{1}{2},j}) + \eta_m w_m(B_{i,j+\frac{1}{2}}\varphi_m^{i,j+\frac{1}{2}} - B_{i,j-\frac{1}{2}}\varphi_m^{i,j-\frac{1}{2}}) \tag{A.335}$$

其中,离散方向是 $\Omega_m=(\mu_m,\eta_m)$,权重为 $w_m=\Delta\Omega$。

移除项是

$$\Sigma_t^{i,j}\varphi_m^{ij}w_m \tag{A.336}$$

散射源加上外部源的贡献是

$$q_m^{ij} = \left(\frac{\Sigma_s^{ij}}{4\pi}\sum_{n=1}^{M} w_n\varphi_n^{ij}\right)V_{ij}w_m + Q_m^{ij}V_{ij} \tag{A.337}$$

中子也通过离开 $\Delta\Omega_m$ 离开相空间点 $V_{ij}\Delta\Omega_m$。该损失与中子离开的表面和角区间 $\Omega_{m\pm1/2}$ 边界处的角通量成正比,可以写成

$$(A_{i+\frac{1}{2},j}-A_{i-\frac{1}{2},j})(c_{m+\frac{1}{2}}\varphi_{m+\frac{1}{2}}^{ij}-c_{m-\frac{1}{2}}\varphi_{m-\frac{1}{2}}^{ij}) \tag{A.338}$$

和

$$(B_{i,j+\frac{1}{2}}-B_{i,j-\frac{1}{2}})(d_{m+\frac{1}{2}}\varphi_{m+\frac{1}{2}}^{ij}-d_{m-\frac{1}{2}}\varphi_{m-\frac{1}{2}}^{ij}) \tag{A.339}$$

其中,必须固定因子 $c_{m\pm1/2}$ 和 $d_{m\pm1/2}$。

现在我们可以写出相空间点 $V_{i,j}\Delta\Omega_m$ 的中子平衡:

$$\begin{aligned}&\mu_m(A_{i+\frac{1}{2}}\varphi_m^{i+\frac{1}{2},j}-A_{i-\frac{1}{2}}\varphi_m^{i-\frac{1}{2},j})+\eta_m(B_{i,j+\frac{1}{2}}\varphi_m^{i,j+\frac{1}{2}}-B_{i,j-\frac{1}{2}}\varphi_m^{i,j-\frac{1}{2}})+\\&(A_{i+\frac{1}{2},j}-A_{i-\frac{1}{2},j})\left(\frac{c_{m+\frac{1}{2}}}{w_m}\varphi_{m+\frac{1}{2}}^{ij}-\frac{c_{m-\frac{1}{2}}}{w_m}\varphi_{m-\frac{1}{2}}^{ij}\right)+\Sigma_t^{i,j}\varphi_m^{ij}\end{aligned} \tag{A.340}$$

现在我们回到 $c_{m\pm1/2}$ 和 $d_{m\pm1/2}$ 的评估。考虑外部源 Q 恒定的情况,那么 Σ_a 也是常数。如果通量也是常数,比如 Φ_0,且如果 V_{ij}的泄漏为零,那么平衡方程为

$$\begin{aligned}&\mu_m(A_{i+\frac{1}{2}}\Phi_0-A_{i-\frac{1}{2}}\Phi_0)+\eta_m(B_{i,j+\frac{1}{2}}\Phi_0-B_{i,j-\frac{1}{2}}\Phi_0)+\\&(A_{i+\frac{1}{2},j}-A_{i-\frac{1}{2},j})\left(\frac{c_{m+\frac{1}{2}}}{w_m}\Phi_0-\frac{c_{m-\frac{1}{2}}}{w_m}\Phi_0\right)+\Sigma_t\Phi_0V_{ij}=\frac{Q_0}{4\pi}V_{ij}\end{aligned} \tag{A.341}$$

在这种情况下,从源发射的中子平衡了吸收:

$$\Sigma_t\Phi_0=\frac{Q_0}{4\pi}$$

设 x 为常数,直线与 x 轴平行。然后式(A.341)中的第二项变为零,剩下:

$$c_{m+\frac{1}{2}}-c_{m-\frac{1}{2}}=-\mu_m w_m \tag{A.342}$$

类似地,获得 $d_{m\pm1/2}$的类似方程。在一般几何形状中,$c_{m\pm1/2}$和 $d_{m\pm1/2}$的评价更复杂,因为 Ω_m 可能取决于 μ 和 η。必要时,可以查阅使用规范和用户手册[6,8]。

A.2.7.1 碰撞概率法

前几节讨论了基于用一组完整函数进行角通量展开的近似解。在 P_n 方法中,完整的函数集是球谐函数。这种近似已被证明是成功的,因为低阶球谐函数近似已经得到很好的解。我们将在第 4 章中看到,扩散理论、最低阶球谐函数近似是反应堆物理中应用最广泛的数值方法。我们提到 S_n 方法作为对比,在某种意义上,为了获得合理的结果,$n=8$ 是要使用的最小值。我们留下了空间离散化的问题,与数值方法一起讨论。我们所讨论方法的一个共同特征是每种近似方法都得到一组微分方程。从输运方程的积分形式出发,可以得到近似方程中没有出现微分的近似解。

考虑一个具有给定外部源 $Q(\boldsymbol{r})$ 的静态堆芯,第 4 章中的公式(4.20)给出源 Q 和通量 Φ 之间的关系。为了开始我们的分析,使用以下标量通量的积分表达式:

$$\Phi(\boldsymbol{r})=\int_V\frac{\mathrm{e}^{-d(\boldsymbol{r},\boldsymbol{r}')}}{4\pi|\boldsymbol{r}-\boldsymbol{r}'|^2}Q(\boldsymbol{r}')\mathrm{d}^3\boldsymbol{r}' \tag{A.343}$$

式中,$d(\boldsymbol{r},\boldsymbol{r}')$是点 $\boldsymbol{r},\boldsymbol{r}'\in V$ 之间的光学厚度:

$$d(\boldsymbol{r},\boldsymbol{r}')=\int_0^{|\boldsymbol{r}-\boldsymbol{r}'|}\Sigma_t\left(\boldsymbol{r}-\frac{\boldsymbol{r}-\boldsymbol{r}'}{|\boldsymbol{r}-\boldsymbol{r}'|}\right)\mathrm{d}s \tag{A.344}$$

Q 是中子源。在第 4 章 4.3 节中,我们已经看到积分输运方程可用于获得角通量的积

分方程。

碰撞概率的思想是将 V 细分为不相交的 $V_1, V_2, \cdots, V_N$ 区域，并在每个区域中使用通量加权的 XSs 和平均通量来评估式(A.343)中的积分。因此我们引入：

$$\boldsymbol{\Phi}_i = \frac{1}{V_i}\int_{V_i}\boldsymbol{\Phi}(\boldsymbol{r})\,\mathrm{d}^3\boldsymbol{r} \tag{A.345}$$

$$\boldsymbol{\Sigma}_{ti} = \frac{\int_{V_i}\Sigma_t(\boldsymbol{r})\boldsymbol{\Phi}(\boldsymbol{r})\,\mathrm{d}^3\boldsymbol{r}}{\int_{V_i}\boldsymbol{\Phi}(\boldsymbol{r})\,\mathrm{d}^3\boldsymbol{r}} \tag{A.346}$$

$$Q_i = \frac{1}{V_i}\int_{V_i}Q(\boldsymbol{r})\,\mathrm{d}^3\boldsymbol{r} \tag{A.347}$$

将式(A.343)乘以 $\Sigma_t(\boldsymbol{r})$ 并对 V 积分，使用式(A.345)～式(A.347)来获得

$$\boldsymbol{\Sigma}_{ti}\boldsymbol{\Phi}_i V_i = \sum_{i'=1}^{N} P_{ii'}(\boldsymbol{\Sigma}_{si'}\boldsymbol{\Phi}_{i'} + Q_{i'})V_{i'} \tag{A.348}$$

其中

$$P_{ii'} = \frac{\int_{V_i}\Sigma_t(r)\left[\int_{V_{i'}}\frac{\mathrm{e}^{-d(\boldsymbol{r},\boldsymbol{r}')}}{4\pi|\boldsymbol{r}-\boldsymbol{r}'|^2}Q(\boldsymbol{r}')\,\mathrm{d}^3\boldsymbol{r}'\right]}{\int_{V_{i'}}Q(r')\,\mathrm{d}^3\boldsymbol{r}'} \tag{A.349}$$

是中子在区域 i' 中产生并在区域 i 中遭受第一次碰撞的概率。这里的发射密度是

$$Q(\boldsymbol{r}) = \Sigma_s(\boldsymbol{r})\boldsymbol{\Phi}(\boldsymbol{r}) + S(\boldsymbol{r}) \tag{A.350}$$

外部中子源是 S。

等式(A.348)是标量通量 $\boldsymbol{\Phi}_i$ 的线性方程组，条件是每个子区域 i 都已知 $\boldsymbol{\Sigma}_{ti}$、$P_{ii'}$、$\boldsymbol{\Sigma}_{si}$ 和 Q_i。

为了揭示 P_{ij} 概率，我们研究一个简化案例。在第 3 章中看到，在到达 j 之前，中子离开点 i 在点 j 方向上不发生碰撞的概率是 $\mathrm{e}^{-d(i,j)}$。但是我们的 P_{ij} 是相似的概率，仅在区域 i 和 j 上取平均值。设区域 i 和 j 是两条无限平行线，比如说 L_i 和 L_j 用距离 $d(i,j)$ 分开。特定的中子路径可以通过中子路径和线 i 之间的角度 θ 来标记。设 $P(L_i, L_j, \theta)$ 给出中子在没有碰撞的情况下从 L_i 行进到 L_j 的概率，则：

$$P(L_i, L_j, \theta) = \mathrm{e}^{\frac{-d(i,j)}{\sin\theta}}$$

假设由各种 θ 值标记的路径是同等概率的，则平均概率为

$$P(L_i, L_j) = \frac{\int_0^{\pi}\sin\theta P(i,j,\theta)\,\mathrm{d}\theta}{\int_0^{\pi}\sin\theta\,\mathrm{d}\theta} = \frac{1}{2}\int_0^{\pi}\sin\theta\,\mathrm{e}^{\frac{-d(i,j)}{\sin\theta}}\,\mathrm{d}\theta \tag{A.351}$$

期望的概率由所谓的 Bickley 函数 Ki_2 给出，见附录 A：

$$P(L_i, L_j) = Ki_2(d) \tag{A.352}$$

因为线 L_i 和 L_j 之间的距离是恒定的。请注意，我们已建立两个量之间的对应关系。一方面，式(A.351)是平面几何中的点 i 和 j 之间的 P_{ij}，假设中子是各向同性发射的。另一方面，得到线 L_i 和 L_j 之间的碰撞概率的类似表达式(A.352)，但非碰撞概率 e^{-d} 由 Bickley 函数(平面衰减因子)代替。注意式(A.352)只有一个参数：d 是式(A.351)中点 i 和 j 之间的

平均自由路径的距离。

以下考虑来自 Carlvik[20]。在一般的二维几何中，从 V_j 均匀、各向同性地发射的中子在体积 V_i 中遭受其第一次碰撞的平均概率可以作为以下两个独立事件的序列给出：

(1)中子不会在 V_j 中发生碰撞，该事件的概率为 p_1；

(2)中子在 V_i 中发生碰撞，该事件的概率为 p_2。

将在中子的运动方向 φ 上绘制的线段长度设为 a，并使中子在该线上的位置 x 处产生。此外，设体积 V_j 和 V_j 之间的距离为 τ_1。根据上面的分析，p_1 和 p_2 可以通过 Bickley 函数表示为

$$p_1 = Ki_2(a - x + \tau)$$

和

$$p_2 = 1 - Ki_2(\tau_2)$$

式中，τ_2 是体积 V_i 中线段的长度。由于 p_1 和 p_2 是独立事件的概率，因此它们的概率必须相乘。因此，对于给定的方向，我们得到

$$P_{ij}(x,y,\varphi) = Ki_2[\Sigma_j(a-x)+\tau_1] - Ki_2[\Sigma_j(a-x)+\tau_2]$$

式中，τ_1、τ_2 和 a 取决于 φ。

以这种方式获得的概率应首先在中子的产生处 x 上进行平均，其次应在运动方向 φ 上进行平均。第一步的结果是

$$P_{ij}(\varphi) = \frac{\int_0^a P(x,y,\varphi)\,\mathrm{d}x}{\int_0^a \mathrm{d}x} \tag{A.353}$$

最后的结果是

$$P_{ij} = \frac{1}{2\pi V_i \Sigma_i}\int[Ki_3(\tau_2) - Ki_3(\tau_3+\tau_2) - Ki_3(\tau_2+\tau_1) + Ki_3(\tau_2\tau_1+\tau_3)]\,\mathrm{d}y\mathrm{d}\varphi \tag{A.354}$$

这里 τ_3 是体积 V_i 中沿中子速度方向的线段长度。对于自碰撞概率 P_{ii}，得到表达式：

$$P_{ii} = 1 - \frac{1}{2\pi V_i \Sigma_i}\iint[Ki_3(0) - Ki_3(\tau_3)]\,\mathrm{d}y\mathrm{d}\varphi$$

现在我们已经确定了式(A.348)中找到通量所需的每一个概率，概率满足互易关系：

$$V_j\Sigma_{tj}P_{ij} = V_i\Sigma_{ti}P_{ji} \tag{A.355}$$

碰撞概率方法需要大量的计算工作量，Bickley 函数的评估和大量碰撞概率需要确定落入每个子体积的给定方向的线段长度，在环形几何中，计算可以简化[19]。

参考文献

[1] Marsaglia, G.: Random numbers fall mainly in the plains. Nat. Acad. Sci. 61, 25 - 28(1968)

[2] Bielajew, A. F.: Fundamentals of the Monte Carlo Method for Neutral and Charged Particle Transport. The University of Michigan, Ann Arbor(2001)

[3] Huang, K.: Statistical Mechanics. Wiley, New York(1963)

[4] Katzgraber, H. G.: Random Numbers in Scientific Computing: An Introduction. arXiv:

1005.4117v1[physics.comp-ph](2010). Accessed 22 May 2010

[5] Metropolis, N., Ulam S.: The Monte Calo method. J. Am. Stat. Assoc. 44, 335 – 341 (1949)

[6] Lathrop, K. D., Brinkley, F. W.: TWOTRAN-II: an interfaced, exportable version of the TWOTRAN code for two-dimensional transport. Report LA-4848-MS(1973)

[7] Kavenoky, A., Lautard, J. J., Manuel, A., Robeau, D.: NEPTUNE, Conference OCDE, Paris(1979). Accessed 26 – 28 Nov(1979)

[8] Walters, W. F., O' dell Douglas, R., Brinkley F. W., Jr.: THREETRAN (hex-z) user' s manual. Report LA-8089-M(1979)

[9] COBRA-FLX: A Core Thermal Hydraulics Analysis Code, ANP-10311NP, Revision 0, AREVA NP Inc. (2010)

[10] Makai, M.: Symmetries and the Coarse Mesh Method, Report EIR-414, Würenlingen, Switzer-land(1980)

[11] Makai, M., Arkuszewski, J.: A hexagonal coarse-mesh program baswed on symmetry consid-erations. Trans. Am. Nucl. Soc. 38, 347(1981)

[12] Makai, M.: Albedo Matrices in Assembly Homogenization, Voprosi Atomnoi Nauki i Techniki. Series Nuclear Reactor Physics and Calculational Methods, vol. 2, pp. 3 – 6 (1989)(in Russian)

[13] Palmiotti G., et al.: VARIANT, Report ANL-95/40, Argonne National Laboratory, IL (1995)

[14] Lewis, E. E., Miller W. F.: Computational Methods of Neutron Transport. Wiley, New York(1984)

[15] Palmiotti, G., Lewis, E. E., Carrico, C. B.: VARIANT: Variational Anisotropic Nodal Transport for Multidimensional Cartesian and Hexagonal Geometry Calculation. Report ANL-95/40, October 1995. Argonne National Laboratory, USA(1995)

[16] Laletin, N. I., Elshin A. V.: Derivation of Finite Difference Equations for the Heterogeneous Reactor. Report IAE-3281/5, 1, Square fuel Assemblies, Kurchatow Institute, Moscow(1980) and Laletin, N. I., Elshin, A. V.: Derivation of Finite Difference Equations for the Heterogeneous Reactor. Report IAE-3281/5, 2, Square, Triangular, and Double Lattices, Kurchatow Institute, Moscow(1981)

[17] Makai, M.: Symmetries applied to reactor calculations. Nucl. Sci. Eng. 82, 338(1982)

[18] Lux, I., Koblinger, L.: Monte Carlo Particle Transport Methods: Neutron and Photon Calcu-lations. CRC Press, Boca Raton(1991)

[19] Stamm' ler, R. J. J., Abbate, M. J.: Methods of Steady State Reactor Physics in Nuclear Design. Academic Press, London(1983)

[20] Carlvik, I.: Integral transport theory in one-dimensional geometries. Nukleonik 10, 104 – 119(1967)

[21] Germogenova, T. A.: Local Properties of the Solution to the Transport Equation. Nauka, Moscow(1986)(in Russian)

[22] Ganapol, B. D.: Analytical Benchmarks for Nuclear Engineering Applications, NEA/DB/DOC(2008)1, OECD(2008)

[23] Todreas, N. E., Kazimi, M. S.: Nuclear Systems I. Thermal Hydraulics Fundamentals. Taylor and Francis, New York(1990)

[24] Kay, J. M., Nedderman, R. M.: An Introduction to Fluid Mechanics and Heat Transfer. Cam-bridge University Press, London(1974)

[25] Xiaoyi H, Li-Luo: Theory of the lattice Boltzmann method: from the Boltzmann equation to the lattice Boltzmann equation. Phys. Rev. E, 56, 6811 – 6817(1997)

[26] ANSYS CFX: Release 12.0, ANSYS Inc. Canonsburg, PA 15317, USA(2009)

[27] Tennekes H., Lumely, J. L.: A First Course in Turbulence. MIT Press, Cambridge(1972)

[28] Geurts, B. J.: Elements of Direct and Large Eddy Simulation. Edwards, Philadelphia (2004)

[29] Bateman, G.: MHD Instabilities. The MIT Press, Cambridge(1978)

[30] Hyman, J. M., Shashkov, M.: Adjoint Operators for the Neutral Discretizations of the Divergence, Gradient, and Curl on Logically Rectangular Grids. Appl. Numer. Math. 25, 413 – 442(1997)

[31] Varga, R. S.: Matrix Iterative Analysis. Prentice Hall Inc., Englewood Cliffs(1962)

[32] Makai, M.: Group Theory Applied to Boundary Value Problems with Applications to Reactor Physics. Nova Science, New York(2011)

[33] Orechwa, Y., Makai, M.: Application of Finite Symmetry Groups to Reactor Calculations, INTECH. In: Mesquita, Z. (ed.) Nuclear Reactors. INTECH. http://www.intechopen.com/articles/show/title/applications-of-finite-groups-in-reactor-physics(2012)

[34] Becker, R., Gadó, J., Kereszturi, A., Pshenin, V.: Asymptotic approximations and their place in WWER core analysis. In: Theoretical Investigations of the Physical Properties of WWER-Type Uranium-Water Lattices, vol. 2. Akadémiai Kiadó, Budepst(1994)

[35] Report ANL-7416, Argonne National Laboratory Benchmark Book, Argonne, IL(1968)

[36] Makai, M.: AER Benchmark Site, PHYSOR 2002, Seoul, Korea(2002). Accessed 7 – 10 Oct 2002(and on the web: index of/aerbench-Kfki and http://www.ftpdir.hu)

[37] Davison, B.: Neutron Transport Theory. Clarendon Press, Oxford(1957)

[38] Duderstadt J. J., Martin W. R.: Transport Theory, Wiley, New York(1979)

[39] Henry, A. F.: Nuclear-Reactor Analysis. MIT Press, Cambridge(1975)

[40] Birkhoff, G.: Hydrodynamics. Princeton University Press, Princeton(1950)

[41] Argonne Code Center Benchmark Problem Book, report ANL-7416, Argonne(1975)

[42] Horelik, N., Herman, B., Forget, B., Smith K.: Benchmark for Evaluation and Validation of Reactor Simulations (BEAVRS), v1.0.1. In: Proceedings of the International Conference Mathematics and Computational Methods Applied to Nuclear Science and Engineering. Sun Valley, Idaho(2013)

[43] Metropolis, N: The beginning of the Monte Carlo method. Los Alamos. Science 15, 125 – 130(1987)

[44] Makai M., Szatmáry, Z.: Iterative determination of distributions by the Monte Carlo method in problems with an external source. Nucl. Sci. Eng. 177, 1 – 16(2014)

[45] Makai, M.: Response matrix of symmetric nodes. Nucl. Sci. Eng. 86, 302(1984)

[46] Makai, M.: Group Theory Applied to Boundary Value Problems with Applications to Reactor Physics. Nova Science Publishers, New York (2011) (Chap. 12)

[47] Gadó, J., Dévényi, A., Kereszturi, A., Makai, M.: A New Approach for Calculating Non-uniform Lattices. Ann. Nucl. Energy 11, 559 (1984)

[48] Ronen Y. (ed.): CRC Handbook of Nuclear Reactors Calculations, vol. I. CRC Press, Boca Raton (1986)

[49] Makai, M., Kis, D., Végh, J.: Global Reactor Calculations, Bentham (2015)

[50] Bell, G., Glastone, S.: Nuclear Reactor Theory. Van Nostrand Reinhold, New York (1970)

[51] Weinberg, A. M., Wigner, E. P.: The Physical Theory of Neutron Chain Reactors. The University of Chicago Press, Chicago (1958)

[52] Bussac, J., Reuss, P.: Traitéde neutronique, Hermann, Paris (1985)

[53] Marchuk, G. I., Lebedev, V. I.: Numerical Methods in Neutron Transport Theory. Atomizdat, Moscow (1971) (in Russian)

[54] Williams, M. M. R.: Random Processes in Nuclear Reactors. Pergamon Press, Oxford (1974)

[55] Akcasu, Z., Lellouche, S. G., Shorkin, L. M.: Mathematical Methods in Nuclear Reactor Dynamics. Academic Press, New York (1971)

[56] Pázsit, I., Demazier, Ch.: Noise techniques in nuclear systems, Chap. 14. In: Cacuci, D. G. (ed.) Handbook of Nuclear Engineering. Springer, Berlin (2010)

[57] Pázsit, I., Glöckler, O.: On the neutron noise diagnostics of PWR control rod vibrations III. Application at a power plant. Nucl. Sci. Eng. 99(4), 313 – 328 (1988)

[58] Sanchez, V., Al-Hamry, A.: Development of coupling scheme between MCNP and COBRA-TF for the prediction of the pin power of a PWR fuel assembly. In: International Conference on Mathematics, Computational Methods&Reactor Physics, (M&C 2009), Saratoga Springs, New York (2009). Accessed 3 – 7 May 2009

[59] Hoogenboom, J. E., Ivanov, A., Sanchez, V., Diop, C.: A flexible coupling scheme for Monte Carlo and thermal-hydraulics codes. In: International Conference on Mathematics, Compu-tational Methods&Reactor Physics, (M&C 2009), Saratoga Springs, New York (2009). Accessed 3 – 7 May 2009

[50] Papoulis, A.: Probability, Random Variables, and Stochastic Processes. McGraw-Hill, Tokyo (1965)

[61] Prékopa, A.: Probability theory, Muüszaki Könyvkiadó, Budapest (1974) (in Hungarian)

[62] Babuska, I., Tempone, R., Zouraris, G. E.: Galerkin Finite Element Approximation of Stochastic Elliptic Partial Differential Equations, SIAM J. Numer. Anal. 42, 800 (2004)

[63] Babuska, I., Nobile, F., Tempone, R.: A stochastic collocation method for elliptic partial dif-ferential equations with random input data. SIAM Rev. 52, 317 (2007)

[64] Dufek, J., Gudowski, W.: Stochastic approximation for Monte Carlo calculation of steady state conditions in thermal reactors. Nucl. Sci. Eng. 152, 274 – 283 (2006)

[65] Brown, F. B.: Fundamentals of Monte Carlo Particle Transport, Report LE-UR-05 – 4983, Los Alamos National Laboratory (2005)

附录 B　辐射防护中使用的单位

本部分是对辐射单位的简短概述。

活细胞与辐射的相互作用相当复杂,可追溯到 α、β 和 γ 粒子与原子核的相互作用。原子核是分子的一部分,一些分子像 H_2O(水)分子一样小,其他分子更复杂。无论生物体是什么,它都由 20 种氨基酸组成[1]。氨基酸中最常见的核是碳、氢、氧、氮、硫和磷。辐射与任何生物细胞的相互作用都是核反应,一些核反应从根本上改变了细胞的结构,有的则没有任何痕迹。因此,描述核辐射与活细胞的相互作用是相当困难的。辐射分为自然辐射和人造辐射。回顾过去,辐射水平在过去较高,未来将会降低。

在这种情况下,给出了现象学描述。辐射效应可以是随机的或确定的,后者可以通过直接观察来衡量,前者只能通过统计分析来衡量。通过在碰撞中转移到原子核的能量来研究辐射效应是合理的。

单位质量物质由辐射吸收的能量称为吸收剂量,当 1J 的能量被 1 kg 组织吸收时,吸收剂量为 1 J/kg 或 1Gy(格雷)。

辐射的效应取决于辐射的类型(α、β、γ)。生物学后果取决于受照射的组织,这通过加权来考虑。由此得到的单位称为等效剂量。

另一个权重因子考虑了器官和组织的敏感性,所得到的单位称为有效剂量,等效有效剂量单位称为西沃特(Sv),其量纲也为 J/kg。

放射性是单位时间内发射粒子的数量,它的单位是贝克勒尔,表征每秒发射一个粒子。天然本底辐射水平为 2.4 mSv/a。本底辐射随海拔升高而增加,有些区域的本底辐射比平均值高 5 ~ 10 倍,详见第 1 章和参考文献[2]。

参 考 文 献

[1] Lane, N.: Life Ascending. The Ten Great Inventions of Evolution. Profile Books, London (2010)

[2] Radiation in Perspective, Applications, Risks and Proteccion, Nuclear Energy Agency (2013) ISBN: 92 - 64 - 15483 - 3

附录 C　研究堆的监测与仪表

本附录描述了适用于监测研究反应堆和材料试验堆的堆芯以及耦合实验设施（如试验回路）的方法和系统。现有的各种设计的反应堆，以及目前正在建设或计划在不久的将来建造的辐照设施（例如法国 Cadarache 的 Jules Horowitz 反应堆和荷兰 Petten 的 PALLAS 反应堆），将在这里进行简要介绍。

C.1　当前运行的研究堆

C.1.1　哈尔登沸水堆（HBWR），哈尔登（挪威）

C.1.1.1　反应堆技术的描述

哈尔登沸水堆是位于挪威哈尔登的自然循环沸腾重水反应堆（见参考文献[1]）。这座独特的反应堆由挪威工程师设计，于 1959 年投入使用。由于其独特的测试装置仪表能力，它用于进行燃料和材料测试。慢化剂和冷却剂是重水（D_2O），由自然循环驱动的汽水混合物向上流进燃料棒周围的套管内。蒸汽被集中在水空间上面，而水通过慢化剂向下流回并通过位于组件套管下端的孔进入燃料组件。蒸汽流向两个蒸汽变换器（包括 1 个蒸汽发生器和一个汽包），在其中热量传递到二回路循环轻水。来自热交换器的凝水通过重力返回到反应堆。在二回路中，两个循环泵用于将水送入蒸汽变换器，在三回路中产生蒸汽，蒸汽作为工艺蒸汽作为输送到位于反应堆工厂附近的造纸厂的。表 C.1 总结了反应堆技术数据，图 C.1 所示为反应堆循环回路的流程图。

表 C.1　HBWR 技术数据

参数/特征	数值
最大热功率	20.0 MW
反应堆运行压力	33.6 bar
重水的饱和温度	240 ℃
主蒸汽流量（总）	160 t/h
返回凝水温度	238 ℃
反应堆中重水质量	14 t

标准的堆芯装载包括 110 个驱动器燃料组件和 30 个控制组件，这些组件以六角形栅格排列，栅距为 130 mm（图 C.2）。堆芯高度为 1 710 mm，顶部和底部反射层的厚度分别为 300 mm 和 380 mm，反应堆容器尺寸参见图 C.3。驱动器燃料组件包含 8 个或 9 个燃料棒，由富集度为 6% 烧结的 UO_2 芯块组成。燃料棒的活性部分长度为 810 mm，包壳材料是 Zr -

2 或 Zr－4，壁厚为 0.8 mm，1 mm 厚的燃料组件套管由 Zr－2 材料制成。

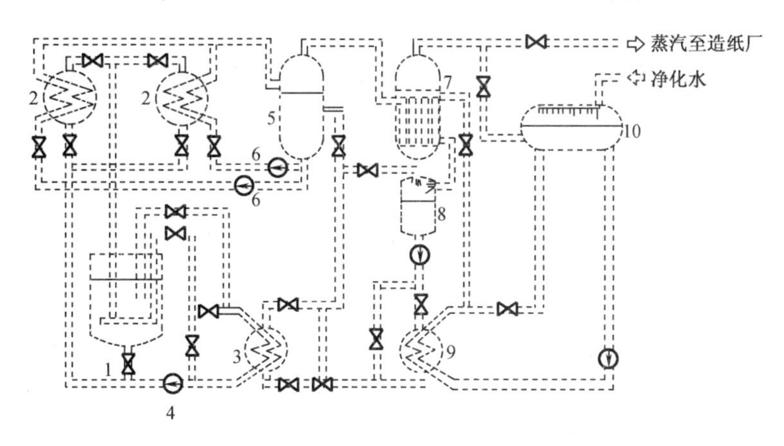

1—具有燃料和重水的反应堆；2—蒸汽变换器；3—D_2O 次级冷却器；4—重水循环泵；5—蒸汽包；6—轻水循环泵；7—蒸汽发生器；8—热井；9—轻水次级冷却器；10—给水箱。

图 C.1　反应堆循环回路的示意流程图[1]

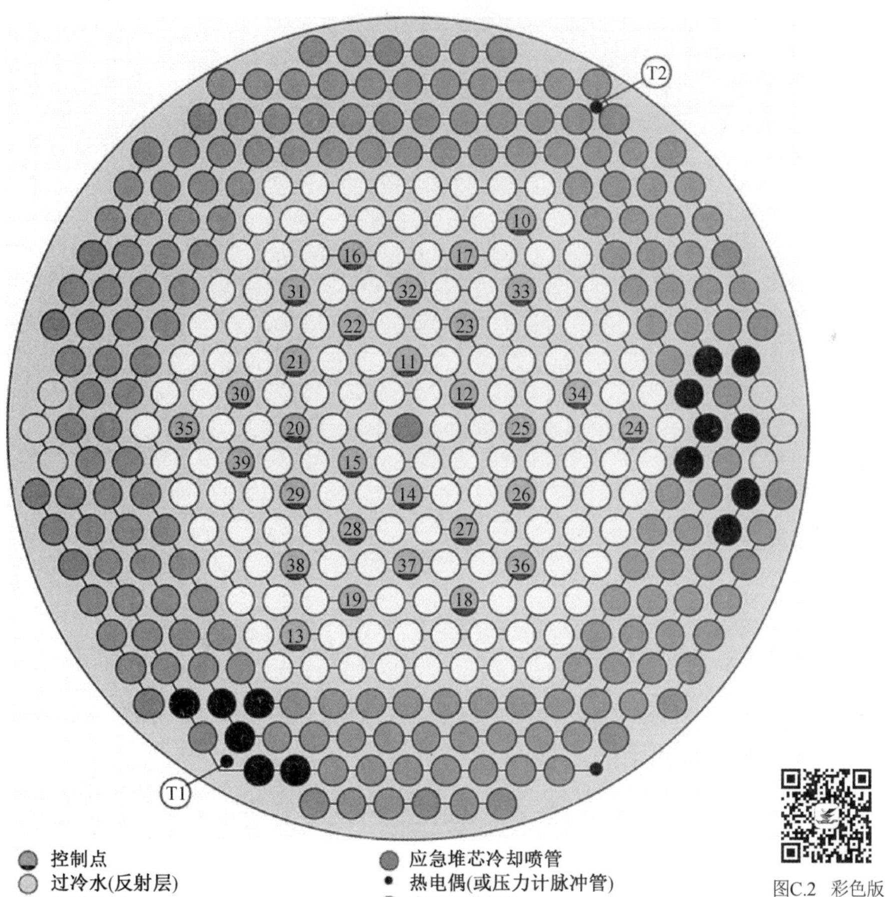

图C.2　彩色版

图 C.2　典型反应堆堆芯配置的示意图[1]

C.1.1.2　用于监测的堆芯仪表和测量装置

试验燃料组件的独特仪表可以通过扁平的反应堆容器顶盖(图 C.5)实现,顶盖上有燃料组件、控制组件或实验设备的单独贯穿件。碳钢反应堆压力容器本身是圆柱形的,具有圆形底部(图 C.3 和图 C.4)。请注意,底部和圆柱形容器部分的内表面具有不锈钢覆层。

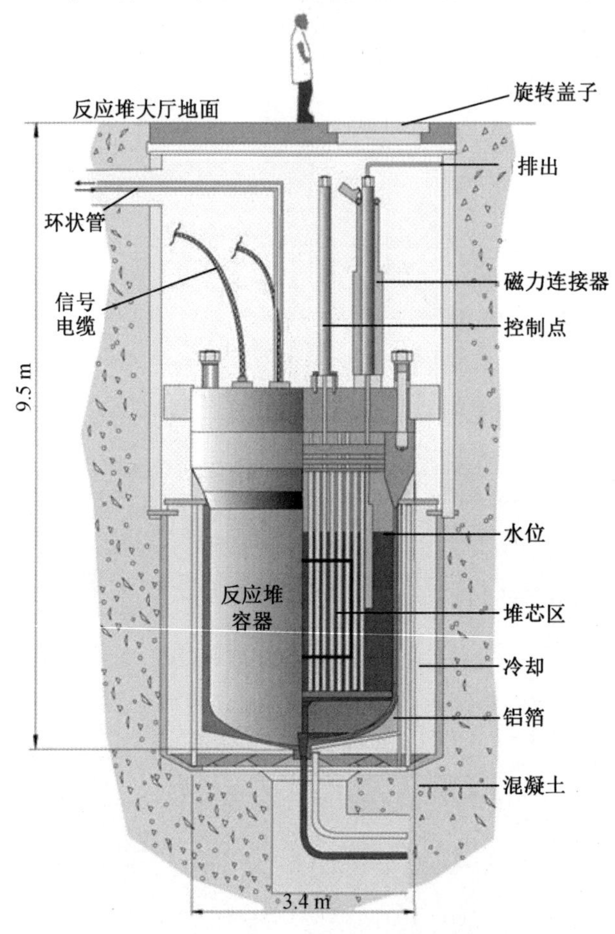

图 C.3　反应堆容器[5]

HBWR 条件(34 bar,235 ℃)足以在受控条件下进行燃料材料性能测试。如果需要表征轻水堆核电站的冷却剂状态,可以采用高压水测试回路。通常,超过 10 个高压实验回路位于活性堆芯中,以确保在轻水堆冷却剂条件下进行腐蚀或应力辅助腐蚀试验和燃料性能(图 C.6 为用于轻水堆测试回路的方案)。

在 HBWR 堆芯中进行的燃料性能测试旨在确定长期辐照期间所选燃料参数的行为,最重要的测量参数如下:

(1)燃料棒功率;

(2)燃料中心温度作为燃料燃耗的函数;

(3)释放的裂变气体量作为燃料棒功率和燃耗的函数;

(4)由于固体裂变产物的产生以及气态裂变产物在晶界处的沉积而引起的燃料膨胀;

(5)芯块 - 包壳相互作用(由于与芯块接触而导致的包壳轴向变形)。

根据具体测试环节的目的,试验台中的燃料棒(图 C.7 和图 C.8)可以配备:

(1)棒压力传感器(测量燃料棒中的裂变气体压力,见图 C.9);

(2)燃料热电偶(测量燃料中心温度,见图 C.10);

(3)燃料柱延伸探测器(通过 LVDT 测量位移,见图 C.11);

(4)涡轮流量计(用于测量组件冷却剂流量,见图 C.12);

(5)包壳延伸探测器;

(6)中子探测器(快速响应钴 SPNDs)。

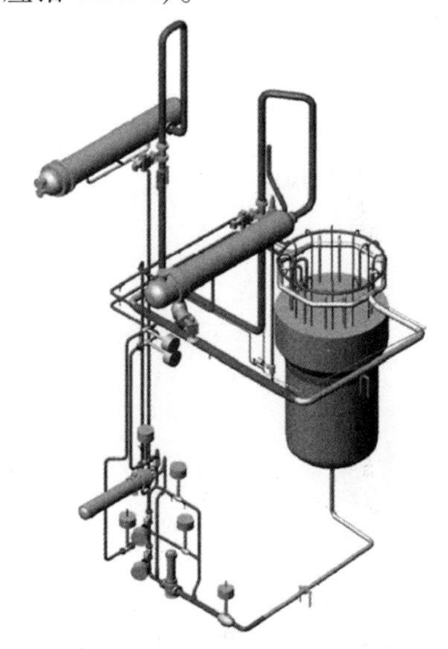

图 C.4　反应堆容器和反应堆管道部件的三维方案[3]

图 C.5　反应堆盖和反应堆大厅的视图[6]

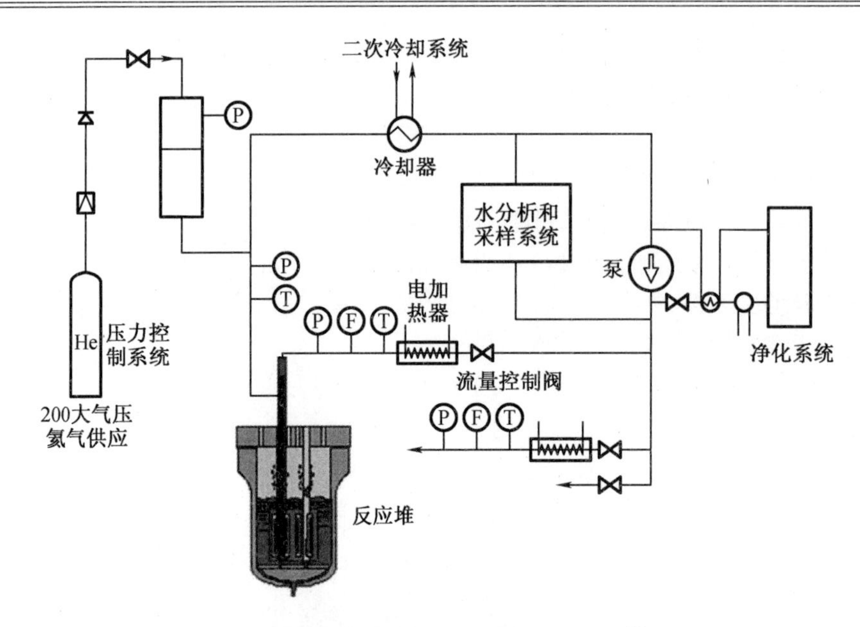

图 C.6　轻水反应堆工况试验回路方案[4]

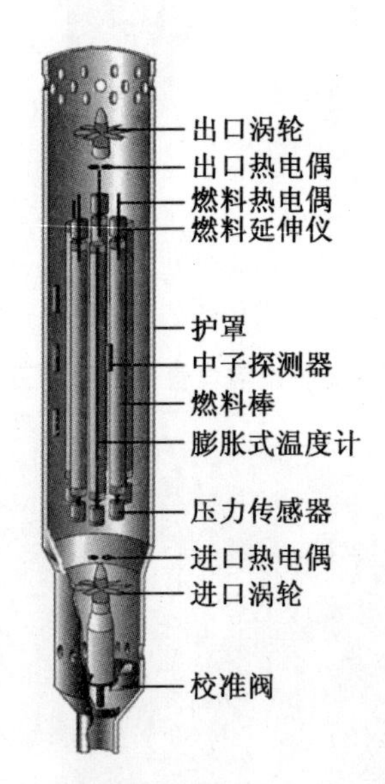

图 C.7　用于裂变气体释放试验的试验台组件的方案[2]

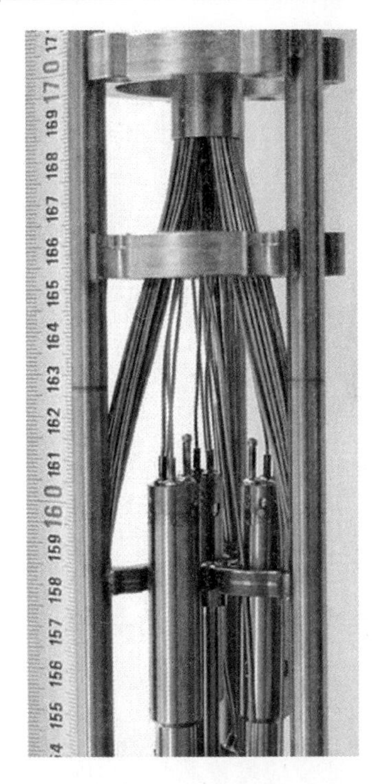

图 C.8　带有几个已安装仪表的试验台[3]

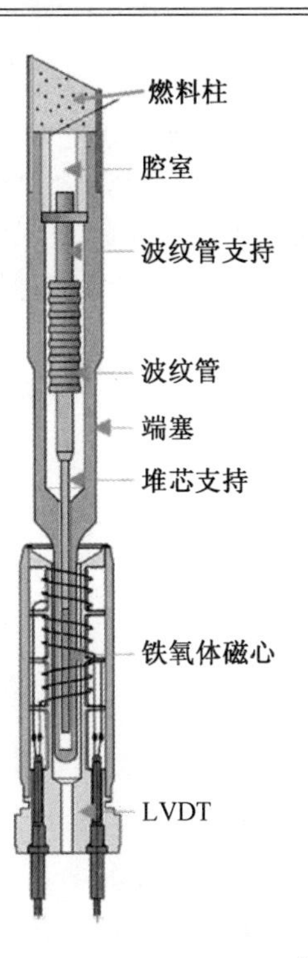

图 C.9　压力传感器[3]

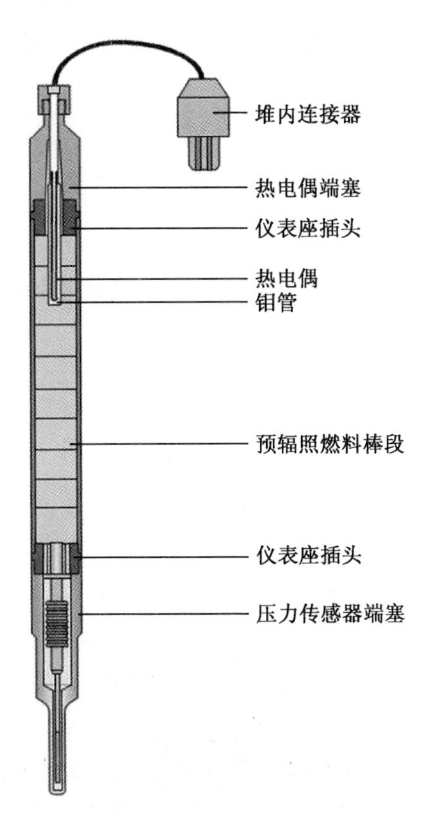

图 C.10　燃料 TC [4]

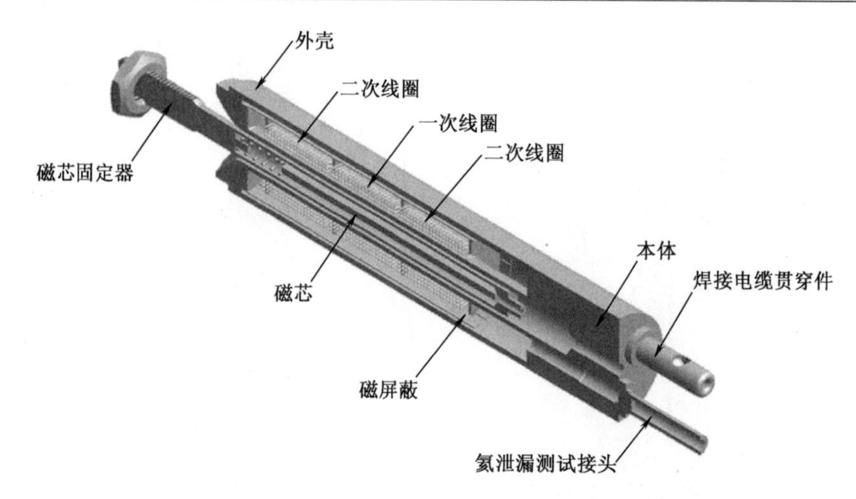

图 C.11 线性电压差动变压器 - LVDT [4]

请注意，中子探测器要么安装在热电偶高度处，以精确地确定局部功率，要么在选定的轴向高度确定中子通量分布。

C.1.1.3 堆芯监测功能

通过专用数据采集和反应堆监督系统收集和记录表征反应堆堆芯状态、循环回路、实验回路和试验台状态的所有重要信号。以 2 Hz 频率对 2 000 多个信号进行采样，并将它们定期存储在磁盘上。经过转换和验证的实验数据存储在一个特殊的数据库中（TFDB = Test Fuel Data Bank，见参考文献[3]），TFDB 是一个独特的燃料和材料测试数据库，包含 600 个实验的数据，并可追溯到 1972 年，TFDB 提供方便的实验数据检索、过滤、分组和可视化功能。

HBWR 控制室如图 C.13 所示。2012 年，传统的面板和控制装置被修改为计算机驱动的大屏幕显示系统（LSD，见图 C.13），面积为 4.5 m × 1.4 m。LSD 系统由哈尔登反应堆项目（HRP）的 MTO（人力、技术和组织）部门与 HBWR 专家密切合作开发和安装。图 C.14 显示了专用于显示与最重要的反应堆系统和实验回路相关信息的 LSD 部分。

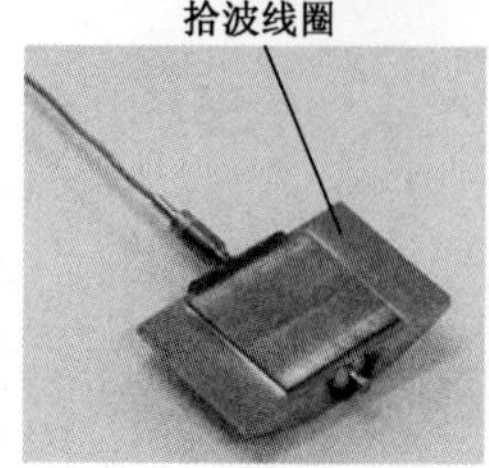

图 C.12 涡轮流量计[3]

图 C.13 带大屏幕显示的 HBWR 控制室[3]

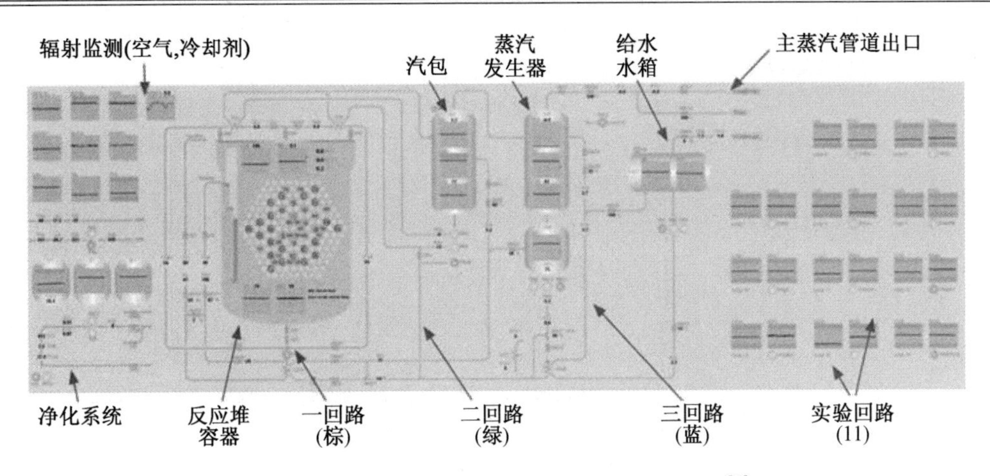

图 C.14 HBWR 大屏幕显示器的信息显示部分[7]

堆芯图显示了30个控制组件的垂直位置以及与所选驱动燃料位置相对应的一些测量的组件出口温度。LSD的其他部分显示了表征一回路、二回路、三回路以及实验环路状态的信息[8]。

请注意,LSD仅是反应堆操纵员用于显示HBWR选定技术部件详细信息的工作站的补充设备。LSD取代了大尺寸的传统模拟面板(显示了HBWR技术中最重要的项目),根据评估[8],它可以很好地支持HWBR在正常和瞬态工况下的运行。

参考文献

[1] HBWR:Halden Boiling Water Reactor, Institutt for energiteknikk, OECD Halden Reactor Project. http://www.ife.no/en/ife/halden/hrpfiles/halden-boiling-water-reactor (2003). Accessed 15 Sept 2015

[2] IGORR, McGrath, M.: Present status and future plans of the Halden reactor. In: 12nd Meeting of the International Group on Research Reactors, Beijing, China, 2009 (2009)

[3] HBM: Views on the long-term direction of the OECD Halden reactor project 2015 – 2024. Report HP-1380, Halden Board of Management, Halden, Norway (2013)

[4] HRP: Irradiation Capabilities at the Halden Reactor Project, Halden, Norway (2014)

[5] INIS, Broy, Y., Wiesenack, W., Moen, L. A.: The OECD Halden Reactor Project-International Research on Safety and Reliability of Nuclear Power Generation, INIS, vol. 33, Issue 12, IAEA, Vienna, Austria (2001)

[6] HPM, McGrath, M.: Halden Project Manager, Personal Communication (2015)

[7] RRFM, Elisenberg, T., Volkov, B., Braseth, A. O.: Halden reactor: updated approaches for safe, reliable and versatile researches. Transactions of RRFM 2013, St. Petersburg, Russia (2013)

[8] Braseth, A. O.: Evaluating usability of the Halden reactor large screen display: is the information rich design concept suitable for real-world installations? Nucl. Saf. Simul. 4 (2), 160 – 169 (2013)

C.1.2 高通量反应堆(HFR),Petten(荷兰)

C.1.2.1 反应堆技术描述

位于Petten(荷兰)的高通量反应堆(HFR)是一种池中容器式热反应堆,主要用于燃料和材料测试,它也是核医学放射性原料的重要提供者(图C.15)。

图C.15 荷兰春季风景中的HFR安全壳景观(作者于2016年拍摄)

反应堆用轻水冷却和慢化,径向反射层是铍。最初的驱动燃料类型是MTR燃料组件,由具有UAl*x*燃料基质的板组成,使用高富集度铀(HEU)和^{10}B作为可燃毒物。目前使用低富集度铀(LEU)燃料,燃料是带有包壳的硅化铀(U_3Si_2)。燃料板的有效长度为60 cm,总组件长度为92 cm。HEU到LEU的转换过程于2006年完成。

该反应堆由美国汽车和铸造工业公司(ACF)根据与荷兰反应堆中心(RCN)签订的合同设计和建造,作为支持荷兰核研发计划的主要设施。HFR设计类似于橡树岭反应堆。HFR的首次临界在1961年11月实现,1962年反应堆开始正常运行,最大功率为20 MW。1962年,HFR所有权转移到欧盟委员会(Euratom)。自1962年以来,HFR的运营和管理属于NRG(核研究和咨询集团,荷兰),2005年NRG也成为HFR的许可证持有人(图C.16)。表C.2总结了反应堆技术数据,图C.17显示了带有水池的反应堆大厅。

表C.2 HFR技术数据[4]

参数/特性	数值
运行/最大热功率	45.0 MW/50.0 MW
堆芯上部压力	3.4 bar
一回路冷却水流量	4 100 m^3/h
二回路冷却水流量	1 000 ~ 3 125 m^3/h
反应堆池的容积	151 m^3
名义堆芯进口/出口温度	40 ~ 50 ℃/50 ~ 60 ℃
LEU燃料的富集度	19.25% ~ 19.95%
安全壳容积	12 000 m^3/h

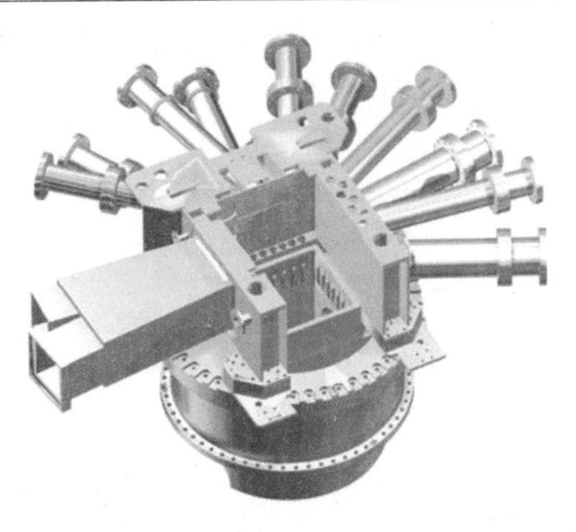

图 C.16　带有水平束管的 HFR 反应堆水箱 3D 视图[7]

HFR 堆芯(图 C.18)包含 72 个位置:33 个驱动燃料组件、6 个控制棒(带有镉板)和 17～19 个实验辐射/同位素生产位置。这些位置容纳铝填充块,如果一个位置在给定的反应堆循环中没有使用位置,则在其中填充铝塞。堆芯周围有 23 或 25 个铍反射块,包括 4 个特殊的“角落”块和位于堆芯以东的“外部反射层”中的 9 个块。池边设施(PSFW)位于堆芯的西侧,其 12 个辐照位置主要用于进行功率斜升测试。此外,堆芯周围有 12 个水平射束管,用于进行中子实验。

图 C.17　HFR 反应堆大厅和反应堆池的视图[3]

在反应堆运行期间,反应堆容器中产生的 45 MW 功率通过主冷却剂水系统确保排出。在一回路中,泵使二回路水循环,通过适当尺寸的热交换器将热量传递到二回路冷却水系统。在二回路侧循环的冷却介质是从附近通道取来的淡水,最后排放到海中。151 m^3 的反应堆池水由专用冷却系统冷却,将热量传递至二回路。这些冷却回路的方案如图 C.19 所示。

HFR 的安全性通过保守的设计以及诸如负调节剂和燃料温度反应性系数等固有安全特征来保证。因此,发生事故导致重大放射性释放的可能性非常有限。通常保持在轻微负压下的密封钢容器进一步确保了保护环境免受假设的放射性释放的影响。安全壳配有“水槽”,可承受 0.5 bar 的超压(注意水槽是一种特殊的静液压装置,旨在将内部安全壳压力限制在给定值以下)。

HFR 的年度可用性相当高(约 80%):在一个日历年中,HFR 以满功率运行平均 280 ~ 290 天。

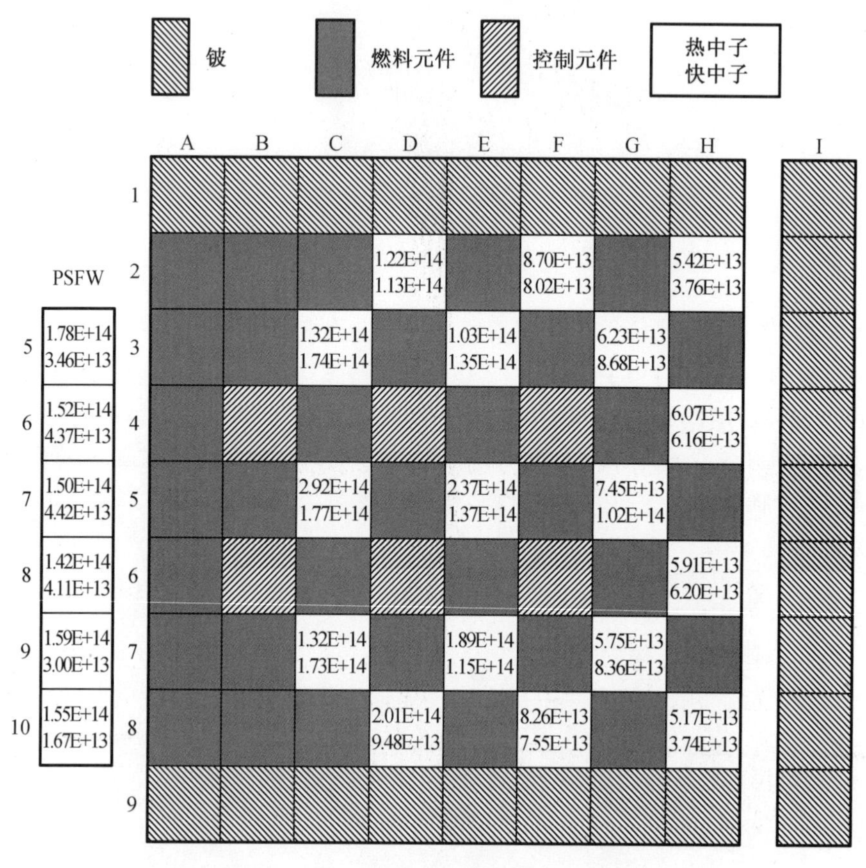

图 C.18　一个典型的 HFR 堆芯配置[2]

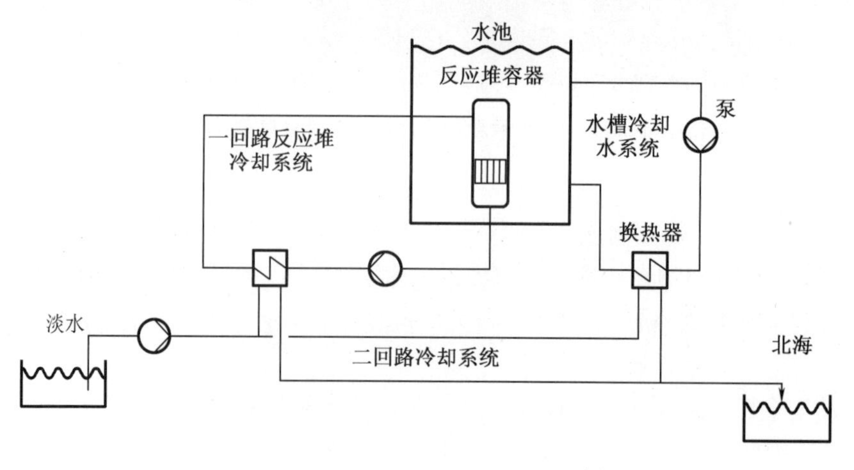

图 C.19　HFR 冷却系统的示意图[8]

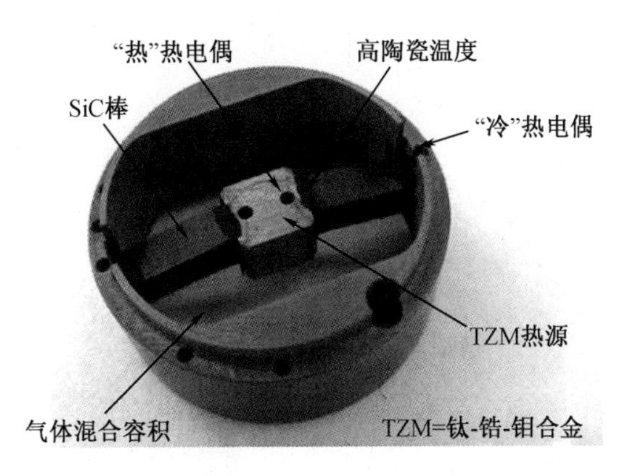

图 C.20　在 SICCROWD 实验中使用的辐照胶囊[6]

C.1.2.2　用于监控的堆芯仪表和测量装置

高的堆芯比功率(≈310 kW/L)可确保堆芯位置有良好辐照和实验条件。在特定位置，热中子和快中子通量值可分别达到 2.6×10^{14} n($cm^{-2}\cdot s^{-1}$)和 1.8×10^{14} ($cm^{-2}\cdot s^{-1}$)。因此,HFR 非常适合用作多用途研究反应堆,即它可以为材料辐照提供适当的条件(例如研究核电厂长期运行影响的实验);燃料瞬态试验(包括第四代反应堆燃料);支持核聚变研究的试验(例如用于聚变研究设施的材料辐射试验);医疗用放射性同位素生产;硅掺杂;硼捕获疗法;中子实验(例如中子散射、射线照相和衍射)。HFR 应用范围很广,并且正在不断发展,紧跟科学和核技术的最新趋势。

广泛的实验需要有能力和通用的仪表来监测辐照条件和辐照样品的行为,重点在于监测实验的局部条件,而不是 HFR 堆芯本身,正如上面所解释的,由于其设计,堆芯表现出良好控制和固有安全的方式。在下面讨论了一些有特点的 HFR 仪表,这些仪表是在过去几年中开发的,用于监测特殊实验。

图 C.20 显示了 SICCROWD 实验[6]中使用的辐照胶囊,旨在测试碳化硅(SiC)复合材料在高温(高达 950 ℃)和高快中子注量(高达 4 dpa)下的力学行为和导热系数。这些复合材料是在聚变装置中构造覆盖层的有希望的候选材料。

图 C.21 显示了用于辐照反应堆压力容器材料样品的 LYRA 辐照胶囊样品支架部分。HFR 在若干旨在研究高中子通量下轻水堆结构材料行为的国际项目中作为实验设施发挥了重要作用。

图 C.22 显示了 HFR – EU1bis 实验的样品架部分,旨在研究 HTR 燃料元件(“球”)在高温条件下的行为(在五个测试燃料球的中心保持的温度约为 1 250 ℃)。经测试的燃料球嵌入石墨中,整个结构放入标准 HFR 不锈钢胶囊中。

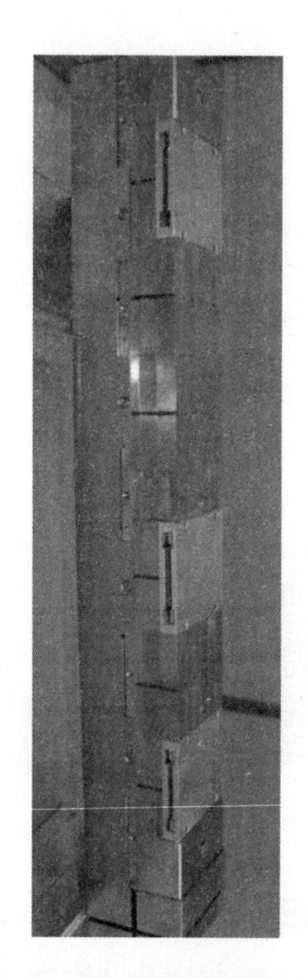

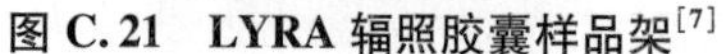

图 C.21　LYRA 辐照胶囊样品架[7]

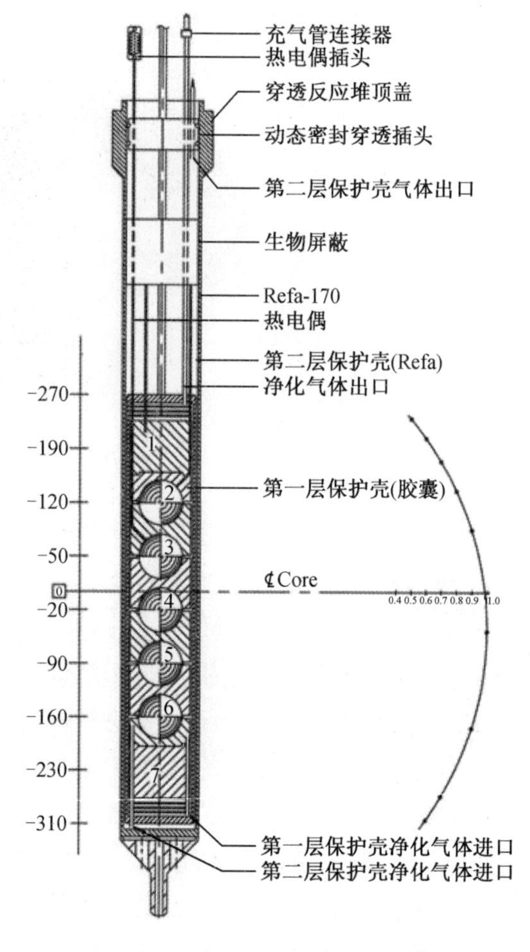

图 C.22　HFR – EU1bis 样品架[9]

C.1.2.3　堆芯监测功能

HFR 由位于 HFR 警戒安全区的传统控制室控制和监测，操纵员使用操作控制台和相关的仪表板来执行控制操作并监测活性堆芯和实验通道的状态(图 C.23)。

专用数据采集和记录系统(DACOS、数据采集和控制在线系统)用来收集和记录表征反应堆堆芯、冷却回路、安全壳和实验台状态的所有重要信号。该系统能够存储所有反应堆和实验数据，并提供高级数据检索和展示服务。

图 C.23　HFR 控制室[3]

参 考 文 献

[1] IAEA, de Haas, G-J.: The High Flux Reactor (HFR)-Nuclear research at NRG, Catalogue of research reactors, IAEA consultancy meeting, Vienna, Austria (2013). Accessed 10 – 12 June 2013

[2] EC: High Flux Reactor (HFR) Petten-Characteristics of the Installation and the Irradiation Facilities, European Commission DG JRC, Brussels, Belgium (2005)

[3] HFR: Kernreactor Petten 50 jaar in gebruik http://www.hartvannederland.nl (2011)

[4] CSA: Complementary Safety Margin Assessment "Onderzoekslocatie Petten" NRG, Petten, The Netherlands (2012)

[5] EC: Operation and Utilisation of the High Flux Reactor, Annual Report 2006, Report EUR 22757 EN, EC JRC, Petten, The Netherlands (2007)

[6] NRG, Hegeman H., et al.: Overview of SiC-SiC composite high-T irradiation, performed in HFR, NRG, Petten, The Netherlands (2004)

[7] IAEA, Debarberis, L., et al.: Unique irradiation rigs developed for the HFR Petten at the JRC-IE: details of LYRA, QUATTRO and fuel irradiation facilities, TM on Research Reactor Application for Materials under High Neutron Fluence, IAEA, Vienna, Austria (2008)

[8] NRG, Slootman, M. L. F., et al.: Methodology of the Safety Analyses for the HFR Petten, NRG, Petten, The Netherlands ftp://130.112.2.102/pub/www/nrg/cae/methhfr.pdf (2005)

[9] NED, Fütterer, M. A., et al: Results of AVR fuel pebble irradiation at increased temperature and burn-up in the HFR Petten. Nucl. Eng. Design 238, 2877 – 2885 (2008)

C.1.3 布达佩斯研究堆(BRR),布达佩斯(匈牙利)

C.1.3.1 反应堆技术描述

BRR 是苏联设计的容器式研究反应堆,它以 10 MW 的功率运行。轻水慢化和冷却的反应堆有铍和水反射层,最终热阱由冷却塔保证。该反应堆在 1959 年达到首次临界,并在调试后以 2 MW 的功率运行。1967 年进行了第一次升级,反应堆功率增加到 5 MW,使用了新的燃料类型和铍反射层。1986 年至 1993 年,进行了一次全面的重建,升级后的反应堆于 1993 年 11 月获得了新的运行许可证,功率增加到 10 MW,且更换了主要反应堆部件[2]。图 C.24 显示了带烟囱的反应堆厂房和冷却塔的远景。

最初燃料富集度为 36%,但从 2009 年开始逐渐引入含有低富集度铀(LEU)燃料元件的"混合"堆芯。由于 HEU 至 LEU 转换计划于 2012 年成功完成,现在,反应堆仅使用富集度为 19.75% 的 VVR-M2 LEU 型燃料。

BRR 基本上用作研究目的的中子源,但中子也用于工业应用。用于各种目的的辐照(例如用于材料测试)可以在 40 多个垂直辐照通道中进行,而中子物理实验可以在 10 个水平中子束端口进行,也可使用冷中子源。用于研究的反应堆由布达佩斯中子中心协调和管理,该中心是由匈牙利几个学术机构于 1993 年建立的一个联合体,见参考文献[1]。

堆芯几何形状为六边形,高度为 0.6 m,直径约为 1.0 m。通过碳化硼(B_4C)控制棒(3 个安全棒和 14 个补偿棒)来确保反应性控制,精细功率控制由不锈钢制成的自动棒完成。堆芯最大热中子通量密度达到 2×10^{14} n·($cm^{-2}\cdot s^{-1}$),最大快中子通量约为 1×10^{14}n·($cm^{-2}\cdot s^{-1}$)。堆芯有 51 个垂直辐照通道,有 8 个水平和一个切向实验通道,外加堆芯周围的一个冷中子通道(图 C.26)。典型 BRR 堆芯配置如图 C.25 所示,BRR 反应堆大厅视图如图 C.27 所示(表 C.3)。

反应堆平均每年运行约 3 500 h,运行周期为 10 d,在周末关闭。BRR 是一个多用途研究设施,其基本功能是作为中子源来支持各种科学实验。它也用于材料测试或辐照及医用同位素生产。

图 C.24 带有烟囱和冷却塔的 BRR 建筑物的视图(© BRR)

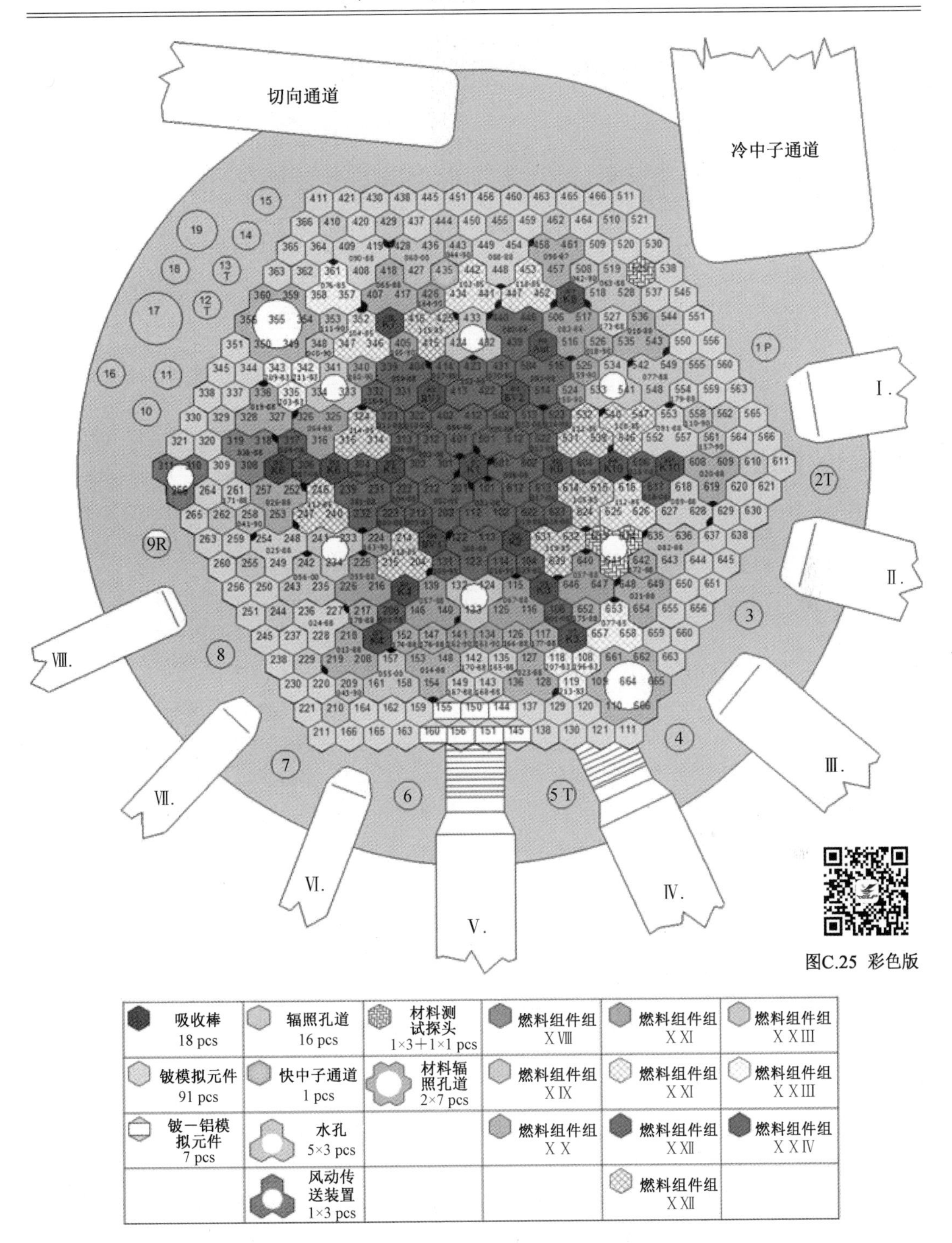

图 C.25 BRR 的标准堆芯配置(© BRR)

图 C.26 BRR 堆芯的俯视图[3]

表 C.3 BRR 技术数据[1]

参数/特性	数值
运行/设计热功率	10 MW/20 MW
平均堆芯功率密度	61 kW/L
静压(堆芯顶部)	1.35 bar
一回路冷却水流量	1 720 m^3/h
反应堆容器内冷却水容积	23 m^3
名义堆芯进口/出口温度	48 ℃/60 ℃
LEU 燃料富集度	19.75%

C.1.3.2 用于监测的堆芯仪表和测量

堆芯自身有非常有限的仪表,测量主要用于监测一回路的热力状态和堆芯中子功率。这些仪表包括主冷却剂流量、压力、温度和 ΔT 测量值、电离室电流和周期(对数和线性通道),以及控制棒和安全棒位置(包括自动功率控制棒的状态)。然而,一些堆芯照辐装置具有复杂的仪表以监测实验条件并记录样品的详细辐照历史。BRR 使用的最重要的辐照装置之一是 BAGIRA 装置[3],用于测试裂变反应堆和聚变设施中使用的结构材料的辐照老化。第一个版本的 BAGIRA(布达佩斯先进铝结构气冷辐照装置)于 1998 年投入运行,后来它被用作辐照反应堆压力容器覆层样品和聚变设施的结构材料(如钛合金和钨)。

最新的 BAGIRA-3 版本(图 C.28)扩大了辐照温度范围(150~650 ℃),并且在目标容器周围安装了 B_4C(热中子吸收器)屏蔽以确保试验装置内部主要的快中子能谱。样品中的最大辐射损伤为 0.5 dpa/年。试验装置通过气体混合物(氦-氮)流动冷却,并且通过电加热装置和伽马加热确保所需的样品加热。通过 6 个热电偶监测 6 个加热区的温度(图 C.28),并通过计算机系统实现控制。值得注意的是,目标容器在辐照期间旋转,并且能够容纳多达 36 个用于 Sharpy 冲击试验的标准尺寸试样。

图 C.27　BRR 大厅的实验装置安装在水平梁的端口上(© BRR)

图 C.28　左图显示了 BAGIRA－3 辐照装置的目标支架(箭头指向 6 个加热区域),右图显示了堆芯上方的装置头部[4]

C.1.3.3　堆芯监测功能

该反应堆有一个常规控制室,是在 25 年前完成的最后一次改造期间以其现有形式建立的,BRR 控制室的视图如图 C.29 所示。在改造过程中,引入了一种新的计算机数据采集系统[2]。该系统的所有重要输入信号均为三重冗余,由核测量形成的安全/警告信号由“2/3”投票方案组成。数据收集系统与排放/环境监测系统在 2013 年进一步升级,采用了现代化的硬件和软件。

图 C.29　BRR 控制室的视图(© BRR)

最新的现代化设备可以将选定的 BRR 数据传输到匈牙利原子能管理局(HAEA)的应急响应中心(CERTA,见[6]),以确保 BRR 运行的在线监测。数据传输是由 HAEA 发起的,作为福岛事故后提出的旨在提高匈牙利核应急准备水平的措施的一部分,其目的是确保对 BRR 运行的持续监管,并在 HAEA 危机中心使用适当的工具,以便在潜在的 BRR 紧急情况下为 HAEA 专家提供支持。2013 年和 2014 年实现了所选 BRR 信号的实际传输(共 200 个)和 HAEA 危机中心的数据处理实施。以下特征信号组已传输:

(1)表征反应堆状态的技术测量值;

(2)用于确定临界安全功能(CSF)状态的测量值;

(3)提供放射性排放信息的测量值;

(4)显示反应堆和现场放射性状态的测量值。

数据传输的周期时间为 30 s,有关数据通信的详细信息,见参考文献[5]。图 C.30 显示了从 CERTA 中心维护的本地数据档案中绘制的趋势曲线,该曲线说明了冷却塔后水温的变化情况(在反应堆启动过程中记录数据)。

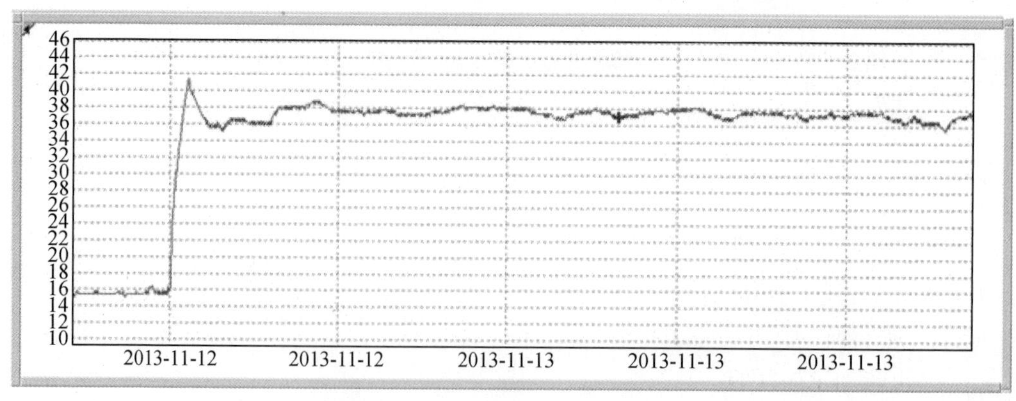

图 C.30　反应堆启动过程中冷却塔后的水温变化趋势(© BRR)

在 CERTA 中心运行的应用程序使用传输的数据并进行计算,以确定反应堆的实际“应急状态”。当识别出表征给定应急状态的一致征兆集时,则宣布可能的 BRR 应急状态。通过计算可以识别的症状包括主冷却剂流量的减少、主冷却剂损失、反应堆运行期间无意中引入反应性、一回路污染;外部事件引起的各种征兆。通过对描述各种临界安全功能的挑战的状态树进行循环评估来进行征兆的识别。在评估过程中,定义并应用以下六个临界安全功能:次临界(S)、堆芯冷却(C)、热量排出(H),主回路完整性(P),安全壳完整性(Z)和装量(I)。临界安全功能状态树和反应堆应急状态来自最终安全报告和 BRR 应急行动计划。

参考文献

[1] BNC: Progress Report on the Activities at the Budapest Research Reactor, Budapest Neutron Centre 2010 – 2012, Budapest, Hungry (2013)

[2] To″zsér, S.: Full-scale reconstruction and upgrade of the BRR, IAEA (2009)

[3] Gillemot, F.: Study of irradiation effects at the research reactor. Strength Mater. 42(1), 78 – 83 (2010)

[4] BNC: http://www.bnc.hu (2016) (downloaded on 25/05/2016)

[5] Végh, J., et al.: Improving research reactor accident response capability at the Hungarian nuclear safety authority. IEEE Trans. Nucl. Sci. 62(1), 1 – 8 (2015)

[6] Végh, J., et al.: Building up an on line plant information system for the emergency response centre of the Hungarian nuclear safety directorate. Nucl. Technol. 139 156 – 166 (2002)

C.2 计划或正在建设中的研究堆

C.2.1 Jules Horowitz 反应堆(JHR), Cadarache (法国)

C.2.1.1 背景和简短的项目历史

新型材料测试反应堆 JHR 无疑是当前十年中规模最大、最耗资的研究堆。JHR 的建设于 2007 年在 Cadarache 厂址(法国)开始,于 2009 年 8 月浇筑第一罐混凝土。目前 JHR 的试运行预计于 2019 年进行(图 C.31)。

建设和运营的资金由一个由研究机构、公用事业和工业组织组成的联盟(成立于 2007 年)提供的如下组成:

(1)研究机构——CEA(法国),CIEMAT(西班牙),DAE(印度),IAEC(以色列),JAEA(日本),NNL(英国),NRI(捷克共和国),SCK · CEN(比利时),VTT(芬兰)。

(2)工业合作伙伴——EdF(法国),Areva(法国),Vattenfall(瑞典)。欧盟委员会(Euratom)也参加了该联盟。

在运营阶段,联盟成员可以进入实验地点,并在 JHR 进行自己的实验。个人访问权将与给定成员所做的贡献成正比。还将维持一个联合计划,以便在国际合作的框架内进行共同试验。

图 C.31　2015 年 9 月 JHR 施工现场的视图[4]

JHR 的建设追求以下主要目标[4]:

(1)开展燃料和材料辐射实验研究以支持目前运行的核电厂,以及未来各种设计的动力堆。

(2)生产医用放射性同位素:预计 JHR 的[99] Mo 同位素产量将高达欧州需求总量的 50%。

(3)建立国际核知识管理中心,为年轻科学家提供培训,维护国家核专业知识,促进选定核研发领域的国际合作。

后一目标将得到国际原子能机构的积极支持,因为 JHR 将在国际原子能机构 2014 年发起的国际教育和联合研究计划下担任 ICERR(基于研究反应堆的国际中心)。

C.2.1.2　反应堆厂房和反应堆技术说明

JHR 是一种池中容器式热中子反应堆,其中水用作冷却剂和慢化剂。反应堆的主要技术参数见表 C.4。

表 C.4　JHR 技术数据[3]

参数/特征	数值
最大热功率	100.0 MW、
堆芯容器最大/平均压力	10 ~ 15/5 bar
燃料包壳外部最大温度	140 ℃
通过堆芯的最大冷却剂流量	8 500 m^3/h
通过燃料通道的最大冷却剂速度	18 m/s
堆芯最大快中子($E > 0.1$ MeV)通量	5.5×10^{14} $n/cm^2/s$
反射层中最大热中子通量	5.5×10^{14} $n/cm^2/s$
材料样品最大损坏	16 dpa/year

JHR 的设计使用寿命至少为 50 年，该反应堆计划每年运行 275 个有效满功率，计划的燃料循环周期为 30 天。通常，反应堆功率将介于 70 ~ 100 MW（取决于堆芯布置），但也将具有低功率（2.4 MW）运行模式，即模拟模式。该模式用于训练、物理实验、堆芯测量（例如通量映射）等。

反应堆厂房方案如图 C.32 所示。

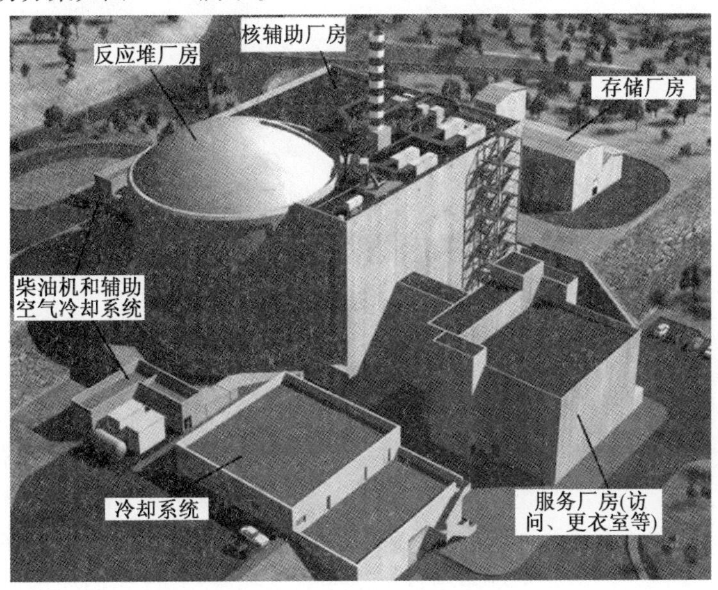

图 C.32 JHR 建筑的示意图[2]

（1）反应堆厂房（RB）——该建筑包含属于反应堆本身的所有系统，以及在辐照期间处理实验的系统。

（2）核辅助厂房（NAB）——与各种实验支持活动相关的系统（例如，用于处理辐照前后样品和辐照装置的设备，用于存储的池、热室等）。

（3）其他厂房——这些建筑物的存在出于安全目的（例如主机柴油发电机和额外的冷却设备），或提供服务。

反应堆厂房和核辅助厂房通过防漏水块完全隔离，它们之间的交流只能通过水下传输通道（图 C.33）进行，例如，将辐射材料从反应堆输送到储存池或热室，通过水下舱口持续地确保厂房之间的密封完整性。反应堆厂房的圆柱形部分（直径约 37 m）由部分预应力混凝土构成，而厂房的顶部（穹顶，高度约为 45 m）由钢制成，确保在事故情况下保持适当的密封性。另外，可以收集来自反应堆厂房的泄漏并且在位于核辅助厂房中的泄漏回收区内以可控的方式进行回收。

新厂房的抗震设计得到了特别的重视。根据法国核法规，假设“硬土”条件为 0.35 g PGA，JHR 厂址的安全停堆地震（SSE）等级设定为 5.8 级（按 MSK 标准），而将历史上可能发生的最大地震（也称为古地震）设定为 7.0 级。

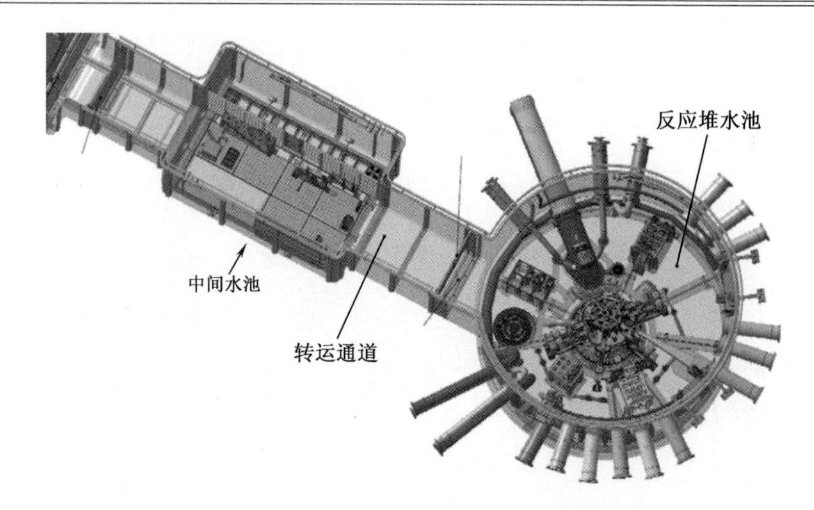

图 C.33　具有实验通道的反应堆水池的 3D 设计视图[1]

核岛(即反应堆厂房和附属核辅助厂房)由约 200 个抗震垫支撑,这些垫是由弹性体(橡胶)和金属板层组成的 90 cm×90 cm 的“三明治”。垫子放在核岛筏下面,本身放在混凝土柱子上。这种水平抗震隔离确保了对地震的更严格响应,并将核岛厂房的水平加速度限制在 0.12 g(详见参考文献[6])。

反应堆冷却剂系统由三个回路组成(一回路、二回路和三回路,见图 C.34),每个回路都包含一个泵和两个热交换器。主回路中没有安装衰变槽,以允许当循环水通过堆芯时发生的$^{16}O(n,p)^{16}N$反应产生的^{16}N同位素衰变,因此安装了适当的生物屏蔽。

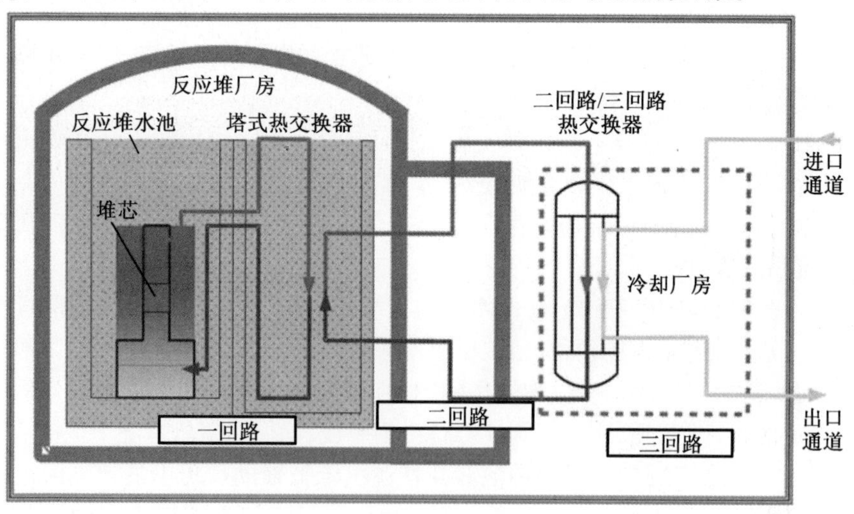

图 C.34　JHR 冷却回路方案[1]

C.2.1.3　反应堆堆芯、核燃料和实验装置

封闭反应堆的俯视图如图 C.35 所示。

图 C.35　JHR 堆芯的 3D 设计视图[2]

整个堆芯结构放置在称为堆芯外壳的加压容器中,并由铍制成的径向反射层包围(图 C.36)。堆芯外壳加压,最大反应堆冷却剂压力为 10~15 bar,具体取决于堆芯布置。

计划采用两种不同的堆芯几何形状:所谓的“标准堆芯”(图 C.37)包含 37 个位置(34 个燃料栅元)以确保标称实验条件,而“大堆芯”有 51 个位置(43 个燃料栅元),能够容纳大直径实验回路。注意,堆芯直径约为 70 cm,由铍径向反射层包围。

图 C.36　安装了 Be 反射层的堆芯外壳的视图[2]

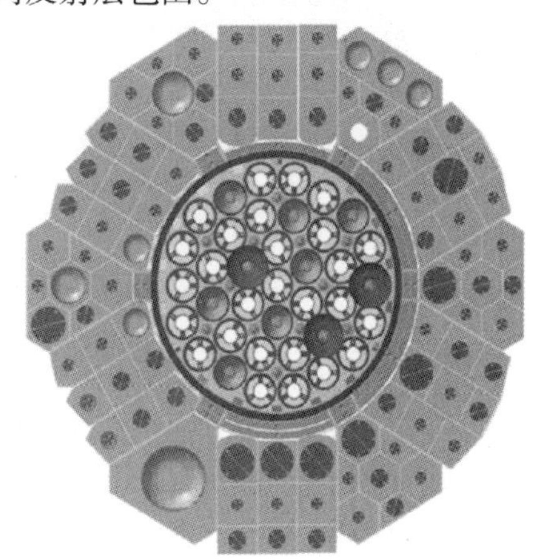

大型测试槽

具有小型测试槽的燃料元件

具有控制棒槽的燃料元件

图 C.37　标准(参考)JHR 堆芯的布置[7]

预计使用两种燃料类型:主要燃料是高密度(8.0 gU/cm^3)铀－钼(UMo)燃料,富集度为 19.75%,而备用燃料是密度较低(4.8 gU/cm^3)的铀－硅化物(U_3Si_2),富集度为 27%。如果推迟最佳 UMo 燃料的开发,后一种类型燃料将仅在 JHR 第一个运行周期使用。JHR 燃料元件的俯视图如图 C.38 所示。燃料的几何形状是圆柱形的,活性长度为 60 cm,包壳为铝合金。堆芯的反应性控制由 4 个铪功率调节控制棒、4 个停堆棒(铪或 B_4C)和 19 个补偿棒(铪或 B_4C)进行,通过在燃料元件之间放置含有镉或钆可燃毒物的棒来实现进一步的反应性控制。JHR 堆芯中的快中子和热中子通量分布特征如图 C.39 所示。

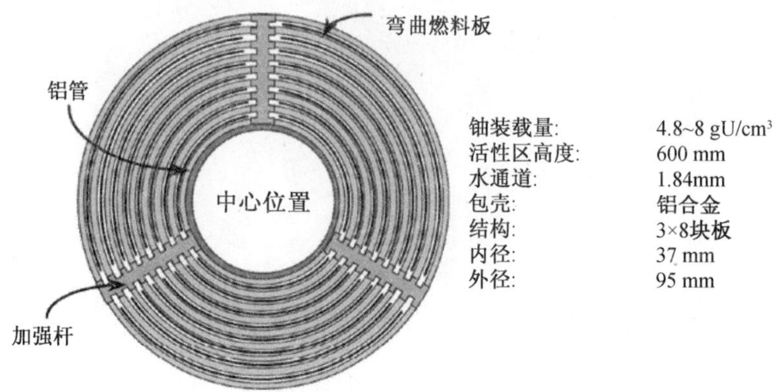

图 C.38 JHR 燃料元件的俯视图[11]

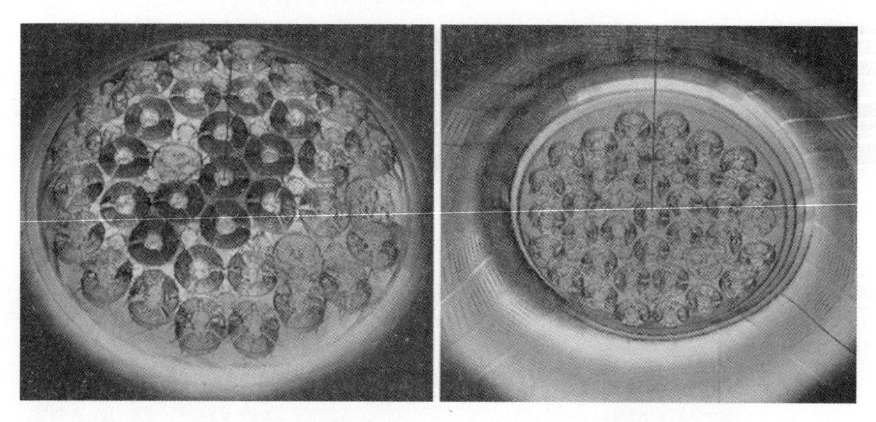

图 C.39 快中子(左)和热中子(右)通量在堆芯中的分布[5]

JHR 将能够同时进行大约 20 个实验。实验可以应用不同类型的装置,从单棒辐照装置(ADELINE,用于在非正常条件下进行测试)到更复杂的回路(例如 MADISON,用于在正常条件下辐照轻水堆燃料样品)。此外,CALIPSO 和 MICA 是用于达到高损伤(dpa)值的材料辐照测试的装置[9]。除了上面列出的实验装置之外,还有几个附加装置处于设计阶段。例如,LORELEI 设备用于 LOCA 条件下的燃料测试,OCCITANE 用于压力容器材料辐照,CLOE 则用于辐照辅助应力腐蚀开裂(IASCC)实验的特殊回路。JHR 堆芯设计的一个特点是所谓的“位移装置”,它能够在两个径向方向上快速移动辐照样品,从而使样品发生非常快速的通量变化(它将用于功率斜升测试)。ADELINE 回路的原理如图 C.40 所示。

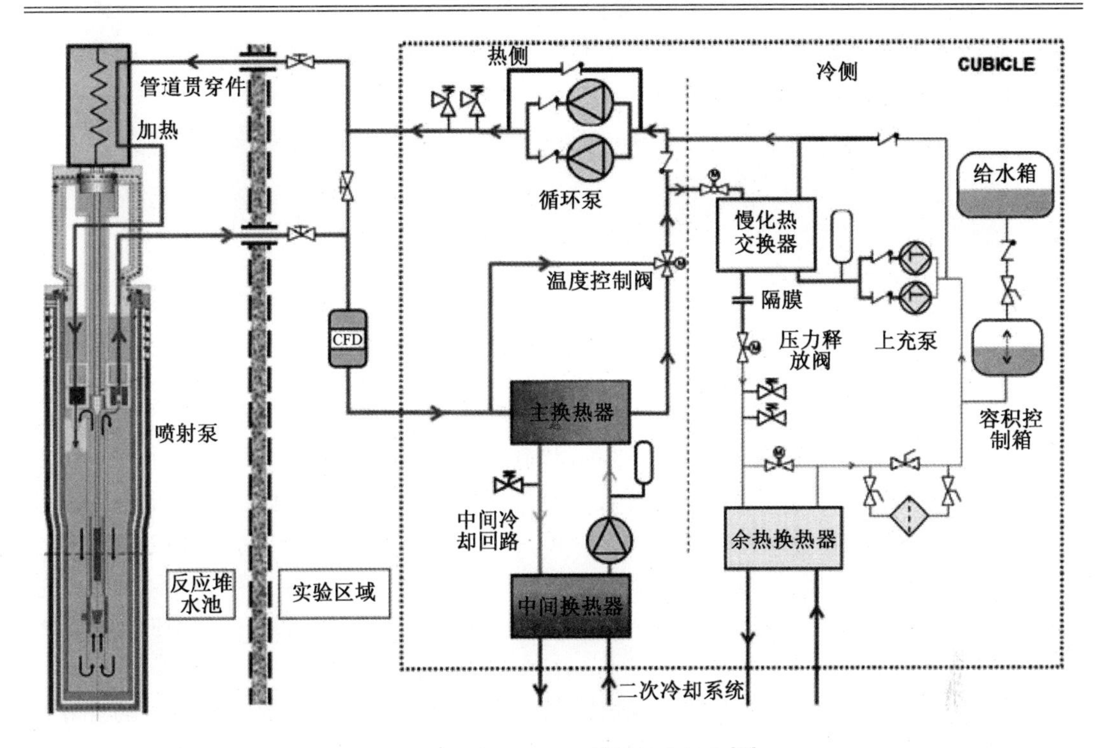

图 C.40　ADELINE 回路的概念视图[10]

值得注意的是,Tecnatom(西班牙)开发了 JHR 实验模拟器[8]来模拟 JHR 实验环路中的条件。EXSIMU 工具的初始版本能够模拟 1－2 个实验循环,开发从 ADELINE 回路开始。这些模型包括用于实验装置的环路的热工水力计算和中子计算。回路的辅助系统(例如二次冷却、水化学、稳压器等)也进行了建模。EXSIMU 工具可用于建模和评估回路运行,验证设计变更以及检查相应的运行和应急规程。

C.2.1.4　堆芯仪表和监测功能

基本上,JHR 堆芯有两种类型的堆芯测量:第一类的目的是确定实验位置的中子和伽马辐射条件(例如快中子和热中子通量、伽马通量和核加热),另一类测量表征辐照装置内部条件的各种物理参数(例如温度、压力、流量等)。以下传感器用来确定辐照场的特征[9](图 C.41):

1. 中子通量测定
　(1)中子活化箔和导线(离线评估);
　(2)自给能中子探测器(SPND);
　(3)热中子和快中子的裂变室;
2. 伽马通量测定
　(1)电离室;
　(2)自给能伽马探测器(带铋发射器的 SPGD);
3. 核供热测定
　(1)伽马温度计;
　(2)微分伽马量热计。

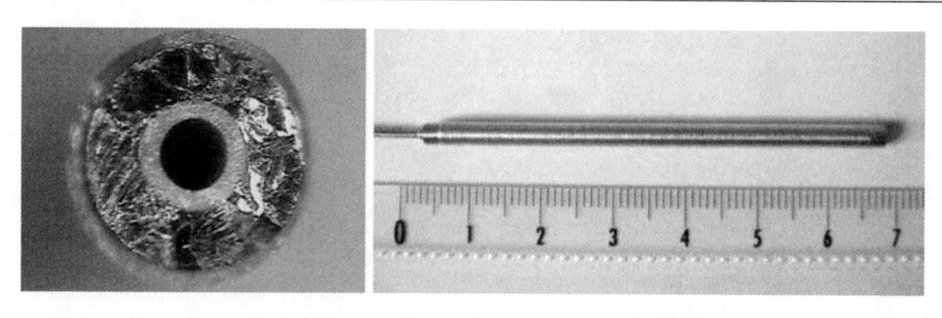

图 C.41　具有 Bi 发射器的自给能伽马探测器的视图[9]

如果考虑旨在确定辐照装置内部物理条件的测量,那么样品温度通常是最重要的监测参数。最高样品温度值可以从 400 ℃(结构材料辐照)到 1 200 ℃(燃料测试)和 1 600 ℃(LOCA 和功率瞬态测试)。实验装置内温度测量由各种类型的热电偶、膨胀温度计(LVDT)、声学测温仪以及熔体线和碳化硅(SiC)探测器执行,通过磁传感器、LVDT、直径计和约束计测量由照射引起的材料和燃料样品的尺寸变化(例如伸长)。裂变气体的在线分析可以通过裂变产物在现场实验室的在线采集和评价样品或使用基于 LVDT 的传感器进行。

JHR 的广泛而复杂的堆芯和实验仪表由具有 JHR 控制室作为主要人机界面的计算机化系统进行监督和管理(图 C.42),实验回路的控制也将在此处进行。已经开始准备反应堆的调试和运行[3],包括建立负责 JHR 启动和正常运行的组织。准备工作包括由 JHR 建模的模拟器支持的广泛培训计划,图 C.43 显示了模拟器的反应堆状态概览图。注意,图片还包含用于向模拟器发出命令的手动控制元件(例如按钮和开关)。正常、应急和事故操作规程的准备工作也已开始,大部分文件也将通过使用 JHR 模拟器进行验证[3],调试测试和实验循环实施程序也在开发中。

图 C.42　JHR 的未来控制室[3]

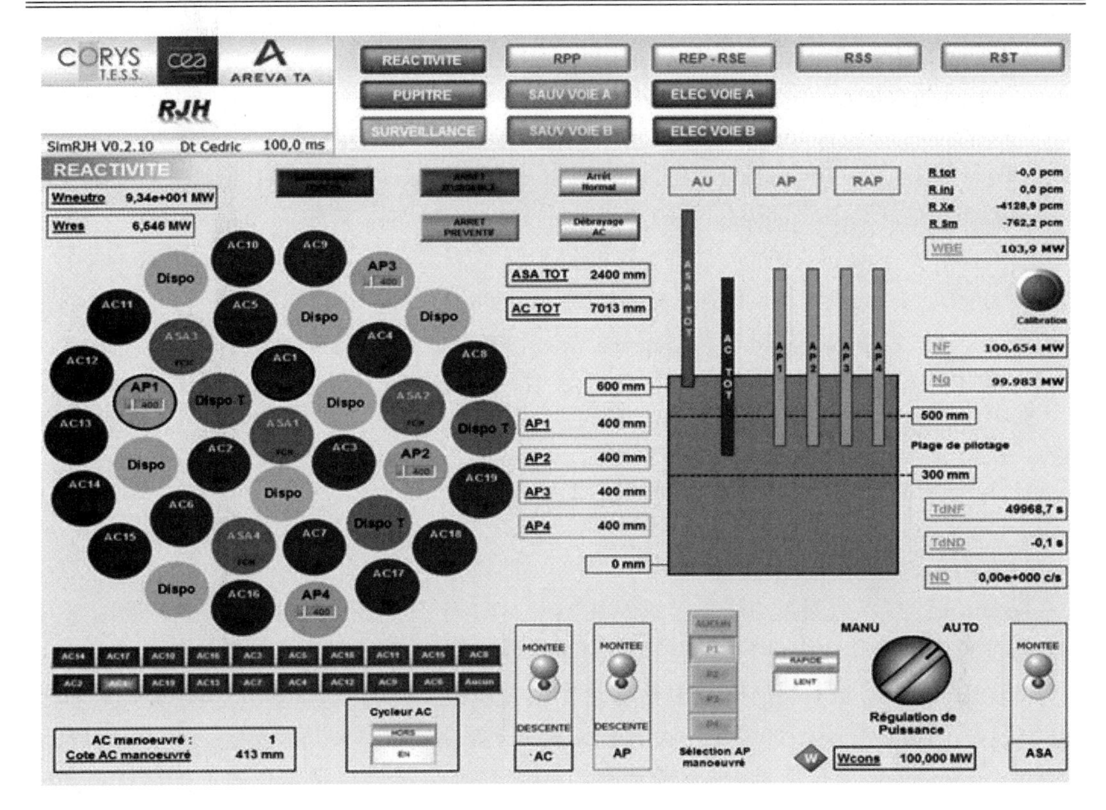

图 C.43　JHR 模拟器中的反应堆状态概述图[3]

参 考 文 献

[1]　CEA：Réacteur Jules Horowitz，Evaluation complémentaire de la sûretéa regard de l' accident survenuàla centrale nucléare de Fukushima I，CEA(2011)

[2]　Dupuy，J. P. ，et al. ：Jules Horowitz Reactor，General layout，main design options resulting from safety options，technical performances and operating constraints. TRTR-2005/IGORR-10 Joint Meeting，Gaithersburg，Maryland，USA(2005). Accessed 12 – 16 Sept 2005

[3]　IGORR，Estrade，J. ，et al. ：Jules Horowitz Reactor：Organization for the Preparation of the Commissioning Phase and Normal Operation，IGORR-2014，Argentina (2014). Accessed 17 – 21 Nov 2014

[4]　Bignan，G. ，et al. ：The Jules Horowitz Reactor Research Project：A New High Performance Material Testing Reactor Working as an International User Facility-First Developments to Address R&D on Material. 2nd International Workshop Irradiation of Nuclear Materials：Flux and Dose Effects，CEA Cadarache，France(2015). Accessed. 4 – 6 Nov 2015

[5]　JHR：JHR experimental capacityhttp：//www. cad. cea. fr/rjh/_pdf/1_pptRJH-GB. pdf (2016)(downloaded on 08/07/2016)

[6]　IAEA：Earthquake-proof pads of JHR project. Construction Technologies for Nuclear Power Plants：A Comprehensive Approach，IAEA Workshop(2011). Accessed 12 – 16 Dec 2011

[7] Iracane, D., Chaix, P., Alamo, A.: Jules Horowitz reactor: a high performance material testing reactor. C. R. Physique 9,445 –456(2008)
[8] Tecnatom:Jules Horowitz Reactor experiments simulator,Tecnatom,Spain,2013
[9] Destouches,Ch.,Villard,J.-F.:Improved in pile measurements for MTR experiments,In-Pile Testing and Instrumentation for Development of Generation IV Fuels and Materials,IAEA Technical Meeting,Halden,Norway(2012)
[10] Pierre, J., et al.: Fuel and material irradiation hosting systems in the Jules Horowitz reactor. Enlarged Halden Programme Group Meeting,Rϕros,Norway(2014)
[11] ENEA, Camprini, P. C., et al.: Thermal Hydraulic and Neutronic Core Model for Jules Horowitz Reactor(JHR)Kinetics Analysis,Report RdS/2011/39,ENEA,Italy(2011)

C.2.2 PALLAS 反应堆,Petten(荷兰)

C.2.2.1 背景和简短的项目历史

Petten(荷兰)高通量反应堆的全面利用始于1961年,目前反应堆已运行了60年。反应堆容器比反应堆的其他组件“更年轻”,因为原始容器曾在1984年更换,使HFR能够再安全运行30年。由于需要不断加大努力处理老化相关现象,因此在2004年,核研究与咨询小组(NRG、荷兰高通量堆的许可证持有者和运营商)提议在Petten厂址建造一座名为Pallas的新的、最先进的研究反应堆(见参考文献[1])。新反应堆旨在延续高通量堆在材料和核燃料测试方面的良好传统,但Pallas在医用同位素(如^{99}Mo)的生产以及工业应用也将发挥重要作用。

在NRG未能成功筹集足够的私人资金以资助Pallas项目的初始(设计)阶段后,荷兰政府决定提供大笔贷款以支付第一阶段的预期支出。第一阶段将确定反应堆的设计,开始招标程序并启动相关的许可程序。此外,第一阶段还将包括筹集私人资金以支付第二阶段(建设)和第三阶段(运营)的预期费用。

2015年5月,Tractebel Engineering被选为业主工程师,2015年8月,荷兰工程公司Arcadis与Pallas项目实施期间签订合同,担任许可工程师。2015年,EIA(环境影响评估)流程也开始实施。目前,Pallas反应堆预计于2024年投入运行,新反应堆的设计寿命至少为40年。

C.2.2.2 反应堆技术说明

初步设计[2]概述了一种有一个活性堆芯的池中容器反应堆(类似于当前的高通量堆设计),其活动堆芯可根据不断变化的医疗同位素生产需求,以非常灵活的方式运行和管理。新反应堆将在30~80 MW的堆芯热功率范围内正常运行,从而可以快速有效地响应同位素增减的生产需求(额定功率为40 MW)。目前,该设计不包括堆芯周围的中子束(实验通道),因为预计欧洲其他反应堆将充分涵盖这种中子研究需求。堆芯仅由低富集铀燃料组成:首先计划使用铀硅化物燃料组件;然后使用铀钼(UMo)燃料。图C.44显示了反应堆大厅的示意图,这是设计者目前的设想。

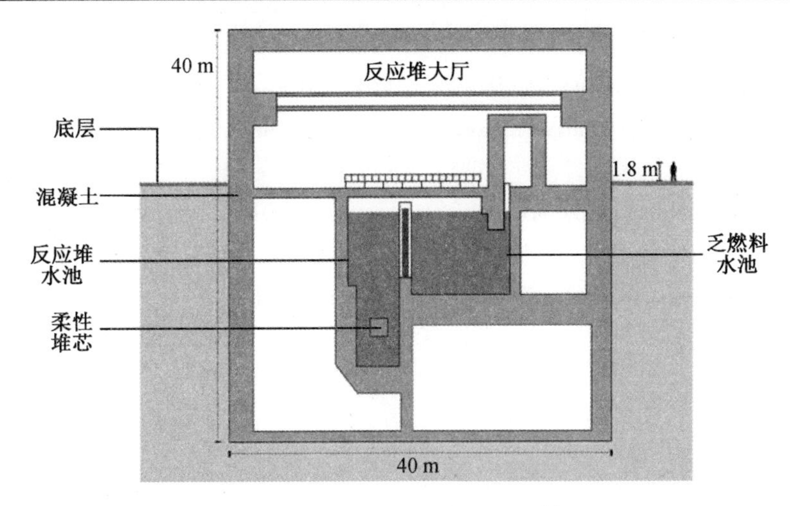

图 C.44 Pallas 反应堆大厅方案[4]

设想的反应堆运行的本质是“柔性堆芯”,可以根据实际的同位素生产需求轻松地重新配置。设计目标是在所有功率水平下、在足够大的堆芯体积内提供高达 5×10^{14} n/cm²/s 的中子通量值(见参考文献[5])。这意味着与当前高通量堆能力相比,辐照通量高 2 或 3 倍,这一特点将确保按比例减少辐照时间。在现场建造额外的热室也有助于有效处理增加的同位素生产。为了进一步促进大规模同位素生产,反应堆水池将采用特殊设计(见图 C.45),使操纵员更容易进行燃料和辐照装置的存储和处理操作,两个池边的热室具有相同作用。

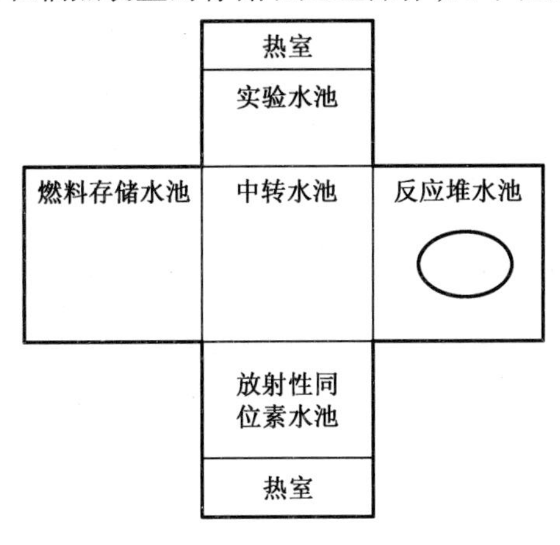

图 C.45 Pallas 水池方案(初步设计)[5]

请注意,在设计的现阶段,没有关于堆芯特性以及堆芯仪表和监测的详细数据。

参考文献

[1] NEI, van der Schaaf, B., De Jong, P. G. T.: Research reactors-Dutch dream of new HFR. Nuclear Engineering International (2010). Accessed 9 Dec 2010

[2] IAEA, F. Wijtsma et al., Pallas HFR's successor for the future, research reactors: safe

manage-ment and effective utilization. In: Proceedings of an IAEA International Conference Held in Rabat, Morocco (2011). Accessed 14 – 18 Nov 2011

[3] Pallas: http://www. pallasreactor. com/? lang = en (2016) (downloaded on 30/05/2016)

[4] Pallas: Mededelingsnotitie Milieueffectrapportage (2015)

[5] RRFM, van der Schaaf, B., et al.: Pallas the new petten research and isotope reactor. In: Proceedings of RRFM2008, Hamburg, Germany (2008). Accessed 2 – 5 March 2008

附录 D　三次样条插值

为了获得显式插值公式，更倾向于使用另一种方法来代替式(2.44)，其中考虑了总的区间$0 \leqslant z \leqslant H$[1]。我们使用以下多项式：

$$f(z) = \sum_{j=0}^{3} c_j \frac{(z - z_0)^j}{j!} + \sum_{j=1}^{K} d_j \frac{(z - z_j)_+^3}{6} \tag{D.1}$$

当$z < z_j$时，$(z - z_j)_+^3$为零。因此$f(z)$是三阶多项式在整个范围内的和，且三阶项仅对范围$z > z_j (j = 0, 1, \cdots, K+1)$有贡献。为了简化公式，$z_j$还包括如下外推点：$z_0 = \lambda_l$是下外推距离，$z_{K+1} = \lambda_u$是上外推距离，中间点$z_1, \cdots, z_K$保持不变。

从$f(0) = 0$得到$c_0 = 0$，从$f''(0) = 0$得到$c_2 = 0$。此外从$f''(z_{K+1}) = 0$得

$$c_3 (z_{K+1} - z_0) + \sum_{j=1}^{K} d_j \frac{(z_{K+1} - z_j)}{6} = 0 \tag{D.2}$$

从$f(z_{K+1}) = 0$我们得到

$$c_1 (z_{K+1} - z_0) + c_3 \frac{(z_{K+1} - z_0)^3}{6} + \sum_{j=1}^{K} d_j \frac{(z_{K+1} - z_j)^3}{6} = 0 \tag{D.3}$$

使用式(D.2)，c_3可以用d_js表示为

$$c_3 = \sum_{j=1}^{K} d_j \frac{(z_{K+1} - z_j)}{6(z_0 - z_{K+1})} \tag{D.4}$$

使用式(D.4)，我们从式(D.3)得

$$c_1 = \sum_{j=1}^{K} d_j \left[\frac{(z_{K+1} - z_0)(z_{K+1} - z_j)}{6} - \frac{(z_{K+1} - z_i)_+^3}{6(z_{K+1} - z_0)} \right] \tag{D.5}$$

在测量高程上，$f(z)$应与测量的通量值匹配，因此：

$$\Psi_m = c_1 (z_m - z_0) + c_3 \frac{(z_m - z_0)^3}{6} + \sum_{k=1}^{K} d_k \frac{(z_m - z_k)_+^3}{6} \tag{D.6}$$

以矩阵形式：令$\boldsymbol{\Psi} = (\Psi_1, \Psi_2, \cdots, \Psi_K)$表示位置$z_1, z_2, \cdots, z_K$的测量功率，再引入$\boldsymbol{d} = (d_1, d_2, \cdots, d_K)$，得到以下紧凑表达式：

$$\Psi_m = \sum_{i=1}^{K} T_{mi} d_i \tag{D.7}$$

或

$$\boldsymbol{\Psi} = \boldsymbol{T}^M \boldsymbol{d} \tag{D.8}$$

其中，矩阵$\boldsymbol{T}^M$的元素是

$$T_{mi}^M = (z_m - z_0) \left[\frac{(z_{K+1} - z_0)(z_{K+1} - z_i)}{6} - \frac{(z_{K+1} - z_i)^3}{6(z_{K+1} - z_0)} \right] + \frac{(z_m - z_0)^3}{6} \frac{z_{K+1} - z_i}{z_0 - z_{K+1}} + \frac{(z_m - z_0)^3}{6} \tag{D.9}$$

式(D.8)可以使用如下。位置z处对$\Psi(z)$的贡献可从式(D.9)获得，因为矩阵元素T_{mi}是位置z_m处的插值。通过用z_m代替z，立即获得一个向量，其元素$T_i(z)$是测量值Ψ_i对内

插值 $\Psi(z)$ 的贡献。因此,设

$$T_i(z) = T_{mi}^M(z_m = z), \quad i = 1,2,\cdots,K \tag{D.10}$$

插值为

$$\Psi(z) = \sum_{i=1}^{K} T_i(z) d_i \tag{D.11}$$

此外,矢量 $\boldsymbol{d}$ 的元素在测量值 Ψ 中是线性的,参见式(D.8)。利用这一结果,可以很容易地用预先计算的矩阵来表示轴向通量分布的任何线性表达式。

参考文献

[1] de Boor, C. : A Practical Guide to Splines. Springer, New York (1978)

[2] Bahvalov, N. Sz. : A gpi matematika numerikus mdszerei, Mszaki Knyvkiad, pp. 35 -40 (1977)

附录E　特殊函数

在反应堆分析中,经常使用数值方法并通过多项式或特殊函数逼近精确解。本章简要概述了特殊函数,特别是多项式逼近。上述特殊函数可以很好地用多项式形式来逼近未知函数,只需要确定多项式中各项的系数。

因为定义可能不同,在使用特殊多项式之前,应参考文献[1-2]。下面概述了4个特殊多项式的最重要特征:勒让德多项式、契比雪夫多项式、拉盖尔多项式和埃尔米特多项式。

1. 勒让德多项式 $P_n(x)$

当 $x\in[-1,+1]$,递归如下:

$$P_{n+1}(x)=\frac{2n+1}{n+1}xP_n(x)-\frac{n}{n+1}P_{n-1}(x) \tag{E.1}$$

从 $P_0(x)=1$ 开始生成勒让德多项式,对于 $n>0$ 服从正交关系:

$$\int_{-1}^{+1}P_n(x)P_{n'}(x)\mathrm{d}x=\begin{cases}0 & n'\neq n\\ \dfrac{2}{2n+1} & n'=n\end{cases} \tag{E.2}$$

2. 契比雪夫多项式 $T_n(x)$

当 $x\in[-1,+1]$,递归如下:

$$T_{n+1}=2xT_n(x)-T_{n-1}(x) \tag{E.3}$$

从 $T_0(x)=1$ 开始生成契比雪夫多项式。契比雪夫多项式在以下意义上服从正交关系:

$$\int_{-1}^{+1}\frac{T_n(x)T_{n'}(x)}{\sqrt{1-x^2}}\mathrm{d}x=\begin{cases}0 & n'\neq n\\ \dfrac{\pi}{2} & n'\neq n\neq 0\\ \pi & n'=n=0\end{cases} \tag{E.4}$$

3. 拉盖尔多项式 $L_n(x)$

当 $x\in[0,\infty]$,递归如下:

$$L_{n+1}(x)=(2n+1-x)L_n(x)-n^2L_{n-1}(x) \tag{E.5}$$

从 $L_0(x)=0$ 开始生成拉盖尔多项式,它在以下意义上服从正交关系:

$$\int_0^{\infty}\mathrm{e}^{-x}L_n(x)L_{n'}(x)\mathrm{d}x=\begin{cases}0 & n'\neq n\\ (n!)^2 & n'=n\end{cases} \tag{E.6}$$

4. 埃尔米特多项式 $H_n(x)$

对于 $x\in(-\infty,+\infty)$,递归如下:

$$H_{n+1}(x)=2xH_n(x)-2nH_{n-1}(x) \tag{E.7}$$

从 $H_0(x)=0$ 开始生成埃尔米特多项式,它在以下意义上服从正交关系:

$$\int_{-\infty}^{+\infty} e^{-x^2} H_n(x) H_{n'}(x) \mathrm{d}x = \begin{cases} 0 & n' \neq n \\ 2^n n! \sqrt{\pi} & n' = n \end{cases} \tag{E.8}$$

假设测量参数 p 在 $p_{\min} \leqslant p \leqslant p_{\max}$ 范围内,则

$$-1 \leqslant \frac{p - p_0}{A} \leqslant +1 \tag{E.9}$$

式中,$p_0 = (p_{\min} + p_{\max})/2, A = (p_{\max} - p_{\min})/2$。

E.1 贝塞尔函数

特殊函数通常被定义为给定微分方程类型的解,参见参考文献[2]。这里仅对一些贝塞尔函数的基本性质作一个简要总结,它们的基本性质在 MATHEMATICA、MATLAB 或 MAPLE 等符号程序中讨论。这里讨论在反应堆问题中发挥重要作用的三个贝塞尔函数。

1. 贝塞尔函数 $\mathrm{J}_k(x)$

第一类贝塞尔函数可以定义为幂级数:

$$\mathrm{J}_k(x) = \sum_{p=0}^{\infty} \frac{(-1)^p}{p! \Gamma(p+k+1)} \left(\frac{x}{2}\right)^{(k+2p)} \tag{E.10}$$

这里函数 Γ 定义为 $\Gamma(1)=1$,且

$$\Gamma(z+1) = z\Gamma(z) \tag{E.11}$$

除了 $z=0,-1,-2,\cdots$ 之外成立。

2. 贝塞尔函数 $\mathrm{I}_k(x)$

获得第一类的修正贝塞尔函数为

$$\mathrm{I}_k(x) = e^{\frac{ik\pi}{2}} \mathrm{J}_x(x e^{\frac{i\pi}{2}}) \tag{E.12}$$

3. 贝塞尔函数 $\mathrm{K}_k(x)$。

可以从 $\mathrm{I}_k(x)$ 获得第三类①的修正贝塞尔函数:对于非整数 k,有

$$\mathrm{K}_k(x) = \frac{\pi}{2\sin(k\pi)} [\mathrm{I}_{-k}(x) - \mathrm{I}_k(x)] \tag{E.13}$$

对于整数 k,有

$$\mathrm{K}_k(x) = \frac{(-1)^k}{2} \left[\frac{\partial \mathrm{I}_{-p}}{\partial p} - \frac{\partial \mathrm{I}_p}{\partial p}\right]_{p=k} \tag{E.14}$$

读者应该谨慎使用贝塞尔函数,因为不同的书中符号和命名法可能有所不同。

E.2 球面谐波

考虑笛卡儿坐标系(x,y,z)中的拉普拉斯微分方程:

---

① 一些作者使用第二种术语。

$$\frac{\partial^2 u(x,y,z)}{\partial x^2}+\frac{\partial^2 u(x,y,z)}{\partial y^2}+\frac{\partial^2 u(x,y,z)}{\partial z^2}=0 \tag{E.15}$$

方程(E.15)有以下形式的解:

$$u(x,y,z) = \sum_{h+k+l=n} a_{hkl}x^h y^k z^l \tag{E.16}$$

式中,a_{hkl}是常数,h、k、$l\geqslant 0$。函数 $u(x,y,z)$ 被称为 n 阶的调和多项式,在球坐标(r,θ,φ)中:

$$x = r\sin\theta\cos\varphi \tag{E.17}$$

$$y = r\sin\theta\sin\varphi \tag{E.18}$$

$$z = r\cos\theta \tag{E.19}$$

考虑 n 阶 $U(x,y,z)$ 调和多项式。因为 U 是 n 阶齐次函数,

$$U(x,y,z) = r^n U(\sin\theta\cos\varphi, \sin\theta\sin\varphi, \cos\theta) \tag{E.20}$$

函数 $U(\sin\theta\cos\varphi,\sin\theta\sin\varphi,\cos\theta)$ 被称为 n 阶球面函数,函数 $X_n(\theta,\varphi)\equiv U(\sin\theta\cos\varphi,\sin\theta\sin\varphi,\cos\theta)$ 函数被称为 n 阶球面函数。$X_n(\theta,\varphi)$ 是 $\cos\theta$,$\sin\theta$,$\cos\varphi$ 和 $\sin\varphi$ 的多项式。在分离变量中:

$$X_n(\theta,\varphi) = \sum_{m-n}^{m=+n} e^{im\varphi}P_l^m(\cos\theta) \tag{E.21}$$

式中,$P_l^m(\cos\theta)$ 是通过以下递归关系获得的关联勒让德多项式:

$$xP_l^m(x) = \frac{1}{2l+1}[(l-m+1)P_{l+1}^m(x) + (l+m)P_{l-1}^m(x)] \tag{E.22}$$

$$P_0^0(x) = 1 \tag{E.23}$$

勒让德多项式和关联勒让德多项式在物理学的各个章节中都很重要。

E.3　比克利函数

下面给出的关于比克利函数的简短回顾是基于参考文献[4]第四章。比克利函数用于计算碰撞概率。在积分输运理论中,燃料棒的几何形状是圆柱形的,计算中的一个关键问题是确定下一次碰撞的位置,见A.2.5节。

n 阶比克利函数 $Ki_n(x)$ 的定义是

$$Ki_n(x) = \int_0^{\frac{\pi}{2}} \cos^{n-1}\theta e^{-x}\cos\theta d\theta = \int_0^{\infty}\frac{e^{-x\cosh(u)}}{\cosh^n(u)}du \tag{E.24}$$

零阶比克利函数等于贝塞尔函数 K_0:

$$Ki_0(x) = K_0(x) \tag{E.25}$$

由于比克利函数在符号程序(MATHEMATICA、MATLAB、MAPLE)中很少见,这里我们重复Stamm'ler[19]的公式:

$$Ki_0(x) = W_n(x) + (-x)^n\left[U_n(x) - V_n(x)\ln\left(\frac{x}{2}\right)\right] \tag{E.26}$$

式中

$$W_n(x) = \sum_{m=0}^{n-1} w_{n,m} x^m, \quad W_0(x) = 0 \tag{E.27}$$

$$U_n(x) = \sum_{m=0}^{n-1} u_{n,m}\left(\frac{x}{2}\right)^{2m}, \quad V_n(x) = \sum_{m=0}^{n-1}\left(\frac{x}{2}\right)^{2m} \tag{E.28}$$

系数 $w_{n,m}$,$u_{n,m}$ 和 $v_{n,m}$ 由下式给出：

$$w_{n,m} = -\frac{1}{m} w_{n-1,m-1}; \quad m = 1,2,\cdots,n-1 \tag{E.29}$$

$$u_{n,m} = \frac{(2m+n)u_{n-1,m} + v_{n-1,m}}{(2m+n)^2}; \quad m = 1,2,\cdots \tag{E.30}$$

$$v_{n,m} = \frac{1}{2m+n} v_{n-1,m}; \quad m = 1,2,\cdots \tag{E.31}$$

初始值为

$$w_{n,0} = \frac{1}{2}\sqrt{\pi}\frac{\left(\frac{n}{2}-1\right)!}{\left(\frac{n-1}{2}\right)!} \tag{E.32}$$

$$u_{0,m} = \frac{\psi(m+1)}{(m!)^2} \tag{E.33}$$

$$v_{0,m} = \frac{1}{(m!)^2} \tag{E.34}$$

对于大的 x,有

$$Ki-N(x) = \frac{\sqrt{\frac{\pi}{2}}}{e^x\sqrt{x}}\left[1 - \frac{4n+1}{8x} + O(x^{-2})\right] \tag{E.35}$$

这里的 digamma 函数 Ψ 为

$$\psi(m+1) = 1 + \frac{1}{2} + \cdots + \frac{1}{m} - \gamma; \quad \psi(1) = -\gamma \tag{E.36}$$

式中,$\gamma = 0.577\,215\,664\,901\,533$ 是欧拉常数。

比克利函数之间的两个有用关系为

$$\frac{dKi_n(x)}{dx} = -Ki_{n-1}(x) \tag{E.37}$$

和

$$Ki_n(x) = Ki_0(x) - \int_0^x Ki_{n-1}(t)\,dt \tag{E.38}$$

最后一个递归关系：

$$nKi_{n+1}(x) = (n-1)Ki_{n-1}(x) + x[Ki_{n-2}(x) - Ki_n(x)] \tag{E.39}$$

比克利函数用于碰撞概率方法,参见 A.2 节。

参考文献

[1] Korn, G. A., Korn, T. M.: Mathematical Handbook for Scientists and Engineers. McGraw-Hill, Dover(2000)

[2] Abramowitz, M., Stegun, I. A.: Handbook of Mathematical Functions: With Formulas, Graphs, and Mathematical Tables. Dover, New York(2014)

[3] Makai, M.: Group Theory Applied to Boundary Value Problems with Applications to Reactor Physics. Nova Science, New York(2011)

[4] Stamm'ler, R. J. J., Abbate, M. J.: Methods of Steady State Reactor Physics in Nuclear Design. Academic Press, London(1983)

[5] Gantmaher, F. R.: Matrix Theory. Nauka, Moscow(1966)(in Russian)

附录F　杂　　项

摘要

本章涉及两个专题。第一种是矩阵分解方法，该方法适用于在大矩阵中收集大量数据并且使用数据处理来减少数据量。

第二个专题称为灵敏度指数，它可以处理分析大量变量的确定性函数的问题，以便从“不重要”的输入变量中选择出“重要的”输入变量。这两种方法都用于安全分析。

F.1　正交分解

到目前为止，读者已经看到在堆芯测量的处理中起着重要作用的几种方法。在第2章，大多是以实际考虑来确定应用的方法。第4章和附录A.1中提到的方法，给出了反应堆计算的数学设定，虽然有些方法如级数展开，减小了问题的规模，或者像蒙特卡洛(MC)等统计模型，因为其准确性MC方法较少依赖于输入数据的维数，在数值方法中被广泛使用。在讨论了堆芯测量的处理之后，应该提到数学方法在物理和工程中应用的一些一般性问题[1,2]。这些问题的特点是：

(1)电子系统收集的大量数据；

(2)数据处理方法应考虑物理学、工程学、经济学等观点；

(3)可用时间可能有限，因为使用在线数据处理或者实时模拟器模型。

随着数据存储和处理能力的快速增长，数据分析的范围不断扩大。但这种倾向往往使我们无法更好地理解所考虑的现象。人类思维是有限的，能在有限复杂性的模型中理解有限数量的参数。这导致近似模型之争仍然存在。在一个有用的模型中，自由度以及所涉及的微分方程或代数方程的数量必须是有限的。我们尽量避免使用非线性模型，以避免隐含的困难，但这并不总是可行的。

适当的正交分解(POD)思想以纯数学背景表达，并得到广泛应用，参见参考文献[3-5]。令$\boldsymbol{X}$为m维向量空间，其元素x为分量向量m:$\boldsymbol{x}=(x_1,x_2,\cdots,x_m)$。从元素得到矩阵：$\boldsymbol{Y}=(x_1,x_2,\cdots,x_n)$。矩阵$\boldsymbol{Y}$的阶数为$m\times n$。空间$\boldsymbol{X}$上的标量积由矢量$\boldsymbol{x}_1,\boldsymbol{x}_2,\cdots,\boldsymbol{x}_n$组成，具有通常的含义：

$$\boldsymbol{x}_1\boldsymbol{x}_2 = \sum_{j=1}^{m} x_{1j}x_{2j} \tag{F.1}$$

观测值收集在数据矩阵$\boldsymbol{Y}$中，$\boldsymbol{Y}$中的每列包含n个观察值。根据奇异值分解定理[12]，每个$\boldsymbol{Y}$都可以分解为

$$\boldsymbol{U}^{+}\boldsymbol{YV}=\boldsymbol{\Sigma}=\begin{pmatrix}\boldsymbol{D} & 0\\ 0 & 0\end{pmatrix} \tag{F.2}$$

其中 $\boldsymbol{U}$ 和 $\boldsymbol{V}$ 分别是 $m\times m$ 和 $n\times n$ 阶正交矩阵。$\boldsymbol{\Sigma}$ 是对角矩阵,其非零元素是 $\sigma_1\geqslant\sigma_2\geqslant\cdots\sigma_d$。$\boldsymbol{Y}$ 的秩是 d。

当保持 l 特征值时,近似量由忽略的 $\sigma_{l+1},\cdots,\sigma_d$ 项的影响表征。因此近似量是

$$\|\boldsymbol{Y}-\boldsymbol{Y}_\lambda\|^2=\sum_{i=\lambda+1}^{d}\sigma_i^2 \tag{F.3}$$

这就是所谓的弗罗贝尼乌斯矩阵范数。

假设我们已观察到值 $x_1,x_2,\cdots,x_n$。这些向量在 X 中扩成 $d\leqslant n$ 维的向量子空间,因为观察到的向量不一定是非线性的。对于 $l\leqslant d$,POD 需要解决以下最小值问题:

$$\min\sum_{k=1}^{d}\sum_{j=1}^{n}\alpha_j\left\|\boldsymbol{x}_j-\sum_{i=1}^{l}(\boldsymbol{x}_j,\psi_i)\psi_i\right\|^2 \tag{F.4}$$

式中,$\psi_1,\psi_2,\cdots,\psi_n$ 是空间 X 的正交基函数。这里每个 $\alpha_j>0$ 是 1 个标量。利用非线性的基函数获得最优解。

POD 是一种可以从大量数据中选择那些负责大型系统行为的组件的有用技术。

最后,我们提到 POD 可以表示为一个最小化问题,参见式(F.4),也可以表示为一个最大化问题,参见参考文献[5]。

F.2 全局灵敏度

用其基本形式,安全性分析研究一个反应堆参数,即 y 作为输入变量 $x=(x_1,x_2,\cdots,x_n)$ 的函数,以确定 y 是否在允许的范围内。灵敏度分析旨在解决以下问题:

(1)哪个输入 x_i 对给定 y 的贡献最大;

(2)哪个 x_i 是无关紧要的,可以在所考虑的模型中忽略;

(3)哪些输入参数相互作用以及它们相互作用的结果是什么?

正如所见,敏感性研究包括:

(1)核物理处理遵循燃料、包壳和慢化剂(冷却剂)中材料成分的变化。

(2)燃料行为处理遵循燃料棒、组件和控制机构的几何形状和材料特性的变化。

(3)热工水力处理遵循整个反应堆、燃料组件和燃料棒的传热过程。

统计数据支持数学工具来表征随机过程中的变化。相关性和统计相关性是众所周知的例子。统计数据为统计相互关系提供量化指标。当温度和空隙度量之间的相关系数 $r=0.9$或 $r=0.4$ 时,我们知道第一个相关性很强,第二个相关性很弱。同样,大的方差意味着很高的不确定性。

下面介绍一种由 I. M. Sobol 提出的确定性方法。在该模型中,输入 x_i 是确定的,并且 $y=f(x)$也是确定的。从 6.3 节中的主成分方法、正交分解方法可以看出,一些统计方法也可以应用于确定性问题。

以下给出的简短描述讨论了全局敏感性分析,参见文献[6-10]。术语"全局敏感性分析"的提出,是为了区分附属于偏导数的敏感性。函数 $y=f(x)$ 的任何梯度取决于 x 的实际值。下面将介绍灵敏感性指数 $D_{i_1\cdots i_s}$ 涉及输入变量 $i_1\cdots i_s$ 的积分,见方程(F.13)。

假设一个计算机模型,它根据输入 $x=(x_1,x_2,\cdots,x_n)$ 计算输出 $y=f(x)$。我们假设所有输入变量的范围为[0,1]。研究的模型为

$$f(x) = f_0 + \sum_{s=1}^{n} \sum_{i_1 < \cdots < i_s} f_{i_1 \cdots i_s}(x_{i_1}, \cdots, x_{i_s}) \tag{F.5}$$

f_0 是一个数字,其他项可以从式(F.5)的详细表达式中看出:

$$f(x) = f_0 + \sum_{i} f_i(x_i) + \sum_{i<j} f_{ij}(x_i, y_j) + \cdots + f_{12\cdots n}(x_1, x_2, \cdots, x_n) \tag{F.6}$$

假设函数 f 为①

$$\int_0^1 f_{i_1 \cdots i_s}(x_{i_1}, \cdots, x_{i_s}) \mathrm{d}x_k = 0, \quad k = i_1, \cdots, i_s \tag{F.7}$$

f 是 n 维区间 $II^n = [0,1]^n$ 的可积函数。则

$$\int_{\mathrm{II}^n} f(\boldsymbol{x}) \mathrm{d}\boldsymbol{x} = f_0 \tag{F.8}$$

和

$$\int_{\mathrm{II}^{n-1}} f(\boldsymbol{x}) \mathrm{d}x_1 \cdots \mathrm{d}x_{i-1} \mathrm{d}x_{i+1} \cdots \mathrm{d}x_n = f_0 + f_i(x_i) \tag{F.9}$$

此外,$(n-2)$ 坐标上的积分是

$$\int_{\mathrm{II}^{n-2}} f(\boldsymbol{x}) \prod_{k \neq i,j} \mathrm{d}x_k = f_0 + f_i(x_i) + f_j(x_j) + f_{ij}(x_i, x_j) \tag{F.10}$$

当 $f(x)$ 是平方可积时②,式(F.7)中的每一项都是平方可积的。对式(F.7)求平方并在 II^n 上求积分,我们获得

$$\int_{\mathrm{II}^n} f^2(\boldsymbol{x}) \mathrm{d}\boldsymbol{x} - f_0^2 = \sum_{s=1}^{n} \sum_{i_1 < \cdots < i_s} \int_{\mathrm{II}^n} f_{i_1 \cdots i_s} \mathrm{d}x_{i_1} \cdots \mathrm{d}x_{i_s} \tag{F.11}$$

引入符号后,有

$$D = \int_{\mathrm{II}^n} f^2(\boldsymbol{x}) \mathrm{d}\boldsymbol{x} - f_0^2 \tag{F.12}$$

引入

$$D_{i_1 \cdots i_s} = \int_{\mathrm{II}^n} f_{i_1 \cdots i_s}^2 \mathrm{d}x_{i_1} \cdots \mathrm{d}x_{i_s} \tag{F.13}$$

对于方差③和有

$$D = \sum_{s=1}^{n} \sum_{i_1 < \cdots < i_s}^{n} D_{i_1 \cdots i_s} \tag{F.14}$$

F.3 灵敏度指标

在讨论测量或计算的量,如功率分布,温度分布或流量时,我们将实际考虑的参数视为

---

① 索博尔(Sobol)将分析推定为 ANOVA。

② 当对一个多元表达式进行积分时,使用缩写 dx,表示 $dx_1, dx_2, \ldots, dx_n$。当积分仅在选定坐标上进行时,要积分的坐标将被明确地写出。

③ 由于函数 f 依赖于 $(x_1, x_2, \cdots, x_n)$,因此可以将分析限制在一个由 $(x_1, x_2, \cdots, x_s)$ 扩展的子空间中。由(F.12)定义的 D 是函数 f 和 $D_{i_1 \cdots i_s}$ 是子空间中函数 f 的"方差",范围为 $(x_1, x_2, \cdots, x_s)$。当 x 均匀地分布在 $(x_1, x_2, \cdots, x_s)$ 中时,S 就是它的方差。

确定性或统计性参数,见6.3.2节和6.3.3节。当考虑计算功率分布时,将这样的标记附加到计算值是有利的。

(1)哪个输入参数对计算结果有显著影响?

(2)哪个输入参数导致计算结果的不确定性?

(3)是否可以根据输入变量对不确定性的贡献对它们进行排序?

上述问题不适合确定性的计算模型。Tukey,Efron 和其他作者通过统计研究了上述问题[15]。下面我们引用 I. M. Sobol[6-7] 提出的确定性方法。

反应堆物理多是多变量函数 $u=f(x)$,其中 $x=(x_1,\cdots,x_n)$ 是输入变量的集合,u 是输出变量的集合,但我们的讨论仅限于一个输出变量的情况。实际上 $f(x)$ 是一个计算机程序:当 x 给定时,程序确定 u。

在 n 维超立方体 II^n 中有 n 个输入变量的情况下,Sobol 的数学模型认为输入变量在[0,1]中。形式体系使用从0到1的积分和 $\mathrm{d}x=\mathrm{d}x_1\mathrm{d}x_2...\mathrm{d}x_n$。我们假设 $f(x)$ 是可积的 II^n 并用以下形式表示它:

$$f(\boldsymbol{x}) = f_0 + \sum_{s=1}^{n}\sum_{i_1<\cdots<i_s} f_{i_1i_2\cdots i_s}(x_{i_1},x_{i_2},\cdots,x_{i_s}) \tag{F.15}$$

实际上式(F.15)是一个和,第一项是常数 f_0,其他项是 $1,2,\cdots,n$ 个变量乘积的函数:

$$f(\boldsymbol{x}) = f_0 + \sum_i f_i(x_i) + \sum_{i<j} f_{ij}(x_i,y_j) + \cdots + f_{12\cdots n}(x_1,x_2,\cdots,x_n) \tag{F.16}$$

选择式(F.16)中的函数以便:

$$\int_0^1 f_{i_1\cdots i_s}(x_{i_1},\cdots,x_{i_s})\mathrm{d}x_k = 0 \tag{F.17}$$

式中,$i_1\leqslant k\leqslant i_s$。最后一个条件确保了式(F.15)中各项的正交性。读者可以验证以下在 II^n 上的积分是

$$\int_0^1\cdots\int_0^1 f(\boldsymbol{x})\mathrm{d}\boldsymbol{x} = f_0 \tag{F.18}$$

如果我们省略 x_i 上的积分,而保持(F.18)中的其他积分,得到

$$\int_0^1\cdots\int_0^1 f(\boldsymbol{x})\mathrm{d}\boldsymbol{x} = f_0 + f_i(x_i) \tag{F.19}$$

当我们忽略 $\mathrm{d}x_i\mathrm{d}x_j$ 上的积分时:

$$\int_0^1\cdots\int_0^1 f(x)\mathrm{d}x = f_0 + f_i(x_i) + f_j(x_j) + f_{ij}(x_i,x_j) \tag{F.20}$$

等等。

当 $f_2(x)$ 是可积的时,所有 $f_{i_1\cdots i_s}$ 也是平方可积的。因此

$$\int f^2(\boldsymbol{x})\mathrm{d}\boldsymbol{x} - f_0^2 = \sum_{s=1}^{n}\sum_{i_1<\cdots<i_s}\int f^2_{i_1i_2\cdots i_s}\mathrm{d}x_{i_1}\mathrm{d}x_{i_2}\cdots\mathrm{d}x_{i_s} \tag{F.21}$$

引入方差为

$$D = \int f^2(\boldsymbol{x})\mathrm{d}\boldsymbol{x} - f_0^2;\quad D_{i_1i_2\cdots i_s} = \int f^2_{i_1i_2\cdots i_s}\mathrm{d}x_{i_1}\mathrm{d}x_{i_2}\cdots\mathrm{d}x_{i_s} \tag{F.22}$$

我们观察这种关系:

$$D = \sum_{s=1}^{n}\sum_{i_1<\cdots<i_s}^{n} D_{i_1i_2\cdots i_s} \tag{F.23}$$

Sobol 建议称这些比率：

$$S_{i_1 i_2 \cdots i_s} = \frac{D_{i_1 i_2 \cdots i_s}}{D} \tag{F.24}$$

为全局敏感性指数；整数 s 是指数(F.24)的维数。函数 $f(x)$ 的结构可以通过数字 $S_{i_1 i_2 \cdots i_5}$ 来研究，例如当

$$\int_0^1 f_{i_1 \cdots i_s}(x_{i_1}, x_{i_2}, \cdots, x_{i_s}) \mathrm{d}x_k = 0$$

对于 $k = i_1, i_2, \cdots, i_s$，则 $S_{i_1 \cdots i_s} = 0$。Sobol 还建议按递减顺序排列 $S_1, S_2, \cdots, S_n$。

应该强调的是，Sobol 的方法适用于确定性函数，如取决于 5.2 节中的几个堆芯参数的函数 y。注意，y 表示变量，取决于堆芯和一回路的几个参数。在研究规定参数的不确定性时，如峰值包壳温度或堆芯的最大功率，我们对确定性计算值进行统计学考虑。

读者可能会问，为什么没有在随机过程中应用上面介绍的考虑因素？其实它已被应用，请参阅文献[14-15]。在文献[15]我们发现展开(F.15)，一阶项称为“主效应”，二阶项称为“相互作用”，其余称为“高阶相互作用”。

下一节将讨论统计学的另一种应用。在某些情况下，尽管物理问题是确定性的，确定性物理现象的行为是非常复杂，因此应用统计工具是合理的[16-18]。

函数 $f(x)$ 将 n 维向量 x 映射到实数 y，x 和 y 的分量都是连续的，具有物理意义，因此假设函数 f 是其自变量的连续函数。x 的分量 x_i 的范围是 $[x_{mi}, x_{Mi}]$。首先，我们将范围标准转换为

$$u_i = \frac{x_i - \dfrac{x_{iM} - x_{im}}{2}}{\dfrac{x_{iM} - x_{im}}{2}} \tag{F.25}$$

将 $x_i \in [x_{im}, x_{iM}]$ 映射到 $-1 \leqslant u_i \leqslant +1$，所以函数 $f(u)$ 是很适用的，其中 $u = (u_1, u_2, \cdots, u_n)$。

在区间 $u_i \in [-1, +1]$ 上，我们将 $f(u)$ 展开成一个总正交函数集，如下所示：

$$f(u_1, u_2, \cdots, u_n) = \left[\sum_{k=0}^{\infty} c_{1k} b_{1k}(u_1)\right] \cdots \left[\sum_{k=0}^{\infty} c_{nk} b_{nk}(u_n)\right] \tag{F.26}$$

其中，基函数 b'' 在以下意义上是正交的：

$$\int_{-1}^{+1} b_{ik}(u) b_{i'k'}(u) \mathrm{d}u \equiv [b_{ik}(u); b_{i'k'}(u)] = \delta_{ii'} \delta_{kk'} \tag{F.27}$$

我们选择以下 b 基函数。表达式(F.25)的逆是

$$x_i = \frac{x_{iM} - x_{im}}{2} u_i + \frac{x_{iM} + x_{im}}{2}; \quad -1 \leqslant u_i \leqslant +1 \tag{F.28}$$

在 x_{im} 和 x_{iM} 之间变化。所以，

$$\int_{x_m}^{x_M} f(x) \mathrm{d}x = \frac{x_M - x_m}{2} \int_{-1}^{+1} f(u) \mathrm{d}u \tag{F.29}$$

变量 x 和变量 u 上的积分仅在乘数中不同。勒让德多项式 $P_n(t)$ 在 $t \in [-1, +1]$ 中形成完全正交基。已知 $h(t)$，其展开参见附录 E，用勒让德多项式表示为

$$h(t) = \sum_{k=0}^{\infty} \alpha_k P_k(t) \tag{F.30}$$

式中

$$\alpha_k = \frac{2k+1}{2}\int_{-1}^{+1} h(t)P_k(t)\,\mathrm{d}t \tag{F.31}$$

当$f(x)$在整个参数范围内积分时,由于勒让德多项式的正交性,仅保留与$P_0(x_i)$成比例的项。因此:

$$\int_{x_{1m}}^{x_{1M}}\int_{x_{2m}}^{x_{2M}}\cdots\int_{x_{nm}}^{x_{nM}} f(x_1)f(x_2)\cdots f(x_n)\,\mathrm{d}x_1\mathrm{d}x_2\cdots\mathrm{d}x_n = c_{10}c_{20}\cdots c_{n0} \tag{F.32}$$

当忽略x_1上的积分时,得到

$$\int_{x_{2m}}^{x_{2M}}\int_{x_{3m}}^{x_{3M}}\cdots\int_{x_{nm}}^{x_{nM}} f(x_1)f(x_2)\cdots f(x_n)\,\mathrm{d}x_1\mathrm{d}x_2\cdots\mathrm{d}x_n = c_{20}\cdots c_{n0}\left[\sum_{i=0}^{\infty} c_{1i}P_i(x_1)\right] \tag{F.33}$$

最后的和是x_1的任意函数,取决于c_{1i}系数。

当省略x_1和x_2上的积分时,应重复上述参数以达到:

$$I_3 = \int_{x_{3m}}^{x_{3M}}\int_{x_{4m}}^{x_{4M}}\cdots\int_{x_{nm}}^{x_{nM}} f(x_1)f(x_2)\cdots f(x_n)\,\mathrm{d}x_1\mathrm{d}x_2\cdots\mathrm{d}x_n = c_{n0}\sum_{i=0}^{\infty} c_{1i}P_i(x_1)\sum_{i=0}^{\infty} c_{2i}P_i(x_2) \tag{F.34}$$

在最后一个表达式中,我们得到两个函数的勒让德表示,第一个依赖于x_1,第二个依赖于x_2。结果是

$$I_3 = c_{30}c_{40}\cdots c_{n0}\left(\sum_{i=0}^{\infty} c_{1i}P_i(x_1)\sum_{i=0}^{\infty} c_{2i}P_i(x_2)\right) \tag{F.35}$$

I_3包含三个函数:第一个依赖于x_1,第二个依赖于x_2,第三个依赖于x_1和x_2。第三项叫一般双变量函数的勒让德展开式,依赖于参数x_1、x_2。自此以后,

$$I_3 = c + d_1g_1(x_1) + d_2g_2(x_2) + d_{21}g_3(x_1,x_2) \tag{F.36}$$

式中,g_1、g_2和g_3分别是单变量(x_1)、单变量(x_2)和双变量(x_1,x_2)的连续函数。我们得到的[14]是函数$f(x)$的分解:

$$f(x) = f_0 + \sum_{i=1}^{n} f_i(x_i) + \sum_{i<j} f_i(x_i)f_j(x_j) + \cdots \tag{F.37}$$

上述分解同样适用于随机的[14]和确定性的参数[6]。Efron 和 Stein[15]将$f_i(x_i)$项称为"主效应",$f_i(x_i)f_j(x_i)$项称为"相互作用",其余称为"高阶相互作用"。假设$f(x)$是平方可积的,则可以引入统计参数变量的类比。当我们去掉常数项$P_0(x)$时,其他项对积分没有贡献,可以引入新的常量:

$$D = \int_{x_{1m}}^{x_{1M}}\int_{x_{2m}}^{x_{2M}}\cdots\int_{x_{nm}}^{x_{nM}} f^2(x_1)f^2(x_2)\cdots f^2(x_n)\,\mathrm{d}x_1\mathrm{d}x_2\cdots\mathrm{d}x_n - f_0^2 \tag{F.38}$$

被称为方差。

两个有用的积分:

$$\int_{-1}^{+1}[P_n(x)]^2\mathrm{d}x = \frac{2}{2n+1} \tag{F.39}$$

以及

$$\int_{-1}^{+1} P_n(x)P_m(x)\,\mathrm{d}x = 0, n \neq m \tag{F.40}$$

因此

$$\int_{-1}^{+1}\left[\sum_{k=0}^{\infty}c_kP_k(x)\right]^2\mathrm{d}x = \sum_{k=0}^{\infty}c_k^2\int_{-1}^{+1}P_k^2(x) = \sum_{k=0}^{\infty}\left(c_k\frac{2}{2k+1}\right)^2 \tag{F.41}$$

对于所有 k 当 $c_k=1$ 时,上述积分等于$\frac{\pi^2}{2}$。

F.4 输入变量的排序

请注意,表示(F.26)是变量的分离,写为[13]

$$f(x_1,x_2,\cdots,x_n)=\varphi_1(x_1)\varphi_2(x_2)\cdots\varphi_n(x_n) \tag{F.42}$$

式中

$$\varphi_i(x_i) = \sum_{k=0}^{\infty}c_{ik}b_{ik}(x_i) \tag{F.43}$$

引入

$$a_i = \frac{1}{2}\int_{-1}^{+1}\varphi_i(x_i)\mathrm{d}x_i \tag{F.44}$$

和

$$\beta_i = \int_{-1}^{+1}[\varphi_i(x_i) - a_i]^2\mathrm{d}x_i \tag{F.45}$$

以及

$$z_i(x_i)=\varphi_i(x_i)-a_i \tag{F.46}$$

之后,我们发现:

$$\frac{1}{2}\int_{-1}^{+1}z_i(x_i)\mathrm{d}x_i = 0;\int_{-1}^{+1}[z_i(x_i)]^2\mathrm{d}x_i = \beta_i \tag{F.47}$$

由方程(F.42)得到

$$f(x_1,\cdots,x_n) = \prod_{i=1}^{n}(z_i + a_i) \tag{F.48}$$

且在方程(F.37)中,有

$$f_0 = \prod_{i=1}^{n}a_i \tag{F.49}$$

函数(F.42)的敏感度指数为

$$S_i = \frac{1}{D}\beta_i\prod_{k\neq i}a_k^2 \tag{F.50}$$

式中 $i=1,2,\cdots,n$,且

$$D = \prod_{i=1}^{n}(\beta_i + a_i^2) - \prod_{i=1}^{n}a_i^2 \tag{F.51}$$

是总的方差。

下面我们给出一个对反应堆物理问题的简单应用。假设我们必须测量一个给定组件在给定位置的中子通量。在高程 z 的轴向通量由下式给出:

$$A(z)=\cos\left(\frac{\pi}{\sqrt{\frac{D}{\Sigma}}}z\right) \tag{F.52}$$

式中,D 是扩散系数,Σ 是截面。数据只是近似的,我们知道:

$$0.9\leqslant D\leqslant 1.1,\quad 0.000\,008\leqslant \Sigma\leqslant 0.000\,011,\quad 80\leqslant z\leqslant 90$$

我们想找到 D、Σ 和 z 的不确定性对测得的 $A(z)$ 信号有什么影响,目前,也取决于 D、Σ、z,所以从现在开始用符号 $A(D,\Sigma,z)$。

卷中存在不确定的输入数据:

$$V=(1.1-0.9)(0.000\,011-0.000\,008)(90-80)=6\times 10^{-6}$$

函数 $A(D,\Sigma,z)$ 的平均值 A_0 是

$$A_0=\frac{1}{V}\int_{0.9}^{1.1}\mathrm{d}D\int_{0.000\,008}^{0.000\,011}\mathrm{d}\Sigma\int_{80}^{90}\mathrm{d}zA(D,\Sigma,z) \tag{F.53}$$

我们得到 $A_0=0.678\,916$。下一步是确定 $A(D,\Sigma,z)$ 的双重积分。这些积分依赖于一个变量,每个变量都写为 A_x,其中 x 可以是 D、Σ 或 z。结果是

$$\begin{aligned}A_D(D)&=\int_{0.000\,008}^{0.000\,011}\mathrm{d}\Sigma\int_{80}^{90}\mathrm{d}zA(D,\Sigma,z)\\&=c_1\left\{c_2-c_3D\cos\left(\frac{c_4}{\sqrt{D}}\right)+c_5D\cos\left(\frac{c_6}{\sqrt{D}}\right)+\right.\\&\quad c_3D\cos\left(\frac{c_7}{\sqrt{D}}\right)-c_5D\cos\left(\frac{c_8}{\sqrt{D}}\right)-c_9\sqrt{D}\left[-SI\left(\frac{c_4}{\sqrt{D}}\right)+SI\left(\frac{c_6}{\sqrt{D}}\right)\right]-\\&\quad c_9\sqrt{D}\left[-1.\,SI\left(\frac{c_4}{\sqrt{D}}\right)+SI\left(\frac{c_6}{\sqrt{D}}\right)\right]+\sqrt{D}c_{10}SI\left(\frac{c_7}{\sqrt{D}}\right)-\sqrt{D}c_{10}SI\left(\frac{c_8}{\sqrt{D}}\right)+\\&\quad\left.c_{10}\sqrt{D}\left[-1.\,SI\left(\frac{c_7}{\sqrt{D}}\right)\right]+SI\left(\frac{c_8}{\sqrt{D}}\right)\right\}\end{aligned}$$

式中:

$$c_1=33\,333.3,\quad c_2=-0.000\,020\,367\,5,\quad c_3=0.002\,533\,03,\quad c_4=0.710\,861,$$
$$c_5=0.002\,251\,58,\quad c_6=0.799\,719,\quad c_7=0.833\,559,\quad c_8=0.937\,754,$$
$$c_9=0.001\,800\,63,\quad c_{10}=0.002\,111\,43$$

这里 SI 是以下函数:

$$SI(x)=\int_0^x\frac{\sin(t)}{t}\mathrm{d}t \tag{F.54}$$

这里没有明确给出函数 A_Σ 和 Az。

我们修改 Sobol 的符号[17]:函数 $A_D(D)$ 的第二个时刻 σ_D 定义为

$$\sigma_D=\frac{1}{1.1-0.9}\int_{0.9}^{1.1}[A_D(D)]^2\mathrm{d}D-A_0^2=-0.001\,495\,59 \tag{F.55}$$

总方差 σ_{total} 计算为

$$\sigma_{\text{total}}=\int_{0.9}^{1.1}\int_{0.000\,008}^{0.000\,011}\int_{80}^{90}A(D,\Sigma,z)\frac{\mathrm{d}D\mathrm{d}\Sigma\mathrm{d}z}{V}-f_0^2 \tag{F.56}$$

类比符号用于 σ_Σ 和 σ_z,它们的值为

$$\sigma_D=0.000\,761\,33;\quad \sigma_\Sigma=0.509\,049;\quad \sigma_z=0.000\,421\,28 \tag{F.57}$$

注意，σ_x 对应变量 x 的方差。Sobol 的敏感度指数[①]定义为

$$r_D = \frac{\sigma_D}{\sigma_{\text{total}}}; \quad r_\Sigma = \frac{\sigma_\Sigma}{\sigma_{\text{total}}}; \quad r_z = \frac{\sigma_z}{\sigma_{\text{total}}}$$

且它们各自的值为

$$r_D = 0.205\,391; \quad r_\Sigma = 0.509\,049; \quad r_z = 0.281\,681 \tag{F.58}$$

除了三个单变量指数外，还有两变量和三变量指数，指数之和为 1。单变量指数导致 99% 以上的变化。由于(F.14)，当 $r_D + r_\Sigma + r_z = 1$ 时，则 $f(D,\Sigma,z) = f_D(D) + f_\Sigma(\Sigma) + f_z(z)$，即分布函数 f 是单变量函数的和。

读者在参考文献[13]及其中的参考文献中找到和全局敏感性分析方法的比较，以及其他燃料行为问题的研究。

参考文献

[1] Volkwein, S.: Proper Orthogonal Decomposition: Theory and Reduced Order Modelling, Uni-versity of Constanz, Department of Mathematics and Statistics (2013)

[2] Henry, A. F.: Nuclear-Reactor Analysis. MIT Press, Cambridge (1975)

[3] Lucia, D. J., Beran, P. S., Silva, W. A.: Reduced order modeling: new approaches for computa-tional physics. Prog. Aerosp. Sci. 40, 51 – 117 (2004)

[4] Holmes, P., Lumley, J. L., Berkooz, G., Rowley, C. W.: Turbulence, Coherent Structures, Dynamical Systems and Symmetry (2012)

[5] Volkwein, S.: Proper Orthogonal Decomposition: Theory and Reduced Order Modelling, Uni-versity of Constanz, Department of Mathematics and Statistics (2013)

[6] Sobol, I. M.: Global sensitivity indices for nonlinear mathematical models and their Monte Carlo estimates. Math. Comput. Simul. 55, 271 – 280 (2001)

[7] Sobol, I. M.: Sensitivity estimates for nonlinear mathematical models. Mat. Modelirovanie 2, 92 – 94 (1990) (in Russian)

[8] Sobol, I. M.: On sensitivity estimation for nonlinear mathematical models. Matem. Mod. 2(1), 112 – 118 (1990)

[9] Sobol, I. M.: Global sensitivity indicators to study nonlinear mathematical models. Matem. Mod. 17(9), 43 – 52 (2005)

[10] Saltelli, A. Sobol, I. M.: Sensitivity analysis for nonlinear mathematical models: numerical experience. Matem. Mod. 7(11), 16 – 28 (1995) (in Russian)

[11] Sobol, I. M.:: Theorems and examples on high dimensional model representation. Reliab. Eng. Syst. Saf. 79, 187 – 193 (2003)

[12] Volkwein, S.: Proper Orthogonal Decomposition: Theory and Reduced Order Modelling, Uni-versity of Constanz, Department of Mathematics and Statistics (2013)

[13] Ikonen, T.: Comparison of global sensitivity analysis methods-Application to fuel

① r 指排名。

behavior modeling. Nucl. Eng. Des. 297, 72 – 80 (2016)

[14] Efron, B.: Bootstrap methods: another look at the jackknife. Ann. Stat. 6, 1 – 26 (1979)

[15] Efron, B., Stein, C.: The jackknife estimate of variance. Ann. Stat. 9, 586 – 596 (1981)

[16] Shuster, H. G.: Deterministic Chaos, An Introduction. Physik Verlag, Weinheim (1984)

[17] Davidson, P. A.: Turbulence, An Introduction for Scientists and Engineers. Oxford University Press, Oxford (2004)

[18] Tennekes, H., Lumley, J. L.: A First Course in Turbulence. The MIT Press, Cambridge (1972)

附录 G　参数拟合，灵敏度，稳定性

摘要

参数拟合是一种普遍使用的物理技术。在第 2 章我们使用该技术来评估堆芯测量。下面基于参考文献[1－3]简要介绍这项技术。

G.1　确定性拟合

本节的主题是近似理论的问题。给定点集 y_i 和函数集 $f(x_i, \boldsymbol{a})$，我们寻找参数 a 使得以下 Q 最小：

$$Q = \sum_{i=1}^{n} [y_i - f(x_i, \boldsymbol{a})]^2 \tag{G.1}$$

我们寻求最小的 Q 值。给定 y_i 和 x_i，设 $G = (G_1, G_2, \cdots, G_m)$，其中：

$$G_k = \frac{\partial Q}{\partial a_k} = \sum_{i=1}^{n} [y_i - f(x_i, \boldsymbol{a})] \frac{\partial f(x_i, \boldsymbol{a})}{\partial a_k}, \quad k = 1, 2, \cdots, m \tag{G.2}$$

对于 $\boldsymbol{a}$ 必须求解非线性方程组：

$$\boldsymbol{G}(\boldsymbol{a}) = 0 \tag{G.3}$$

非线性方程的解通常采用迭代法：设 $\boldsymbol{a}^*$ 是解，并且在迭代 λ 中我们得到 $\boldsymbol{a}_\lambda$。则

$$G(\boldsymbol{a}^*) - G(\boldsymbol{a}_\lambda) \cong \boldsymbol{D}(\boldsymbol{a}_\lambda)(\boldsymbol{a}^* - \boldsymbol{a}_\lambda) \tag{G.4}$$

且

$$D_{kk'} = \frac{\partial G_k(\boldsymbol{a}_\lambda)}{\partial a_{k'}}, \quad k, k' = 1, 2, \cdots, m \tag{G.5}$$

$$D_{kk'} = \sum_{i=1}^{n} - \left[\frac{\partial f(x_i, \boldsymbol{a})}{\partial a_{k'}}\right] \frac{\partial f(x_i, \boldsymbol{a})}{\partial a_k} + \sum_{i=1}^{n} [y_i - f(x_i, \boldsymbol{a}_\lambda)] \frac{\partial^2 f(x_i, \boldsymbol{a})}{\partial a_k^2} a_{k'} \tag{G.6}$$

引入矩阵：

$$\boldsymbol{M}_{kk'} = \sum_{i=1}^{n} \frac{\partial f(x_i, \boldsymbol{a}_\lambda)}{\partial a_k} \frac{\partial f(x_i, \boldsymbol{a}_\lambda)}{\partial \boldsymbol{a}_{k'}} \tag{G.7}$$

和

$$\boldsymbol{F}_{ik} = \frac{\partial f(x_i, \boldsymbol{a})}{\partial a_k} \tag{G.8}$$

它们是相关的：

$$\boldsymbol{M} = \boldsymbol{F}^+ \boldsymbol{F} \tag{G.9}$$

在式(G.4)中我们忽略了二阶项 $(a^* - a_\lambda)^2$。

注意，M 仅取决于试验函数 $f(x_i, a)$。如果 D 的内核不是空的会怎么样？解是基于迭代

$$\boldsymbol{a}_{\lambda+1} = \boldsymbol{a}_\lambda + \boldsymbol{D}^{-1} \boldsymbol{G}(\boldsymbol{a}_\lambda) \tag{G.10}$$

自此以后,D 必须是可逆的。

当 $G(y,a^*)=0$ 时,即 a^* 是极值,此外 $Q(a^*)=Q^*$ 但最优解是 $Q(a_0)=0$,则 Q 在 $Q(a_0)$ 附近的泰勒展开为

$$Q(\boldsymbol{a}^*)=Q(\boldsymbol{a}_0)+\frac{\partial Q}{\partial \boldsymbol{a}}(\boldsymbol{a}_0)(\boldsymbol{a}^*-\boldsymbol{a}_0)+\sum_{i,j}\frac{\partial^2 Q}{\partial a_i \partial a_j}(a_i^*-a_{0i})(a_j^*-a_j) \tag{G.11}$$

这里的二阶导数是 D_{ij}。读者可以尝试估计在哪里寻找准确的 a。

G.2 矩 阵

在评估堆芯测量时,分析人员经常遇到矩阵。本节是对矩阵理论基础的简要概述,假设读者具有线性代数课程的基础[33-35]。

我们使用以下表示法。通常,矩阵 $\boldsymbol{A}$ 是一个 n 列 m 行的矩形数组:

$$\boldsymbol{A}=\begin{pmatrix} a_{11} & a_{12} & \cdots & a_{1n} \\ a_{21} & a_{22} & \cdots & a_{2n} \\ \vdots & \vdots & & \vdots \\ a_{m1} & a_{m2} & \cdots & a_{mn} \end{pmatrix} \tag{G.12}$$

$\boldsymbol{A}$ 作用于列向量:

$$\boldsymbol{x}=\begin{pmatrix} x_1 \\ x_2 \\ \vdots \\ x_n \end{pmatrix} \tag{G.13}$$

$\boldsymbol{A}$ 的伴随式:

$$\boldsymbol{A}^+=\begin{pmatrix} a_{11} & a_{12} & \cdots & a_{1m} \\ a_{21} & a_{22} & \cdots & a_{2m} \\ \vdots & \vdots & & \vdots \\ a_{n1} & a_{n2} & \cdots & a_{nm} \end{pmatrix} \tag{G.14}$$

当处理轴向分布时,探测器数据(电流、校正电流、功率密度等)以矢量形式采集,组件功率也可以以矩阵形式排列。如果堆芯由 n 个扇区组成,每个扇区包括 m 个组件,则组件功率、温度等可以排列成矩阵。当用离散空间变量或离散能量变量求解不同的输运或扩散变量时,我们最终得到一组线性方程。

当 $m=n$ 时,$\boldsymbol{A}$ 被称为方阵,n 是 $\boldsymbol{A}$ 的阶数。基本矩阵属性包括行列式、特征值、特征向量和秩。假设 $\boldsymbol{A}$ 是正方形矩阵,当矢量 $\boldsymbol{a}$ 是下式的解时,它是 $\boldsymbol{A}$ 的特征向量:

$$\boldsymbol{A}\boldsymbol{a}=\lambda\boldsymbol{a} \tag{G.15}$$

式中,λ 是 $\boldsymbol{A}$ 的特征值。如果存在矩阵 $\boldsymbol{B}$ 使 $\boldsymbol{AB}=\boldsymbol{BA}=\boldsymbol{E}$,则 $\boldsymbol{A}$ 被称为可逆的,其中 $\boldsymbol{E}$ 是单位矩阵,对于每个阶数 n 的 $\boldsymbol{A}$,$\boldsymbol{EA}=\boldsymbol{AE}$。$\boldsymbol{B}$ 被称为 $\boldsymbol{A}$ 的倒数。如果所有 i 的 $\boldsymbol{A}_{ij}=\boldsymbol{A}_{ji}$,$j\leqslant n$,则 $\boldsymbol{A}$ 称为对称。使用列交换行,我们获得具有以下属性的转置矩阵 $\boldsymbol{A}^+$:$\boldsymbol{A}_{ij}^+=\boldsymbol{A}_{ji}$。

特征值是以下行列式的根:

$$\det[\boldsymbol{A}-\lambda\boldsymbol{E}]=0 \tag{G.16}$$

这是 n 阶多项式。如果存在矩阵 $\boldsymbol{C}$ 使得 $\boldsymbol{A}=\boldsymbol{C}\boldsymbol{B}\boldsymbol{C}^{-1}$,则矩阵 $\boldsymbol{A}$ 和 $\boldsymbol{B}$ 的特征值和特征向量是相同的。这种 $\boldsymbol{A}$ 和 $\boldsymbol{B}$ 矩阵被称为类似的。另一种提法如下。以下多项式(称为矩阵 $\boldsymbol{A}$ 的特征多项式)可以与矩阵 $\boldsymbol{A}$ 相关联:

$$p_A(\lambda)=\det[\lambda\boldsymbol{E}-\boldsymbol{A}] \tag{G.17}$$

注意函数 $p_A(\lambda)$是 λ 的多项式,下标 $\boldsymbol{A}$ 只提醒函数只是矩阵 $\boldsymbol{A}$ 的特征多项式。$p_A(\lambda)$的根是矩阵 $\boldsymbol{A}$ 的特征值。类似矩阵的特征多项式重合:

$$p_A=p_{C^{-1}AC} \tag{G.18}$$

我们可以将函数 $pA(\lambda)$不仅应用于数字和矩阵。Cayley - Hamilton 定理指出,每个矩阵 $\boldsymbol{A}$ 都满足:

$$p_A(\boldsymbol{A})=0 \tag{G.19}$$

将任何矩阵函数简化为 $n-1$ 阶多项式,因为任何高阶多项式 $P(A)$都可以写成

$$P(\boldsymbol{A})=q_1(\boldsymbol{A})*p_A(\boldsymbol{A})+q_2(\boldsymbol{A}) \tag{G.20}$$

第一项为零,因为 Cayley - Hamilton 定理的 $p_A(A)=0$,而 $q_2(A)$一定是一个比 p_A 低阶的多项式。因此,任何矩阵多项式都可以简化为小于特征多项式阶数的多项式。

矩阵函数定义如下。考虑函数 $f(x)$,其中 x 是实数或复数,f 由以下泰勒系列定义:

$$f(x)=f(0)+f'(0)x+\frac{1}{2}f''(0)x^2+\cdots$$

由于定义了矩阵乘法:

$$f(\boldsymbol{A})=f(0)+f'(0)\boldsymbol{A}+\frac{1}{2}f''(0)\boldsymbol{A}^2+\cdots \tag{G.21}$$

$f(A)$的特征向量是 $\boldsymbol{A}$ 的特征向量,$f(\boldsymbol{A})$的特征值被给定为 $f(\lambda)$,其中 λ 是 $\boldsymbol{A}$ 的特征值。

方阵 $\boldsymbol{A}$ 可以分解为 $\boldsymbol{A}=B\Lambda B^{-1}$,其中对角矩 $\boldsymbol{\Lambda}$ 阵包含 $\boldsymbol{A}$ 的特征值,$\boldsymbol{B}$ 包含 $\boldsymbol{A}$ 的特征向量。该分解仅在 $\boldsymbol{A}$ 的列是线性无关时才适用。一般的矩形矩阵 $\boldsymbol{A}$ 可以分解为

$$\boldsymbol{A}=\boldsymbol{U}\boldsymbol{\Lambda}\boldsymbol{V}^+ \tag{G.22}$$

式中,$\boldsymbol{U}$ 是 $m\times m$ 单位矩阵,在 $m\times n$ 矩阵 $\boldsymbol{\Lambda}$ 的对角线中是 $\boldsymbol{A}$ 的非奇异值;$\boldsymbol{V}$ 是一个 $n\times n$ 单位矩阵。

G.2.1 稳定性

在讨论物理学中的稳定性问题时,矩阵理论是必不可少的。我们讨论两个线性问题。第一个是二阶微分方程,第二个是一维的一阶方程。为了简化讨论,在讨论的案例中自变量是 t。

形式体系值得关注。在实际问题中,我们经常遇到线性或线性化问题,下面形式体系给出了封闭形式的解决方案。第一个问题是齐次二阶微分方程;第二个问题涉及外部来源,但是解以封闭形式给出。

由于不寻常的技术,第一个问题[34]令人感兴趣:由于它采用了不寻常的技术,该解由矩阵函数表示。考虑以下齐次微分方程组:

$$\frac{\mathrm{d}^2\boldsymbol{X}}{\mathrm{d}t^2}+\boldsymbol{A}\boldsymbol{X}=0 \tag{G.23}$$

其中 $\boldsymbol{X}=(x_1(t),x_2(t),\cdots,x_n(t))$,$\boldsymbol{A}$ 是 n 阶非奇异矩阵。式(G.23)的解是

$$\boldsymbol{X}(t)=\cos(t\sqrt{\boldsymbol{A}})\boldsymbol{X}_0+(\sqrt{\boldsymbol{A}})^{-1}\sin(t\sqrt{\boldsymbol{A}})\frac{\mathrm{d}\boldsymbol{X}_0}{\mathrm{d}t}\quad(t=0)\tag{G.24}$$

式中

$$\cos(t\sqrt{\boldsymbol{A}})=\boldsymbol{E}-\frac{1}{2!}\boldsymbol{A}t^2+\frac{1}{4!}\boldsymbol{A}^2t^4-\cdots\tag{G.25}$$

和

$$(\sqrt{\boldsymbol{A}})^{-1}\sin(t\sqrt{\boldsymbol{A}})=t-\frac{1}{3!}\boldsymbol{A}t^3+\frac{1}{5!}\boldsymbol{A}^2t^5-\cdots\tag{G.26}$$

解(G.25)和(G.26)给出了方程(G.23)的解。当 $\det[A]=0$ 时,表达式(G.25)和(G.26)也有意义。

以下源问题的封闭形式解:

$$\frac{\mathrm{d}^2\boldsymbol{X}}{\mathrm{d}t^2}+\boldsymbol{A}\boldsymbol{X}=\boldsymbol{f}(t)\tag{G.27}$$

也可以给出,其中 $f(t)$ 是向量。初始条件修正 $X(t_0)=X_0$ 和 $(\mathrm{d}X/\mathrm{d}t)_{t=0}=X_0$:

$$\boldsymbol{X}=\cos[(t-t_0)\sqrt{\boldsymbol{A}}]X_0+(\sqrt{\boldsymbol{A}})^{-1}\sin[(t-t_0)\sqrt{\boldsymbol{A}}]\dot{\boldsymbol{X}}_0+(\sqrt{\boldsymbol{A}})^{-1}\cdot\int_{t_0}^{t}\sin[(t-\tau)\sqrt{\boldsymbol{A}}]f(\tau)\mathrm{d}\tau\tag{G.28}$$

第二个问题与稳定性问题有关。数值近似法如有限元、有限差分或节点方法,通常得到以下类型的方程组:

$$\frac{\mathrm{d}\boldsymbol{x}}{\mathrm{d}t}=\boldsymbol{A}(t)\boldsymbol{x}(t)\tag{G.29}$$

式中,$A(t)$ 是时间相关矩阵,x 是中子通量的矢量。设矩阵 A 有 n 行 n 列,式(G.29)的积分是 n 个非线性相关解,收集在下面的 $n\times n$ 矩阵中:

$$\boldsymbol{X}=\begin{pmatrix}x_{11}(t) & x_{12}(t) & \cdots & x_{1n}(t)\\ x_{21}(t) & x_{22}(t) & \cdots & x_{2n}(t)\\ \vdots & \vdots & & \vdots\\ x_{n1}(t) & x_{n2}(t) & \cdots & x_{nn}(t)\end{pmatrix}\tag{G.30}$$

设 $\det[\widetilde{X}(t)]\neq 0$ 是(G.29)的特定解,那么一般解可以写为

$$X(t)=\widetilde{X}(t)C\tag{G.31}$$

根据甘特马赫的论证[34],人们获得了李雅普诺夫的稳定性标准,这是稳定性理论的基石[10]。

当矩阵 $\boldsymbol{A}$ 在时间上恒定时,式(G.29)的解为

$$\boldsymbol{X}(t)=\mathrm{e}^{\boldsymbol{A}t}\boldsymbol{C}\tag{G.32}$$

式中,$\boldsymbol{C}$ 是常数矩阵。式(G.32)清楚地表明 $\boldsymbol{X}(t)$ 的时间相关性取决于矩阵 A 的特征值。负特征值是稳定的,虚特征值是振荡的,而正特征值是不稳定的。正如我们在 G.2 节中看到的那样,指数 e^{At} 可简化为多项式。

G.3 演化方程

我们在第4章中已经研究了控制反应堆行为的基本方程。论文有两个主要部分：第一部分描述了中子气体，假设材料特性，首先是材料成分、密度和温度是已知的。由(3.14)和(3.15)给出一个简单的模型[22]。核反应的一部分是裂变产生能量，能量改变材料密度。我们需要第二个方程式来描述由于释放的热量导致的材料特性的变化。由方程(A.1)给出一个简单的模型①，它在温度 T、释热率 q''' 和热流 q'' 上是线性的。方程(3.14)和(3.15)在中子通量中也是线性的。

前一段中提到的方程通过第4章中讨论的数值方法求解。我们评估了影响时间相关解的特殊现象：缓发中子和俘获截面的共振展宽(见第4.4.2节)。尽管如此，典型的非线性现象，如混沌时间相关性可能出现在大的正反应性范围内[18]。以下简短讨论的目的是对混沌行为进行基本介绍[10,19-20]，这种行为也可能出现在看似无害的迭代中。这个简单的例子表明，统计工具可以描述确定性方程的解。

考虑以下方程组：

$$\dot{\boldsymbol{x}} = \boldsymbol{F}(\boldsymbol{x},\lambda) \tag{G.33}$$

其中 λ 是一个参数。在离散点 $\boldsymbol{x}_i = i\Delta, i = 1,2,\cdots$ 处确定解离点 $x(t)$。当 t 给定时，$\boldsymbol{x}(t)$ 是相空间 X 中的点。

方程(G.33)通过常规迭代[21]求解：

$$\boldsymbol{x}_{i+1} = \boldsymbol{G}(\boldsymbol{x}_i,\lambda), \quad i = 1,2,\cdots \tag{G.34}$$

当 X 中的任意体积元改变形状但其体积恒定时，方程(G.33)是保守的。当体积元随着时间推移而收缩时，系统称为耗散。当 λ 是轨道 $x(t)$ 实际上是不可预测的时，解是混乱的。混沌运动的准则[10]是：

(1) $\boldsymbol{x}(t)$ 曲线看起来很混乱；

(2) 功率谱表现出低频宽带噪声；

(3) 自相关函数迅速衰减；

(4) 庞加莱图显示了空间填充点②。

Tennekes 和 Lumley[19] 提出了 $\boldsymbol{x}(t)$ 的以下统计描述。设 $B(t)$ 为 $\boldsymbol{x}(t)$ 的概率密度。因此，区间 Δx 中的平均输出与 Δx 成正比：

$$B(x)\Delta x = \lim_{T\to\infty}\frac{\sum\Delta(t)}{T} \tag{G.35}$$

其中 Δt 是 $x \leqslant x(t) \leqslant x + \Delta x$ 的时间。$B(x)$ 有性质：

$$\int_{-\infty}^{+\infty} B(x)\,\mathrm{d}x = 1 \tag{G.36}$$

① 第4章介绍了各种模型。

② 令 S 为横切流动的截面的 $\boldsymbol{n}-1$ 维表面，即从 S 开始的所有轨迹都流经该流动且不平行于该流动。庞加莱图是从 S 到自身的映射，它是通过跟踪从表面 S 的一个交点到下一个交点的轨迹而获得的(维基百科)。

函数$f(t)$的时间平均和方差是

$$\bar{f} = \lim_{T\to\infty} \frac{1}{T}\int_{t_0}^{t_0+t} f(t)\,\mathrm{d}t \tag{G.37}$$

和

$$\sigma^2 = \int_{-\infty}^{+\infty} t^2 B(t)\,\mathrm{d}t \tag{G.38}$$

如上所见,为了描述确定但混乱的运动,可以使用概率论术语。

参考文献

[1] Szatmáry, Z.: Data Evaluation Problems in reactor Physics, Theory of Program RFIT, Report KFKI-1977-43 (1977)

[2] Jánossy, L.: Theory and Practice of the Evaluation of Measurements. Oxford University Press, Oxford (1965)

[3] Stanford, J. L., Vardeman, S. B. (eds.): Statistical Methods for Physical Science. Academic Press, San Diego (1994)

[4] Hammermesh, M.: Group Theory and Its Application to Physical Problems. Addison-Wesley, London (1962)

[5] Landau, L. D., Lifshitz, E. M.: Theoretical Physics, vol. 5. Pergamon, Oxford (1980)

[6] Lucia, D. J., Beran, P. S., Silva, W. A.: Reduced order modeling: new approaches for computa-tional physics. Prog. Aerosp. Sci. 40, 51-117 (2004)

[7] Holmes, P., Lumley, J. L., Berkooz, G., Rowley, C. W.: Turbulence, Coherent Structures, Dynamical Systems and Symmetry (2012)

[8] Volkwein, S.: Proper Orthogonal Decomposition: Theory and Reduced Order Modelling, Uni-versity of Constanz, Department of Mathematics and Statistics (2013)

[9] Gantmaher, F. R.: Matrix Theory. Nauka, Moscow (1966) (in Russian)

[10] Shuster, H. G.: Deterministic Chaos, An Introduction. Physik Verlag, Weinheim (1984)

[11] Orechwa, Y., Makai, M.: Application of Finite Symmetry Groups to Reactor Calculations, INTECH. In: Mesquita, Z. (ed.) Nuclear Reactors INTECH. http://www. intechopen. com/articles/show/title/applications-of-finite-groups-in-reactor-physics (2012)

[12] Sobol, I. M.: Global sensitivity indices for nonlinear mathematical models and their Monte Carlo estimates. Math. Comput. Simul. 55, 271-280 (2001)

[13] Sobol, I. M.: Sensitivity estimates for nonlinear mathematical models. Matem. Modelirovanie2, 92-94 (1990) (in Russian)

[14] Sobol, I. M.: On sensitivity estimation for nonlinear mathematical models. Matem. Mod. 2(1), 112-118 (1990)

[15] Sobol, I. M.: Global sensitivity indicators to study nonlinear mathematical models. Matem. Mod. 17(9), 43-52 (2005)

[16] Saltelli, A., Sobol, I. M.: Sensitivity analysis for nonlinear mathematical models: numerical experience. Matem. Mod. 7(11), 16 – 28 (1995) (in Russian)

[17] Sobol, I. M.:: Theorems and examples on high dimensional model representation. Reliab. Eng. Syst. Saf. 79, 187 – 193 (2003)

[18] Postnikov, N. S.: Dynamic Chaos in reactor with non-linear feedback. At. Ener. 74, 328 (1993) (in Russian)

[19] Tennekes, H., Lumley, J. L.: A first course in turbulence. The MIT Press, Cambridge, (1972)

[20] Davidson, P. A.: Turbulence, An Introduction for Scientists and Engineers. Oxford University Press, Oxford (2004)

[21] Ortega, J. M., Rheinboldt, W. C.: Iterative Solution of Nonlinear Equations in Several Variables. Academic Press, New York (1970)

[22] Korn, G. A., Korn, T. M.: Mathematical Handbook for Scientists and Engineers. McGraw-Hill, Dover (2000)

[23] Abramowitz, M., Stegun, I. A.: Handbook of Mathematical Functions: With Formulas, Graphs, and Mathematical Tables. Dover, New York (2014)

[24] Stamm'ler, R. J. J., Abbate, M. J.: Methods of Steady State Reactor Physics in Nuclear Design. Academic Press, New York (1983)

[25] Henry, A. F.: Nuclear-Reactor Analysis. MIT Press, Cambridge (1975)

[26] Banerjee, S., Roy, A.: Linear Algebra and Matrix Analysis for Statistics, Texts in Statistical Science, 1st edn. Chapman and Hall/CRC, Hoboken (2014)

[27] Efron, B.: Bootstrap methods: another look at the jackknife. Ann. Stat. 6, 1 – 26 (1979)

[28] Efron, B., Stein, C.: The jackknife estimate of variance. Ann. Stat. 9, 586 – 596 (1981)

[29] Sobol, I. M.: Global sensitivity indices for nonlinear mathematical models and their Monte Carlo estimates. Math. Comput. Simul. 55, 271 – 280 (2001)

[30] Makai, M.: Group Theory Applied to Boundary Value Problems with Applications to Reactor Physics. Nova Science, New York (2011)

[31] Makai, M., Orechwa, Y.: Field reconstruction from measured values in symmetric volumes. Nucl. Eng. Des. 199, 289 – 301 (2000)

[32] Ikonen, T.: Comparison of global sensitivity analysis methods-application to fuel behavior modeling. Nucl. Eng. Des. 297, 72 – 80 (2016)

[33] Varga, R. S.: Matrix Iterative Analysis. Prentice Hall Inc., Englewood Cliffs (1962)

[34] Gantmaher, F. R.: Matrix Theory. Nauka, Moscow (1966) (in Russian)

[35] Rozsa, P.: Introduction to Matrix Theory, Typotex, Budapest (2009) (in Hungarian)

术 语 表

相关性	相关性是一大类统计关系中的任何一种,包括相关性,尽管在通常的用法中,它通常指两个变量之间具有线性关系的程度。(维基百科)
场	堆芯中物理参数值。
测量(计量)位置	进行测量的位置。
场重建	一种在非计量位置提供字段值的方法。
节点	在这里写下术语表的描述。
重建方法	提供缺失字段值的方法。
不确定性	错误术语的合理度量。
学生分数	估计值与其期望值偏差的度量。
	矩阵中较小数量的线性独立行(列)。
试验函数	堆芯的预先计算函数。堆芯分布表示为试验函数的线性组合。
流量异常	反应堆堆芯中意外的流量分布。
污垢	燃料组件表面的不明沉积物。
计算模型	用于确定堆芯冷却剂温度、功率密度等分布的计算机程序及其输入数据。
随机数	为蒙特卡罗算法生成的伪随机数,用于模拟例如堆芯中的中子行程。
蒙特卡洛程序	采用蒙特卡洛方法的反应堆程序对功率、温度等分布的数值仿真。
安全分析	通过计算机模型估算反应堆参数以评估安全性的方法。
公差区间	考虑到测量值和计算模型的不确定性,反应堆参数是随机的。公差区间包含具有给定概率的测量或计算的参数。
模拟器模型	从给定方面模拟反应堆运行的计算机程序(如原理模拟器、全尺寸模拟器等)。
核电厂	实现核能生产所需的一套技术设备。
机组	核电厂的一部分,包括反应堆、一回路和二回路全部、应急系统和发电所需的设备。
反应堆堆芯	进行核能生产的区域。
燃料元件	可裂变物质在芯块中,芯块由金属包壳环绕,包壳和芯块在燃料元件里。
燃料组件	燃料元件被分组到燃料组件中,以便于使用。
堆芯仪表	部分燃料组件已配备了测量装置,用于监测堆芯的功率和温度分布。